中国人民大学农业与农村发展学院

人大农经精品书系

谭淑豪 ◎ 著

草地资源治理的理论与案例研究

中国财经出版传媒集团

经济科学出版社

Economic Science Press

图书在版编目（CIP）数据

草地资源治理的理论与案例研究/谭淑豪著. —北京：
经济科学出版社，2020.11
（人大农经精品书系）
ISBN 978 - 7 - 5218 - 1954 - 0

Ⅰ.①草…　Ⅱ.①谭…　Ⅲ.①草地资源 - 资源管理 -
研究　Ⅳ.①S812.5

中国版本图书馆 CIP 数据核字（2020）第 193078 号

责任编辑：申先菊　赵　悦
责任校对：郑淑艳
责任印制：邱　天

草地资源治理的理论与案例研究

谭淑豪　著

经济科学出版社出版、发行　新华书店经销
社址：北京市海淀区阜成路甲 28 号　邮编：100142
总编部电话：010 - 88191217　发行部电话：010 - 88191522
网址：www. esp. com. cn
电子邮箱：esp@ esp. com. cn
天猫网店：经济科学出版社旗舰店
网址：http://jjkxcbs. tmall. com
固安华明印业有限公司印装
787 × 1092　16 开　31 印张　390000 字
2020 年 11 月第 1 版　2020 年 11 月第 1 次印刷
ISBN 978 - 7 - 5218 - 1954 - 0　定价：119.00 元
（图书出现印装问题，本社负责调换。电话：010 - 88191510）
（版权所有　侵权必究　打击盗版　举报热线：010 - 88191661
QQ：2242791300　营销中心电话：010 - 88191537
电子邮箱：dbts@ esp. com. cn）

前　言

　　草地是世界上最大的陆地生态系统，面积约 5250 万平方千米，占陆地面积（格陵兰岛和南极洲除外）的 40.5%（World Resources Institute，2000）。草地是牲畜的饲料来源、野生动物的栖息地和植物遗传资源的保护地，也是数以百万计牧民的生计和收入来源（Suttie, Reynolds & Batello, 2005）。对许多人来说，草原地区代表着终极的荒野——最后的边疆——它们美丽的风景、强大的自然力和惊人的生物多样性唤起了人们强烈的情感（Herrera et al.，2014）。然而，全球的草地资源都面临退化的风险。牧区草地治理不善严重妨碍了畜牧生产系统充分发挥其确保零饥饿的潜力，国际社会也正在寻求改善牧区草地资源治理的良策，以保障牧民的合法权益，改善牧民生计，提高其食物和营养安全和消除贫穷（FAO，2020）。为此，联合国粮农组织于 2017 年组织编写了负责任的草地治理指南，旨在加强全球草地资源的治理（FAO，2017）。

　　在这种背景之下，探讨草地资源的可持续治理，可以丰富和完善受气候变化影响，并以生态功能为主的共享资源治理的理论体系，促进共享资源可持续利用。本书旨在探讨现有草地经营制度下我国主要草原牧区草地资源的治理状况，并在借鉴典型国家草地治理经验的基础上，探究促进牧区草地资源良性治理的政策建议。

目　录

第1章

绪　　论

1　概　　述

根据联合国粮农组织 2017 年公布的数据[①]，中国是世界上拥有永久性草地（land under permanent meadows and pastures）面积最大的国家，达 3.93 亿公顷，占全世界永久性草地面积 32.66 亿公顷的 12.0%，占中国国土面积的 41.7%。然而，中国的草地正面临着严重的草地退化。这极大地削弱了草地生态系统的服务功能，加剧了"三牧"问题（即牧业发展受阻、牧区经济困难、牧民生计提高缓慢）（徐勇，2020；刘加文，2010），也使国家的生态安全受到威胁。为促进"三牧"问题的解决和提高我国的生态安全，对草地资源进行良性治理成为国家治理的重要内容，十分迫切。但由于生态系统具有复杂性、多目标性和不确定性，并涉及多个利益相关者，对草地进行良性治理并非易事。本书将基于对草地资源和草原畜牧业的理解，从产权治理、合作治理、生态治理以及冲突治理等视角，在借鉴美国的草地资源治理和澳大利亚针对自然

---

① 联合国粮食及农业组（FAO）官网［EB/OL］. http：//www. fao. org/faostat.

资源保护而开展的土地关爱经验的基础上，从理论和案例两方面探讨我国主要草原牧区草地资源的治理，并据此提出促进草地资源可持续治理的框架。

1.1 概念界定

草原牧区。草原牧区是指基于天然草原进行畜牧业生产为主的地区。依据天然草原的分布，全球草原牧区可大致分为温带草原区、热带草原区和高寒（高山）草原区。温带草原牧区包括亚欧草原区和北美草原区。由于低温少雨，温带牧区的牧草种类较少，植株矮小，多为旱生禾草，载畜量不高。且牧草生产季节不平衡，冬春畜草矛盾更为突出，畜牧业生产不够稳定。热带草原牧区指受热带干湿季气候和热带稀树草原气候等控制的草原牧区，位于大陆中央平坦而开阔的平原，大致分布在南北纬 10°至南北回归线之间，包括非洲中部、南美巴西大部、澳大利亚北部和东部的半干旱牧区。牧草高达 2~3 米，种类繁多，畜牧业生产水平较高。高寒草原区气候较为寒冷而潮湿，日照强烈，空气中二氧化碳含量较低，昼夜温差大，年均温较低，不到 1℃，牧草的生长季节较短，不足 4 个月。但年降水量相对较高，可达 400~700 毫米，相对湿度 70% 以上，如青藏高原大部分地区属于高寒草原区。海拔 2000 米以上的阿尔卑斯山区属于高山草场，这里的年均气温为 0℃ 以下，但降水在 1000~2000 毫米，湿度较大，冬冷夏凉。

中国的草原牧区多位于非季风区，年降水量均在 400 毫米以下，从地理位置来看，多分布在北部、西北地区和青藏高原，以高原和高山为主；从行政区域来看，分布在内蒙古、新疆、西藏、青海、甘肃和四川六大省（自治区）和 266 个牧业及半农半牧业县（其中，牧业县 120 个、半农半牧业县 146 个）。266 县土地面积 3.99 亿公顷，占我国国土面积的 41.6%；人口约占全国总人口的 4%，其中农牧业人口占其总人口数的 72%，少数民族人口占其总人口 30%，占全国少数民族人口的 13%。六大牧区省份草原面积共 2.93 亿公顷，占全国草原面积的 73.2%，是其耕地面积的 12.9 倍、森林面积的 4.9 倍。

根据《中国资源科学百科全书》，我国草原牧区具有以下气候特点：太阳辐射强、日照时间长；热量条件分布差异大；降水分布不均、变率大，牧业生产不稳定；干旱、暴风雪、白灾、黑灾、大风、风沙和雹灾等牧业气象灾害多；水热不协调，产草量低，大部分草场载畜量都较低；季节草场不平衡，牧业生产中家畜呈现"夏壮、秋肥、冬瘦、春乏"的状况，且缺水草场分布广泛。相对于世界上多数草原大国，中国草原牧区的资源条件较为恶劣，在一定程度上增加了草地治理的难度。

草原畜牧业/草地畜牧业。草原畜牧业是以草原为基础，采取粗放放牧方式，利用草原上的牧草资源放养牲畜而获取畜产品的牧业方式，可区分为游牧畜牧业和定居畜牧业。草地畜牧业是草地生产与畜禽生产密切结合、通过建设和合理利用草地资源，生产更多畜产品的产业（张智山，1997）。草原畜牧业与草地畜牧业的区别在于：草原畜牧业只包含一个生产系统，投入产出较为简单，投入主要为天然牧草和少量兽医兽药支出，产出则为畜产品；而草地畜牧业则包含两个紧密相关的生产系统：牲畜生产系统和牧草生产系统。牧草生产系统的主要投入是牧草种子、肥料（化肥和有机肥）、杀虫剂和除草剂，产出为人工种植的牧草及其种植过程中对环境的可能影响（如施用化肥或杀虫剂等带来的环境污染）；牲畜生产系统的投入部分为草原上的天然牧草和牧草生产系统生产的人工牧草，以及更多的兽医兽药等（舍饲的牲畜更容易患病，因而需要投入更多的兽医兽药），产出为品质略低的畜产品。在本书中，草地畜牧业与草原畜牧业交叉使用，均指草原牧区的草地畜牧业，即以天然草地为基础，主要采取粗放放牧方式，将草地资源转化为畜产品的部门（张中立，2004），其核心是通过在天然草地上放牧养畜生产肉、毛皮和奶等畜产品（周道玮等，2009）。

草原畜牧业中，管理好牲畜的移动性是其可持续发展的必要条件。保持牲畜的移动性是草原畜牧业的重要特征。全球 75% 以上的国家、1/4 以上的陆地上存在草原畜牧业，并有将近 5 亿人口从事草原畜牧业。草原畜牧业对粮食生产和环境保护都有重大贡献。在草地畜牧业中，牧民是草地的主要管理者，他们在草原上逐水草而牧，遵循既定的季节性路线，并在严酷的干旱或暴风雪年份维持应急放牧储备。这些草场与大量牲畜共同进化了数百万年，完全依赖于牲畜的活动来维持它们的生存。在大多数情况下，通过放牧管理、维持生态系统功能和建设自然资本来满足这种依赖性。千百年来，草地畜牧业在食物生产和全球重要生态系统服务提供方面都发挥了重要作用，如保护生物多样性、保持碳储量和支持牧民生计等。尽管草地畜牧业在任继周（2005）看来实际上是草地农业或一种"有畜农业"，从国际来看，现有发展政策和实践对草地畜牧业的多功能性缺乏足够的了解和尊重（FAO，2017），这在一定程度上影响了对草地资源的治理。

草地资源。本书中的草地资源与草地、草原、草场和牧场交叉使用，指位于广大草原牧区以天然草本和灌木为主的土地，是具有经济生产、生态保护和文化保育等多种功能的"自然—经济综合体"。草地资源是草地畜牧业的生产资料和牧民赖以生存的物质基础。我国的草原面积达 2 亿多公顷，约占国土总面积的 23%，主要包括草甸草原、典型草原、荒漠草原，包括平原荒漠和高寒草原等。中国牧区的草地资源具有非均衡系统的特征，表现为草场的季节性不平衡，时间和空间的异质性很强。如冬春草场面积相对于夏秋草场而言相对不足，牧草的生长、营养状况和草场载畜能力存在季节性的不平衡和空间上的不平衡。需要说明，英文 pasture lands，rangelands & grasslands 均可用来表示草地资源或草地，三者之间为依次包含的关系，即 grasslands 的范围最窄，指生长着草本的土地，可称为草原。rangelands 被美国环境保护署（EPA）定义为主要生长着牧草、类草植物、杂草或适合放牧的灌木等原生植被的土地。pasture lands 涵盖的范围最广，广义上的 pasture lands 包括 rangelands；狭义的 pasture lands 包括通过集约方式播种、灌溉和施肥等农业措施进行管理的草地，而 rangelands 主要指生长着原生植被，通过控制放火和调节放牧强度等实践活动进行管理的草地。因此，rangelands 可视为"天然牧场"，而 pasture lands 可视为"牧场"，包括天然牧场和人工牧场。本书所指的草地资源指 rangelands，即位于我国主要草原牧区的天然可利用草原，包括可食灌木。

治理。治理是一个较为复杂和含糊的概念。《新华词典》对于治理的解释有两种：一是指控制管理，如治理国家或治理企业；二是整治或整修之意，如治理黄河。与治理相近的是管理、整治、整顿，而与之相反的是危害和破坏。治理（governance）概念源自古典拉丁文或古希腊语"引领导航"（steering）一词，隐含在众多不同利益共同发挥作用的领域建立一致或取得认同，以便实施某项计划的过程（俞可平，2000）。在公共管理领域，治理的概念自 20 世纪 90 年代起，开始在全球各个领域兴起。1995 年全球治理委员会将治理定义为个人和机构经营管理相同事务的诸多方式的总和，它是这些个人和机构采取联合行动调和相互冲突、协调不同利益的持续过程，包括正式机构及其规章制度，以及非正式机构或个人及其安排。治理是一个过程，以调和为基础，同时涉及正式和非正式部门、机构或个人，依靠正式和非正式制度的相互作用使过程持续（俞可平，2000）。本书的"草地治理"即为"草地"和"治理"的叠加，可理解为"草地的治理""对草地的治理"或"治理草地"，即草地作为治理的对象。在本书的很多场合，草地治理与草地畜牧业治理紧密相连，或交叉使用。

良性治理或善治。良性治理即善治，是使公共利益最大化的社会管理过程（陈广胜，2007）或良好的治理结果。善治有两种含义和来源：一是指中国传统政治中"善政"，出自老子《道德经》的第八章"正善治"；二是对新治理理论中 good governance 的翻译。新治理理论强调，善治是通过更加多元化的社会管理主体参与管理，使公共利益实现最大化的过程。对于不同的组织及这些组织中的不同参与者来说，善治意味着不同的事情。尽管善治被认为是一个极其难以捉摸的目标，但"善治也许是消除贫穷和促进发展的唯一最重要因素"（Gisselquist，2012）。善治既是一个过程、一个目标，又是一种治理效果。为了实施或实现善治，政府应允许社会力量以不同方式进入公共事务治理领域，并对有关治理主体进行必要的资格审查和行为规范；鼓励和引导社会力量介入某些开放的公共事务治理领域，进行公共物品的生产；并依据法律和规章制度对其他治理主体的行为进行监督、仲裁或惩罚（陈广胜，2007）。这就需要遵循合法、透明、负责任和参与等实施或实现善治的十大要素（俞可平，2004）。建立一个行之有效的治理行政，允许政治国家与公民社会合作、政府与非政府组织合作、公共机构与私人机构合作，还允许强制与自愿合作，即由政府、非政府组织以及各种私人机构等社会力量组成一个多元的权力向度，通过上下互动、合作、协商来达成处理公共事务的共同目标。按照《新华词典》对于治理的解释，本书的"草地治理"兼具"控制管理"和"整治或整修"之意，即采用一定的制度规则，采取一定的行政手段控制管理或整治草地，使之不被破坏或得到修复。而草地良性治理则指草地生态系统达到一个较为良好的状况，即草地退化状况减轻、牧民生计水平提高、草原牧业发展向好。

1.2 研究目标和意义

如前所述，本书的目的在于通过分析草地产权制度安排、合作和冲突解决以及生态建设对于草地治理的影响，探讨改善草地治理的途径，实现草地的善治，或者说良性治理。草地的善治就是使草原生态环境更好、草地生态与人居和牲畜组成更为和谐的系统。由于从 2004 年起，中国的草地面积超过澳大利亚，成为全球拥有草原面积最大的国家，研究中国的草地治理也可望能为促进全球草地资源良性治理，保障依赖草地生态系统获取生计的牧民的食物和营养安全提供中国案例。

本书将重点围绕作为草地主要利用者和管理者的牧户层面的草地管理，同时涉及草地地块层面的利用、社区层面的治理、区域层面草地治理的实践以及国际主要国家的草地治理经验。这一总目标可以分解为以下具体目标：

（1）加深对作为治理对象的草地资源和草原畜牧业的理解；

（2）了解目前我国主要草原牧区的草地产权制度安排及其治理效果，包括对于草原生态的效果和牧户生计的效果；

（3）探讨现行草地经营制度下，我国主要草原牧区什么样的合作可以成功？如何才能发起有效的合作并使之持续？

（4）了解草地生态治理的状况，即草原生态治理制度、政策及工程项目的开展、实施及其效果，牧户和社区参与草原生态治理的状况及其效果；

（5）探讨我国主要草原牧区典型的草地冲突类型及其产生的原因和对草地治理的影响；

（6）了解典型国家草地治理的国际经验；

（7）基于以上研究，提出促进草地良性治理的制度框架和政策激励。

尽管在过去的几十年里，国家投入了巨额的资金，地方政府也作出了极大的努力来治理草原，但目前我国的草地治理依然处于局部改善、整体恶化和牧民生计提高不易的困境。寻求新的治理思路是有效保护草原生态，改善牧户生计的现实需求。本书试图通过探讨草地资源的产权制度安排、草地合作利用的达成、草地的生态治理以及草地资源冲突的治理来呈现目前草地治理的状况，分析草地治理失效的原因，借鉴国际上典型草原国家治理草地的经验，探究促进草地资源良性治理的制度设计和政策建议。研究可望为包括牧户和牧民社区等多元主体共同治理草地资源的研究提供一定的理论指导和更丰富的案例与实证研究，为我国草原治理困境提供可借鉴的思路，以恢复草地生态功能，改善我国草原牧区牧户的生计，促进牧区可持续发展。

1.3　本书的安排

中国是世界上拥有草地资源面积较大的国家。然而，在过去的30~40年，草地资源为广大牧区和农牧交错带的农牧民提供食物和收入的同时，也遭到了历史上最为严重的退化。近几十年来，草地治理虽然取得了一定成效，但草地资源却仍面临"公地悲剧"和"围栏陷阱"双重困境。这表现为"三牧"问题的持续存在，即牧户的生计水平有待提升，牧业亟须发展，牧区草原生态环境亟待恢复。"公地悲剧"主要由草地制度改革阶段牲畜承包到户而草地集体共用引起，而"围栏陷阱"则是由于各家各户将承包的草地拉上围栏，使草场细碎化所致。草地资源亟须摆脱这种双重困境，实现良性治理。

1.3.1　研究思路

本书的写作思路基于图1-1所示的分析框架展开。

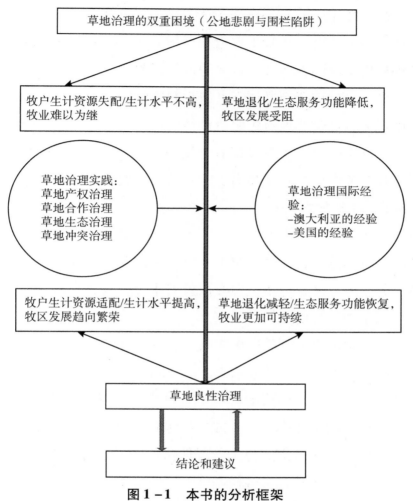

图 1 - 1　本书的分析框架

　　若不改进草地治理，草原畜牧业将难以为继。目前中国的草地治理面临公地悲剧与围栏陷阱双重困境，这一方面表现为牧户的生计资产匹配不合理，生计水平受到影响；另一方面表现为草地退化，草原生态系统服务功能降低。这两方面共同带来的进一步影响是，草地畜牧业面临草地规模减小、质量退化，因而牧业发展所需的自然资本被极大削弱的挑战；牧区发展也由于牧民的生计问题和牧业的不可持续性问题而受阻。本书从产权制度安排、合作治理、生态治理和冲突治理四个视角，分析草地治理的状况，并基于理论和案例分析，探究草地治理失效的原因；同时，借鉴国际草地大国草地治理的经验，探讨如何对草地资源实行良性治理。通过产权制度创新、组织制度创新、生态治理治理创新和法律制度完善，促进草地资源实行良性治理，使牧户的生计资源能够基本适配，生计水平得以改善，草地退化得到减轻，草原生态系统服务功能得以提高，使草原畜牧业趋向稳定、牧业发展更为可持续。

1.3.2 内容安排

本书由 7 章组成。

第一部分为绪论，大致介绍了本书的写作背景，以及涉及的主要概念、研究的目的意义、分析框架和内容安排等；从资源和生态系统的角度介绍对于草地资源的理解。

第二部分为草地治理的中国实践，包括草地产权治理、草地合作治理、草地生态治理和草地冲突治理。每章从理论、经验研究和案例角度展开论述。其中，第 2 章草地产权治理分别为理解资源产权的重要性、不同产权安排下的草地治理、租赁对草地治理的影响以及共用产权如何促进草地治理。第 3 章草地合作治理包括理解草地的合作治理、"去合作"对草地治理的影响、去合作制度变迁的成本分摊与转移、什么样的合作能够成功、如何达成草地的合作治理（理论与案例）。第 4 章草地生态治理依次包括理解草地的生态治理、草地生态治理的政策及工程、草地生态治理项目的实施及效果（退牧还草和草原生态补奖）、草地生态治理项目中存在的问题，最后是一个基于社区的草地生态治理案例。第 5 章草地冲突治理分别探讨了草地在牧业内部的冲突、草地在牧业与林业和农业上的冲突、草地资源利用冲突，最后是一个草地综合开发利用导致冲突的案例。

第三部分为草地治理的国际经验，分别介绍了美国的草地治理和澳大利亚基于社区的自然资源治理运动——土地关爱及其对我国草地治理的启示。

第四部分为促进中国草地良性治理的政策建议。

2　理解草地资源

要促进草地资源的良性治理，就需要理解作为自然资源和作为生态系统的草地。曾经担任中国草业协会常务会长、中国系统工程学会草业专业委员会主任的李毓堂研究员在 2007 年 4 月 "人与草原网络" 的一次沙龙上讲到，我国丰富的草地资源 "蕴含潜力巨大的太阳能、风能、水资源、矿藏、自然地质与历史文化遗产、民族风情旅游等资源，还分布着位居世界第一的牧草种质资源、珍奇野生动物、微生物、优良家畜家禽和名贵药材等资源"。这一论述有助于更好地理解草地资源。

2.1　作为自然资源的草地

资源是一国或一定地区内拥有的物力、财力、人力等各种物质要素的总称，可区分为自然资源和社会资源。草地是一种天然生成的资源，属于自然资源。草地又是一种生产要素，可以结合资本和劳动力等，作为土地资源投入人类牧业生产活动中。因此，自然资源、土地资源、草地资源三者为依次包含的关系。

2.1.1　理解自然资源

自然资源有多种定义。《世界资源与产业》认为，无论是整个环境还是其某些部分，只要它们能满足人类的需要，就是自然资源；《辞海》将自然资源视为自然界中所蕴蓄的太阳、风、水、矿物、动物、植

11

物等资源（马永欢等，2018）。任何经自然过程产生可供人类使用的物质和能量皆可视为自然资源。联合国环境规划署将自然资源定义为一定时间、地点条件下能够产生经济效益，以提高人类当前和未来福利的自然环境因素和条件。我国学者于光远（1986）提出自然资源是指自然界天然存在、未经人类加工的资源，如土地、水、生物、能量和矿物等。美国学者伊利与莫尔豪斯（Ely & Morehouse，1982）在《土地经济学原理》一书中指出，自然资源就是指人们用以从事建设我们在其中生活的那个社会的东西。还有一些定义，如自然资源是人类能够从自然界获取以满足其需要与欲望的任何天然生成物或及作用于其上的人类活动结果（马永欢等，2018），自然资源是指具有社会有效性和相对稀缺性的自然物质或自然环境的总称等。综合以上概念，自然资源可被视为在一定时间、地点条件下，所有能够用以创造价值的未加工的、天然存在的资源。

自然资源按照其再生性，可分成不竭资源、再生资源和不可再生资源。不竭资源指不因使用而减少的资源，如太阳能、潮汐能、空气及和风力等；再生资源指在恰当使用的情况下，可经自然过程加以更新或补充的资源，如野生动植物及土壤等；不可再生资源则是指无法经由自然过程加以补充或补充速度缓慢而可能被用尽的资源，如金属矿物和石油等矿产资源。

自然资源有如下主要特征：（1）分布的不平衡性。自然资源的数量与质量在时间和空间的分布上存在显著差异，具有地带性分布和垂直分布不平衡的特点，如我国东南部地区水资源非常丰富，而西北地区水资源则相当稀缺。同一区域可能因海拔高度不同，自然资源呈垂直性分布，如长白山的植物海拔 500 米以下为温带阔叶林，500～1100 米为寒温带针叶阔叶混交林，100～1700 米为亚寒带针叶林，而海拔 2100 米以上则为高山苔原带。（2）数量的有限性。在一定的空间和时间范围内，某一种可再生或不可再生的自然资源数量总量是有限的，而太阳能和潮汐能等不竭资源数量可以视为无限。（3）功能的整体性。自然资源中各要素都是相互影响、相互制约的，需要谨慎地使用才能发挥自然资源各要素的功能。如土壤资源和其上的植被资源，若植被遭到破坏，土壤将可能退化；土壤肥力耗竭，同样会使依附其上的植被生长受阻。（4）种类的多样性。如前所述，自然资源包括不竭资源、可再生资源和不可再生资源三类，而每一类自然资源又包含若干种。

自然资源的合理开发和永续利用，有赖于人们对其主要特征的了解和把握。

2.1.2 理解土地资源

土地资源对不同的人来说，意味着不同的含义。土地经济学家伊利（1982）认为土地是潮汐、太阳能和风等各种自然力量，或矿产资源和花草树木等自然资源的总称，是大自然赠予人类的礼物。德国经济学家马克思（Marx，2009）认为，任何附着在地上的物体，如流水等皆可被视为土地。土地包括气候、水文和植被等影响土地利用潜力的自然环境，包括过去和现在有利（如填海造地）及不利于人类活动（如土壤盐碱化）的结果。

广义的土地不仅限于地球的表面，如伊利与莫尔豪斯（Ely & Morehouse，1982）在其著作《土地经济学原理》中提到的，它包含一切天然的资源——森林、草原、矿藏和水源等。这一定义包含了"资源"的概念。巴洛维（Barlowe，1989）在《土地资源经济学》一书中分别从法律和经济学角度对土地进行定义。土地或不动产从法律上可被视为所有权被认可的地球表面的任何部分；土地的经济学概念指受控制的附着于地球表面的、自然的和人工资源的总和。在该书中，"土地""土地资源"和"不动产"三个名词交替使用，并未加以区别。

根据不同学者对土地的理解，土地至少有以下定义：（1）泥土

(soil)。即土壤，是地球陆地表面由各种矿物质、有机质、微生物、空气、水分等构成的具有一定肥力、能够供植物生长的疏松物质。土壤根据质地差别可以分成壤土、黏土和砂土三种，每种土质适宜生长的植被各不相同，因而造成了不同的土地表面景观。这一概念是土地概念中涵盖范围最小的。（2）不包括水域的陆地部分（earth without water）。在这一定义中，湖泊、地下水、地表径流、海洋等都不属于土地的概念，这一概念比"泥土"的范畴有所扩大、包含着"泥土"的概念。陆域的土地是一个立体的结构，包括地上层、地表层与地下层，泥土在这一概念中只是地表层的一部分，由地球风化壳的最表层组成。这一概念的土地除了泥土之外，还有地上的植物、动物、地形和地貌等，以及地下的地质、矿物和岩石等。（3）陆地与水域（earth with water）。这一概念包括了陆地和湖泊及沼泽地等自然湿地以及水库、池塘等人工湿地等水域。（4）陆地表面加上一部分海洋（earth surface with part of ocean）。这一概念的土地范围更大，包括了一部分海洋。海岸附近的海洋因为距离陆地近，所以也可以算是一种土地。

根据以上外延层层扩大的概念，土地资源可被概括为能被人类利用以创造效益的、包含附着于地表所有物质的因素，涵盖以下方面：（1）代表某一空间，具有立体的空间结构，分为地上层、地表层和地下层。（2）是一种自然物，这是土地作为一种自然资源所固有的属性。（3）作为一种生产要素，可以用于人类的经济生产活动。（4）为一种消费品，可以进行流转，从而使其像消费品一般进行使用。（5）象征着财富。威廉·配第认为"劳动是财富之父，土地是财富之母"，土地可以创造财富，也可以作为一种财产而被拥有。（6）作为基因库。土地是新物种和产品的潜在来源，可为生物的产生提供物质基础，土地也因此被视为基因库。此外，土地在某些民族看来是神性之物，被视为"神山圣湖"，有宗教、文化的含义。

土地具有自然、社会和经济等方面的特征。伊利与莫尔豪斯（Ely & Morehouse，1982）在《土地经济学原理》中提到，土地具有法律、自然、经济和社会四种特性。不同学者对土地特征的描述既有交叉重叠又有迥然有异的部分。这里主要从自然和经济两个方面考察土地的特征。土地的自然特征指土地天然所固有的不随人类活动发生变化的属性，主要包括土地位置的固定性、面积的有限性、类型的多样性、质量的差异性和功能的永久性等。

（1）土地位置的固定性。这个特征与恒久性与不动性相似，是土地资源最基本的自然属性。土地资源初始在何处，就一直固定在何处，位置不会发生互换或移动。中国四大地理区域北方地区、南方地区、西北地区和青藏地区位置固定，各区之间的分界线有明显的自然主导因素：秦岭、淮河为南方与北方地区的分界线，主导因素是气温和降水；大兴安岭—阴山—贺兰山为北方和西北地区的分界线，主导因素是季风和 400 毫米年等降水量线；而青藏地区与西北，北方和南方地区的分界线，主导因素是地形地势，即以第一阶梯和第二阶梯为分界线。

（2）土地面积的有限性。地球表面的土地面积占地球总面积的 29.2%，虽然人类活动能移山填海、围湖造田，但是增加的面积十分有限。土地资源一直维持在一个稳定的水平，供人类使用的土地资源极其有限。

（3）土地类型的多样性。依据不同的分类标准，土地有多种类型。伊利（Ely，1982）根据自然资源分类法将土地按照垂直分布情况分为地面以上部分、地面部分、地下部分以及水及与水连接的土地；各部分又可按功能特点进一步分类，如地面分为地基、农用土地、交通运输、休憩土地；水及与水连接的土地可分为海岸、水下地、河岸地、灌溉用水与航行用水。巴洛维（Barlowe，1989）根据土地的利用类型将土地资源分成农业用地、城市用地、娱乐用地和交通运输用地以及服务区域和矿区四类。我国的《土地利用现状分类》（GB/T 21010—2017）将土地利用类型分为耕地、园地、林地、草地、商服用地、工矿仓储用地、住宅用地、公共管理与公共服务用地、特殊用地、交通运输用地、水域及水利设施用地、其他用地等 12 个一级类、72 个二级类。土地类型的多样性，使地球表面形成了各类地理景观。

（4）土地质量的差异性。同一类型的土地，由于地理位置及社会经济条件的不同，土地构成要素（如土壤母质和气候条件等自然性状）的差异以及人类活动的不同影响，使得不同区域的土地质量千差万别。根据土地质量，将全国耕地自然等别划分为 15 个等级，1 等为最优，逐级递减，15 等为最差。全国耕地平均自然等别为 9.2 等。按照 1～3 等、4～6 等、7～9 等、10～12 等和 13～15 等划分为 5 档，各档所占面积分别占全国耕地分等总面积的 3%、15%、32%、37% 和 13%（陈百明等，2010）。可见，耕地质量差异较大，全国 6 等以上的优等地不足 1/5。

（5）土地功能的永久性。当能够被以可持续的方式合理利用时，土地可视为一种可更新的自然资源得到永续利用。如我国南方稻区的一些水稻田种植了几千年，还在被作为高产稻田利用着。

土地的经济特征是人类在利用土地的过程中产生的、在生产力和生产关系方面所表现的属性，主要包括供给的稀缺性、土地用途改变的困难性、土地边际报酬的递减性以及土地利用效果的异地性。

（1）土地供给的稀缺性。土地位置的固定性和面积的有限性，使得土地的自然供给不同于一般商品具有价格弹性，而是不随价格的变化而呈现出供给刚性。不过，当不超过自然供给的面积时，土地的经济供给是有一定价格弹性的，也遵循一般商品的供求规律。总的来说，土地不因价格的提高而增加供应量，相对于人们对于土地的需求而言呈现出稀缺性。

（2）土地用途改变的困难性。由于不同用途的土地对投入要素的要求不同，产出也不一样，因此，改变土地用途是件困难的事情。如将林地开垦成农地，需要砍伐林木、清理土地，这就要求在土地上投入更多的劳动和资本，同时减少生物转化、降低生态系统服务功能。而要将耕地改为建设用地，固定资产会增多而生态系统服务功能会被极大削弱。反之，将建设用地复垦成耕地，从技术上来讲是可行的，但会造成很大的经济损失。

（3）土地边际报酬的递减性。对于某一特定用途的土地（如耕地），在给定的技术状态下，随着单位面积土地上某种投入的增加，边际报酬会不断提高，但增加到一定程度之后，边际报酬就会递减，直到为零。边际报酬为零的时候，该用途土地的实物产出达到最高，此时应当停止向土地进行投入，否则投入增加的情况下，产出反而会下降。

（4）土地利用效果的异地性。土地利用效果的异地性指土地在利用时对其他区域产生的正影响或负影响。如关于北京沙尘暴沙源的讨论中，有观点认为内蒙古浑善达克沙地是北京沙尘暴的主要来源。如果这一学术观点得到确认，那么，北京沙尘暴发作的原因之一就是浑善达克沙地草地利用的一个异地效果。从 20 世纪 40 年代开始，苏联在中亚地区大量种植棉花——当时被认为"白黄金"——使 1960 年面积为 6.8 万平方千米的咸海，到 2007 年时缩小到原来的 1/10。苏联在中亚地区的棉花种植，不仅加剧了中亚地区的沙尘暴，而且使周边地区以及远至中国台湾地区都受到来自中亚地区沙尘暴的影响，且影响之大被认为与切尔诺贝利核爆炸事件相比，有过之而无不及。这是土地利用异地效果的一个典型案例。

在对土地资源进行开发利用时，应基于土地资源的以上自然特征；同时，要充分考虑土地资源的经济特征，并评估土地开发利用可能产生的异地效果。

2.1.3 作为土地资源和自然资源的草地

草地是自然资源的主要组成部分，是土地、气候、生物、水利等资源的综合体和一定地理条件下的综合生态系统（贾慎修和夏景新，1985）。按照我国的《土地利用现状分类》（GB/T 21010—2017），草地是12个一级土地利用分类中的一个，与耕地、林地和园地等平级。这里的草地指生长草本植物为主的土地，包括天然牧草地（即以天然草本植物为主，用于放牧或割草的草地）、人工牧草地（即人工种植牧草的草地）和其他草地（即树木郁闭度<0.1，表层为土质，生长草本植物为主，不用于畜牧业的草地）。本书中，草地指位于草原牧区以天然草本和灌木为主的土地，相当于《土地利用现状分类》（GB/T 21010—2017）中的天然牧草地，包括草原、草甸、草本沼泽、草本冻原、草丛等天然植被以及除农作物之外草本植物占优势的栽培群落，还包括灌木、稀疏树木等可供放养或割草饲养牲畜的资源。这些植被统称为草原（见表1-1）。

表1-1　　　　　　　　　中国主要草原的行政分布

省份	土地总面积（万平方千米）	草原面积（万平方千米）	草原面积占土地总面积比（%）
青海	72.1	36.4	50.44
新疆	166	57.3	34.49
内蒙古	118.3	78.8	66.61
甘肃	45.4	17.9	39.44
四川	48.5	20.4	42.02
云南	39.4	15.3	38.85
西藏	122.8	82.1	66.82
西部各省	612	308.1	50.34
全国	960	393	40.94
西部各省占全国比例（%）	63.8	78.4	—

资料来源：《中国统计年鉴》（2018）。

中国的草原主要有四种类型：草甸草原、典型草原、荒漠草原和高寒草原。草甸草原主要分布在松辽平原和内蒙古高原的东部边缘；典型草原分布在内蒙古、东北西南部、黄土高原中西部和阿尔泰山、天山以及祁连山的某一海拔范围内；荒漠草原主要分布在内蒙古中部、黄土高原北部以及祁连山和天山的低山带；高寒草原是指在高海拔、气候干冷的地区所特有的一种草原类型，主要分布在高耸的青藏高原、帕米尔高原及祁连山和天山的高海拔处。

在行政区域上，这些草原主要分布在新疆、内蒙古和西藏等七大省（自治区）（见表1－1）。中国的草原面积有近400万平方千米，占国土总面积的41%。集中连片的天然草原主要分布在西藏、内蒙古、新疆、青海、四川、甘肃和云南省（自治区），这七大草原牧区的草地面积达393万平方千米，占全国草地总面积的78.4%。

作为土地资源和自然资源的草地，具有上文所述的自然资源和土地资源的各种自然属性和经济属性，此外，还具有草地资源本身的特征：

（1）草地在各省区分布不平衡。中国近80%的天然草原分布在西部各省和自治区，那里分布着近50个少数民族和75%的少数民族人口，草地面积占其国土总面积的一半以上，占中国草地总面积的约80%。

（2）草地的生产力低。以每年每平方米所生产的有机物质干重表示，2000—2015年，中国草地的净初级生产力①平均值为194克（刘洋等，2020），2000—2017年我国典型牧区呼伦贝尔草原的净初级生产力均值为307克（沈贝贝等，2019）而2007年美国的耕地生产力为903克，2016年中国耕地的生产力为673克（顾云松，2018），远高出草地生产力水平。

---

① 净初级生产力（net primary productivity，NPP）指生态系统在单位时间及单位面积上所能够积累的有机物数量，即草地通过光合作用产生的有机物总量扣除其自氧呼吸后所剩余的有机质含量（王耀斌等，2018）。

（3）时间和空间的异质性强。由于降水、气温、地形和草地类型的分布等因素的影响，草原在冷季和暖季时的生产力和载畜量差别很大，如内蒙古锡林郭勒盟东乌珠穆沁旗某地暖季（6月初到10月末）和冷季（11月初到5月末）时的载畜标准分别12.87亩/羊和30.10亩/羊（永海，文明，2020）；草原在空间上的生产力也相差很大，如荒漠草地的NPP平均值不足123克，但高山亚高山草甸平均NPP值却高达579克（刘洋等，2020）。

（4）可分性弱。草原在平原地方一望无际，在牧户之间分割的话，除非采用围栏，否则标志不明显；而在山区和高原地区，又因地形复杂，地貌崎岖，分割非常困难。加上从总体而言，生产力低，将草地分成小块的成本较为高昂，从放牧利用方面来说，也不利于牲畜游走觅食。

在对草地资源进行治理时，需要特别考虑草地资源的以上特征。与草地治理相关的技术措施、政策规定等要符合草地资源的属性。否则，不仅将带来巨大的经济和社会成本，草原生态也可能由于善意的治理而导致无意中的退化。

2.2　作为生态系统的草地

作为土地和自然资源的草地，具有自然资源和土地的特征和功能，但这些功能有赖于草地资源作为一个系统而非单一的资源而存在。本书中，草地更多指的是一个生态系统或者社会生态系统（socio-ecological system，SES），这个系统以"草地"资源为核心，将牧民和牲畜链接起来，构成一个"牧民—草地—牲畜"相互影响和相互作用的系统。随着外界条件如市场化的推进以及气候变化的加剧，这一系统一方面受到这些外部因素的影响，另一方面会将系统自身产生的影响辐射到与其直接或间接相关的其他领域，产生草地利用效果的异地性。

2.2.1　草地生态系统及其功能

草地是地球上最大的陆地生态系统，面积约 32.7 亿公顷，约占地球陆地总面积的 25.1%[①]。不同类型草地生态系统由于环境条件和生物组成不同，表现出的地理景观不一样，但任何草地生态系统都由生产者、消费者、分解者和环境组成。草地生态系统中的生产者多为草本植物，如草甸草原的贝加尔针茅、羊草和线叶菊，典型草原的大针茅、克氏针芽和本氏针茅等旱生丛生禾本科草，荒漠草原的沙生针茅、戈壁针茅和多根葱等，以及高寒草原的紫花针茅、座花针茅和羽状针茅等。这些草本植物能够利用太阳光能，忍受环境的激烈变化，耐瘠、耐旱、耐寒、耐放牧，是草地生态系统中其他生物的食物来源，也是草地生态系统物质和能量循环的基础。消费者为草地生态系统中直接或间接依赖于生产者生产的有机物质为营养来源的异养生物，包括草食动物（如蝗虫等草食性昆虫、鼠兔等啮卤类动物以及牦牛等大型食草哺乳动物）以及狐狸和狼等肉食动物。草地生态系统中的分解者也是异养生物，其作用是把动植物残体的复杂有机物分解为简单无机物供给生产者重新利用，并释放出能量。草地生态系统中的分解者包括细菌、真菌和蚯蚓等小型土壤动物。这些分解者在草地生态系统的物质循环中起着重要的作用。草地生态系统的环境包括为生产者、消费者和分解者提供生长和活动空间的草地土壤、岩石和水等无机物，二氧化碳、氮和钙等参与物质循环的无机物和化合物，连接生物和非生物成分的蛋白质、糖类、脂肪和腐殖质等有机质，以及气候或温度、气压等物理条件。

作为生态系统的草地，具有生态、经济和社会等多种功能。其中，最重要的功能是为本地、国家和全球提供重要的生态系统服务，包括调

---

① 联合国粮食及农业组织（FAO）官网［EB/OL］. http：//www.fao.org/faostat.

节气候、供水调水、提供养分并促进养分循环、保护土壤以及维持生物物种与遗传多样性等生态功能。草地封存了全球陆地生态系统33%的碳，对于调节全球碳氮循环、应对气候变化和保障食物安全发挥着举足轻重的作用。草地是中国最大的陆地生态系统，面积达近4亿公顷，占国土总面积的41%，其地下根系丰富。中国草原生态系统经过长期积累，已形成一个巨大的碳库，固碳总量达20亿吨（刘加文，2012）。根据谢高地等（2003）的研究，每年每公顷草地可提供801美元的生态系统服务功能，包括土壤形成和保护216美元，废物吸收145美元，生物多样性保护121美元，大气调节和供水各89美元。为人类提供食物、药物及工农业生产原料等经济功能也是草地生态系统的重要功能。谢高地等（2003）的研究显示，每年每公顷草地生态系统可提供价值33美元的食物生产和6美元的原料供给，此外，还能提供4美元休闲价值。草原传承草原文化和保留草原牧区的人文历史等社会功能难以用价值来衡量，但对于全社会特别是以草原畜牧业作为一种生活方式的牧民而言，其重要性不言而喻。

根据地理位置，中国的草地可分为北方干旱半干旱草原区、青藏高寒草原区、东北华北湿润半湿润草原区和南方草地生态功能区。本书主要针对生态环境脆弱的北方干旱半干旱区和青藏高寒区草原。这是因为，北方干旱半干旱草原区是我国北方重要的生态屏障，而青藏高寒草原区则被称为"三江源"和"中华水塔"，是长江、黄河和雅鲁藏布江的发源地和水源涵养、水土保持的核心区，也是生物多样性较丰富的地区。

2.2.2　草地生态系统遭到退化

草地为全球50%以上草食家畜提供了饲草料。发展中国家近6亿人口的生计依靠草原。然而，由于全球性人口增长、气候变化、过度利用等原因，世界草原生产力和生态服务功能严重退化。草地退化成了近年来全球性的环境问题。从 1982 年到 2006 年，全球 40% 的草地面积遭到了退化（Kwon，Nkonya & Johnson et al.，2016；Wiesmair，Feilhauer & Magiera et al.，2016）。草地退化成为中国当下最严重的环境问题（Hua & Squires，2015；Feng et al.，2009）。中国退化草地面积占草地总面积的比例从 20 世纪 70 年代的 10%，到 80 年代的 30%，再到 90 年代中期的 50%（Meng & Gao，2002），直至进入 21 世纪，各地不同程度退化的草地已达草地总面积的 90%（Unkovich & Nan，2008；Waldron Brown & Longworth et al.，2010）。另外，单位面积产草量也在不断下降，从 20 世纪 50 年代到 2000 年，每公顷产草量下降了约 40%。表 1 - 2 显示了青海、新疆、内蒙古和甘肃四大草原牧区草地退化的状况。2000 年初，青海、新疆、内蒙古和甘肃四大草原牧区有 60% 的草原遭到退化，其中中度以上的退化面积占草原总面积的 52%。青海省中度以上退化面积达 58%，而甘肃中度以上退化的草地面积更是高达 64%。新疆天然草地产草量 20 世纪 90 年代末比 60 年代下降了一半，有些地区植被覆盖率由 89.4% 下降到 40% 左右，鲜草产量由每公顷 1470 公斤下降到 600 公斤（见表 1 - 2）。

表 1 - 2　　　　　　　主要草原牧区草地退化状况　　　　　单位：百万平方千米

省份	天然草原面积	退化草原面积	退化率（%）	其中各类退化面积及其占总退化面积比					
				轻度退化面积	占比（%）	中度退化面积	占比（%）	严重退化面积	占比（%）
青海	36.37	20.37	56	8.64	42	7.33	36	4.40	22
新疆	57.26	34.67	61	16.67	48	13.33	38.50	4.67	13.50
内蒙古	78.80	46.73	59.3	24.40	52	17.20	37	5.13	11
甘肃	17.90	8.56	48	3.13	36.50	3.40	39.80	2.03	23.70
加总	190	110	60	52.80	47.90	41.30	37.40	16.20	14.70

资料来源：侯向阳，等. 中国草原适应性管理研究现状与展望 [J]. 草业学报，2011，20（2）：262 - 269.

进入 2010 年以来，特别是我国主要草原牧区大面积实施生态补奖政策之后，草地退化现象有所遏制，但依然非常严重。虽然没有全国层面牧区草地退化的权威数据，但来自牧户层面随机抽样的结果可让我们对目前草地退化的情况略见一斑。据王向涛等（2019）对藏北地区那曲市附近的 3 个代表性的乡（镇）的 120 户牧户的访谈，没有牧户表示近年来他们家的草场质量变好了，但 70% 的牧户认为草地质量变差了，20% 的牧户认为草地质量没有变化，还有 10% 的牧户不清楚草地质量的变化情况。其中，35.0% 的牧户认为草层低矮化了，9.2% 的牧户认为毒草、杂草比例较之前所占的比率更高，62.5% 的牧户则发现鼠洞更多了，而 65% 的牧户认为沙化或裸露面积较之前增多了。而根据尹燕亭等（2019）于 2013 年 7 月下旬至 8 月上旬对内蒙古东部地区用分层随机抽样方法选定的 60 户 50 岁及以上的牧户进行的调研，83% 的牧户认为草原退化了，其中 53% 的牧户认为退化严重。

如前所述，草地生态系统是系统中生物与生物、生物与环境相互作用、相互制约，长期协调进化形成的相对稳定、持续共生的有机整体。由于"草地—牧民—牲畜"的相互联系和相互影响，草地生态系统面临的退化和生态系统服务功能的降低，不仅直接削弱了草地生态系统这一有机整体的功能，还威胁着与其密切相连牲畜的生长和繁殖，从而影响到牧民的生计。

2.2.3 草地生态系统退化的原因

草地退化的原因一直是学术界争论的重要话题。菲尔德（Field, 2001）和王、邓和宋等（Wang, Deng & Song et al., 2017）及董光荣等（1990）普遍认为气候变化等自然因素是导致草地退化的主要原因。如前所述，中国的主要草原牧区多位于半干旱、干旱区，降水的年际年内变化明显，草地生产力年际间变化大。如内蒙古草原年降水量的变异率近 40 年内达 46% ~ 95%，年份间降水量的差别最高达 2.6 ~ 3.5 倍。

降水充沛的年份，如 1990—1995 年，内蒙古西部大面积退化的草地得以恢复，而干旱年份，如 1995—2000 年则加剧草地退化。不过，穆少杰等（2017）认为，气候因素并非长时间尺度下草地退化的主要诱因，只在丰水年和枯水年对草地恢复和退化起作用。

有人（如朱震达，1998）认为过度放牧等人为因素是草地退化的罪魁祸首，多数学者（恩和，2003，2009；盖志毅，2008）相信草地退化是"天灾"和"人祸"两者相互叠加的结果。杨、王和李等（Yang，Wang & Li et al.，2016）等学者认为，气候变化等自然因素是草地退化的主导力量，而人类活动则是草地退化的重要推手。此外，草地使用权的私有化以及游牧民的定居化等也加剧了草地退化（李文军，张倩，2009）。

人口压力下的各种人为因素加剧了草地退化。北方干旱草原区人口密度达到每平方千米 11.2 人，为国际公认的干旱草原区生态容量每平方千米 5 人的 2.24 倍。为解决庞大人口的口粮问题，在国家"以粮为纲""牧民不吃亏心粮"的号召下，天然草地经历了几次大的开垦。根据《全国已垦草原退耕还草工程规划（2001—2010 年）》，全国约 1930 万公顷草地被开垦，占草地总面积的近 5%，即全国现有耕地的 18.2% 源于草原开垦。其中新疆先后开垦草地 333 万多公顷，但目前近一半因退化而遭到弃耕，实际在耕的仅 180 万公顷。在青海省开垦的 38 万公顷草地面积中，一半以上因严重退化而不能耕种。内蒙古的情形也类似，1950—1980 年，内蒙古有 207 万公顷优质草原被开垦成耕地，导致 134 万公顷草原荒漠化。从 1986 年至 1996 年的 10 年间，内蒙古牧区中东部 11 个旗（县）将 205 万公顷优质草原开垦成了耕地（海山，2007）。此外，农田截留草原有限的地表水或超采地下水，致使其周边草地退化（穆少杰等，2017）。

乌拉盖草原开垦的案例也印证了这一点，1986 年乌拉盖农管局共开垦乌拉盖河源头草原 1.6 万公顷。20 世纪 90 年代中期，乌拉盖草原有 7 万公顷被开垦。由于农田用水量大，干旱草原地区无法满足农田的用水需求，导致本地草地退化。1996 年乌拉盖开发区出租土地给几十个外地单位开垦草原，开垦面积已达到 9.37 万公顷。乌拉盖水库截河，造成乌拉盖河流域下游湿地、草原生态退化。至 2000 年，原本水丰草美的乌拉盖草原就遭到了严重退化，变成了一个新沙原地。[①]

在过去的几十年里，锡林郭勒盟一些丰美的草原遭到了沙化。2011—2018 年，本人到锡林郭勒盟草原调研，多次见到因开垦而沙化的草原。是什么原因造成了锡林郭勒盟的草原遭到退化？原多伦县黑山乡典型农民老赵家"种地—超载养畜—移民舍饲"的经历，大致揭示了草原退化的过程。根据陈继群（2005）的描述，老赵一家三代定居于此，以务农务牧为主。20 世纪 80 年代牲畜和草地双承包时，老赵家分到了 36 亩地，刚开始养了十来只羊。80 年代末，"政府号召发家致富，鼓励多养牲畜"，他家的羊一年比一年多，最后达到 170 只。"羊多草少，挨饿的羊往往连吃带刨，草根也未能幸免"。地皮因此被严重破坏。"以前虽然也会起风沙，但不大"。而现在，风沙一年一年变得严重起来，草料也越来越不够用。不得已，老赵将羊全部卖掉，换成十来头牛。但 5 年后，牛的数量增加到 70 头。这 70 头牛，相当于 350 只羊的食草量，一只羊需要大约 20 亩的草场，70 头牛需要近 7000 亩草场，而当时老赵家不足 40 亩地。定居超载放牧使有限的植被不堪重负，造成生态恶化。这与当时地方政府鼓励农民"多养牲畜、发家致富"有关。根据当地的统计数据，1999 年全县大小牲畜共计 60 万头只，为 1950 年的 30 倍。政策导向的失误造成了草原的退化。

一些学者（Cao, Xiong & Sun et al., 2011; Li, Wu & Zhang et al., 2018; 谭淑豪, 2020）认为 1980—1990 年牲畜的私有化和随后草地使

---

① 曾经草原网［EB/OL］. http://www.cjcy.net/china/.

用权制度的全面实施，及其随后家庭细分带来的草地细碎化可能是导致中国主要草原牧区草地生态环境急剧退化的主要原因。国际国内学术界也曾经因此引发了一场关于草地使用权私有化是否应该继续的政策争论（Fernandez-Gimenez，Wang & Batkhishig et al.，2012）。

2.3 小结

草地是一种特殊的土地资源和自然资源，具有土地资源的所有属性和草地资源的特有属性。草地资源生产力低以及时空异质性强的特点使得草原畜牧业需要保持足够的流动性，以让牲畜有足够面积的空间获取数量充足的草料，同时从不同的地点获取种类均衡的饲草料，从而保障牲畜的营养健康。草地可以生产出多种产品和服务，以不同规模惠及多个受益者，因而遭到不同利益相关者的竞争性使用。草地也是生态系统的一部分，可提供人类赖以生存的生物多样性，是经济社会可持续发展的基础。然而，中国正面临前所未有的草地资源退化。草原退化的一个重要原因在于治理不够有效。

改善草地治理，不仅可以减轻草地生态系统的退化，更好地保护地方草畜品种资源，为未来草畜品种选育提供基因库，提高地方品种的适应性，为恢复退化的草地生态系统提供良好的基因资源。同时，也可以提高草原畜牧业和牧民的弹性。应对草地退化和可持续发展目标带来的复杂、多层面和实质性挑战，不仅涉及草原管理，还涉及畜牧业、人和产业结构的管理，这些都直接或间接受到草地产权制度、有关行政机构、重大政策和规划等的影响。本书后面的章节将从产权制度安排、牧户互助合作、草原生态建设和草地资源利用冲突等方面来探讨草地资源的治理，并在介绍主要国家草地治理经验的基础上，探究适合我国主要草原牧区草地良性治理的制度创新和政策设计。

第 2 章

草地产权治理

本章的主要目的在于探讨在现有草地产权制度下，中国草地资源的产权治理状况。这里的产权治理没有考虑草地产权行政治理（administration of land tenure），即土地权属登记、估价、税收、空间规划、土地使用权争议的解决和跨界事件的处理等情形。

本章讨论了对于自然资源产权的理解，探讨了中国现有草地产权制度下，不同草地产权安排对于草地治理效果的影响及其影响机制。分析了牧户层面草地三种主要产权制度安排（即单独无租赁模式、单独租赁模式和草场共用模式）下的草地利用状况及对草地治理效果的影响；采用计量模型探讨了允许牧户将承包草场的使用权进行流动（即租赁或其他的流转方式）时，其草场治理的效果及其影响机制和影响程度；采用模型分析了牧户将承包的草场使用权及其他的家庭资源与其他牧户共用时，会如何影响草地治理效果。

1 理解草地产权

理解草地产权旨在探讨草地产权制度安排对于草地资源治理的重要性，主要包括 4 个方面的内容：首先介绍了对产权的基本理解；其次，分析了资源产权制度的作用；再次讨论了影响资源产权制度安排的因素；最后介绍了我国的草地产权制度安排。

1.1　理解产权

产权是指与资源使用相关的一系列权利束和限制。斯瓦罗和布罗姆利（Swallow & Bromley，1995）认为，产权（property rights）作为对未来潜在利益的权利，很少是无条件的保证。它们通常规定了代理人的权利和义务类型、代理人实现的必要条件以及代理人的抽象程度。产权可以由社会中的所有个人持有，也可以只由某些社会角色的占有者持有。权利可以优于集体目标、可以以这些目标的实现为条件，也可以从这些目标中派生出来（Becket，1977；Dworkin，1977）。作为帮助人们在与他人的交易中形成合理预期的一种社会工具，产权包括一个人受益或受损的权利，以及如何受益及如何受损，谁向谁提供补偿以使其修正自己的行动（Demsetz，1966）。

产权的本质是由资源稀缺而引起的人与人之间的关系（Furubotn & Pejovich，1972）。这里的人可能是个人，也可能是集体。梅森·迪克和格雷戈里奥（Meinzen – Dick & Gregorio，2004）帮助我们深化了对于资源产权的认识。狭义的产权可被理解为完全并且排他地控制某项资源的权利，即资源的所有权。广义的产权可以更好地理解为由多种权利组成的"权利束"，这组"权利束"包括资源的使用权，如采摘野生植物和对渔业资源进行商业捕捞等的权利，以及对资源的控制或决策权，如管理权、排他权或转让权（出租、出售或赠送权利）。

产权包括两组权利束：可由私人处置的所有权的可分割权利和保留给国家的权利。可由私人处置的产权包括占有权和使用权、出售权、租赁权、抵押权、细分权以及地役权等；保留给国家的产权包括税收权、用途管制权和征收权等权利。

产权结构。产权结构是在特定考察范围内，产权的构成因素及其相互关系和产权主体的构成状况。可从不同视角加以考察，如从所有权、使用权、收益权和处置权角度考察产权结构：

（1）所有权：所有权是主体对客体的排他的最高支配权，是产权的核心。对一个社会群体来说，产权问题首先是什么人拥有对稀缺资源排他的、最高的、绝对的支配权。任何一个社会的产权架构，首先就是要形成与社会的经济发展阶段相适应的所有权结构，或财产基本制度。所有权是借助约定俗成的习惯力量或国家法律，从而使主体拥有对稀缺资源的现实有效的占有权利。

（2）占有（使用）权：在所有权与经营权相分离之前，所有者要在经济上对其所拥有的财产对象实行支配、使用和占有，保证和实现主体的地位和对生产成果的享有和消费。占有使所有者的支配权具体化，落实于生产与消费活动中。

（3）收益权：人们对实物的占有，是为了维护其经济利益或权益。收益权是产权的外在表现。

（4）处置权：所有者对财产的占有和支配，可以表现为自己直接占有支配，也可以表现为交给他人占有和支配使用。处置权是指主体将财产对象以某种形式交给他人支配、占有和使用，从而带来财产主体的变换。

在产权结构中，所有权指一种获得特定资源或利益流的权利。资源的所有权对于资源利用至关重要。根据荷诺尔（Honore，1961）的定义，所有权包括以下权利，如表2-1所示。

表2-1　　　　　　　　　　资源所有权的内容

权利束	内容
占有权	对占有物予以排他性的实物控制
使用权	个人享有或使用的权利

续表

权利束	内容
管理权	决定如何或由谁来使用该物的权利
收益权	享有由个人对该物的使用或允许他人使用而产生的收益
资本权	转让、消费、改造或毁坏该物的权利
安全权	免于被剥夺的权利
遗赠权	有权将所有之物遗留或赠予他人
无期限限制	对某物拥有所有权不应有时间上的限制
禁止有害使用义务	有责任不将其用于有害使用
执行判决的义务	有责任用该物来偿还债务
剩余特征	如何在规则失效时使财产权利回归原主

有效的产权结构可以保障因拥有和使用资源而产生的收益和成本归产权所有者所有，允许自愿交换中所有的产权从一个所有者转移给另一个所有者，且保护产权免受他人侵占。

产权的排他性、可分性与可转让性。产权的排他性指谁（个人或集体）完全排他地控制某项资源，即可以在何时以何种方式使用何种资源的权利。英国首相老威廉·皮特曾在 1763 年《论英国人个人居家安全的权利》的国会演讲中提到一个关于产权的例子："风能进，雨能进，国王不能进。"这个例子说明即使是很有权威的国王，其使用他人私有财产的权利也要被排除。

产权包含的占有权、使用权、收益权和转让权等可供私人持有的权利和税收权、用途管制权和征收权等国家保留的权利。权利中的每一项都可从权利束中分离出来。产权的这种可分割性有利于提高资源的利用效率，并有助于从时间和空间上拓展产权安排。历史上内蒙古草原牧区曾广泛放牧着山羊、绵羊、牛、马和骆驼五种牲畜。由于这些牲畜的采食习性不同，它们可以被安排在不同时期进入草场，或安排牲畜的拥有者在不同时期使用草场。这些牲畜对于草地的利用不存在完全的竞争关系，而存在某种互补的关系。非洲草原地区也存在类似的制度安排。这样可分的产权制度可以提高草地资源的利用率。当然，产权的可分性有时会导致冲突，如有些牧业与矿业的冲突就是由产权分割导致的，在这种情况下，牧业所依赖的草地属于牧民集体（内蒙古地区），而地下的矿产资源如煤炭属于国家所有。

产权这一组权利束中的一些权利，如财产的占有权、使用权和支配权可在不同主体（所有者）之间变更，或在财产所有权并不转移或者不完全转移的情况下，占有、使用、支配以及利益分享等权利在不同经营者之间转移。产权的可转让性可使产权的既有所有者更大受益，也可让有些资源能够得到更好保护（罗必良，2005）。

产权可以有多种来源。尽管产权这种因物的利用而形成的反映平等所有权主体责权利之间的关系一经建立，便会由社会强制实施，但产权却不仅限于"由国家颁布的资源权利"，而有多种来源。图 2 - 1 显示，产权可来源于国际条约和法规、国家的法律或成文法、宗教法和公认的宗教惯例、习惯法、程序法或捐赠法（包括捐赠规则）以及组织法（如使用者或非使用者群体制定的规则）（Meinzen - Dick & Gregorio，2004）。

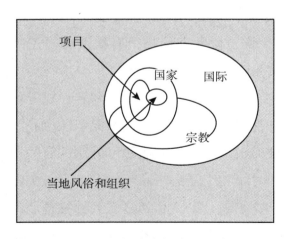

图 2 - 1　多种产权来源共存

资料来源：Meinzen - Dick, Ruth & DiGregorio, Monica & McCarthy, Nancy. Methods for studying collective action in rural development [J]. Agricultural Systems, 2004, 82（3）：197 - 214.

1.2　资源产权制度有什么作用

产权可以控制生产者和消费者对资源的使用。研究产权及其对人类行为的影响，能够更好地了解政府和市场分配是如何引起环境问题的。当所有者拥有的资源产权明晰时，他会有强大的动力来有效使用该资源。如明晰的土地产权可增加农民对投入产出的预期，从而有动力对土地进行施肥和灌溉，以增加产量从而提高收入。明晰的产权有助于提高效率。

制度。制度对人类社会来说是至关重要的，每一个单独的个体通过制度与社会建立联系：一方面通过参与各种社会团体而被纳入社会体系；另一方面，无论是作为个体，还是作为所参与的各种团体中的成员，按照规则来行为处事。这些影响和控制着个体和团体行为的文化态度、习俗和传统、习惯性的思维方式和法律安排等都被视为制度或制度因素。

制度是大家共同遵守的办事规程和行动准则，一方面指习俗（custom）、惯例（convention）、传统（tradition）和社会规范（norm），另一方面指有一定规则在内的机构、组织或团体。不同的人对制度的理解有所侧重，如哈耶克将制度视为秩序（order），科斯将制度视为建制结构（structural arrangement or configuration）和企业（firm），诺思将制度看成游戏规则（rules of game），即人为设定的、由正式规则和非正式规则构成的社会博弈规则。制度提供了人类相互影响的框架，建立了构成一个社会一种经济秩序的合作与竞争关系。制度包含三个方面的内涵：（1）是约束人们行为的一系列规则。它抑制着人际交往中可能出现的任意行为和机会主义行为；（2）制度与人的动机和行为有着内在的联系。历史上的任何制度都是当时人的利益及其选择的结果；（3）制度是一种"公共物品"，它不是针对某个人，而是针对每个人而设立的。制度为一个共同体所共有，并依靠某种惩罚或激励而得以贯彻，由此将人类行为导入可合理预期的轨道（罗必良，2005）。制度因素可对经济行为产生持续影响，从而使经济行为更加稳定和更可预测，同时也使经济行为更易于调整和动态化。

产权制度。产权制度是一种基础型经济制度，是市场制度以及其他许多制度安排的基础。产权制度可以保护交易秩序，确定相应的竞争规则，避免竞争性利用产权不明确的资源而导致的租值耗散，从而提高经济效率。产权制度是契约交易的前提，明晰产权可以将成本和受益的外部效应内化到当事人的经济决策行为中去。

产权制度包括：（1）私有产权，即通常所认为的个人财产；（2）共同产权，即财产由一组特定的共有人共同拥有和管理的产权；（3）国家（公有）产权，即政府或集体所拥有并控制的财产权利；（4）自由进入产权，即指没有人拥有或控制资源的情况，也即指没有产权的情况。不同的产权制度会对资源使用产生不同的激励。

国家财产制度多存在于前社会主义国家，不过世界上几乎所有国家也都不同程度地存在国家产权，如公园和森林无论是在资本主义国家还是在社会主义国家都由政府拥有和管理。共同财产资源是指共同拥有而不是私有的资源。使用共同财产资源的权利可以是正式的，受具体法律规则保护，也可以是非正式的，受传统或习俗保护。无主财产资源（res nullius property resources）可以在先到先得的基础上加以利用，因为任何个人或团体都没有限制进入的法律权力。开放获取资源（open-access resources）容易导致众所周知的"公地悲剧"。

北美野牛提供了一个开放获取资源导致"公地悲剧"的例子。开放获取资源的特点是非排他性和不可分割性，即一个个人或群体获取的部分资源会使其他群体的可用资源减少。在美国早期历史上，野牛数量众多而人口较少，不限制狩猎不会对人们的需求构成问题。需要兽皮和肉的边疆开拓者可以轻而易举地得到他们需要的野牛资源，且任何一个新猎人的进入都不会增加其他已经进入的猎人狩猎的难度。在野牛资源充足的情况下，狩猎效率不会受到开放获取的影响。然而，随着猎人数量的增加，对野牛需求的增大，野牛变得越来越稀缺，每增加一个单位的狩猎活动，猎获一定数量的野牛所需的时间和精力就增加了。

如果野牛为开放资源，那么所有猎人都可以完全不受限制地捕猎野牛，没有排他权的猎人将会尽量猎获野牛资源，直到他们自己的总收益等于总成本。而没有一个猎人会有激励通过限制狩猎来保护稀缺的租金，因为，个人不能利用资源的稀缺租，因此就会忽略稀缺租而对野牛进行过度捕猎，进而导致稀缺租消散。这个案例说明：在需求旺盛的情况下，如果对资源的获取是不受限制的，资源会被过度利用；并且，由于没有人可以占用租金，因此，租金会消散。导致这一结果的原因在于，对利用资源不加限制会破坏人们保护资源的激励。如果有某种机制，使得某个猎人能阻止其他人捕猎剩余的野牛，他就会有激励将牛群保持在不被过度捕猎的水平上。这种限制会降低捕猎一定数量的野牛所花费的时间和精力，从而降低狩猎成本。但对于捕猎开放野牛资源的猎人，不会有任何激励去保护野牛资源，因为某个猎人自己付出努力限制对野牛的捕猎，对野牛加以保护，会让其他猎人从限制中获得好处。因此，不受限制地使用资源会降低资源的分配效率。

土地制度与土地产权制度。土地制度是指影响土地资源所有和使用的制度因素（Barlowe，1986）。土地制度有广义与狭义之分，广义的土地制度包括土地所有、使用、管理和利用等一切问题的制度，涉及生产力和生产关系两个方面；而狭义的土地制度指约束人们土地经济关系的规则集合，即人们围绕土地所有、利用、收益而发生的生产关系制度，是一种经济制度（曲福田，2011）。土地制度包括土地产权制度、土地用途管制制度、土地金融制度、土地税收制度和土地管理制度。土地产权制度是土地制度的核心。

在土地制度中，财产的概念最为重要。土地资源不仅仅是严格意义上的生产要素，从文化、经济、法律和社会的角度来看，土地资源是与人类制度密不可分的自然因素。人们需要土地资源来满足自己的需要，为了实现这一目标，人们制定相应的制度安排，允许个体或团体行使所有、占有和利用特定土地资源的特权，而不让其他人行使这些权利。这些安排所代表的权利制度就是土地产权概念的基础。

在诸多的英文文献中，土地产权制度常见的表达有 property in land 和 land tenure。property in land 是 land tenure 中最基本的部分，可被视为土地所有权，具有内化外部性、避免陷入对土地的无序竞争、为土地所有者带来明确的预期、降低土地所有者的风险并为他们带来更大激励，以及为土地权利流转和土地金融提供基础等重要实践意义。land tenure 一词起源于中世纪欧洲"封建主义"盛行之时。tenure 来自拉丁文 tenere，有"持有"（to hold）之意。土地有众多"保有方式"，其中之一是被封建统治者授予给某一使用者。这些"保有方式"是统治者用来统治这片土地时与使用者之间达成的一组相互的权利和义务。这组关于土地的权利和义务是维系封建社会的"黏合剂"。"land tenure"被19 世纪早期的英国经济学家用来研究土地，探讨哪些土地保有权具有更高的生产率。如今，"land tenure"不仅指财产权，而且指其文化、社会和经济作用和意义。"保有权"是一种社会公认的与土地相关的一束权利和义务。tenures 是指所有权、租赁权、用益权、抵押权等与不动产有关的财产权利。每个国家或社区都有许多不同的保有方式，这些保有方式服务于不同的（经济和社会）目的，反映不同的利益。这些土地产权相互作用、相互补充，形成一种制度，即土地产权制度。

土地产权制度的功能。作为重要的经济制度，土地产权可降低不确定性，将外部性内化到经济决策者的决策函数中，激励经济活动主体更有效地配置其资产，使其行为的努力程度能在预期收益中得到体现。具体而言，土地产权具有经济功能、保障食物安全的功能、降低脆弱性功能、社会功能和保护资源的功能。如拥有土地使用权意味着可耕种作物和饲养牲畜，而拥有土地所有权则意味着可通过出售和租出土地来获取收益，也可凭借对土地的拥有分享由于经济发展等带来的土地增值收益。拥有土地使用权产权的家庭可以自己生产食物，并将土地利用作为收入来源，以保障家庭的食物安全。在面临气象灾害或其他突发事件时，土地产权可被视为财产，通过出售、租出或抵押该财产，以此获得食物和就业来源，以减缓冲击。表 2 - 2 显示了土地产权不同功能发挥的情形。

表 2 - 2　　　　　　　　　土地产权制度的多种功能

土地的产权功能	例子
经济功能	进行生产性活动（耕作、牲畜饲养） 通过土地出售和租赁产生经济收益 伴随经济发展产生土地增值收益
保障食物安全功能	提供食物和收入来源 作为突发性涨价的缓冲
降低脆弱性，减缓冲击	作为食物和就业来源 作为信贷抵押品 通过土地出售和租赁获取收入
社会功能	保障土地产权人在社区和国家中的社会地位/谈判地位 保持产权人作为团体成员的资格 保留文化认同
保护资源	保障产权人的决策权和投资权 激励产权人可持续管理资源

资料来源：Meinzen - Dick, Ruth & DiGregorio, Monica & McCarthy, Nancy. Methods for studying collective action in rural development [J]. Agricultural Systems, 2004, 82 (3): 197 - 214.

1.3　资源产权制度为何产生，又如何发展？

经济学家们认为资源产权制度的形成在于提高资源的利用效率、激励保护性投入。资源管理学者则强调资源产权制度应建立在不同资源的属性之上（Ostrom，1990）。根据奥斯特罗姆（Ostrom）及其追随者在世界各地对渔业和森林等共享资源进行的大量研究，成功的共享资源管理制度既有从传统中延续下来的，也有通过新的制度设计创新出来的。资源制度对管理者和利用者提供的激励与约束功能的有效发挥与其形成的自然条件和社会经济环境密切相关（Acemoglu & Johnson，2005），表明资源制度的形成受自然条件和社会经济环境的影响。对此，奥斯特罗姆（Ostrom，2009）在经过大量案例研究的基础上指出，所有人类利用的资源都嵌套于复杂的社会生态系统中，这些系统又由多个子系统和其内部变量在不同层面上构成。而无论是对于内生制度还是外生制度，资源制度的形成根植于本土的文化，制度能否形成并对资源的管理发挥作用，取决于这些制度是否符合当地的文化多样性，并被当地人所接受和自觉遵守（柯武刚，史漫飞，2004）。德姆塞茨（Demsetz，1967）认为，人们在土地利用相关的经济活动中产生的外部性问题需要产权来解决，以便将超出成本的收益或超出收益的成本内化到土地利用者的行为中去。产权一经产生，其发展受多种因素的影响。

产权是可变的。资源的权利不是一成不变的，由于资源数量、使用时间和管理方式的差异，不同个人和集体对于相同资源会拥有不同种类的权利。资源越是可变，由其发展出的产权就越具有灵活性。如许多传统牧场根据天气和集体间的社会关系等因素来交涉进入权。这种灵活性在干旱和其他灾害时期通过集体间资源共享的互惠方式为成员提供了保障。图2－1所示产权来源的多元法律框架为人们以更加灵活的方式利用自然资源提供了法律依据，如在国有林地上，某个社区的个人有采集药材或收集枯枝作为柴火的权利（使用权），当地团体能够拥有种树（管理）和守护（排他）的权利，而国家则保留批准砍伐树木和向使用者收费的权利（Gonsalvez，2013）。

所有权是最基本的土地产权制度。在现代法律体系里，所有权是最基本的土地产权，其他的土地产权可以从土地所有权中派生出来。所有权主要有三种形式：国有产权、共有产权和私有（个体）产权。这三种产权形式在现代土地产权制度中普遍存在，且在许多国家都同时存在，只不过其中的某一种形式被视为占主导地位的产权。不同国家有其不同的土地所有权制度。例如，俄罗斯、古巴、坦桑尼亚、博茨瓦纳、英国（皇室所有权）等国的土地产权以国家所有权为主，加纳、塞内加尔和莱索托等非洲国家以共有产权为主（共有制度很少被认为是主要的土地产权），而美国、法国、瑞典、肯尼亚、南非、巴西、菲律宾等以私有（个体）产权为主。中国的土地产权制度有国家所有和集体所有两种形式。许多国家也拥有一种或两种其他形式的所有权。美国的土地虽然以私有产权为主，但依然有 39% 的土地总面积为公有（其中32% 为联邦政府所有，7% 为州及地方政府所有），2% 为印第安人保留地。其中，加利福尼亚州和得克萨斯州土地产权的构成中，联邦所有、州所有和私有的土地分别占本州土地总面积的 48% 和 2%、6% 和 8%，以及 46% 和 90%（Herrera，Davies & Baena，2014）。在联邦政府所有的土地中，所有权形式也呈现多元化：60% 由国家土地管理局控制，24% 由国家林业局控制，剩下的 16% 由国家公园局和垦荒局等控制。主要的产权主要针对最宝贵的土地资源而设立，即哪种土地资源最为重要，其所对应的产权形式就是主要的产权方式。

一个国家到底选择何种土地所有权制度，受多种因素的影响，其中，意识形态是决定性的因素。对市场经济为主的国家而言，私有制可能是占主导地位的土地所有权；而对社会主义经济而言，国有制可能是占主导地位的土地所有权形式。此外，历史和经验对一个国家土地所有权制度的形成也具有影响，如在很多被殖民的国家，当地习惯的土地产权遭到忽视。土地通常由皇室或国家拥有，这样他们就可以把土地以私有产权的方式分配给殖民地的定居者。在不太可能吸引定居者的国家，皇室或国有土地产权仅限于城市土地，而农村地区继续实行传统的土地所有权制度。

土地使用权比所有权更重要。完全的土地"所有权"对于资源的使用和管理而言不是关键，关键的是土地使用权的安全。这就是为什么国际上关于土地所有权的研究并不多见，而对于农场、森林和牧场等土地使用权的研究和分析比比皆是的原因。处于"制度底端"的土地使用权受到占主导地位的所有权的影响，但却更为重要，因为它与产权主体的行为激励和土地生产力直接相关。因此，从土地政策的角度来看，在确定产权制度安排时更需要考虑的问题是土地使用权如何影响土地投资、生产力和生产可持续性等目标的实现（见图2-2）。

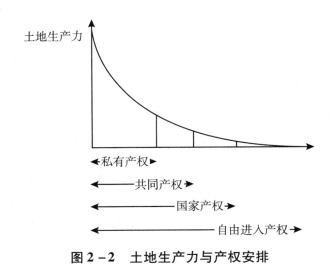

图2-2　土地生产力与产权安排

　　产权制度的安排与土地资源的生产力相关，如图 2-2 所示。一般来说，土地的生产力越高，就越倾向于采用私有产权的方式，而随着土地生产力的降低，产权安排逐渐向共同产权、国家产权和自由进入产权过渡。以瑞士阿尔卑斯山区的土地资源为例，通常山脚下较为平坦肥沃的土地产权为私有的，农牧民可以用来作为冬季牧场，也可以用来种植玉米等农作物或用来种植牧草；而随着海拔的升高，草场的生产力越来越低，土地的产权制度安排就越来越倾向于不同人群规模的社区共用。在海拔较低的地方，共用草场的社区可能由 50~70 户农户或牧户组成，大社区的牧户每年共用这片草场达几周时间；然后牲畜往山腰转移，这里草场的生产力较低海拔地区要低，地形地貌也更为复杂，共用草场的牧户达 20~30 户，之前的一个大社区分成了几个中型社区，根据草地的承载力决定共同放牧的时间；之后，牲畜转向海拔更高的草地，这里的地形地貌越加复杂，土地生产力愈发低下，因此，共用草场的牧户社区包括的牧户家庭更少，可能只有 3~5 户。很多国家和地区的土地生产力及其产权制度安排之间也反映出这种规律，即生产力越低，产权制度安排越倾向于共有和国有。美国东部肥沃的农业土地一般为私人所有，而西部广大草原地区的土地，特别是人迹罕至的荒漠和自然保护地则多为联邦政府所有。

　　土地产权制度会受政治、社会和经济因素的影响。如前文所述，尽管在瑞士，农业用地通常被视为私有财产，但在阿尔卑斯草原上放牧的权利几个世纪以来一直被视为公共财产。瑞士高山牧场的放牧权分配是共有产权制度的一个成功例子。在这个例子中，过度放牧受到用户协会的规定限制，这些规定限制了每个牧户允许在草地上放牧的牲畜数量和时间。随着权利和责任代代相传，协会成员名单上的家庭一直很稳定。不过，土地产权制度的稳定可能会在面临严重的人口压力时瓦解。斯里兰卡的一个小渔村马维尔的经历可以说明产权制度安排遭到冲击的情形

（Ostrom，2000）。一开始，村民们设计了一个复杂而有效的捕鱼权轮换制度，以确保公平获得最佳地点和最佳时间，同时保护鱼类种群。后来，随着人口的增多，需求增加了。加上外来人口涌入导致的集体凝聚力削弱，使得传统规则变得不可执行，资源被过度开发，参与者的收入降低。这种原来十分有效的资源产权制度变得不再管用。需要新的产权制度安排来应对出现的新情况。

1.4　草地产权制度

草地产权是指草地资源拥有和使用的期限和条件（Bruce，1986），可被描述为草场资源的所有方式，即由政策制定者倡导、牧民在实践中采用的财产关系（Lane & Moorehead，1994）。产权是对通常由国家来保护的收益流的要求权，是包括收益流、权利所有者和义务承担者在内的三合一的社会关系（Bromley，1992）。相对于"开放获取"（open access）的资源，草地资源多在"控制获取"（controlled access）下管理，即一般由国家（国有）、社区（共有）或个人（私有，有时被称为"封闭获取资源"（closed access resources）），或者由几者共同管理（Lane & Moorehead，1994）。传统上，草地资源多以共有产权存在。草地共有与基于全体成员资格获取土地的产权密切相关（Bruce，1986）。产权反映的个人与群体间关于土地使用的权利和义务关系（Birgegard，1993）会通过影响人们的生存、财富分配、政治权利和文化表达等而影响生活的方方面面。强制改变产权不仅会改变牧民与草地的管理，也会对整个社会结构造成深远影响（Lane & Moorehead，1994）。

草地产权理论。草地产权主要有三种理论：公地悲剧理论、产权学派理论和担保问题理论。公地悲剧（the tragedy of the commons）理论源于哈丁（Hardin，1968，1988）。哈丁认为，如果草地是公有，而牲畜是私有的，每个牧民都会增加自己的牲畜而使增加的收入归自己所有，导致的外部成本由大家共同承担。因此，早期 Hardin（1968）认为私有化草地可以解决共有产权导致的过牧而引起的草地退化问题。但有些学者并不赞同这种观点，认为通过改革共有产权制度来避免悲剧不值得盲从（Fratkin，1997）。

产权学派（the property rights school）的代表是德莫塞茨（Demsetz，1967）和贝恩克（Behnke，1991，1994）。他们认为随着资源稀缺程度的增加，人们会尽量以最大化自身收益的方式利用资源，这样就必须加强对资源利用的控制，由此而产生的控制成本（costs of policing）若低于人们所获得的收益，那么，资源的产权就会倾向于私有化。在两种情况下，草地资源的产权可能会被私有化：一是当草地的生产力较高时，如英国和荷兰等国的草地；二是生产力低的草地资源变得稀缺，而日益增大的人口压力改变了牧民"逐水草而牧"的机会主义放牧策略时。与之相反的是，当资源不稀缺、"搭便车"不成为问题时，共有产权可以有效。当然，也存在资源相对稀缺而生产力较高地区长期维持草地共有产权的情形（Netting，1978）。

担保问题理论（the assurance problem approach）见于荣格（Runge，1981，1984）和布罗姆和塞尼（Bromley & Cernea，1989）。荣格（Runge，1984）认为，如果能够将期望、保证和行动协同起来预测行为，牧民"搭便车"的可能性就会降低，而作为效用最大化策略的合作行为则会增强。社会制度可以协调和预测行为，从而激发群体合作。随后，荣格（1986）补充道，在收入水平低、严重依赖于自然资源基础且面临收入极其不稳定的社区，共有产权更为合算（cost effective）和有效（efficient），因为这样的社区难以承受资源私有化的交易成本。习俗和规则等非正式制度发挥着协调行动的作用，促进牧民对于制度的自愿支持和维护。同时，广泛存在于牧民之间的互惠关系大大加强了牲畜的移动性。

草地产权制度类型。目前世界各地有着从私有到共有和国有的草地产权制度（王晓毅，2010）：（1）草地私有制，代表国为日本和英国等资本主义国家。（2）草地国有制为主，苏联、澳大利亚和加拿大等属于此类。草地或牧区土地属于政府所有，政府将草地租给牧场主使用，期限一般长达几十年甚至上百年。（3）草地集体所有制，大多数社会主义国家属于此类。许多发达国家的草原是以公有的形式存在的，如澳大利亚的全部土地资源中，各种类型的公有土地约占87%，私有土地占13%。澳大利亚公有土地的绝大部分以出租或颁发许可证的方式交给私人使用，也有很少一部分以出售的形式转化为私人所有。就出租期限而言，可分为永久性出租和期限性出租两种。澳大利亚的公有土地利用比较有效，很重要的一个原因就是它们都不同程度地采用了土地的长久性租用制。如南澳大利亚出租期限从1990年起确定为42年。作为世界上草地畜牧业最为发达的国家之一，澳大利亚的牧场草地使用权采用以家庭为核心的大规模、私有化产权体制。英国的草地所有制也在逐渐公有化。英国经济学家认为，公共部门保护某一特定用途土地和获得改变用途控制权的最稳妥方式是从当前私人所有者手里购买，直接经营或以严格使用条件出租。多数国家采取混合所有制的形式，如美国的2.4亿公顷永久性草地中，私有产权的草地占60%，而联邦和州所有的草地占40%（任榆田，2013；缪建明，李维薇，2006）。

草地产权制度功能。草地产权制度作为最重要的资源利用制度和基本经济制度，不仅对牧民的食物安全和可持续生计有影响，对草地资源的可持续治理也至关重要。草地产权制度为牧业发展提供了直接的经济动力（盖志毅，2005）；帮助牧民及其社区保护和改善自然资源基础；有助于提高环境的可持续性，解决社会冲突，保障脆弱人群的食物安全；帮助人们积累资产禀赋，使他们能够享受可持续的生计。草地是牧民最重要的可持续生计资产。草地产权与劳动力一起，构成了牧民最重要的资源禀赋,用于生产供家庭食用的食物,也作为收入的主要来源,供家庭或个人用于医疗和教育等支付需要。草地产权不仅是牧民畜牧业生产的基础保障,而且也是社会关系和文化价值观的基础,是威望和权力的源泉。由此形成的在特定社会和文化群体内建立的社会网络是确保牧民家庭生计可持续性的一项非常重要的资产。

中国草地产权制度及其变迁。根据 1982 年 12 月 4 日第五届全国人民代表大会第五次会议通过的《宪法》第九条的规定,"……草原、荒地、滩涂等自然资源,都属于国家所有,即全民所有,由法律规定属于集体所有的森林和山岭、草原、荒地、滩涂除外",中国的草原产权除内蒙古的多为集体所有之外,其他主要草原牧区的草地为国家所有。这里以我国草原面积大省区内蒙古为例,简要回顾新中国成立以来草原产权制度的变迁。

内蒙古自治区成立以来,草原产权制度经历了四次大变革:第一次是 1947—1952 年,随着革命的胜利与内蒙古自治区的成立,草地所有权从封建统治阶级手中让渡到了广大蒙古族人民手中,为蒙古族民族公有;第二次是 1952—1958 年,这个时期草地的所有权归牧民私有,但由集体统一经营;第三次是 1958—1984 年,这个时期草地归集体所有,集体统一经营;第四次是 1984 年至今,草地产权为集体所有但承包到户经营。西藏的草原产权制度变迁从 1951 年至今可以分为:1951—1959 年沿袭草场封建部落制,部落头人、贵族不仅占有最好的草山,而且拥有对草场的绝对支配权;1959—1965 年实施以"牧者有其场"为目标的民主改革,产权制度是草场分散私有、分散经营。随后从"所有权牧民私有"过渡到"合作或适度统一经营";1965—1978 年实行所谓的"三级所有、队为基础",在政府的强制下,基本上实行了"草场集体所有、集体统一经营"。1984 年在全区实施了"牲畜归户,私有私养,自主经营,长期不变"。2002 年,内蒙古自治区人民政府发布关于全面落实农区草牧场"双权一制"（即草原所有权、使用权和承包经营责任制）工作的通知，直到 2005 年全区才基本上实施了"草场公有（国有）、承包到户、自主经营、长期不变"。2014 年中央 1 号文件提出稳定和完善草原承包经营制度。为了全面完善草原确权承包，内蒙古结合草原"双权一制"，于当年制定了完善牧区草原确权承包试点工作实施方案，并在 10 个牧业旗县开展了草原确权承包试点工作。2015 年 5 月，全区草原确权承包工作全面推开。经过三年多的努力，截至 2017 年底，全区草原确权承包工作基本完成，落实的草原所有权面积、使用权面积、承包经营权面积，分别占 2010 年草原普查面积的 88%、5% 和 80%[1]。2017 年，内蒙古出台健全牧区草原所有权、承包权、经营权"三权分置"的办法，进一步完善草原产权制度[2]。

2 现行草地经营制度下的牧户草地治理

历史上，草地资源作为一种公共池塘资源，属于开放和共享资源，生活在草原上的牧民一直以游牧、半游牧或休牧等方式进行牧业生产。自 20 世纪 90 年代初牧区推行"畜草双承包"制以来，现有草地经营制度就基本形成。草原所有权归国家（除内蒙古之外的其他主要草原省区）或集体所有（内蒙古牧区除农垦等国有草场之外的大部分草原），承包权按照当时的草场分配原则分给当地的牧户。经营权视承包户对其所承包草场的情况而定：如果牧户自家经营其承包的草场，那么草地经营权与承包权都归承包的牧户所有；如果牧户将其承包的草场租赁给他

① 李文明. 全区草原确权承包工作基本完成［N］. 内蒙古日报，2018－01－17（10）.
② 新华社内蒙古分社. 内蒙古出台完善农村牧区土地草原"三权分置"办法［EB/OL］.（2017－03－10）. http：//www. nmg. gov. cn/art/2017/3/10/art_1524_141331. html.

人使用，则草地的经营权归承租人；如果牧户承包的草场没有租给他人，而是和其他牧户的草场合在一块使用，那么草地的经营权就归这些草地的合伙者共同使用；如果草场以联户的形式承包，且其中没有牧户租出草场，那么这些联户共同拥有草场的承包权和经营权。

本章以内蒙古锡林郭勒盟和呼伦贝尔市典型草原牧区为例，探讨现有草地产权制度下，我国主要草原牧区单户无租赁、单户有租赁和多户共用这三种草地治理模式及其生态、经济和社会效果。比较三种草地治理模式的效果，有助于探讨现行草地经营制度下草地有效治理模式的选择，改善草地的治理并促进牧区的绿色发展。

2.1　研究区及数据概况

内蒙古自治区拥有天然草原 13.2 亿亩，占全国草原面积的 22% 和全区国土面积的 74%（内蒙古自治区林业和草原资源概况，内蒙古自治区林业和草原局 2019 年 10 月 12 日发布）。2010 年，内蒙古天然草原面积的 68% 落实了承包，承包面积达 8.78 亿亩，涉及农牧户 160 多万户，其中承包到户面积 8.26 亿亩，承包到联户的面积 0.52 亿亩[①]。2014 年，全区 80% 的草原所有权和 73% 的承包经营权得到落实[②]。锡林郭勒盟位于内蒙古中部，土地总面积 1999 万公顷。锡林郭勒草原是内蒙古主要天然草场之一，草原面积 1796 万公顷，占总面积的 89.85%。属中温带干旱半干旱大陆性季风气候，天气干旱寒冷、风沙大。锡林郭勒盟涵盖了典型草原、草甸草原和荒漠草原等类型。典型草原分布在中部，是锡林郭勒草原的主体，地形以平原和低山丘陵为主，

---

① 王欲鸣. 内蒙古 9 亿亩草原承包到户，生态经济效益双提高［EB/OL］.（2010 - 07 - 02）. http：//www. northnews. cn/news/2020/0316/144217. html.

② 于杰. 内蒙古：保护近 3/4 国土面积的天然草原［N］. 中国绿色时报，2019 - 07 - 31.

可利用面积893.3万公顷，占全盟可利用草场的50.6%，地表水比较丰富，牧草质量好，优良牧草占50%～60%；年平均降水量在223～310毫米，年平均气温在0.1～3.1℃；草甸草原主要集中分布在锡林郭勒盟的东部和东北部地区，以低山丘陵、高平原与宽谷平原地形为主，是森林向草原的过渡地段，草原面积601.7万公顷，占全盟可利用草场面积的1/3，其中优良牧草占50%，是水草丰美的牧场，各地年平均降水量在324～380毫米，年平均气温在1.7～2.4℃；荒漠草原位于锡林郭勒盟西部，可利用面积282.9万公顷，占全盟可利用草场面积的15.9%，植被属旱生类型，适宜饲养羊和骆驼；荒漠草原带降水少，气温相对较高，土壤沙化严重，风大、沙尘暴天气多。年平均降水量135～207毫米，年平均气温为3.2～5.1℃。

呼伦贝尔市位于内蒙古东北部，土地总面积2530万公顷，草原总面积1120万公顷，其中可利用草场面积830万公顷，占内蒙古草原总面积的11.4%。全年气温冬冷夏暖，温差较大，无霜期短，日照丰富，降水量差异大，降水期多集中在7～8月。呼伦贝尔草地类型由东向西呈规律性分布，地跨森林草原、草甸草原和干旱草原三个地带，植被类型以草甸草原和典型草原为主。除东部地区约占本区面积的10.5%为森林草原过渡地带外，其余多为天然草场；年降水量在240～400毫米，平均气温在−1～0℃。年日照时数可达3000小时，年蒸发量1600毫米。

本章资料来源于2011—2012年课题组对锡林郭勒盟和呼伦贝尔市12个牧业旗县的实地调研。依据随机抽样原则，满足随机性与代表性的前提下，从盟（市）、苏木（乡镇）、嘎查（村）逐级别进行抽样。首先，挑选两个盟（市）的主要牧业旗县，再依据每个牧业旗的人口规模选取2～7个牧业镇或苏木（乡镇），然后在牧业镇或苏木（乡镇）随机抽取2～3个嘎查（村），并在嘎查（村）中随机抽取牧户进行访谈。共收集问卷 437 份，其中，有效样本数 417 户，锡林郭勒 219 户，呼伦贝尔 198 户（见表 2 - 3）。本书的案例资料来源于 2015—2016 年课题组基于我们 2011—2012 年在内蒙古锡林郭勒盟和呼伦贝尔市对牧户进行实地调查的回访。

表 2 - 3　　　　　　锡林郭勒和呼伦贝尔市牧区三种草地
经营模式样本分布　　　　　　　　单位：户

模式	单户无租赁	单户有租赁	多户共用式	合计
锡林郭勒	126	57	36	219
呼伦贝尔	105	57	36	198
合计	231	114	72	417

2.2　牧户的草地治理模式

调研区牧户的牧业生产活动可以用两条主线和一条辅线来反映，如图 2 - 3 所示。主线一为图 4 中圈所代表的一个循环往复的过程，反映了牧业生产每个固定时间段必须执行的生产环节：三四月接春羔，五六月剪毛、洗羊，八月牲畜开始出栏，八九月为打草、购草的草料储备，十月左右配种，十二月和翌年的一月接冬羔。主线二为图 2 - 3 外圈所反映的贯穿全年的牲畜放牧过程，可以分为夏秋与冬春两个阶段，通常夏秋季节在放牧场上放牧，是牛羊等抓膘的时候；冬春季节在打草场放牧或舍棚中圈养，由于冬天北方天气寒冷，需要做好草料储备以及防寒工作，帮助牲畜平稳过冬。辅线为图 2 - 3 内圈，主要反映了一些非定期的牧业活动，如牲畜防疫，舍棚、围栏、机器的维修以及摩托车、房车等投入基础设施建设工作，这些活动是为两条主线的牧业生产活动做好后勤保障服务的。

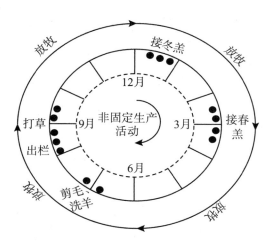

图 2 - 3　牧区一年四季牧业活动过程

注：黑点表示固定时间段的生产活动，不带箭头闭合线为常年循环式生产活动，带箭头非闭合线为非固定生产活动。

资料来源：李西良，等. 牧户尺度草畜系统的相悖特征及其耦合机制［J］. 中国草地学报，2013，35（5）：139 - 145.

现有草地经营制度下，牧户草地产权明晰，草场面积、形状固定。草地经营以家庭为单位，要求牧户以自有的生产资料独自完成主线和辅线上所有的牧业生产活动。然而，传统上牧业生产的基础是靠广袤的草原生态系统提供的天然牧草与牲畜生活的场所，这不同于农区精耕细作的农业生产模式，这种"小而全"的家庭经营模式可能并不适合牧区。单户有草地租赁模式在牧业生产主线二的放牧活动上通过扩大放牧范围与增加选择的方式，来弥补现有的"小而全"的单户无租赁模式的不足。多户共用模式是一种可以在三条牧业生产线上的任何地方都可有所改善的、范围更广、程度更大的草地治理模式。根据我们的调研，多户共用模式主要在主线一的生产环节和主线二的放牧活动上实现至少一个生产活动的合作共赢。据此，本章将内蒙古牧区牧户的草地治理分为单户无租赁、单户有租赁和多户共用三种模式，这样的划分方法与王、布朗和阿格拉瓦尔（Wang，Brown & Agrawal，2013）和阿格拉瓦尔和佩林（Agrawal & Perrin，2009）等的较为一致。

调研数据显示，超过半数的牧户在草地承包到户后一直实行单户无租赁方式，以家庭为经营单位在自家承包的草场上进行放牧活动；27.34%的牧户为更好地调节自家牧业生产，介入草地租赁市场，而17.27%的牧户选择多户共用模式见表2-4。

表 2 -4　　　　　　　　调研区不同草地治理模式及其主要特征

调研内容	单户无租赁	单户有租赁	多户共用
牧户占比（%）	55.39	27.34	17.27
产权明晰度	清晰	清晰	清晰
经营主体	单户家庭	单户家庭	多户家庭
决策方式	自我决策	自我决策	共同决策
直接相关者	无	承租者	合作者
草地资源权属	自家所有	出租方 + 承租方	分属每个合作者

2.2.1　单户无租赁模式

单户无租赁模式是指在现有产权制度下，牧户仅经营自家承包的草场，但可使用自家的，也可以租赁他人的生产性机械设备、劳动力等各项生产要素进行接羔、剪毛、出栏、打草、买草等各个关键环节的牧业生产、放牧及与此相关的牧业劳动和棚圈维修、打井、围栏修建等基础设施工作的草地经营模式（见表2-4）。调查中对老牧民苏布和巴特尔（化名，下同）的访谈揭示了单户无租赁草地治理模式的发生过程及其主要特征。

苏布从小在牧区长大，一直以来都从事牧业劳动，对于曾经的放牧和起初的承包过程，她回忆道：在20世纪六七十年代，整个嘎查都是在一起放牧的，那个时候嘎查里总共有五六十户牧户，牛羊等牲畜属于嘎查，整个嘎查大约有10000头羊和3000头牛。大家都是游牧，在一个地方放牧 5 天，然后换到另一个地方，这样草地才有喘息和休养的时间。1983 年开始分牲畜，平均每户可以分到 100 头羊，3～5 头牛。1995 年开始分草场，按照人口加牲畜数量的标准进行分包草场，当时她家总共分得草场 6617 亩，1996 年拿到草场本，就开始了自家放牧。

伴随着国家政策改革的推动，原本集体所有的畜草分包到户，牧民基于"浩特"和"嘎查"等社区基础的共同放牧形式解体，形成自我经营、自我决策的单家独户经营模式。牧民巴特尔家的牧业生产经营状况反映了单家独户治理模式的特征。巴特尔家位于锡林郭勒盟镶黄旗巴彦塔拉苏木 A 嘎查。他家有三口人：上学的女儿和从事牧业劳动的夫妻。牧业劳动之外，巴特尔会出去干一些零活。家里承包了 2226 亩草场，均为平地，拉有围栏。他家的草地分成三块，一块 200 亩的打草场，作为冬春草场，两块面积分别为 400 亩和 1626 亩的放牧场，作为夏秋草场。家里四轮、打草机和搂草机设备齐全，棚圈 5 间，陆续投入将近 4 万元。很早以前打了普通井，2013 年花 7500 元打了机井。近五年来家里的牲畜只有绵羊，每年绵羊的年末存栏数稳定在 90～100 头，2014 年有 90 头，2015 年有 94 头。

以一年春夏秋冬四季为时间轴，巴特尔家的牧业经营活动是这样的：春天，内蒙古还春寒料峭，这时他家的羊群还被圈在打草场上或者圈养在自家的棚圈里。每天都要给牲畜喂养干草，有时用饲料进行补充。棚圈需要不定期地清理。每年冬天都要储备足够的干草和饲料，一是让牲畜平稳过冬，二是为接冬羔和春羔作好准备。春天是牧区接羔的旺季，巴特尔家基本都是接春羔。每年的三四月份，巴特尔两口子就要忙着给自家的基础母畜接生羊羔。2015 年，巴特尔家接了 62 只春羔。接完春羔，天气转暖，巴特尔就要把羊群从打草场上或棚圈里赶到自家的夏秋草场上去。夏天牧草生长旺盛，草质最为肥美，正是牲畜长膘的季节。巴特尔每天早上要将羊群赶往夏秋草场上，晚上再把羊群赶回来，一般是先在 1626 亩的草场上放牧，但会在草场的草不好的时候，赶小部分羊群到面积小的草场上放牧。到七八月份的时候，除了每天的放牧，还有剪羊毛、洗羊等牧业任务。巴特尔家每年七月中下旬开始，夫妻俩就在自家的放牧场上搭建架子，上面用遮阳布遮挡阳光，在草甸子上铺上塑料薄膜，夫妻俩坐在草甸子上用剪刀给自家的羊剪毛。巴特尔告诉我们，夫妻俩要一个多星期才能完成 90 多只羊的剪毛工作。8 月初，挑选天气晴朗、温度适宜的日子，把羊赶到草场边上的洗羊池，调配好药液，给羊进行冲洗，洗羊工作一般一天就能完成。秋天，羊群还是在夏秋草场上放牧。巴特尔每天早上将羊群赶往自家的夏秋草场，晚上再将羊群赶回住处。八九月份又是牧民忙碌的时候，开始打草为牲畜储备过冬草料。这个季节，在牧区会看到打草机、搂草机、圆捆机、四轮等机器设备在草场上来来回回行进，牧民们有的是给自家打草，有的是给别人家打草。巴特尔家有打草所需要的整套机器设备，所以他和他妻子两人花几天的时间就能完成打草、捆草和将草从打草场运回棚圈等工作。

我们 2015 年 8 月下旬在当地调研时，天气干旱严重，打草场上的草长势不好，打草的时间往后推了些，牧民都刚开始进行打草工作。巴特尔家打草场上草的长势非常不好，我们去访谈他的时候，他家还没开始打草。他估计能打到的都是一些细碎的草，羊不太爱吃。夏末至整个秋天是当年羊羔的出栏期，羊羔可以卖给当地的二道贩子，也可以由自己出运输费把羊拉到冷库出售。我们调研的时候，由于羊价比较低，巴特尔家的羊羔还没有出栏，在继续观望中，等着二道贩子的价格往上提一提。他告诉我们：如果等不到提价，也得卖了，因为急着给羊买草料。去年（2014 年）他家出栏 80 只羊羔，给了二道贩子，平均价格在每只 400 元。这个价格远不及我们 2012 年在当地见到的羊羔价格，那时一只同样大小和年龄的羊羔卖到 800 多元。

内蒙古一般到 10 月份天气就会开始转冷，牧民根据经验预估从打草场上获得的干草是否够牛羊平稳过冬。巴特尔告诉我们，"太旱了，打草场上都没有草，肯定是要准备买干草和饲料的。去年买干草花了一万多元，今年（打草场的草）比去年还差些，估计买饲料也得花五六千元，才可能安稳过冬啊。"冬天，巴特尔的羊群从夏秋草场转移到冬春草场和自家修建的棚圈，每天给牲畜喂干草、饲料，不定期地做好棚圈的清扫以及冬季的抗寒保暖工作。一年里要是遇上些病疫，还得请兽医帮忙看病，每年不忙的时候，还要维修棚圈、机器设备等基础设施工作。

2.2.2　独户有租赁模式

独户有租赁模式是指牧户根据自家牲畜数量，参与草地租赁市场，在自家承包和租来的草场上，使用自家或租来的生产性机械设备、劳动力等生产要素进行接羔、剪毛、出栏、打草、买草等各个关键环节的牧业活动，放牧及棚圈维修、打井、围栏修建等基础设施工作的草地治理模式（见表 3 - 2）。在 417 户有效调研样本中，27.34% 的牧户参与了草场租赁，其中租入草地的牧户占 73.68%，租出草地的牧户占 25.44%，而 0.88% 的牧户既租入又租出了草场。这里主要讨论租入草场的牧户。

与单户无租赁模式相比，单户有租赁模式的草场构成包括自家承包的草场和租入的草场，而其他生产要素和牧业生产活动如接羔、剪毛和打草等也和单户无租赁模式一样。我们实地调研访谈的牧民小龙（化名，下同）家的情形反映了单户有租赁模式的一些特征。小龙家位于锡林郭勒盟正镶白旗宝力根道海苏木 B 嘎查，全家有三口人，夫妻俩从事牧业劳动。家里承包草场 1900 亩，分为两块，一块是离家 4 千米面积为 260 亩的打草场，另一块是家旁边 1640 亩的放牧场。两块草场均为平地，拉有围栏，有中等程度的退化。2014 年，小龙家花 2 万元购买了四轮、打草机和搂草机，棚圈的部分投资由项目补贴，水井是自家打的机井。2015 年初，小龙家存栏 23 头牛和 294 头羊。从 2009 年开始，小龙家就参与了草地租赁市场，当时租入了两块面积 200 多亩的打草场。2009—2012 年，家里的牧业生产与此前未参与草地租赁模式不同的是八九月份的打草环节，夫妻俩花费的时间更多一些，不仅要在自家打草场上打草，还要在两块租入的草场上打草。从 2013 年开始，小龙家从同嘎查的牧民处租入 3000 亩放牧场，每年的租赁费 3 万元，一年一租，每年结清租赁费用，至我们 2015 年调研时，每年均续租，并且打算之后的几年还会续租。

租入放牧场后小龙家一年四季在固定时间点的牧业生产如接羔、剪毛、洗羊、打草、牛羊出栏、配种等以及牲畜的疫病防治、棚圈机器等的维修活动和单家独户模式下是一样的，但常年的放牧活动有所变化。小龙家里本来有 1640 亩的放牧场，如果不租入草地，他家里的牛和羊常年都在自家的放牧场上放养，草场牧草不够，可能需要圈养。租入 3000 亩放牧场后，牛羊的放牧活动可以在两块草场之间走场。小龙说："我家是将牛羊合在一起放养，两块草场轮换使用，具体的轮换时间根据草场质量决定，也没有准确的时间隔多久换一次。这样草场会有一些喘息恢复的时间。"

2.2.3　多户共用模式

多户共用模式是指在现有产权制度下，两户及以上的牧户本着自愿平等的原则形成合作小组，将自家的草地和劳动力、机器设备等生产要素中的某种或某几种共同使用，并在打草和放牧等某个或某几个生产活动中互助合作的模式（见表 3 - 2）。常见的合作由父子、兄弟和亲戚朋友以及邻居家达成。我们 2015 年访谈的老王父子和牧民小吴家的情形反映了多户共用模式的特征。

老王（化名）父子居住在锡林郭勒盟正镶白旗 D 嘎查。儿子小王已经分家，但父子两家组成了一个合作小组，在打草和放牧时进行合作。父亲老王家里有 1560 亩草场，包括两块打草场共 260 亩，分别为平地和涧地，有围栏，两块放牧场面积分别为 327 亩和 973 亩，为平地，有围栏。2015 年老王家有 70 头羊和 3 头牛，老两口从事牧业劳动。小王家有三口人，两人从事牧业劳动，小王有空也会出去打工，拥有草场 1395 亩，其中两块打草场共 391 亩，为平地，有围栏，两块放牧场面积分别为 220 亩和 1004 亩，为平地，有围栏，家里有 90 头羊、6 头牛和 2 匹马。2011 年之前由于嘎查有 2.8 万亩公共草场，夏秋季节牧民都会住在蒙古包或房车里在公共草场进行牛羊马的放牧，每年只在自家放牧场上呆一个多月的时间。那时，父子两家各自单独经营，即使在公共草场上也是每家自己出劳动力在放牧场放养自家的牲畜。2011 年 11 月嘎查将此公共草场划分给每家每户。当时嘎查共有 24 户牧户，老王和小王各分得草场 973 亩和 1004 亩。公共草场分包到户后，牛羊只能在自家分得的放牧场范围内活动。此时，父子商量只在草场的外围拉上围栏，两家的草场合并共同使用，这样牲畜可移动的范围可增大一些，而且两家轮流看护牛羊也可以节约劳动力，得空出去干一些零活。于是老王父子在分得的夏秋草场上轮流放牧。秋季打草的时候，父子一起打草，如果干草不够，他们会一起买干草，然后平摊费用，平分草料，如去年，两家一起购买了 15000 公斤的干草，共花费 3 万元，每户承担 1.5 万元，但是饲料投入两家是分开的，各家根据自己牲畜以及干草情况再决定购买多少饲料。

夏秋季节，牧民通常都要将自家的牲畜从打草场或棚圈转移到放牧场，抓住牧草肥美牲畜长膘的机会。所以，草场质量非常关键。我们在内蒙古牧区了解到夏秋草场合作的另一种形式。在呼伦贝尔市新巴尔虎右旗 E 嘎查牧民小吴（化名，下同）家分得的草场呈细条状，家里的牛羊只能在这细长的路径上来回啃食牧场，草刚长出来些，就被啃食，还被牛羊自己来回踩踏，草场情况比较糟糕。于是，他与同村的牧民小特（化名，下同）家合作。在谁家草场上放牧，就由谁家照看所有的牛羊。比如这个月在小吴家放牧，就由小吴来放养两户的几百只羊和几头牛，下个月到小特家的放牧场上去，牲畜就由小特家帮着放牧，牲畜收益归各自所有。小吴说，"我们嘎查里这样合作放牧的牧户还是挺多的，这样草质能有一些改善，我们也能得空出去干活挣点钱。"

2.3　不同草地治理模式的效果

基于曹建军（2010）和李双元（2015）等的研究，结合调研区的实际情况，从生态效果、经济效果和社会效果三个维度大致评价以上三种不同草地治理模式的效果。

2.3.1　评价效果的指标

评价生态效果的指标有 6 个，包括：（1）草原生态指数：通过牧户对草原生态环境的自我感知评价来反映草原生态状况，其中，1 = 非常好，2 = 比较好，3 = 一般，4 = 比较差，5 = 非常差。草原生态指数越低，表明牧户对草原生态环境的评价越高，感知的草原生态环境越好。（2）打草场退化指数：通过牧户对自家打草场生态退化的自我感知评价来反映打草场的退化程度，其中，1 = 没有，2 = 轻微，3 = 中等，4 = 严重，5 = 很严重。打草场退化指数越低，表明牧户认为自家打草场的退化程度越低，草场生态效果越好。（3）放牧场退化指数：通过牧户对自家放牧场生态退化的自我感知评价来反映放牧场的退化程度，其中，1 = 没有，2 = 轻微，3 = 中等，4 = 严重，5 = 很严重。放牧场退化指数越低，表明牧户认为自家放牧场的退化程度越低，草场生态效果越好。（4）放牧场草的高度：通过牧户对自家放牧场上草的高度的自我评估来反应放牧场的退化程度，其中，1 = 50 厘米以上，2 = 40 ~ 50 厘米，3 = 30 ~ 40 厘米，4 = 10 ~ 20 厘米，5 = 10 厘米及以下。放牧场草的高度越高，表明放牧场的退化程度越低，放牧草场生态效果越好。（5）放牧场草的盖度：通过牧户对自家放牧场上草的覆盖度的自我评估来反应放牧场的退化程度，其中，1＝80%以上（密集），2＝60%～80%（较密），3＝40%～60%（中等），4＝20%～40%（稀疏），5＝20%及以下（极稀）。放牧场草的盖度越高，表明放牧场的退化程度越低，放牧草场生态效果越好。（6）畜均草场面积：计算公式：畜均草场面积＝（承包草场面积＋租入草场面积－租出草场面积)/家庭牲畜数量，计算得出：畜均草场面积越大，表明草场放牧承载压力比较小，草场放牧承载压力越小，越有利于草原生态环境的保护，该指标与草原的生态效果呈正相关。

评价经济效果的指标有 10 个，包括：（1）围栏投入：自家草场上修建围栏时，牧户自家的投入花费，不包括政府补贴等。围栏投入越多，则牧业生产成本越高。（2）舍棚投入：自家圈养牲畜修建的舍棚，牧户自家的投入花费，不包括政府补贴等。舍棚投入越多，则牧业生产成本越高。（3）水井投入：自家草场或定居处修建水源设施，牧户自家的投入花费，不包括政府补贴等。水井投入越多，则牧业生产成本越高。（4）生产经营性固定资产投入：包括摩托车、房车、挂车、打草机、搂草机、捆草机、奶罐车、风力发电机、柴油发电机、四轮。牧户自家对这些固定资产的经营投入，不包括政府补贴等，牧户对该生产经营固定资产的投入越多，生产成本越高。（5）草料投入：包括除自家打草场获得的干草外，从市场上购买干草的花费和饲料花费。草料投入越多，生产成本越高。（6）牧业生产总投资：包括生产经营性固定资产投入、草料投入、草场租赁费等牧业相关投入。（7）家庭牧业总收入：它是牧户的主要收入来源，包括卖牲畜、卖奶、卖羊毛羊绒骆驼绒、卖毛皮的收入以及卖草场、卖草料等取得现金收入。（8）家庭总收入：包括卖牲畜、卖奶、卖羊毛羊绒骆驼绒、卖毛皮的收入以及卖草场、卖草料、打工收入和自营工商业等取得的现金收入。（9）家庭总支出：包括生产经营固定资产投入、围栏投入、水井投入、干草投入、饲料投入、草场租赁费等牧业生产支出和日常生活支出。（10）家庭净收入：计算公式：家庭净收入＝家庭总收入－家庭总支出，计算得出：家庭净收入越多，表明牧户的经济收益越好。

评价社会效果的指标有 4 个，包括：（1）邻里互助度。在问卷中，用"您会经常帮助您所在嘎查（村）内的其他人吗：1＝尽量帮助别人，2＝花一定的时间帮助别人，3＝花很少的时间帮助别人，4＝大多数人只关心自己，从不帮助别人"表示。该指标越小，经常帮助别人，则邻里关系互助度越高，社会关系越和谐。（2）禁牧政策必要性。在问卷中，用"你认为是否有必要实施的禁牧政策：1～5 分别表示很有必要到完全没必要"表示。对禁牧政策必要性的评价指数越低，越认同禁牧政策，表明牧户对社会层面的草原生态意识比较高。（3）联合禁牧赞同度。在问卷中，用"如果我使用的公共草场生态退化需要禁牧，我会联合大家禁牧：1～5 分别为非常赞同到完全不赞同"表示。（4）联合减畜赞同度。在问卷中，用"如果我所在的公共草场生态退化需要减畜，我会联合大家减畜：1～5 依次表示非常赞同到完全不赞同"。

2.3.2　不同草地治理模式的效果

根据熵权法得到的权重，加权计算三种草地治理模式在生态、经济、社会维度的效果指数和综合效果指数，计算并检验单户无租赁、单户有租赁和多户共用三种模式的生态、经济、社会及综合效果指数（见表 2 -5）。

表 2 -5　　　　　　　　三种草地治理模式的效果指数

效果指数	单户无租赁	单户有租赁	多户共用	方差检验
生态效果指数	0.41	0.39	0.43	0.311
经济效果指数	0.50	0.47	0.48	0.017 **

续表

效果指数	单户无租赁	单户有租赁	多户共用	方差检验
社会效果指数	0.63	0.65	0.68	0.070 [*]
综合效果指数	0.51	0.51	0.54	0.086 [*]

注：①效果指数在 0~1 之间，0 表示经营效果最差，1 表示经营效果最好。
②＊、＊＊ 显著性水平分别为 0.1、0.05。

三种模式综合效果指数在 0.1 水平上显著，如表 2-5 所示。事后的两两比较检验结果表明，单户无租赁和单户有租赁模式的综合效果指数没有显著性差异，而多户共用模式的综合效果指数大于单户无租赁和单户有租赁模式，且均在 0.05 显著性水平上显著。因此，整体上看，多户共用模式的综合效果优于单户有租赁和单户无租赁模式，单户有租赁和单户无租赁模式之间没有显著差别。而单户有租赁的本质属于单户无租赁模式。因此，表明草场分包到户，以家庭为单位的经营模式并不适合草原长期可持续发展。草场分包到户，破坏了草原系统的整体性，破坏了牧区牧民生存发展的基础。"分包"走向"再合作"可能是缓解草原困境，实现草地可持续治理的有效途径。

2.3.2.1　生态效果

草原生态系统是人类生态环境的保障系统。它为我们提供的天然草场，是牧民赖以生存的物质基础，是牧区实现可持续发展的基石。而牧区牧民在草原上的牧业生产活动也影响着草原生态系统的完整性与稳定性，因此，草原生态系统与牧民生产经营活动之间相互制约、相互影响。

方差检验结果显示，单户无租赁、单户有租赁和多户共用三种草地经营模式的生态效果趋于一致。将生态效果细分，分别就生态维度下的六个具体指标，比较三种模式的优劣发现，打草场退化指数、放牧场退化指数和畜均草场面积三个指标在 0.1 显著水平上显著；而草原生态指数、放牧场草的高度和盖度三个指标均不显著（见表 2-6）。草原生态指数是牧民对草原生态环境的总体评价，不同经营模式下该指标没有显著性差异，平均值在 3.5 左右，这表明目前牧民对整个草原生态状况的评价相似，认为草场质量一般偏较差，这与我国牧区目前草地退化局部改善、整体恶化是一致的。放牧场草的高度与盖度指标没有表现出显著的差异性。而曹建军（2010）在对青藏高原牧区单户经营模式和联户经营模式在生态效益方面的研究中，植被高度用米尺测量叶柄的自然高度，盖度用现场目测法，研究检验发现除针茅高度外，联户体草场的禾草类植物高度均显著高于单户草场的禾草类植物高度，而植被总盖度之间没有显著性差异。杨阳（2012）在曹建军（2010）年的研究基础上，重新获取样本重复实验结果表明联户体样方总盖度高于单户体，且在 0.01 显著水平上显著。而本研究中对放牧场草的高度与盖度指标的测算采用的牧民的目测与自我感知评价，由于目前牧区整个草地退化状况严重，牧民对于草场牧草的长势与覆盖度的自我感知评价均趋向于恶化。

表 2-6　　　　　　　　　　不同草地经营模式生态效果

项目	独户无租赁	独户有租赁	多户共用	方差检验
草原生态指数	3.41	3.54	3.53	0.474
打草场退化指数	3.01	2.93	2.65	0.051 [*]
放牧场退化指数	2.95	3.12	2.71	0.075 [*]
放牧场草的高度（厘米）	16.86	16.93	19.17	0.238
放牧场草的盖度（%）	50.17	47.72	46.95	0.351
畜均草场面积（亩/羊）	19.61	26.25	23.86	0.086 [*]

注：* 显著性水平为 0.1。

　　打草场退化指数、放牧场退化指数和畜均草场面积三个指标通过 T

检验进行两两分析。与单户无租赁模式相比，单户有租赁模式下的畜均草场面积大于单户无租赁模式，说明牧区牧民在草场分包到户后通过单户有租赁的方式主动调节自家牲畜量与草场承载力之间的关系，增大草场面积，增加牲畜移动的空间范围，减轻草场的整体承载压力。单户有租赁模式下的打草场退化程度低于单户无租赁模式，而放牧场退化程度高于单户无租赁模式，但均不显著。

多户共用模式下打草场退化程度、放牧场退化程度、畜均草场面积均好于单户无租赁模式，但只有打草场退化指数显著。比较单户有租赁模式和多户共用模式，我们发现多户共用模式下的打草场退化指数、放牧场退化指数均小于单户有租赁模式，且具有显著性，表明多户共用模式对草原的退化减缓作用要好于单户有租赁模式。所以，多户共用模式的草场退化程度比单户无租赁和单户有租赁模式的退化程度轻。这是因为牧户之间草地资源的多户共用表现为联合使用草地时，草地面积的扩大改善草地资源的细碎化程度，使得草地生态系统恢复一定的生态功能；而在草地轮换使用的情况下，它能够避免同一块草地长年被使用，牧户草场之间的轮流放牧，给予草场恢复的时间，有利于草地生态的恢复。其次，牧民之间的多户共用也促成了牧户之间的共同监督，可以有效防止其他人的过度使用。而单户有租赁模式下牧户通过参与单户有租赁市场扩大草地面积，增加草场轮换使用概率的同时可能对租入的草地过度利用，使得草地的进一步退化（赖玉珮，李文军，2012）。

2.3.2.2　经济效果

牧民的生计问题是我国牧区面临的一大难题。牧民的主要收入来源是卖牲畜、奶、皮毛、草料等牧业收入，而近几年牛羊牲畜价格不断下跌的同时牧业投入生产要素的价格在不断上涨，此外在呼伦贝尔市散户的牛、羊奶等因难以标准化而不再统一收购，又减少了牧民的一部分收入。而目前生活在牧区的大部分牧民靠着贷款维持生活，甚至是借贷还贷，陷入困境。我们的调研数据显示，超过半数的牧户家里有贷款，平均贷款额度在 2 万元（见表 2 −7）。

表 2 −7　　　　　　　　　不同模式的经济效果

指标	独户无租赁	独户有租赁	多户共用	方差检验
围栏投入（元/亩）	7.44	3.29	5.75	0.340
舍棚投入（元/亩）	10.10	4.98	4.03	0.013 **
水井投入（元/亩）	1.83	1.27	2.43	0.236
生产经营性固定资产投入（元/亩）	7.15	4.28	2.85	0.029 **
草料投入（元/亩）	12.34	5.68	4.53	0.594
牧业生产总投资（万元/户）	3.44	7.75	1.91	0.000 ***
牧业总收入（万元/户）	3.93	9.49	4.24	0.000 ***
总收入（万元/户）	7.56	13.05	7.60	0.000 ***
总支出（万元/户）	6.78	11.46	6.81	0.000 ***
净收入（万元/户）	0.78	1.59	0.79	0.376
围栏投入（元/亩）	7.44	3.29	5.75	0.340

注：** 、*** 显著性水平分别为 0.05、0.01。

根据方差检验，单户无租赁、单户有租赁和多户共用三种草地经营模式的经济效果指数分别为 0.50、0.47、0.48，且在 0.05 水平上显著（见表 2 −7）。事后的两两比较，单户无租赁与单户有租赁模式经济效果差异显著。经济效果的衡量是基于投入产出角度，即经济效果追求的是以最小的投入获得最大的产出。下面我们将具体分析经济维度下的收入支出各指标，比较三种草地治理模式经济效果的差异性。

舍棚投入、生产经营性固定资产投入、家庭牧业生产总投资、家庭牧业收入、家庭总收入和家庭总支出六个指标经过方差检验有显著差异，而围栏投入、水井投入、草料投入和家庭净收入四个指标不显著（见表 2－7）。三种模式的围栏投入没有显著性差异，在家庭承包制推行下，单户有租赁和多户共用模式是对单户无租赁模式生产经营的某部分或某几个部分的改进，因此，很多牧户选择进入单户有租赁市场或者多户共用模式时围栏投入已经发生，成为沉没成本。而牧户在自家草场上的围栏投入及维修是一笔不小的费用，每户的花费在 1.7 万元①左右，我们认为多户共用模式，实行联户经营的牧户在自家草场均没有围栏的情况下草场的联合使用仅在外边界拉围栏能够节约草场共同部分围栏的投入。曹建军（2010）在对藏区玛曲县的草地治理模式的研究认为，单户经营的围栏成本约为 2 万元，而 N 户的联户经营会比单户经营节约围栏费用（N－1）×2500 元。

与单户无租赁模式相比，单户有租赁模式在舍棚投入、生产经营性固定资产投入小于单户无租赁模式，且有显著性差异。单户无租赁模式经营下，草地资源短缺，牧户购买草料进行半圈养半放养的方式，在棚圈上有更多的投入。单户有租赁模式下草地面积的扩大，使得生产经营性固定资产的亩均投入减少，使用效率提高。而在牧业生产总投资和家庭总支出指标上，单户有租赁模式均大于单户无租赁模式，且均有显著性差异。

在牧业生产总投资上，单户有租赁模式大于单户无租赁模式，首先单户有租赁费用是参与流转的牧户在牧业生产活动中一项比较大的支出，参与单户有租赁的牧户每年的平均租赁费在 2.6 万元左右。其次，参与单户有租赁的牧户的牲畜数量比单户无租赁经营的牧户多，他们在对牲畜的生产投入相应的也就会增加。我们的调研数据显示，单户经营的牧户平均拥有的牲畜数量比租入草地的牧户少接近 200 个标准羊单

---

① 2011—2012 年内蒙古锡林郭勒盟和呼伦贝尔市 417 户牧户的调研数据。

位。在牧业总收入和总收入指标上，单户有租赁模式均大于单户无租赁模式，且差异显著。在牧业收入方面，由于参与租赁的牧户有财富和牲畜的积累，他们的牧业总收入高于单户无租赁模式。家庭牧业生产投入和牧业总收入两个指标表明单户有租赁是一种高投入高产出的模式。

比较单户无租赁模式和多户共用模式发现，舍棚投入、生产经营性固定资产投入和牧业生产总投资均在 0.05 显著性水平上显著，多户共用模式均小于单户无租赁模式，说明合作牧户在草地资源、生产经营性固定资产、劳动力等生产要素的联合使用，在牧业生产的某些环节进行的合作互助，降低了生产成本，实现了不同程度的规模效益。我们在锡林郭勒盟东乌旗 H 嘎查的访谈遇到两兄弟小和（化名）和小克（化名），兄弟两家共用草场，共同放牧，牲畜的收益各归各家。访谈中，小和表示："如果不合在一起放牧，我们俩家都得去别的地方租用草场，现在草场价格涨得很快，而且草场也不容易租到，我和哥哥两家把草场合在一起用，不用再出去租草场了，我们两家人还能相互帮忙，这样租赁费和雇工工资等费用就都省下了。"而在另外的五户牧户合作打草的案例中，只使用巴尔家打草的各项机器设备即可，而不需要每个牧户家里都配备打草机、搂草机等机器设备，如此一来不仅降低了牧民的生产投入成本，还提高机器设备的使用效率。与单户无租赁高投入低产出相比，多户共用模式投入低产出高。

单户有租赁模式的家庭牧业生产总投资大于多户共用模式。多户共用模式通过合作互助的形式减轻草地资源短缺。此外，牧户之间的互助合作还有助于减少生产性经营固定资产、草料等的投入。多户共用下，牧户在牧业生产上的合作互助会影响到生活中的其他方面，从而使得其家庭总支出小于单户有租赁模式。在牧业总收入和家庭总收入上，单户有租赁模式均大于多户共用模式，且在 0.01 水平上显著，因为参与多户共用的牧户的草地、劳动力等至少一种生产要素形成多户共用，并没有增加各牧户的收入来源，而且在共享收益的同时增加了牧户之间的共同监督，不能随意地增加牲畜的数量。而依据我们的调研数据，在牲畜数量上，形成多户共用的牧户的牲畜数量小于单户有租赁模式。

在牧业生产总投资方面，单户有租赁模式＞单户无租赁模式＞多户共用模式；在牧业总收入方面，单户有租赁模式大于单户无租赁和多户共用模式，而单户无租赁和多户共用之间没有显著性差异。可见，多户共用模式通过牧户之间的资源共用减少了生产投入，以较少的生产成本实现了较大的产出；单户有租赁模式使得牧民参与租赁市场，增加草地面积，获得高产出，但同时需要租赁费等高生产投入；而单户无租赁模式则要求家庭配备全面的生产要素，为了"全"而失了"配"，导致资源利用率低。

2.3.2.3 社会效果

不同的草地治理模式给草原牧民的生活习惯、性格、社会关系等造成不同影响。广袤的草原、游牧生活带给牧民的是豪爽的性格和互助的精神以及独特的草原文化。表2-8显示了三种治理模式社会效果的优劣。表中的数值越小，所代表的社会效果指标值就越好。从四项指标来看，多户共用模式的社会效果最好，其次是独户有租赁模式。单户模式下的牧户习惯了自家的决策经营，对牧区社会的发展缺乏一定的关注度。而多户共用作模式下，牧民更倾向于帮助他人而不是只关心自己；合作模式下的牧户也更加倾向于认为禁牧政策有所必要，并且当公共草场生态退化需要禁牧时，他们会更倾向于联合大家禁牧和减畜，对草原生态表现出了更多的关注，更愿意参与组织联合大家共同做好草原生态保护工作。这说明，多户共用有助于牧民互助精神的培养，有助于提高牧民共同抵御外来风险与变化的意识。

表 2 - 8　　　　　　　　　不同模式的社会效果

项目	独户无租赁	独户有租赁	多户共用
邻里互助度	1.84	1.76	1.73
禁牧政策必要性	2.92	2.67	2.31
联合禁牧赞同度	2.61	2.48	2.20
联合减畜赞同度	2.43	2.41	2.25

牧民之间没有矛盾、冲突，和谐相处是构建良好互助牧区社会的指标之一。而在草场划分到户过程中，草场边界问题会引发比较多的冲突。我们在和苏布访谈中了解到她有两个儿子，2000 年两个儿子分家，开始各自放牧。2015 年将草权证给了自己的大儿子，由于草场不能私自拆分，所以还没有分给小儿子，现在自己的两个儿子因为草场的问题天天吵架。苏布认为分草场之后，牧民为了争草场，亲人反目。我们的调研数据显示，多户共用模式下 34.7% 的牧民表示牧民在草场利用过程中出现过矛盾，而单户无租赁模式和单户有租赁模式分别为 44.6%和 43.0%。草场承包到户后，草场边界清晰，牧民在草场使用过程中的冲突应该会减少。但实际上，我们发现当草场承包到户时，草地就变成牧户所拥有的一项资本，牧户小心翼翼地保护自己的草场，不让其利益受到损失。所以，从理性人的角度来看，人们会不断争取自我利益的最大化，草场面积大小、被其他牧民占便宜等有损自己草场利益的行为都会被激化为社会冲突和纠纷。在这个过程中，游牧时期人们互助合作的传统也就在利益争抢与矛盾冲突中渐渐消失了。而在多户共用模式下，牧民共享资源，共同应对资源短缺、气候干旱等问题，这不仅减少牧民之间的矛盾冲突，使其关系更融洽和谐，还增加牧民对不确定性的应对措施。

单户有租赁模式是在市场机制调节下形成的，市场化条件下更多的是以资本为基础的社会竞争，所以市场化下牧民之间的关系更加独立，而且会造成社会的优胜劣汰。赖玉珮等（2012）在呼伦贝尔市新巴尔虎右旗 M 嘎查的调查表明富裕户流转草场后与贫困户的收入差异从 13 万元增加到 23 万元，富户获得财富的积累，而贫困户依然只能依靠微薄收入勉强维生。在半数以上的牧民认为由于自己缺乏工作技能，无法从事牧业以外工作的情况下，要谨防草场租赁等导致的贫富分化进一步加剧。

2.4　小结

现有产权制度下单户无租赁的"小而全"的牧户草地治理模式在生态、牧民生计和社会关系方面造成的影响越来越突出。草地不断被分割，草地细碎化导致草原生态系统完整性遭到破坏，草地退化严重。为维持自家经营模式，牧户不断购买备齐自家经营所需要的生产资料，增加牧业生产成本。单户无租赁经营，少了合作互助的环境，在市场化条件下，牧民们更是为了自己的私利参与社会竞争，很难再在一起团结合作，这增加了牧民的脆弱性。与单户无租赁模式相比，单户有租赁模式可以增加牲畜的移动空间，在一定程度上对牧民有增收效益。多户共用模式通过草地资源的整合和劳动合作，增加牲畜的移动空间，减少牧户的生产投入，增进牧户之间的互助度，使牧民对草原生态的变化更为关注。总体而言，在现有的草地经营制度下，多户共用的草地治理模式相比于单户无租赁和单户有租赁模式对于草原生态和牧区都更有优势。

3　草场租赁对草地治理效果的影响

草原畜牧业是全球最可持续的食物生产体系之一（Mcgahey，Davies & Hagelberg，2014），也是干旱半干旱地区主要的土地利用方式和广大牧民的重要收入来源（Asner, Elmore & Olander et al., 2004; Li, Yuan & Wan et al., 2008）。中国的草原直接或间接养育了 4000 万人口。历史上草原一直为社区牧民共享，畜牧业采取逐水草而居的游牧或半游牧方式。自 20 世纪 80 年代初，随着牲畜和草原双承包及其后"双权一制"在牧区的实施，草原畜牧业变成了以单家独户为主的经营方式。随之而来的问题是，原有畜牧业生产体系中"人（劳动力）—草（地）—（牲）畜—生产性资产"的配置被打破，加上之后的家庭细分，导致了牧户不同程度生产要素的失配。对于遵循生产要素匹配"木桶效应"的牧业而言，其生产水平的高低取决于这些要素中的短板。牧业生产要素的失配从不同程度上导致牧户生计水平的降低和牧业生产的效率损失。理论和经验研究表明，土地租赁市场能够通过调节土地与农户家庭的其他资源匹配，或将土地从经营能力较弱（less-able）的农户转移到经营能力较强（more-able）的农户手中，从而提高生产效率（Feder, 1985; Deininger, 2003; Otsuka, 2007; Jin & Jayne, 2013）。草地流转效果如何、是否也能提高牧户效率、提高多少、如何提高？研究这些问题意义重大，一是因为目前缺乏效率的牧业生产（Huang et al., 2016）使整个放牧系统深陷"维持生计—增加牲畜数量—草地退化—生计水平降低—增加牲畜"的恶性循环（Li, Wang & Schwarze, 2014; 杜凤莲等，2013）。尽管政府采取了一系列草原生态治理措施和政策以减缓草原退化、恢复草原生态功能和改善牧民生计，但总的来说牧户收入改善和生态治理的效果不尽如人意（Gao, Kinnucan & Zhang et al., 2013; 侯向阳等，2011; 谭仲春等，2014; Liu et al., 2017）。草原牧业经营中存在的资源失配现象导致的后果可能比农区更为严重。相对于农业生产中"人—土地—其他生产要素"的有机结合，牧业生产增加了"牲畜"这一关键要素。牧业生产中草地资源相对其他要素的不足，除不能使其与这些要素有效匹配，组成一个水平较高的"木桶"之外，还可能由于牲畜在草地上不断觅食游走导致"蹄灾"（海山，2012；刘红霞，2016）。因此，对牧业生产而言，草地租赁市场成为牧户调节资源匹配、改善牧业生产从而提高生计水平的重要手段。而随着牧业生产的改善和牧民生计水平的提高，恶性循环有望被打破，草原生态环境可望得到恢复。但到目前为止，没有足够证据显示草地租赁能够提高牧业效率，更缺乏能够明确揭示土地流转市场对参与者效率影响机制及影响程度的研究。阐明草地流转市场对牧户技术效率的影响程度，特别是揭示草地租赁市场对效率影响的机制，有利于政策引导和规范草地流转市场的良性发展。为此，本章依据作者对内蒙古东部草原416个牧户的实地调研数据，运用 Metafrontier – DEA 方法，分析了土地流转对参与者效率影响的途径或机制。

3.1 文献综述

土地是最重要的农业生产资料。了解土地流转市场的驱动力和福利影响对许多人多地少、以农为主的发展中国家而言，具有重要的意义（Holden & Otsuka，2014）。在金融市场缺乏、劳动力市场不完善（由于难以监督劳动投入的质量和数量等）以及其他要素市场发育不良的情况下，土地流转市场为那些缺乏土地但具有生产能力的农户提供生产的可能，也因此成为农户调节要素禀赋的最常用手段（Otsuka，2007）。不过，遗憾的是，由于尚未发现牧区草地流转对牧户效率影响的研究，本章从一般土地流转的驱动力、流转对效率的影响及其研究方法方面进行文献综述，并据此提出研究假说。

3.1.1 土地流转的驱动力

有关家庭层面土地流转（租赁）驱动力的经验研究基本上建立在农户模型上（Jin & Deininger，2009；Tan，Liu & Zhang et al.，2017）。

主要的自变量和控制变量可以分为三类：一是农户特征，主要用来反映其经营能力，包括户主的基本情况（假定家庭的土地流转和其他与农业生产有关的行为主要由户主作出），如年龄、受教育程度等，也可以是一个综合反映农户能力的指标（Jin & Jayne，2013；黄祖辉等，2014）；二是家庭拥有的资源禀赋及其匹配状况，包括土地、劳动力和有关资产等；三是可能鼓励或制约农户参与土地流转市场的有关制度和政策环境，如土地产权的安全性、法律限制（Holden & Ghebru，2016），以及土地流转的补贴政策等。

现有文献显示农户资源的"失配"和农户的经营能力是驱使其进入土地市场的关键因素（Holden & Ghebru，2016；Deininger et al.，2009；Rahman，2010；Chamberlin & Ricker – Gilbert，2016）。如根据霍尔登和古伯鲁（Holden & Ghubru，2016）对埃塞俄比亚 Tigray 地区的研究，给定其他因素不变，拥有耕牛数量较多的家庭倾向于不租出土地，相反，土地资源较多的家庭则倾向于租出土地。在农户经营能力方面，男性劳动力较多以及户主受教育程度较高的家庭因更有能力经营农场而更倾向于不出租土地。拉赫曼（Rahman，2010）对孟加拉国的研究有类似的发现。自家耕地较多的农户，不倾向于租入但倾向于租出土地；而家庭拥有资产的情况正好相反，鼓励土地租入却不倾向于租出；家畜资产对农户参与土地流转市场的影响和其他家庭资产相同，但效果更为显著。

金和詹（Jin & Jayne，2013）对肯尼亚的研究也发现，经营能力强的农户更倾向与参与土地市场：租入户的年龄（55 岁）显著小于未参与租赁户的（60 岁），而受教育程度普遍高于未租户。不过，该研究没有发现家庭经营能力的综合指标（farming ability）在租入户、未租户和租出户之间有显著差异。家庭拥有的土地总面积和人均占有面积，租出者的显著高于未租户的，而租入者的恰好相反。新近对非洲撒哈拉地区的研究（Chamberlin & Ricker – Gilbert，2016）再次证实了农户资源禀赋及匹配与农户经营能力对其参与土地流转市场的影响，如马拉维家庭土地拥有量较多的农户更愿意租出而不愿意租入土地，而成年人（用来代表劳动力）较多的家庭倾向于租入土地而不倾向于租出土地，户主的年龄（用来代表耕作经验）有完全相同的结果。赞比亚的情形与马拉维相似。

这说明，理性的农户很清楚如何将家庭资源的"木桶"保持在一个较为齐平的状态。在其他要素市场不完善时，他们通常将多余的土地租出，或租入适量的土地以匹配家庭现有的劳动力和资产，而当畜力和家庭其他资产较多时，则尽量保持家庭的土地数量能配上畜力的供应，以免淀积资本。同时，农户的能力差异也是推动其参与土地流转市场的关键因素。

3.1.2　土地流转与农业效率

自发参与的土地流转（租赁）具有促进效率和公平的双重作用（Jin & Jayne，2013；Jin & Deininger，2009）。主要原因在于，当非土地要素市场不完善时，土地市场起到了调配农户家庭土地和非土地资源的作用（Feder，1985；Deininger，2003）；或在分配的土地偏离优化的经营规模时，土地市场可以通过将土地转移到生产能力更强的农户手中，从而提高生产总量和经济效率（Honngh et al.，2013）。如张伯林和里克·吉尔伯特（Chamberlin & Ricker – Gilbert，2016）对非洲撒哈拉地区的研究发现，就全部样本而言，租入土地的农户福利提高，但租出土地却没有显著的福利影响。金和詹（Jin & Jayne，2013）对肯尼亚的研究发现，在不存在劳动力和其他要素市场时，土地租赁市场可使那些土地相对于劳动和其他要素不足的农户获得额外的土地，以匹配剩余的家庭劳动力和生产能力。在这种情况下，土地租赁市场不仅促进农户效率的提高，也促进了公平。不过，在某些特定条件下，如在卢旺达（Ander & Platteau，1998）、布基纳法索（Zimmerman & Carter，2004）、印度（Kranton & Swamy，1999）和埃塞俄比亚（Deininger et al.，2009；Ghebru & Holden，2008），土地租赁市场也可能会使土地从贫地者手中转移到土地富有的农户手中，从而加剧土地的集中和转出土地户的贫困。

现有文献显示，早些时候的研究虽然探讨了土地租赁对农户效率的影响，但通常没有直接对效率进行比较。如克鲁克斯和莱恩（Crookes & Lyne，2003）通过比较租入者和租出者的投入和产出指标的差异来分析土地租赁对租出租入户效率和公平的影响；迪宁格、阿里和阿莱姆（Deininger，Ali & Alemu，2009）分析了农户的耕作能力对租入和租出土地的影响，发现如能将更多的土地提供给能力较强的农户，可发挥土地市场提高生产效率的功能。近期对菲律宾水稻农户的研究运用随机前沿函数（SFA）一步法，将土地租赁视为影响无效的变量进行估计，结果发现，土地租赁显著降低农户的技术效率，在同类研究中，这是个例外的结果（Koirala，Mishra & Mohanty，2016）。这可能跟菲律宾的土地政策有关。政策规定每个农户只能合法保留 7 公顷自有土地，超出的面积将分配给无地者或需租赁出去等；陈训波等（2011）分析了北京、上海和广东三省份农地流转对农户生产率的影响，发现农地流转降低农业技术效率，但能提高农业的规模效率，且规模效率的正效应大于技术效率的负效应，因而提高了农业生产率；黄祖辉（2014）等对江西稻农的研究显示，发生土地流转稻农的技术效率高于未发生土地流转的稻农。

多数现有研究表明，有效的土地流转市场可以提高农户效率，一方面，是因为农户会将闲置或利用不足的土地租给更为有效的农户，而不会选择放弃这一收入；另一方面，市场通过将土地从缺少与土地匹配的其他投入的家庭流向各项投入设备良好的家庭，允许其扩大土地规模从而提高效率。不过，土地流转为何会影响参与者的效率，影响程度有多大依然有待明确。本书旨在就土地流转市场对参与者效率影响的机制方面做出一些努力。

3.1.3　研究方法及理论假设

现有文献中用来评价土地租赁对效率影响的方法主要有三类：（1）先测算出农户的效率，再用土地租赁的参与情况及其他自变量对效率值进行回归，看土地租赁变量对效率的影响。这又可以进一步区分为 SFA 一步法（黄祖辉等，2014；Koirala，Mishra & Mohanty，2016）和 DEA 加 Tobit 模型（陈训波等，2011）。（2）将农户按其参与土地流转市场的情况分组，用生产函数估计土地市场对农户收入和农业产值等的影响（Jin & Jayne，2013；Chamberlin & Ricker - Gilbert，2016）。（3）比较参与和未参与流转土地的农户的投入产出或收入状况，或从土地在不同特征农户中的流向推断流转市场对效率的影响（Deininger，Ali & Alemu，2009）。虽然理论上明确指出土地流转是因为将土地从能力较弱者流向了能力较强者，或改善了参与市场的农户的资源匹配状况，但现有研究并未从方法上体现出这一结果。因此，需要找到一种合适的研究方法，使得参与流转的农户与没有介入土地市场的农户效率既能被测算，又可供比较，并且还能够据此揭示土地流转对牧户效率的影响机制或途径。

基于以上分析，给定现有的制度环境，在不考虑交易成本和不公平交易的情况下，本章提出以下三个研究假说：

假说 1：参与土地流转有助于促进牧户的资源调配（R），即可使牧户将转入的土地和之前多余的非土地要素配合，补齐牧业生产"木桶"中的短板；或通过转出，将之前"木桶"上的长板截到尽量与其他要素齐平。本研究将这种效率的提升称为"资源平衡"效应（TE_R），并假定转入者的这一效应和转出者的相同，即 $TE_{Rin} = TE_{Rout} > 0$，因流转市场使得转入户和转出户的家庭资源都从"失配"趋于"适配"。

假说 2：土地会从经营能力（A）较弱的牧户向经营能力较强的牧户流转，从而带来效率提高。在本研究中，这被称为"能人效应"（TE_A）。假定相对于未参与草地流转的牧户，转入户的能力效应为 TE_{Ain}，转出户的能力效应为 TE_{Aout}，且 $TE_{Ain} > TE_{Aout}$。

假说 3：综合以上两种效应，只要牧户自愿参与土地流转市场，就可通过促进资源的合理调配和经营能力的发挥来提高其牧业经营效率。用 TE_{in-out} 表示参与草地流转（无论是转入还是转出）牧户的效率，TE 表示未参与流转牧户的效率，有 $TE_{in-out} > TE$。对于转入者来说，这一综合效率为 $TE_{in} = TE_{Rin} + TE_{Ain}$；而对于转出者来说，这一综合效率为 $TE_{out} = TE_{Rout} + TE_{Aout}$。由于假定转入者的"能人"效应较转出者的大，即 $TE_{Ain} > A_{out}$，故 $TE_{in} > TE_{Aout}$。

3.2 分析框架

共同前沿（metafrontier）即共同前沿分析模型将用来验证以上三个假说，探讨牧户参与草地流转对效率的影响。效率估算基于生产理论和距离函数的概念，参照奥唐纳、饶和巴蒂斯（O'Donnell，Rao & Battese，2008），以下部分从共同前沿、牧户分组前沿（group frontiers）及其技术效率（technical efficiency，TE）和共同技术比（metatechnology ratios，MTR）几个方面来介绍共同前沿理论模型，并结合图示说明如何利用共同前沿模型来估计草地流转对牧户效率的影响程度和影响方式。

3.2.1 共同前沿

用 y 和 x 分别代表牧户的真实产出和投入。共同技术集 T（metatechnology set T）包含所有技术上可行的投入—产出组合，即：

$$T = \{(\boldsymbol{x}, \boldsymbol{y}): \boldsymbol{x} \geq 0; \boldsymbol{y} \geq 0; \boldsymbol{x} \text{ 可生产 } \boldsymbol{y}\} \qquad (2-1)$$

与 T 相关的是投入和产出集。例如，对任何投入向量 x，产出集可定义为：

$$P(\boldsymbol{x}) = \{\boldsymbol{y} : (\boldsymbol{x}, \boldsymbol{y}) \in T\} \qquad (2-2)$$

产出集的边界为产出共同前沿。假定产出集满足菲尔和普里蒙特（Färe & Primont，1995）的正则性特征，用产出共同距离函数代表技术，即：

$$D(\boldsymbol{x}, \boldsymbol{y}) = \inf_{\theta}\{\theta > 0 : (\boldsymbol{y}/\theta) \in p(\boldsymbol{x})\} \qquad (2-3)$$

该函数给出了一个牧户在既定的投入水平下可以产出的最大量。距离函数有与生俱来的产出集的正则性特征。当且仅当 $D(\boldsymbol{x}, \boldsymbol{y}) = 1$ 时，牧户的表现 (x, y) 可视为相对于共同前沿而言技术有效。

3.2.2 牧户分组前沿

假定每个牧户组具有自身可选的、代表其自身生产可能性前沿的技术集，这个技术集决定了其生产可能达到的高度。本研究中，我们分别将研究对象分成参与草地流转的牧户和没有介入流转的牧户两组，或者转入组、转出组和未租组。假定某组面临的资源和环境约束不允许该组的牧户从共同技术集 T 中选择全部技术上可行的投入—产出组合，但他们可以从该组自身的技术集中选择投入—产出组合：

$$T^{k} = \{(\boldsymbol{x}, \boldsymbol{y}) : \boldsymbol{x} \geqslant 0; \boldsymbol{y} \geqslant 0; \boldsymbol{x} \text{ 可被 } k \text{ 组的牧户用来生产 } \boldsymbol{y}\}$$

$$(2-4)$$

该组的技术集可用其特有的产出集和产出距离函数表示：

$$P^{k}(\boldsymbol{x}) = \{\boldsymbol{y} : (\boldsymbol{x}, \boldsymbol{y}) \in T^{k}\}, \ k = 1, 2, \cdots, K \qquad (2-5)$$

$$D^{k}(\boldsymbol{x}, \boldsymbol{y}) = \inf_{\theta}\{\theta > 0 : (\boldsymbol{y}/\theta) \in p^{k}(\boldsymbol{x})\}, \ k = 1, 2, \cdots, K$$

$$(2-6)$$

每组所特有的产出边界被称为分组前沿。若产出集 $P^{k}(\boldsymbol{x})$（$k = 1$，2，3，$\cdots$，K）满足正则性特征，那么距离函数 $D^{k}(\boldsymbol{x}, \boldsymbol{y})$（$k = 1$，2，$\cdots$，$K$）也满足正则性特征要求。不管这些集和函数具有何种特征，显然，如下推论是成立的：

推论 1：如果对于任意的 k 而言 $(\boldsymbol{x},\boldsymbol{y}) \in T^k$，那么 $(\boldsymbol{x},\boldsymbol{y}) \in T$；

推论 2：如果 $(\boldsymbol{x},\boldsymbol{y}) \in T$，那么对于一些 k 而言有 $(\boldsymbol{x},\boldsymbol{y}) \in T^k$；

推论 3：$T = \{T^1 \cup T^2 \cup \cdots \cup T^K\}$；以及

推论 4：对于 $k = 1,2,\cdots,K$ 而言，有 $D^k(\boldsymbol{x},\boldsymbol{y}) \geqslant D(\boldsymbol{x},\boldsymbol{y})$。

这些推论源自每组特有的产出集 $P^k(\boldsymbol{x})(k=1,2,3,\cdots,K)$ 为产出集合 $P(\boldsymbol{x})$ 的子集。

如果将研究对象分成三个组，即 $k=1,2,3$，图 2-4 显示了三组的单投入单产出生产可能性前沿。k 组的前沿标记为 $k-k'$ 并假定呈凸面分布，这三个组所特有的前沿包络了各组牧户所能生产的全部投入—产出组合。假定共同前沿也呈凸面分布，包络这三个组的前沿。

3.2.3　技术效率和共同技术比

某个牧户的表现 $(\boldsymbol{x},\boldsymbol{y})$ 相对于共同技术而言在产出导向型方法中的技术效率为：

$$TE(\boldsymbol{x},\boldsymbol{y}) = D(\boldsymbol{x},\boldsymbol{y}) \qquad (2-7)$$

相对于 k 组前沿的技术效率为：

$$TE^k(\boldsymbol{x},\boldsymbol{y}) = D^k(\boldsymbol{x},\boldsymbol{y}) \qquad (2-8)$$

推论 4 表明 k 组的产出距离函数 $D^k(\boldsymbol{x},\boldsymbol{y})$ 可以取一个不小于产出共同距离函数 $D(\boldsymbol{x},\boldsymbol{y})$ 的值。k 组的产出导向型共同技术比为：

$$MTR^k(\boldsymbol{x},\boldsymbol{y}) = \frac{D(\boldsymbol{x},\boldsymbol{y})}{D^k(\boldsymbol{x},\boldsymbol{y})} = \frac{TE(\boldsymbol{x},\boldsymbol{y})}{TE^k(\boldsymbol{x},\boldsymbol{y})} \qquad (2-9)$$

这样，某个特定投入—产出组合的技术效率就可以分解为：

$$TE(\boldsymbol{x},\boldsymbol{y}) = TE^k(\boldsymbol{x},\boldsymbol{y}) \times MTR^k(\boldsymbol{x},\boldsymbol{y}) \qquad (2-10)$$

也就是说，代表了现有技术状态的共同前沿技术效率可以分解为 k 组的技术效率（代表现有的技术状态以及 k 组特有的自然、社会和经济环境）和 k 组的共同技术比（表明 k 组的前沿离共同前沿的远近）。

图 2-4 中 G 代表某个牧户的生产状况。若 G 为 1 组牧户，则其分

组前沿效率值为 $TE^k = OM/OB$，共同前沿效率值为 $TE = OM/OA$，1 组的共同技术比 $MTR = OB/OA$。而如果 G 属于 2 组，则其分组前沿效率值、共同前沿效率值和 2 组的共同技术比分别为：

$$TE^k = OM/ON$$

$$TE = OM/OA$$

$$MTR = ON/OA$$

通过比较各组的平均共同前沿效率值，就可以知道每个组牧户效率水平的高低即他们的牧业生产表现情况。而通过比较各组的共同技术比，每个组所采用的技术状态也就一目了然。如，假定图 2 - 4 中 G 点分别代表两组牧户的平均牧业生产情况，那么，虽然 2 组的分组技术效率值高于 1 组，但 1 组的总体牧业生产水平高于 2 组，在投入相同的情况下，高出 AB/OA。

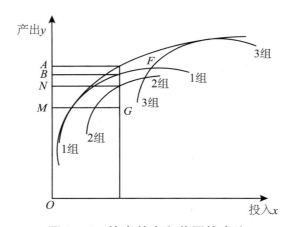

图 2 - 4　技术效率和共同技术比

3.3　数据来源及变量说明

本书数据来自 2011—2012 年对内蒙古自治区两个重要的牧业盟（市）呼伦贝尔市和锡林郭勒盟的实地调研。呼伦贝尔和锡林郭勒草原类型多样，从东到西主要有草甸草原、典型草原、荒漠草原和沙地草原，涵盖了内蒙古的主要草地类型和 1/3 的草地总面积，以及内蒙古 1/4 的牧业生产。如 2014 年，呼伦贝尔市畜牧业总产值为 93.7 亿元，占全市第一产业比重达 34%，占内蒙古自治区牧业总产值的 7.8%；2015 年锡林郭勒盟畜牧业总产值达到 134.16 亿元，占全盟农林牧业总产值比重 70%，占内蒙古自治区牧业总产值的 11.2%[①]。无论从草地面积、草地类型和牧业生产的重要性方面，呼伦贝尔和锡林郭勒都是内蒙古较为典型的草原牧区。除锡林郭勒盟的阿巴嘎旗之外，这两个盟（市）的所有 12 个纯牧业旗，即呼伦贝尔的陈巴尔虎旗、鄂温克旗、新巴尔虎左旗和新巴尔虎右旗，以及锡林郭勒盟的东乌珠穆沁旗、西乌珠穆沁旗、苏尼特左旗、苏尼特右旗、正蓝旗、正镶白旗、镶黄旗和锡林浩特市都被包括在调研之列。在满足代表性与随机性的前提下，调查采取分层随机抽样方式，依据牧户规模和草地面积大小，从每个牧业旗分别选取了 2~7 个牧业镇或苏木（乡镇），每个苏木（乡镇）抽取了 3~4 个嘎查（村），每个嘎查（村）抽取 4~8 个牧户就其 2011 年牧业生产情况进行面对面访谈。所得适合本研究的有效问卷 416 份，其中，196 份来自呼伦贝尔市的牧业四旗，另外的 220 份来自锡林郭勒盟的八个纯牧业旗。样本牧户特征见表 2-9。

表 2-9 显示，户主平均年龄近 45 岁，初中毕业，多数人会说汉语。从牧业收入比重来看，样本牧户收入的 74% 来自牧业，这与纯牧区特征相符。家庭可用的劳动力为 2，一般为夫妻二人。打草机等生产性资产投资接近 2 万元，年初存栏数为 321 个标准羊单位，与家庭承包的草场面积相近，平均不到 1 公顷草地养活 1 个标准羊单位。有些超出承载力的规定，一般好的草原通常 20 亩草场养活 1 头标准羊。样本户

① 内蒙古自治区统计局. 2016 年内蒙古统计年鉴 [M]. 北京：中国统计出版社，2016.

参与草地流转较为活跃，总体而言，近47%即193户牧户参与了草场流转，其中2/3即129户参与了草场转入，1/3即70户参与了草场转出。值得一提的是，既参与转入草场又参与转出草场的有6户；未参与草场流转的牧户223户。

本书模型分析所用变量见表2-9的下面部分。进入DEA模型运算的变量有6个：（1）牧业收入，包括当年卖牲畜及其产品如牛奶、羊奶、牛皮、羊皮以及羊毛等的收入以及草场流转的收入。（2）机械投入，为牧户家庭机械如打草机、搂草机和拖拉机等的折旧费以及当年牧业生产消耗的燃油费。这部分如为租赁人家的话，则为租用机械设备的费用加上燃油费。（3）兽医兽药配种及其他相关投入。（4）草料投入，包括购买干草、饲料和添加剂等的费用。（5）劳动力投入，包括全年用于牧业生产的自家劳动力和雇佣劳动力。（6）牧户年初牲畜存栏量，按标准羊单位计算。折算标准为：1山羊=1绵羊=1标准羊，1牛=5标准羊，1马=6标准羊，1骆驼=7标准羊。转入户、未参与流转户和转入户的基本特征和牧业生产投入产出的描述性统计见表2-9。

表2-9　　　　　　　　　牧户的主要特征及牧业生产状况

指标	转入[②]		未参与		转出		全样本	
	平均值	标准差	平均值	标准差	平均值	标准差	平均值	标准差
样本量[①]（户）	129		223		70		416	
户主年龄（岁）	42.2**	9.41	44.9	11.4	48.7**	11.9	44.69	11.18
户主受教育（年）	8.75***	2.61	7.80	3.61	6.80**	3.34	7.92	3.33
牧业收入比重（%）	82.7**	20.2	76.5	26.7	49.6***	36.0	74.0	28.8
生产性资产（万元）	2.10***	2.85	1.99	4.73	0.84***	1.13	1.85	3.86
家庭可用劳力（人）	2.09	0.93	2.02	1.01	1.50*	1.11	1.96	1.03
承包草场面积（公顷）	292	338	318	255	370***	339	313	287
牧业收入（万元）	12.4	14.3	6.48	6.05	5.32	6.06	8.10	9.85

续表

指标	转入		未参与		转出		全样本	
	平均值	标准差	平均值	标准差	平均值	标准差	平均值	标准差
机械投入（万元）	3.39	4.60	2.43	3.33	2.55	5.91	2.77	4.29
兽医药投入（万元）	0.32	0.35	0.26	0.53	0.21	0.46	0.274	0.475
草料投入（万元）	3.49	6.91	2.93	2.01	0.58	1.13	2.73	1.53
劳动力投入（人·天）	841	467	786	343	658	297	782	385
年初牲畜存栏（头）	374	369	324	290	228	339	321	326

注：＊代表 10% 水平显著，＊＊代表 5% 水平显著，＊＊＊代表 1% 水平显著。①有 6 户既转入了草场，又转出了草场。②转入和转出户分别与未参与草地流转市场的牧户相比。

3.4　结果与讨论

3.4.1　调研结果

表 2-9 呈现了基于一手调研数据的参与草场流转的牧户相对于未参与流转牧户的主要特征，即牧户在草地流转发生之前初始状态的家庭资源禀赋和人力资本状况。在一些经验中，农户的经营能力采用生产函数来估算，不过这一方法要求使用面板数据，而我们的数据为横截面数据，不支持这一方法，因此，根据文献综述和理论假说，我们选取了更为直观的户主年龄和受教育程度作为牧户经营能力的代理变量。用年初牲畜存栏量（标准羊单位）、牧户家庭拥有的生产性资产（如打草机、搂草机和拖拉机等）、家庭可用与牧业生产的劳动力人数以及家庭承包的草场面积来反映牧户家庭的资源禀赋，并用牧业收入比重来衡量牧户对牧业的依赖程度。结果显示，牧户的经营能力的确显著影响草地的流向。相对于未参与草地流转的牧户，转入草场的牧户户主显著年轻，而转出草场的牧户户主则显著年长，分别相差 2.7 岁和 3.8 岁。户主的受教育程度则呈现相反的趋势，即租入户的高于未租户的，而租出户的户

主受教育程度显著低于未租户的，正好分别相差1年。从这两个指标来看，草地从年长而受教育程度又低的牧户手中转移到年轻且文化程度更高的牧户手里。由于牧业经营是一件非常艰苦的劳动，在目前单家独户经营的方式之下，每个牧户要独立承担接羔、放牧、剪毛、打草等多达数十种牧业生产活动，年长牧户较40岁出头的青壮年而言体能要差一些，而受教育程度高一些的牧户更有能力应对复杂的牧业生产活动。这两个指标似乎能够证实草地从经营能力较弱的家庭流向了经营能力较强的牧户，与诸多经验研究一致（Jin & Jayle，2013；黄祖辉等，2014）。不过，这不能完全解释我们在调研中发现的既租入又租出土地的牧户。

另外，参与和未参与草地流转的牧户初始状态下家庭资源状况的差异也显著。相对于非流转户而言，转入草地的牧户牲畜明显要多，而转出草地的牧户牲畜显著要少，家庭的生产性资产和可用劳动力也明显要少。例外的是，虽然三组牧户的家庭承包草场面积平均数有预期的差异，但方差检验并无显著差异，这说明三组牧户在最初草地资源的持有方面基本相同。这是因为，草地在最初承包时是按照相同的原则如家庭人口和牲畜数量来分配的，每个家庭承包的草地较为均等。不过，每组牧户持有的其他资源量不同，要求匹配的草地资源也不等，使得草地流转得以在不同组牧户间流动。草地从经营能力较弱的牧户转移到能力较强的牧户手里，且从其他资源较贫乏的牧户转移到非土地资源相对富有的牧户手中，证实了许多经验研究的发现（Jin & Jayle，2013；Holden & Ghebru，2016）。不过，我们并不能就此推断草地资源的这种流动会带来效率的提升，更无法得知提升了多少，且两种途径对于效率提升是否同等重要。以下我们用第三部分介绍的模型来对此进行量化分析，并对第二部分提出的三个假说进行检验。

3.4.2 模型结果

为了验证第二部分提出的三个理论假设，我们对模型进行了设计。

首先验证假说 3 的前一部分：只要牧户自愿参与草地流转市场，就可通过促进资源的合理调配和经营能力的发挥来提高其牧业经营效率，即 $TE_{in-out} > TE$。模型设计如下：先将 416 个样本分为参与草地流转与未参与流转两组，然后对处理好的数据利用 DEAP 2.1 软件以规模报酬不变的投入导向（input-oriented）模型进行技术效率的估计。分别得出参与组与未参与组的 TE^k，TE 和 MTR 值（见表 2 – 10）。表 2 – 10 中上部分为这两个组效率值和共同技术比的描述性统计，未参与草地流转组牧户的 TE 值为 0.835，而参与了草地流转的牧户组，包括转入和转出户，TE_{in-out} 值为 0.858，表明参与组的整体牧业生产表现较未参与组的要好，即参与流转户的效率相对于未参与流转户而言技术效率提高了 2.75%。为了验证这一初步结果在统计意义上的显著性，我们对这两组牧户的 TE 和 MTR 值进行了双样本异方差 t 检验（见表 2 – 11）。结果显示，相对于未参与草地流转的牧户，流转户有着更优的牧业表现和更佳的技术状态，两者都呈 1% 水平显著。这证实了参与土地流转可使牧户更有效地进行牧业生产。因此，假说 3 的第一部分得到了证实，即 $TE_{in-out} > TE$。

表 2 – 10　　参与草地流转与未参与流转牧户的技术效率及共同技术比的描述性统计

指标	未参与流转				参与流转			
	平均值	标准差	最大值	最小值	平均值	标准差	最大值	最小值
TE^k	0.867	0.088	1.000	0.551	0.860	0.080	1.000	0.590
TE	0.835	0.085	1.000	0.533	0.858	0.079	1.000	0.590
MTR	0.963	0.023	1.000	0.864	0.998	0.007	1.000	0.961

指标	未参与流转		转入		转出	
	平均	标准差	平均	标准差	平均	标准差
TE^k	0.867	0.088	0.871	0.079	0.884	0.083
TE	0.834	0.085	0.857	0.075	0.863	0.085
MTR	0.962	0.024	0.984	0.024	0.976	0.021

接着我们验证假说 2，即牧户参与土地流转市场带来的效率提升是"能人"效应产生的（$TE_{Ain} > TE_{Aout}$）；假说 1，"资源平衡"也发挥了一定的效应（$TE_{Rin} = TE_{Rout} > 0$）；以及假说 3 的后一部分，即这两种效应的叠加，将使草地转入者的效率高于转出者的效率（$TE_{in} > TE_{out}$）。验证这些假说的模型设计如下：将 416 个样本分为转入、转出和未参与流转的牧户三组。按上文的程序对数据进行处理和各组技术效率的估计。三组的 TE^k、TE 和 MTR 值的描述性统计见表 2 – 10 下面的部分。可见，未参与草地流转组牧户的 TE 值为 0.834，而参与了草地转入和转出的牧户组的值分别为 $TE_{in} = 0.857$ 和 $TE_{out} = 0.863$。转入组和转出组的共同前沿技术效率分别较未参与流转组提高了 2.76% 和 3.36%。

双样本异方差 t 检验结果（表 2 – 12）显示，相对于未参与流转户而言，转入户和转出户都有更优的牧业表现和更佳的技术状态，两者都呈 1% 水平显著。但转入户相对于转出户而言，效率差异却不显著，即 $TE_{in} = TE_{out}$，即假说 3（$TE_{in} > TE_{out}$）没有得到证实。由于 $TE_{in} = TE_{Rin} + TE_{Ain}$，$TE_{out} = TE_{Rout} + TE_{Aout}$；又由于 $TE_{Rin} = TE_{Rout}$，故 $TE_{Ain} = TE_{Aout}$ 即假说 2（$TE_{Ain} > TE_{Aout}$）也没能得到证实。这说明，虽然转入户的能力要比转出户的强（表 2 – 9），但在目前的经营环境下，其"能人"效应并未能发挥出来，土地流转对参与牧户效率的提升，主要在于"资源平衡"效应的贡献。即通过参与草地流转市场，牧户的资源组合状况得以改善，转入土地的家庭将之前土地资源的短板增高，使之与"木桶"上较高的牲畜、劳动力或机械等要素更有效地配合，而转出土地的家庭则由于将之前"木桶"上的草地长板截平，使之与其他非土地要素齐平。这样，假说 1（$TE_{Rin} = TE_{Rout} > 0$）就得到了证实。这一结果与金和詹（Jin & Jayne，2013）对肯尼亚土地市场研究的发现一致，他们运用生产函数测算得出，家庭经营能力的综合指标（farming ability）对土地租入户、未租户和租出户并无显著影响。

表 2 – 11　参与草地流转组与未参与流转组的 t – 检验（双样本异方差假设）

指标	TE		MTR	
	参与流转	未参与流转	参与流转	未参与流转
平均	0.8580	0.8345	0.9977	0.9627
方差	0.0063	0.0072	0.0001	0.0005
t – 检验	2.9222 ***		4.6917 ***	
t – 双尾临界	1.9658		1.9688	
P(T≤t) 双尾	0.0037		0.0000	

注：*** 代表 1% 水平显著性。

　　不同于泰克鲁和勒米（Teklu & Lemi，2004）对埃塞俄比亚的研究发现，即土地租赁市场没有起到调配资源的作用，我们的研究显示，草地流转更多的是通过调配牧户的资源，使之从参与流转之前的"失配"趋向于流转之后的"适配"，从而带来效率的提升。这与彭德和法夫尚（Pender & Fafchamps，2006）的发现一致，即参与土地租赁市场能够将农户的生产要素调配到合意的土地规模。遗憾的是，这是目前为止发现的仅有的证实土地租赁市场可以起到要素调配作用的正式研究，尽管该研究使用的是一个土地租出的小样本案例。我们的研究为这一假说提供了一个强有力的案例支持。此外，这个研究还让我们有一个意外的发现：参与草地流转的牧户组整体技术状态值 MTR（0.998）要高出未参与组的 0.963，且转入组的技术状态 0.984 要高于转出组的 0.976，而无论是转入组还是转出组，其技术状态都好于未参与流转组的 0.962（见表 2 – 10）。双样本异方差检验结果显示，所有的差异都呈 1% 水平显著（见表 2 – 11 和表 2 – 12）。这说明，参与草地流转还能够促进牧户对技术的采纳。

表2-12　　　转入、转出与未参与流转组的 t - 检验（双样本异方差假设）

指标	TE		MTR		TE	
	转入	未参与	转入	未参与	转出	未参与
平均	0.8567	0.8338	0.9842	0.9619	0.8627	0.8338
方差	0.0057	0.0072	0.0006	0.0006	0.0072	0.0072
t - 检验	2.6181 ***		8.2727 ***		2.4824 **	
t - 双尾临界	1.9681		1.9689		1.9808	
P(T≤t) 双尾	0.0093		0.0000		0.0145	
指标	MTR		TE		MTR	
	转出	未参与	转入	转出	转入	转出
平均	0.9757	0.9619	0.8567	0.8627	0.9842	0.9757
方差	0.0004	0.0006	0.0057	0.0072	0.0006	0.0004
t - 检验	4.6917 ***		- 0.4961		2.6089 ***	
t - 双尾临界	1.9777		1.9787		1.9745	
P(T≤t) 双尾	0.0000		0.6207		0.0099	

注：***代表1%水平显著，**代表5%水平显著。

3.5　结论和建议

由于土地是农业社会生产者最为重要的生产要素和生计来源，分析土地流转市场是否有助于提高其效率对农业社会来说非常重要。现有关于土地流转对效率影响的文献证实了：土地租赁市场能够提高效率，要么是由于土地从低能者流向了高能者，要么是改善了农户家庭资源的调配状况，或者两种作用兼而有之。但现有研究没有明确参与土地流转市场能在多大程度上提高参与者的效率，以及通过何种效应提高效率。这不利于提出具有针对性的政策建议。

本书将草场流转对效率的影响分解为两种效应："资源平衡"效应和牧户的"能力"效应。利用作者对典型牧区的大样本牧户实地调研数据，运用可以比较不同组群生产效率的 Metafrontier - DEA 分析方法，通过模型设计，探讨了参与草场流转市场对牧户效率的影响。研究发现，市场参与可以显著地提高牧户的技术效率。而效率提高的主要途径在于通过参与草地流转，牧户的资源得到调整，使其从参与流转之前的"失配"趋向于流转之后的"适配"。不过，研究意外发现，土地流转还能够促使参与者提升技术状态，从而提高地区的牧业生产率，这其中，土地转入户的贡献更大。

现有研究多建议将土地向种田能手流转（如黄祖辉等，2014），以便提高效率。我们的这一研究发现，能力更强的牧户牧业生产表现并没有好于能力较弱的牧户，即研究没有证实牧户效率的提升是由于草地从能力较弱的经营者（转出户）转向能力较强的经营者（转入户）所致。这说明，在现有的经营环境下，"能人"效应暂时有限，关键是如何促进草地流转，实现资源优化配置。基于此，我们建议，目前情况下，土地不必强行向所谓的能人流动，而应让市场成为主导土地流转的力量，通过土地自发流转，使转入方和转出方原有"失配"的生产要素趋于"适配"，从而提高生产效率。政策需要做的是引导和规范土地自愿、有序地流转，促进土地流转市场的良性发育，这样不仅可以提高土地流转市场参与者的生产表现，还能够提升整个农牧业的技术状态和生产水平。不过，这仅是本案例的发现，这一研究结论是否能够得到推广，还有赖于将本章提出的研究方法运用到更广大的地区用更好的数据去检验。

4　共用对草地治理的影响

草地畜牧业为牧民提供了最重要的蛋白质和收入来源（Undargaa & Mccarthy，2016）。然而，天然草地上的不合理放牧（Akiyama & Kawamura，2010）以及气候变化（Aboling，2008；Hao，Sun & Liu et al.，2014）导致的草地退化成为全球性的环境问题（Kwon，Nkonya & Johnson et al.，2016；Wiesmair，Feilhauer & Magiera et al.，2016）。由于草原主要位于干旱和半干旱地区，这些地区的年降水量非常少，且变异程度很高，牧草和饮水资源具有高度时空异质性（Hobbs，Galvin & Stokes et al.，2008）。为了更好地利用资源的这些时空异质性，以避免其对草地带来不利影响（Hobbs，Galvin & Stokes et al.，2008；Holdo，Fryxell & Sinclair et al.，2011），放牧系统的治理需要足够的灵活性，允许移动放牧（Owen-smith，2004；Mcallister，Gordou & Janssen et al.，2006；Coughenour，2008）。这就是传统上全球各地的草地资源被当作公共池塘资源进行治理的原因之一（Hobbs，Feid & Galvin et al.，2008；Reid，Fernández - Giménez & Galvin et al.，2014）。这允许牧民以游牧的方式进行放牧，在游动放牧中，草地具有灵活的产权边界，牧民可共同使用草场资源，并进行生产合作（Fernandez - Giménez & Le Febre，2006；王晓毅，2013）。相反，当草场被分配给单个牧户使用时，游动放牧难以进行，放牧就失去了灵活性。在一些国家和地区，如中国和中亚地区以及非洲的一些地区，人们认为私有化草场可以防止牧民过牧，有助于给牧民提供激励，使其采用更加可持续的草地治理实践（Hardin，1968；Mwangi，2007；Ybarra，2009）。因此，这些国家和地区实施了草地私有化政策。

"双权一制"实施后，草地单家独户治理取代了传统的社区治理，成为中国草原牧区的主要草地治理模式。与传统的游牧方式不同，单家独户模式的特点是：牧业生产中草地的产权边界被严格限定，草场由私人单独使用①（Mwangi，2007；王晓毅，2013）。然而，单家独户的治

---

① 牧户通常会在自家承包的草场上修建围栏，以防止他人的牲畜进入草场。

理模式是否适合草地资源的状况遭到质疑，因为在这种治理模式下，放牧弹性受到了极大限制。这就使得畜牧业生产与草地生态系统健康的协调性降低（Hobbs et al.，2008）。这不仅降低经济效益，而且增加对草地的危害（Boone & Hobbs，2004；刘红霞，2016）。一些研究者（Cao，Xiong & Sun et al.，2011；Gongbuzeren & Li，2016）认为，单家独户的治理模式是导致我国草原牧区草地退化的罪魁祸首。随着 1980—1990 年草场包产到户，草地退化面积急剧增加。孟林和高洪文（2002）发现，20 世纪 70 年代，中国退化草地面积占草地总面积的 10%，到 80 年代，草地退化面积达到总面积的 30%，而到 20 世纪 90 年代中期，遭到退化的草地面积达 50% 以上。进入 2000 年，90% 的草地面积遭到退化（Unkovich & Nan，2008；Waldron，Brown & Longworth et al.，2010）。草场单户使用下的牧业生产被认为是导致草地退化快速发展的主要原因（Zhou，Gang & Zhou et al.，2014；Yang，Wang & Li et al.，2016；Zhou，Yang & Huang et al.，2017；谭淑豪，2020）。

在这种情况下，草场共用模式（M - pattern）悄然出现。在这一模式下，牧户们将其承包草场临近的他人的承包草地合起来共同放牧。一些研究（Li & Huntsinger，2011；Cao，Xiong & Sun et al.，2011；Fernandez - Giménez & Le Febre et al.，2015）认为共用产权更适合草地治理，因为在这种模式下，牧民能够增大放牧的移动性，从而减轻由于过牧导致的草地退化。不过，实践中，共用模式并没有如预期一样常见。此外，采用大样本对此进行的实证研究也不多见（Cao，Xiong & Sun et al.，2011；Chen & Zhu，2015）。在现行草地经营制度下，即草地使用权由牧户私人所有的情况下，如果共用被证实为在经济上和生态环境上都更为合理的话，就需要采取适当的政策干预，来促进草地资源的共用。这一章从生态经济效益的角度探讨了共用草地产权对于草地治理的影响，旨在为改善草地资源治理的产权制度安排提供基于实证的（evidence-based）政策建议。

被学术界广泛接受的生态效率（ecological efficiency，EE）概念由世界可持续发展商业理事会（WBCSD）提出："生态效率指一个生产单位在整个生命周期内，在减少环境影响和资源强度的同时，提供满足人类需求和提高生活质量的具有竞争力的有价商品和服务的能力"（DeSimone & Popoff，1997；Dyckhoff & Allen，2001）。之后，生态效率的概念根据应用情景的不同而有不同的含义。例如，在经济学语境下，它被简化为"用更少的投入和更少的有害环境的产出创造更多的经济价值"（Picazo - Tadeo，Gómez - Limón & Reig - Martínez，2011；Tone & Tsutsui，2011）。按照这个简化的概念，生态效率被定义为"经济增加值与环境压力之比"（Kuosmanen & Kortelainen，2005），或"环境危害最小的投入与所观测的投入之比"等（Reinhard，Lovell & Thijssen，2002）。在本研究中，我们扩展了托恩（Tone，2001）和黄、布鲁默和亨辛格（Huang，Bruemmer & Huntsinger，2016）等人的贡献，将草地条件作为产出，将生态效率定义为最优投入产出比与古观测的投入产出比的比值。根据这一定义，如果一个牧民能够以较少的投入生产出更多的畜产品，同时拥有更好的草地条件，那么他们将具有更高的生态效率值。本研究将草地质量状况纳入产出的经济效益指标。

选取内蒙古两个主要牧区呼伦贝尔市和锡林郭勒盟为研究点，采用面对面访谈的方法，对413户牧民进行调查。内蒙古的草原面积约占中国草原总面积的1/4，但其草地遭受了严重的退化（Li，Wu & Liu et al.，2017）。内蒙古是我国首个实行草原使用权私有化的牧区，目前存在单家独户和多户合作的草地治理模式，非常适合本章的研究目的。了解草地产权共用如何促进草地治理，有助于打破内蒙古和其他草原牧区草地治理陷入恶性循环的困境（Tan，Li & Liu et al.，2018）。

4.1　理论分析

生态效率反映了决策单元（decision-making unit，DMU）生产经济和环境友好型产品的能力（Picazo Tadeo et al.，2011；Tone & Tsusui，2011）。一些管理策略不仅可以提高畜牧业生产的经济效益，而且可以改善草地的状况。为了从生态效率的角度探讨共用草地产权是否更适合畜牧业生产，以下分析共用产权相比于草地单独治理模式提高生态效率的潜在途径。

这里定义了三个家庭组：多户合作组（M）、单户有租赁组（S–R）和单户无租赁组（S–NR）。多户合作组遵循共用模式，通过共同管理其共用的承包草地来放牧；单户有租赁组和单户无租赁组遵循单户治理模式，通过单独管理其承包和租赁的草地来放牧。这两组的区别在于，单户有租赁组牧户的草地全部或部分是从别处租来的，而单户无租赁组牧户的草场全都是自家承包的。表2–13显示了三组牧户在牧业生产投入、经济产出绩效和草地条件方面的差异和结果。

与单独治理型（S–R和S–NR组）牧户相比，共用型牧户具有两大特点：一是扩大了放牧面积，将承包草场合并共用；二是通过劳动力和机械的共享，促进了生产合作。这些特征可能通过以下潜在途径使共用型家庭具有更高的生态效率。

表2–13　　　　　　　　　三组的主要差异及其结果

项目	共用组	单独治理组	
		单独有租赁	单独无租赁
放牧面积	更大的放牧面积，有权使用共用的草地	放牧面积增大，有权使用承包和租用的草地	只能进入承包草地

续表

项目	共用组	单独治理组	
		单独有租赁	单独无租赁
生产合作	正规定期合作*	不定期非正规合作	不定期非正规合作
灵活的放牧管理	与单独治理下有租赁和无租赁相比，放牧活动皆更为灵活	与单独治理下无草场租赁相比，放牧活动皆更为灵活	—
劳动力和机械共享	与单独治理下有租赁和无租赁相比，更加正规分享	不正规分享	不正规分享
经济产出	与单独治理下无租赁相比，经济产出绩效可能更高	与单独治理下无租赁相比，经济产出绩效可能更高	—
草地条件	与单独治理下无租赁相比，草地条件可能更好	与单独治理下无租赁相比，草地条件可能更好	—
生产投入	与单独治理下有租赁和无租赁相比，生产投入绩效可能更高	—	—

注：＊正规是指家庭经常共用劳动力和/或机械。

4.1.1 共用—放牧面积增大—放牧管理更加灵活—草地条件更好—生态效率更高

在给定的气候条件下，放牧强度是决定牲畜放牧对草地状况影响的主要因素（Trlica & Rittenhouse，1993；Sinclair，Metzger & Fryxeu et al.，2013；Müller，Dickhoefer & Lin et al.，2014；刘佳慧和张韬，2017）。放牧强度由放牧率和放牧时间决定（Allen，2011；Vallentine，1990）。缩短放牧时间、降低草地载畜率可以降低放牧强度。因此，草原状况有望得到改善。

在共用模式下，放牧面积的扩大允许家庭进行更灵活的放牧活动，例如轮牧和调整放牧路线等。这些活动可以缩短每块草地的放牧时间，给草地更多的恢复时间（海山，2012；刘红霞，2016；昂伦等，2017），确保牲畜放牧有更高流动性，从而提高不同类型牧草的利用率（滕星等，2004；占布拉等，2010）。这有助于维持平衡的草地生态系统，提高其承受放牧压力的能力（Fryxell，Wilmshurst & Sinclair et al.，2005；Sinclair，Metzger & Fryxell et al.，2013）。所有这些都将使草地条件更好。但是，如果共用模式下的载畜率没有根据资源进行适当调整，则草地条件可能不会变好。由于共同使用的土地具有一定的公地特征，共同管理草地的家庭可能希望在合并的草地上饲养更多的牲畜（Hardin，1968）。在这种情况下，草地上的放牧强度可能会增加，使草地遭受过度利用和退化。在共用模式下，控制放牧率是维持放牧强度的必要条件。根据我们的实地调查，有很大一部分共用型家庭试图限制在共同使用的草地上饲养的牲畜数量，并根据草地情况每年调整牲畜数量。每年评估草地的状况有助于牧民将放牧率控制在一个适当的水平。

4.1.2 共用—放牧面积增大—放牧管理更加灵活—经济产出表现更好—生态效率更高

更灵活的放牧管理不仅具有生态效益，而且具有经济效益。改善放牧管理通常会使草地生态系统的物种组成更加平衡，进而提高生态系统放牧牲畜的能力（Fryxell，Wilmshurst & Sinclair et al.，2005；Sinclair，Metzger & Fryxell et al.，2013；Street，Vennen & Avgar et al.，2015）。因此，增大饲养牲畜的活体重，可带来更高的经济产出。更灵活的放牧管理还有助于牲畜更好地获得异质的草地资源，例如牧草、矿物质和饮水资源等（Hobbs，Galvin & Stokes et al.，2008）。对内蒙古的一些研究（海山，2014；Tan & Tan，2017）证实了这一点。获得更多更异质的草地资源可以使牲畜采食更加均衡的牧草和矿物质（Coppock & Swift et al.，1986），增加其活体重（Boone & Hobbs，2004；Hobbs，Galvin & Stokes et al.，2008；Richard，2012），从而提高经济产出绩效。

4.1.3 共用—促进合作—劳动力和机械共用—劳动力和机械投入减少/草地条件改善—生态效率提高

畜牧业是劳动密集型产业。单个家庭很难完全满足生产的劳动力需求（李西良等，2013；敖仁其，席锁柱，2012）。单独无租赁组的家庭通过雇佣劳动力来解决这一问题，从而增加劳动力投入（Reid，Fernández–Giménez & Galvin et al.，2014）。共用模式下的合作允许这些家庭共用劳动力和机械等生产性资产。这种合作可以使多户合作组的家庭节省一些劳动力成本，并通过专业化提高工作效率（Borland & Yang，1995）。此外，合作可以更好地将具有不同技能的劳动力分配到畜牧业生产中。与劳动力类似，机械也是畜牧业生产中的重要生产资产，广泛用于打草和运输干草等（敖仁其，席锁柱，2012）。共享机械可以减少每标准羊单位（SSU）或每单位草地面积的支出。例如，2007年中国主要牧区的 S 型草地总投资为 5032 美元/公顷，M 型草地总投资为 3038 美元/公顷。围栏支出分别为 3304 美元和 2109 美元；棚屋建设费为 1198 美元和 746 美元；S 型和 M 型家庭的人工成本分别为 36 美元和 13 美元，机械成本分别为每公顷草地 10.9 美元和 3.5 美元（Tan & Tan，2017）。共用型牧户投入支出的减少提高了其投入效率，进而有助于提高生态效率。

基于以上分析，我们假设共用模式下的家庭通过以下三条潜在路径具有比单户型治理模式下的家庭更高的生态效率（P）：

P1：扩大放牧面积有助于改善草地条件，从而提高生态效益。

P2：扩大放牧面积可能增加经济产出，从而提高生态效率。

P3：合作可能提高投入效率，从而提高生态效率。

4.2　方　法

按照托恩（Tone，2001）的做法，采用基于松弛的效率方法来量化生态效率。在这一节中，我们介绍了这一方法及如何用它来量化生态效率。表 2－14 显示了模型中使用变量的名称、符号、计算公式和说明。

表 2－14　　　　　　　　　模型中所用变量的含义

变量	符号	方程和解释
生态效率	EE	方程（2－11）（$Eq.1$）；最优投入产出比与观测投入产出比之比
生产投入	x	各种投入的具体变量
经济投入	y	商品畜产品的经济价值
草地条件	z	各种草地条件的具体变量
优化的投入产出	（$X\lambda$，$Y\lambda$，$Z\lambda$）	由方程（2－16）（$Eq.6$）估计
投入松弛变量	s^x	实际投入与最优投入之差
经济产出松弛变量	s^y	生产可能性边界上的最优产出与实际经济产出的差异
草地条件松弛变量	s^z	生产可能性边界上的最优草地条件与实际草地条件的差异
投入松弛变量比	IE^x	方程（2－15）（$Eq.5$）；在给定生产可能性边界的情况下，可节省的投入平均值的比率
经济产出松弛变量比	IE^y	方程（2－15）（$Eq.5$）；考虑到生产可能性边界，可增加的经济产出比
草地条件松弛变量比	IE^z	方程（2－15）（$Eq.5$）；生产可能性边界条件下可改善草地条件的比

4.2.1　具体模型

将生态效率定义为方程（2－11）：

$$EE = \frac{optimal\ input\text{-}output\ ratio}{observed\ input\text{-}output\ ratio} \qquad (2-11)$$

基于生产理论，最优投入产出组合在生产可能性边界上，这是样本中所有生产单元的包络线。为了构建生产可能性边界，获得生态效率值，本书采用托恩（Tone，2001）的基于松弛的测度方法。

假设有 N 个牧民家庭，每户家庭使用 I 种投入，包括基础母畜、劳动力、机械和资本等来进行牧业生产。每项投入的经济价值是 x_i，所有畜产品，如牲畜、牛奶、羊毛的经济价值是 y。由此导致的草地条件是 z。生产可能性集包含所有技术上可行的投入、经济产出和草地条件的组合，定义为：

$$P = \{(X, Y, Z \mid x \geqslant X\lambda, y \geqslant Y\lambda, z \geqslant Z\lambda) \qquad (2-12)$$

这里 $X = (x_{in}) \in R^{I \times N}$，$Y = (y_{1n}) \in R^{1 \times N}$ 和 $Z = (z_{1n}) \in R^{1 \times N}$ 分别为投入、经济产出和草地条件矩阵。λ 为 R^N 中的一个非负向量。$(X\lambda, Y\lambda, Z\lambda)$ 构成了生产可能性边界，给出了当前生产技术条件下的最优投入产出组合。

图 2-5 显示了牧民的生产前沿和投入产出组合。假设牧民最优投入产出组合的参考点为 R，此时与在 A 点相比，他/她可以用较少的投入产生更多的经济产出，并使草地条件得到改善。根据方程（2-11）中定义的生态效率，该牧民的生态效率不高，因为他/她仍有提高畜牧业生产投入、经济产出和环境产出绩效的空间。

s^x，s^y，s^z 为松弛变量，其中 s^x 为投入松弛变量，也被称为投入过剩，表示观测到的投入和潜在最小投入之间的差异；s^y 为经济产出松弛，也称为经济产出短缺，显示了在生产可能性边界上观察到的经济产出与潜在最大经济产出之间的差异；s^z 指环境产出松弛，显示观察到的草地条件与在不降低经济产出的情况下所能达到的最佳草地条件（也在生产可能性边界上）之间的差异。

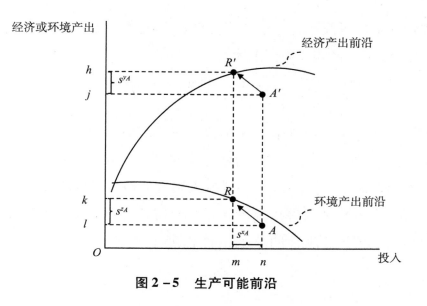

图 2 - 5　生产可能前沿

给定生产可能性边界，基于松弛度量（SBM）的生态效率如方程（2 - 13）所示。

$$EE = \frac{1 - avg\, \dfrac{s^x}{x}}{1 + avg\left(\dfrac{s^y}{y} + \dfrac{s^z}{z}\right)} \qquad (2-13)$$

可以证明生态效率具有以下性质：（1）无单位；（2）单位不变性；（3）$0 < EE \leqslant 1$；（4）投入和产出松弛变量单调减少。基于这些特性，松弛变量的值越小，生态效率的值就越高；当 $s^x = s^y = s^z = 0$ 时，生态效率值最大，$EE = 1$。

根据图 2 - 5，生态经济效率可用方程（2 - 14）表示：

$$EE = \frac{1 - avg\, \dfrac{mn}{on}}{1 + avg\left(\dfrac{hj}{oj} + \dfrac{kl}{ol}\right)} = \frac{om}{on} \cdot \left(\frac{oh}{oj} + \frac{ok}{ol}\right)^{-1} \qquad (2-14)$$

方程（2 - 14）使得理解 EE 的含义更加简单。

为了检验 P1、P2 和 P3，我们遵照托恩（Tone，2001）和库珀（Cooper，2007）等的研究，将生态效率分解为其组成部分，以量化牧业生产的投入、经济产出和环境产出绩效：

$$IE^x = \frac{1}{I}\sum_{i=1}^{I}\frac{s_i^x}{x_i}\,;\quad IE^y = \frac{s^y}{y}\,;\quad IE^z = \frac{s^z}{z} \qquad (2-15)$$

其中，IE^x 表示投入松弛率（又称投入过剩率），反映在一定的经济产出和草地条件下，平均总投入能够节约的程度；IE^y 表示经济产出松弛率（又称经济缓冲率），表示一定投入和草地条件下可增加的经济产出程度；IE^z 表示草地条件松弛率（也称环境产出缺口率），表示一定投入和经济产出下可改善的草地条件程度。这三个指标是无单位且非负的。

用方程（2-16）来计算生态效率：

$$EE = \min \frac{1 - \dfrac{1}{I}\displaystyle\sum_{i=1}^{I}\dfrac{s_i^x}{x_i}}{1 + \dfrac{1}{2}\left(\dfrac{s^y}{y} + \dfrac{s^z}{z}\right)}$$

$$s.t. \quad x_i = X\lambda + s^{x_i}$$

$$y = Y\lambda - s^y$$

$$z = Z\lambda - s_n^z$$

$$s^{x_i} \geq 0,\ s^y \geq 0,\ s^z \geq 0,\ \lambda \geq 0 \qquad (2-16)$$

使用 DEA – SOLVER PRO 软件进行计算。DEA（数据包络分析，data envelope analysis）是一种用来构造生产可能性边界和估计生产效率的方法。

4.2.2 数据及其描述性统计

本书所使用的资料是在内蒙古呼伦贝尔市和锡林郭勒盟实地调查期间收集的。这两个盟的草地面积占内蒙古草原面积的 1/3，牧业总产量占内蒙古的 1/4。以半干旱气候为主，两个盟（市）的年降水量低且变化大；呼伦贝尔市年平均降水量为 135～433 毫米，锡林郭勒盟年平均降水量 250～400 毫米。大部分（60%～80%）的年降水量发生在气温最高的 5 月至 8 月。牧草的平均生长时间为 150 天，从 4～5 月至 9～10 月。

历史上，内蒙古的畜牧业生产一直以季节性轮牧制度为基础。11 月至 5 月，牧民在冬春牧场放牧，其余时间在夏秋牧场放牧。然而，在草原承包给个人家庭后，这种放牧制度就被固定地点的放牧所取代，即牧民全年在一个牧场放牧。内蒙古牧区牧民通常分到两类草地：打草场和放牧场。打草场通常用于在冬季放牧地不能提供足够的牧草或天气不好时（如发生暴风雪等）收获供牲畜食用的牧草；放牧场用于放牧。在我们的数据中，放牧场平均为 265 公顷，打草场平均为 31 公顷。

内蒙古草原在过去几十年里严重退化。与 20 世纪 60 年代的生产力相比，草甸草原的年生产力下降了 54%～70%，典型草原年生产力下降了 30%～40%，荒漠草原年生产力下降了 50%（Zhao et al.，2006）。在退化地区，多年生适口禾草和豆科植物减少了 34%～90%。有害杂草和不适口牧草种类大幅增加（王庆锁等，2004）。到 20 世纪 90 年代中期，内蒙古锡林郭勒盟 60% 以上的草地退化，退化面积以 2% 的增速逐年扩大（李博，1997）。退化的草地失去了许多养畜的能力。20 世纪 80 年代以前，内蒙古的牧民不需要购买饲料。今天，我们的数据显示，平均每个牧民家庭每年用于购买饲草料的花费高达 3671 美元。

本章所用的是 2011 年的数据，收集时间为 2011—2012 年。我们使用精心设计的问卷进行了面对面的实地调查。问卷由 8 个部分组成，包括牧民家庭基本情况、草原信息、牧业生产（投入产出）、家庭消费、牧民感知态度、牧户社会资本等。对于 M 组家庭，我们不仅询问了他们自己的信息，同时还对其关联信息，如草地总承包面积、牲畜总数量、放牧管理和放牧规则等进行了评价。除锡林郭勒阿巴嘎旗外，两个盟（市）的 12 个纯牧业旗都进行了访谈。采用随机抽样的方法选择调查对象。从每个旗选 2～7 个乡镇、每个乡镇 3～4 个村、每个村 4～8

名牧民中随机抽取413户样本。413户中，共用组73户（17.4%），单独有租赁组112户，单独无租赁组228户。三组之间没有重叠。一般几户组成一个小组，实行合作型草地治理。最大的小组有9个家庭。最老的合作小组成立于1986年家庭责任制刚开始实行的时候，而最新的合作小组成立于调研时的前三年（见表2-15）。

表2-15 三组管理相关特征的描述性统计

指标	共用组	单独有租赁组	单独无租赁组
样本牧户数（户）	73	112	228
户均承包草场面积（公顷）	334	289	319
户均放牧面积[①]（公顷）	817	522	319
调整放牧路线牧户占比（%）	39.1	16.5	15.1
实施轮牧的牧户占比（%）	49.5	80.5	5.4
制定载畜率规则的牧户占比（%）	41.7	——	——
户均牲畜数量（标准羊）	305	414	352
可利用草地载畜率[②③]（标准羊/公顷）	0.93	0.80	1.10
生产中合作的牧户占比（%）	58.3	——	——
合作利用劳动力的牧户占比（%）	23.5	——	——
合作利用机械的牧户占比（%）	40.2	——	——

注：①表示放牧面积按M组总面积除以户数计算。

②对于M组和S-NR组，可用草地面积等于承包草地面积。对于S-R组，可用草地面积为承包草地面积和租用草地面积之和。

③对于M组，我们首先计算每个样本关联的载畜率，然后取它们的平均值。

三组的基本特征见表2-15。共用组的草地承包面积略大于单独无租赁组，但随着牧户对草地的共同利用，放牧面积大大增加。单独有租赁组的家庭也通过租用草地扩大了放牧面积。然而，扩张的程度比共用组的家庭要小。理论分析表明，共用组牧户在放牧强度和生产配合上存在非正式规则。约42%的共用组制定了控制放养率的规定，如限制每户可饲养的牲畜数量、牲畜放牧时间等。超过 58% 的共用组进行了生产合作，其中 23.5% 共用机械，40.2% 共用劳动力。

三类变量，即投入、牧业经济产出和草地条件被用来估计生态效率。这些变量的描述性统计如表 2 – 16 所示。将投入和经济产出变量除以可利用草地面积进行规范化处理。投入包括可利用草地面积、年初牲畜数量、资本、人工成本和机械投资。资本进一步包括饲草料投资（饲料、干草和添加剂）、草地租赁费和兽医支出（药品和服务）。机械投资包括机械贴现值和牧民自有机械在调查年度的耗油支出，或机械租赁的租金和燃油支出。

表 2 –16　　　　　　　　　估算 EE 所用变量的描述性统计

指标	共用组		单独有租赁组		单独无租赁组		全体	
	平均值	标准差	平均值	标准差	平均值	标准差	平均值	标准差
投入（x）								
牲畜[①]（SSU/ha）	0.93	0.40	0.80	0.37	1.10	0.15	0.99	0.31
劳动力（\$/ha）	1.10	4.20	0.69	2.30	1.08	4.41	0.98	3.91
机械（\$/ha）	6.92	9.46	6.51	10.2	13.1	24.6	10.2	19.7
资本（\$/ha）	11.2	16.4	20.1	37.0	20.6	142	18.8	107
经济产出（y）								
牧业收入（\$/ha）	57.9	119	38.6	46.9	45.5	52.6	45.8	67.9
草地条件（z）								
草的高度[②]	3.23	0.77	2.29	0.90	1.68	0.86	2.12	1.03
草的覆盖度[③]	3.03	0.82	2.46	0.84	2.57	1.07	2.62	0.99
可食牧草种类[④]	2.68	0.78	2.30	0.84	2.12	0.89	2.27	0.88

注：①牲畜按照标准羊单位计算（SSUs），1 头牛 = 5 个标准羊单位，1 匹马 = 6 个标准羊单位。

②1 ≤10cm，2 = 10 ~20cm，3 = 20 ~30cm，4 = 30 ~40cm；5 ≥40cm；

③1 ≤20%，2 = 20% ~40%，3 = 40% ~60%，4 = 60% ~80%，5 ≥80%；

④1 ≤5 种，2 = 5 ~10 种，3 = 10 ~15 种，4 = 15 ~20 种，5 ≥20 种。

经济产出按研究年度末生产收入和剩余牲畜现金价值之和计算。生产收入来自出售牲畜和牲畜产品，如羊毛和牛奶。

草地条件。用高度、盖度和适宜的牧草种类三个指标来评价草地状况。指标的选择基于现有研究（李博，1997；Zhao，Han & Mei，2006；Li，Wu & Liu，2017；Zhou et al.，2017）。这些指标被认为与草地状况有直接关系，也是中国政府在草原监理报告中用来反映草原生态状况的主要指标。我们要求牧民估计他们牧场牧草的高度、覆盖率和适口的牧草种类。虽然这三个指标的值来自牧民的报告，但我们认为这是可靠的，原因是：（1）牧民通过日常的放牧活动获得了足够的生态知识（Ingold & Kurttila，2000）；（2）一些研究（Oba & Kotile，2001；Emily et al.，2017）指出牧民家庭比任何人都更熟悉和关心自己的土地，因此他们能够准确地感知自己的土地状况；（3）其他一些研究（Lykke，2000；Oba，2006）表明牧民对草地状况的感知与研究结果一致。

用五级量表对反映草地状况的三个指标进行了测量。例如，在测量适口草的高度时，1表示10厘米以下的草，2表示10~20厘米之间的草，5表示40厘米以上的草（详见表2-16注释）。为了规范草地状况指标，我们将其转换为1到5的分数，以减少维度。一般来说，得分越高代表草地状况越好。

4.3 结果与讨论

本节介绍并讨论结果。首先给出了DEA-SOLVER-PRO软件的估计结果，并对生态效率的估计结果和组成结果进行了比较。然后，通过检验三个假设的路径（P1、P2和P3）是否得到证实来讨论结果。

4.3.1 估计值及组成部分结果

根据等式（2-11），EE越高，决策者生产经济产出和控制不良环境影响的能力越强。估算结果见表 2 – 16。为了确定三个组之间的生态效率值是否存在显著差异，我们用不等方差（unequal variances）对两个样本进行了 t 检验（见表 2 – 17）。共用组的平均 *EE* 值高于 S – NR 组和 S – R 组，显著性水平分别为 1% 和 10%。共用组的生态效率值高于平均值（*EE* > 0.28）的家庭比例最大，*EE* 值为 1 的家庭比例最大（见表 2 – 18 的下半部分）。这些结果表明，共用模式下的牧业生产比 S 模式下的牧业生产具有更高的生态效率。

值得注意的是，整个样本的平均生态效率为 0.28。这表明，当前的牧业生产系统具有提高生态效率的巨大潜力和必要性。

表 2 – 17　　　共用组、单独无租赁组和单独有租赁组的生态
效率（*EE*）值间的 *T* 检验（变量：平均值之差）

指标	合作与单独无租赁比较	合作与单独有租赁比较	单独有租赁与单独无租赁比较
平均值之差	0.138	0.076	0.062
标准差	0.042	0.047	0.032
［95% 置信区间］	［0.056，0.246］	［0.017，0.169］	［0.002，0.126］
自由度	103	144	196
总体观察值	229	187	342
T 统计	3.317	1.62	1.906
H_0	Mean EE $(M - S - NR) < 0$	Mean EE $(M - S - R) < 0$	Mean EE $(S - R - S - NR) < 0$
$P(T < t)$	0.000	0.054	0.029
置信度（%）	99	90	95

表 2 – 18　　　共用组、单独无租赁组和单独有租赁组的
生态效率（*EE*）估计值

指标	共用组	单独有租赁组	单独无租赁组	全体
平均值	0.38	0.31	0.24	0.28
标准差	0.33	0.30	0.25	0.28

续表

指标	共用组	单独有租赁组	单独无租赁组	全体
最小值	0.00	0.00	0.00	0.00
最大值	1.00	1.00	1.00	1.00
$EE = 1$（%）	16.4	11.6	0.06	9.4
$EE >$ 全体平均值（%）	50.7	34.8	27.2	33.7

　　降水和草地生长对牧业生产的经济效益和草地状况有着重要影响。这两个因素因草地类型而异。这表明，三组间生态效率的差异不仅与管理模式有关，还与草地类型相关。为了使结果更为可靠，我们按草地类型对三组的生态效率值进行了比较（见表 2 – 19）。

表 2 – 19　　　　　来自不同草地类型的三个治理组的生态效率值

指标	共用组	单独有租赁组	单独无租赁组	全体
典型草原	0.37	0.32	0.24	0.28
草甸草原	0.43	0.31	0.31	0.33
荒漠草原	0.35	0.22	0.13	0.21

　　草地类型没有改变三组的相对表现。在 3 种草地类型中，共用组的平均生态效率值均高于单独无租赁组和单独租赁组的。荒漠草原三组的生态效率值最低，草甸草原三组的生态效率值最高。这并不意味着荒漠草原的治理最差，草甸草原的治理最好，因为从草甸草原到荒漠草原的草地条件（适口草的种类、草的高度和覆盖度）存在递减的自然梯度（见表 2 – 20）。

表 2 – 20　　　　　　　　　生态效率值（*EE*）的组成　　　　　　单位：%

指标	共用组	单独有租赁组	单独无租赁组	全体
投入超额比（*IE*^{x}）	0.49	0.57	0.61	0.58
经济产出缺口率（*IE*^{y}）	1.68	1.40	2.23	1.91
环境产出缺口率（*IE*^{z}）	0.20	0.53	0.73	0.58

表 2 – 20 显示了生态效率组成结果。与单独无租赁组相比，共用组的 *IE*^{x}、*IE*^{y} 和 *IE*^{z} 要小得多，说明共用组较高的生态效率值是由其较好的投入、经济产出和环境产出绩效共同作用的结果。与单独有租赁组相比，共用组的 *IE*^{x} 和 *IE*^{z} 也要小得多，但 *IE*^{y} 没有更小，说明共用组较高的生态效率值主要是由于其较好的投入性能和较好的草地条件所致。

4.3.2　结果讨论

本节讨论扩大放牧面积对经济和环境绩效的影响以及合作对投入绩效的影响。讨论还包括在共用模式下，提高生态效率的三条假说路径能否得到验证：路径 1（P1）假说，增大放牧面积有助于改善草地条件，从而提高生态效率；路径 2（P2）假说，扩大放牧面积有助于增加经济产出，从而提高生态效率；路径 3（P3）假说，合作可以提高投入效率，从而提高生态效率。

4.3.2.1　放牧面积增大、草地条件与生态效益

为了检验 P1，对三组的放牧面积、环境产出松弛率和生态效率之间的关系进行了评价。表 6 – 20 显示，共用组的放牧面积大于单独无租赁组和单独有租赁组的。此外，共用组 *IE*^{z} 比其他两组小得多。如第 2 节所述，这是由于放牧面积增大，从而放牧灵活性更强所致。为了验证这一点，我们比较了共用牧户在有无灵活放牧措施下的 *IE*^{z} 和生态效率（见表 2 – 21）。实施灵活放牧的牧户的 *IE*^{z} 值为 0.16，小于未实施灵活放牧的牧户的 *IE*^{z} 值 0.24。此外，实行灵活放牧的牧户生态效率值较未实行

灵活放牧牧户的生态效率值高出近 85%。这表明，加大放牧移动性确实有助于改善环境绩效，从而提高共用组的生态效率。这证实了 P1。

共用组牧户承包的草地面积没有比单独无租赁组大多少，但其放养率却低得多。由于 41.7% 的共用组牧户制定了限制牲畜放养的规则，这些非正式规则有效地约束了牧民超出草地承载力增加牲畜数量。表 2 - 21 列示了共用组在不同放牧规则下的 IE^z 和生态效率值。在有载畜率规定的情况下，牧户的 IE^z 为 0.14，明显低于没有载畜率规定的组（0.24）。相应地，具有非正式规则的牧户小组的生态效率远高于没有规则的小组，有载畜率规定与无载畜率规定的牧户小组的 IE^z 分别为 0.47 和 0.32。这表明，非正式规则可能对 M 组家庭的生态效率产生了积极的影响。

表 2 - 21   共用组牧户在不同条件下的 EE、IE^x、IE^y 和 IE^z

项目	EE	IE^z	IE^y	IE^x
实行灵活放牧	0.50	0.16	0.73	—
未实行灵活放牧	0.27	0.24	2.55	—
有载畜率规定	0.47	0.14	1.50	—
没有载畜率规定	0.32	0.24	1.80	—
有生产合作	0.41	—	—	0.45
没有生产合作	0.34	—	—	0.56

4.3.2.2 放牧面积增大、经济产出绩效与生态效益

为了评价 P 2，我们探讨了三种治理模式下牧户小组的放牧面积、经济产出松弛率和生态效率值之间的关系。共用组每户可以放牧的面积几乎是单独无租赁组的三倍（见表 2 - 15）。根据第 2 节，合作组可以预期的经济产出绩效更好。但共用组的 IE^y 略小于单独无租赁组，大于单独有租赁组。这意味着 P 2 未能被验证。

虽然共用组家庭具有的更大可利用放牧面积增加了牲畜获得异质草地资源的机会，但增量较为有限。因此，较大放牧面积对经济产出绩效的正向影响较小。此外，共用组的家庭只是扩大了放牧面积，并没有增加他们使用的平均草地面积。因此，家畜可利用的牧草可能不会显著增加，导致共用组的 IE^y 与 S－NR 组相比仅略有减少。与共用组不同的是，单独租赁组牧户不仅扩大了放牧面积，而且通过租地扩大了可利用草地面积。更大的可用草地面积提供了更多的草料，可以饲养更多的牲畜。

4.3.2.3 促进合作、投入绩效、生态产出绩效和生态效率

为了评价 P3，我们比较了三种治理模式下牧户小组的合作情况、投入松弛比和生态效率值之间的关系。我们计算了有生产合作和无生产合作的共用组牧户的 IE^x 和生态效率，探讨了促进合作与生态效率的关系（见表 2－21）。有合作组的 IE^x 低于无合作组的，而有合作小组的生态效率（0.41）比无合作小组的生态效率（0.34）高 20.6%，说明合作可以通过提高投入绩效来提高生态效率。由于 58.3% 的共用组进行合作生产，而单独无租赁组和单独租赁组均不合作，共用组的 IE^x 远低于非合作组的。这样，P3 得到证实（见表 2－22）。

表 2－22 IE^z 对 IE^x 的回归结果

独立变量：IE^z	系数	t 值
IE^x	0.047***	(4.62)
Constant	0.308***	(4.64)
N	413	
Prob > F	0.000	
Adjusted R－squared	0.047	

注：*** 表示 1% 水平显著（P < 0.01）。

P3 还表明，减少投入支出可以促进草地条件改善，从而间接提高生态效率。为了评价这一点，我们通过对 IE^z 和 IE^x 进行回归分析探讨是否投入效率较高的牧户在牧业生产中也具有较好的环境绩效。表 2 - 22 显示 IE^x 和 IE^z 有显著正相关，这与 P3 的假说一致（见表 2 - 23）。

表 2 - 23   三种治理模式下的生产成本和平均净收入

指标	共用组	单独有租赁组	单独无租赁组
劳动力成本（$/SSU）	0.78	0.83	0.91
机械成本（$/SSU）	6.74	9.19	11.64
资本投入（$/SSU）	11.52	27.45	29.12
平均净收益（$/SSU）	33.33	25.50	11.40

注：每头 SSU 的利润是每头 SSU 的平均净收入，通过从总生产收入中扣除资本投入、机械投入和劳动力投入的成本来计算。

表 2 - 23 显示了这三个组的生产投入和每个羊单位的平均净收入。与单独无租赁组和单独租赁组相比，和组织里组的人工成本和机械成本均较低。这进一步证实了劳动共享和机械共用可能有助于提高共用模式的投入绩效。此外，共用模式的资本投入也低于其他两种模式。由于资本投入是饲料、干草、添加剂和草地租金的总支出，这一结果表明共用组草地利用效率较高。

4.3.2.4　共用组牧户规模及其生态效益

以上分析表明，基于扩大放牧面积和合作生产的灵活放牧方式共同提高了共用组的生态效率。如 4.3.2 所述，共用小组的牧户规模大小不等，这使其合作共用的草地面积有所不同，合作的强度也有所差异，因而各组的生态效率值也不一样（见表 2 - 24）。

表 2 – 24　　　　　　　不同牧户规模治理组生态效率值

各组的牧户规模（户）	2	3	4	5	6 ~ 9
占比（%）	42.5	31.5	12.3	8.2	5.5
平均生态效率值	0.302	0.360	0.468	0.553	0.668

表 2 – 24 显示了不同规模合作模式小组的生态效率。一般来说，牧户规模越大的合作小组，其生态效益越高。由于样本中最大的合作小组只有 9 户家庭，我们不知道当家庭数量增加时，这种趋势是否仍然存在。根据第二节的分析，合作小组规模越大，其生态效率越高。因此，可以期望生态效率值与合作小组的牧户规模为正的线性响应。然而，这一结果只有在合作小组组织良好的情况下才能显示出来。这些组织良好的小组有载畜率限制，放牧方式更加灵活，生产上经常合作，并且同一小组内的牧户家庭之间没有冲突。值得注意的是，一些 6 户以上的合作小组生态效率值较低，不符合组织良好的小组特点。通常情况下，较大的合作小组意味着组织起来更困难，从而生态效率更低。因此，认为生态效率与共用小组牧户规模呈"倒 U"形关系可能更为现实。（Cao，Xiong & Sun et al.，2011）指出，由 8 ~ 15 户组成的合作小组比 3 ~ 7 户和 15 户以上的合作小组会有更好的草地条件。

4.4　结语

适当的放牧管理可以为牧民提供优质的膳食蛋白质和收入，并通过养分循环对草地生态系统产生积极影响，有助于维持草地生态系统的服务功能。反之，不适当放牧导致的草地退化在我国主要牧区普遍存在，其中单家独户的草地治理模式（S 模式）下的放牧管理制度已成为主导。这种模式对草地管理的适用性受到质疑，在这种模式下，放牧活动的灵活性非常有限，不仅造成经济效益损失，而且还导致了草地退化。在草地使用权普遍分到各家各户的情况下，多户合作模式是否更适合草地治理？为什么？回答这一问题意义重大，因为草地退化已成为世界性的问题，且放牧管理不当被认为是导致草地退化的主要原因。

本章通过比较共用模式下牧民家庭群体与单独治理模式下两个群体的生态效率表现，探讨了这一问题，提出解释共用组生态效率表现差异的三条途径，并进行了实证分析。采用基于松弛的模型对内蒙古两个典型牧区的 413 个家庭样本进行分析。主要结果表明，与单独治理模式相比，共用模式具有更高的生态效率。生态效益表现较好的主要原因是环境表现较好，牧业生产投入表现较好。较大的放牧面积和控制放牧强度的非正式规则共同作用，使草地条件得到改善，从而改善了环境绩效。劳动和机械的共享节省了生产投入，提高了投入绩效。研究显示，当多户家庭对灵活的放牧方式、放牧率以及劳动或机械共享有规定时，他们的生态效率更高。草原使用权私有化已成为一种全球性趋势，这意味着单家独户的草地治理模式越来越占主导地位。因此，越来越多的家庭将面临放牧管理缺乏灵活性的问题，这将加剧草地退化。随着人口的增加和牧户家庭的细分，情况将变得更加严峻。研究表明，多户共用模式可以通过提高牧业生产的生态效益来应对这一局面。因此，建议政策鼓励牧户采用多户合作的草地治理模式。例如，鼓励牧户共同使用邻近草原、共用劳动力和机械、限制牲畜数量和实行更灵活的放牧方法（如进行轮牧和调整放牧路线）的政策是可取的。

5 小　　结

草地产权系统是个复杂系统，包括从国家、集体到社区和牧户的产权。随着 20 世纪 90 年代中期草场使用权分配到户，中国草地产权制度基本定型，即草原所有权为国家和集体所有（内蒙古的大部分草原），使用权为承包的牧户所拥有。随着草地"三权分置"的实行，草地的产权格局中，所有权基本没有发生变化（除极少量集体所有的草场被征为国有的之外），承包权和经营权（使用权）可发生分离，但当草场的使用人仍然是承包者的时候，产权状况没有变化。总体而言，相比于原本更为复杂多样的产权系统，这一产权制度被简化了，中观层面如社区的产权基本上被取消了（少数地方在村级层面保留了少量草场），这就降低了产权利基（tenure niche），从而不利于草地资源的合理利用。

　　现有草地产权制度下，牧民是草地最主要的利用者和管理者。目前，牧户层面的草地产权制度安排主要有三种模式，即单家独户模式下的无租赁模式和有草场租赁模式，多户共用草场模式。本篇在说明资源产权对资源治理重要性的基础上，先结合案例和简单的分析方法比较了这三种产权制度安排对草地治理效果的影响，随后，分别用计量分析模型探讨了共用草场和租赁草场的产权制度安排对草地治理效果的影响路径或机制及影响程度。定量分析发现，在现有草地产权制度下，牧户之间共用草场是较为良性的草地治理模式，不仅可以改善草地生态条件，还可以提高牧民的经济产出。不过，根据对我国主要草原牧区的多次实地调研，为什么效果较好的草地治理模式在实践中却并不多见呢？第 3 章将对此进行探究。

第 3 章

草地合作治理

本章拟回答以下问题：什么是合作治理？草地资源为什么需要合作治理？"去合作"对草地治理有何影响？"去合作"治理草地会导致哪些社会成本？这些成本会如何在不同的利益相关者之间进行分摊和转移？什么样的合作能够成功？如何促进牧户层面草地治理的有效合作？

本章通过探讨现有草地产权制度下，中国草地资源的合作治理状况来回答以上问题。本章讨论了对于草地资源合作治理的理解；探讨了"去合作"对草地治理的影响；分析了去合作治理草地可能导致的社会成本，以及这些成本如何在不同的利益相关者之间进行分摊和转移；探讨了合作可能成功需要满足的条件；分别从理论和案例方面探究如何促进牧户层面的草地合作治理。

1 理解草地合作治理

合作治理指区别于传统上以国家行政垂直治理模式的社会治理模式，提倡民众、政府和第三部门多方协作共治（余福海，2019），是提供公共服务、组织公共事务、实现公共治理的一种制度安排和方

法。按照这一定义,合作治理至少包括两个核心维度:参与主体的多
样性,以及参与主体间的关系结构。根据治理对象的不同和尺度的不
同,合作治理的理论框架也不一样。本节拟讨论的草地的合作治理,
指在现行草地经营制度即草地承包给牧户的情况下,多个治理主体
(主要是牧户)通过合作使用草地的方式对治理对象(草地资源)进
行治理(利用和管理)的现象。这部分主要探讨两个方面的内容:一
是草地资源为什么需要合作治理?二是草地资源合作治理的理论
基础。

1.1　草地资源为什么需要合作治理?

草地资源需要合作治理,这是由草地资源的属性、牧业生产的特征
和牧民互惠合作的传统决定的。草地资源是草原畜牧业的基础,而草原
畜牧业是由草—畜—人组成的复杂社会生态经济系统,在这个系统中,
草地是最为关键的要素。草地资源的属性在很大程度上决定了依赖草地
为生的草原畜牧业的生产特征和牧民的放牧方式。

1.1.1　草地资源的属性

草地资源具有生产力低、异质性强和可分性弱的属性。首先,与农
区的耕地相比,天然草原的生产力通常要低得多。农区户均 10 亩左右
的耕地足可以养活一家人,而牧区最好的草原 10 亩也可能只能养活 1
头羊。在多数草原牧区,一般 20~40 亩草场才能养活 1 头羊,而一个
3~4 口人的牧户家庭需要 200 头左右的羊才能使维系生计,按照这样
的标准,如果不购买饲草料,需要 2 万亩以上的草场。根据草原监理报
告,2017 年内蒙古平均每亩天然草场的鲜草和干草产量分别为 143 公斤
斤和 45.6 公斤,而青海平均每亩天然草场的鲜草和干草产量分别为 154
公斤和 49.1 公斤。以每只羊每天吃 2~2.5 公斤干草计算,一只羊一年

需要 20 亩左右天然草场。

其次，草地资源具有很强的时间和空间异质性。从时间维度来说，一年四季草地资源的状况不同。以青海省祁连山的草地资源为例，一年中各个季节牧草的生长和采食情况具有异质性。牧户一般在每年的 7 月中旬至 8 月 25 日左右使用夏季草场，8 月 25 日至 10 月 15 日将牲畜转至秋草场（有些将夏草场和秋草场合起来为夏秋草场，这样，牧户在夏秋草场上放牧的时间就会长一些），10 月 15 日至 7 月上旬使用冬春草场。5 月中旬至 6 月底是牧草返青的关键时期，那时的牧草鲜嫩多汁，适口性非常好，营养也很丰富，但牲畜的采食会会牧草全年的产量造成较大影响，部分牧户会选择在此期间休牧。内蒙古草场的情形也类似，牧户一般夏天和秋天在放牧场上放牧，冬天和春天则利用打草场上收获或购买的饲草喂养牲畜。

草地资源在一年中的异质性主要是由气候因素导致的。以青海省祁连县默勒镇为例，2017 年和 2018 年 12 月到翌年 2 月的平均气温均在 -10℃ 以下，3 月和 11 月气温在 -10 ～ -5℃，4 月和 10 月，气温在 -5 ～ 0℃，一年中只有 5 ～ 9 月的平均气温在 0℃ 以上（见表 3 -1）。从多年的尺度来说，在气候条件好、雨水充足的年份，草地的生产力较高，反之，干旱的年份牧草生产力低。以内蒙古为例，1983—2003 年的 30 年间，几乎所有的牧业旗县都遭受过旱灾，其中锡林郭勒盟的苏尼特左旗和苏尼特右旗以及呼伦贝尔的鄂温克旗十年九旱，累计发生干旱的频次均为 21 ～ 30 次，导致草料短缺（李丹等，2016）。在空间上的异质性也主要由各地的气温和降水等的不同所致。以青海省祁连县默勒镇为例，2017 年和 2018 年的降水分别为 137 毫米和 242 毫米（见表 3 -1），后者比前者高出 81%。各地饮水源及其他放牧关键资源，如舔盐地等的分布不均也是草地资源空间异质性的表现。

表 3 - 1　　青海省祁连县默勒镇 2017—2018 年内降水和气温情况

项目	时间	1 月	2 月	3 月	4 月	5 月	6 月	7 月	8 月	9 月	10 月	11 月	12 月	全年
降水 (毫米)	2017 年	0	0	0	2.9	40.2	26.1	23.1	39.1	2.2	0	0	0	133.6
	2018 年	0	0	0	0	15.5	4.1	30	96	96	0	0	0	241.6
气温 (℃)	2017 年	−14.8	−10.7	−9.2	−1.2	2.5	6.6	10.5	8.8	4.5	−1.1	−9.4	−13.7	—
	2018 年	−15.2	−15.4	−5.7	−0.8	3.7	7.7	10.5	10.3	4.8	−3.2	−9.6	—	—

草地资源的空间异质性还指不同海拔的空间。如由于山地垂直带气候差异影响，新疆山地草场牧草生长具有强烈的季节性：牧草植被组成、生产能力、牧草品质、利用条件、载畜能力等在同一季节都因海拔高度而不同（穆合塔尔，米克什，阿衣丁，1998），而不同季节同一海拔高度的草场资源情况也不一样。

草地资源相对较低的生产力和时空异质性的特点，使得要将草原按照相同的质量和/或面积平均分配给每个牧户家庭几乎不可能。在草地分包到户的过程中，各地草原牧区尽可能公平的草地分配方案导致了更加严重的草地细碎化，如兼顾不同质量的牧草地、饮水源等，致使有些牧户分到的草场呈现面条型、筷子型，社区的草场看起来像太阳形（即围绕中间的饮水源等，牧户分到的地块呈狭长形辐射，以兼顾每家的牧场能有一个饮水点）。而作为脆弱生态系统的草原，草地细碎化对于草地资源利用有着极为不利的影响（Hobbs，2008），不仅极大地削弱了草原生态系统的整体性，加剧了草地退化，而且给牧户带来了很大的围栏成本。

1.1.2　草原畜牧业生产特征

"脆弱"和"靠天吃饭"是草原牧业的典型特征。草原畜牧业是由"草原—牲畜—牧民"三要素有机构成的一种生态经济社会系统，其生产过程见图 3 - 1 所示。草原畜牧业的脆弱性首先体现为作为草原畜牧业基础的天然草原生态系统的脆弱性。中国的草原牧区主要分布在气候干旱寒冷、水源匮乏和土壤瘠薄的生态脆弱区，降水量小且全年分布不均。逐水草而牧，靠天养畜，依附于自然环境，使草原畜牧业非常脆弱。一旦草原生态子系统遭到退化，整个草原生态经济社会系统的整体崩溃（敖其仁，2001；海山等，2009）。牧业生产的脆弱性也与生态经济社会系统中的牲畜和牧户相关。牲畜既是生产资料，又是产品，市场的状况直接影响畜产品的价格。由于复杂多变的自然环境和市场环境，以及牧民应对自然灾害能力有限等因素，使牧业生产极易受到自然风险和市场风险的双重影响。

传统上，内蒙古草原牧区畜牧业讲究"五畜并举"，即牛、马、骆驼、绵羊和山羊五种牲畜在天然草场上放牧，不同种类的牲畜有不同的采食习性，而且牲畜对水草的需求也随着季节变化而变化，这样更有利于干旱半干旱草原由"草—畜—人"组成的复杂多变的生态系统（张倩，2010）。草原畜牧业从时间维度来看，具有"夏壮、秋肥、冬瘦、春死"的家畜营养非平衡性的特点，而从空间上来看，需要"逐水草而牧"，这是草原畜牧业特征的体现。

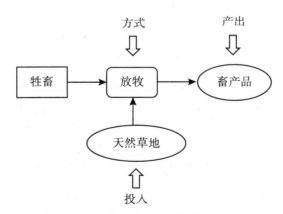

图 3-1　草原畜牧业的生产过程

1.1.3　牧民互惠合作的传统

社会资本是草地合作治理的基础。草地资源较低的生产力状况、时间和空间异质性和分割的困难性，以及草原畜牧业在面对自然灾害时的脆弱性，使得依赖草原维持生计的牧民需要在牧业生产中进行多种互惠合作。如合作利用草场，增大草地的规模以利于牲畜移动觅食和饮用水源。保持牲畜的足够移动性是草原畜牧业能够在脆弱生态条件下持续为牧民提供生计的重要策略，也是成本最低的人类食物生产方式。牧民的合作放牧、转场、剪羊毛、打草等各种牧业生产活动有利于牧民更好地应对自然灾害，节约劳动力，提高草地和其他资源的利用效率。牧民在传统互惠合作的牧业生产中积累了较高的社会资本，这为发起合作治理的集体行动提供了最初的社会资本。

1.2　草地资源合作治理的有关理论

如前所述，草地合作治理的主要涉及牧民和草地两个方面："合作"是指牧民个人之间或群体之间为达到共同目的，相互配合的一种联合行动，属于集体行动的范畴；而"草地"资源从其属性来说，属于"公共池塘资源"。因此，草地合作治理的有关理论涉及集体行动理论和公共池塘资源治理理论。

1.2.1　集体行动理论

集体行动可以被定义为一个群体为了其共同利益而采取行动的行为或现象。集体行动理论由美国经济学家奥尔森提出，他反对"人们会自发地为了共同利益而采取行动"的传统集团理论观点，认为每个理性的经济人，只有在确认行动的收益大于成本时才会采取行动，同样，人们在集体行动的收益大于行动成本时才会采取集体行动。奥尔森（2011）提出，群体规模是影响集体能否采取行动的关键因素。群体规模越大，一方面，个体从集体行动中获取的收益就越少，个体对集体行动的贡献也越小，因此采取行动的激励就小；另一方面，个体不采取行动也能获得集体收益（即"搭便车"）的可能性越大，两方面因素的作用下，大规模的集体行动很难开展。为了避免集体行动的困境，群体成员收益异质性和选择性激励是克服该问题的两点关键。选择性激励指的是激励集团成员采取行动、承担成本的方法措施，又可以细分为正向激励和负向激励，其中正向选择性激励包括奖励、资助、荣誉、机会等；反向选择性激励主要指惩罚和强制性措施。有学者将选择性激励进一步细分为外在选择性激励和内在选择性激励，前者指实质性的权利分配，而后者指人们内心的团结感和忠诚感（赵鼎新，2006）。

所有集体行动的目标本质是一定范围的共同利益，即一定范围的公共物品或集体物品。因此，公共利益或集体物品的存在是集体行动的首要前提。公共物品或集体物品的重要特征是消费的非排他性，即："如果一个集团中的任何个人能够消费它，它就不能不被那一集团中的其他人消费。"同时，任何一项集体行动存在较大的初始组织成本，在成员数量众多的情况下，单个成员的努力对整个行动目标的实现起着微不足道的影响，因此理性的个人面对集体行动，有着做"搭便车"者的强烈动机，在大多数情况下，人们不会自发地产生集体行动。所以集体行动面临着不可避免的困境。

奥斯特罗姆（Ostrom，1998）认为解决集体行动困境有两种内在途径：一是通过沟通；二是通过改变博弈规则。由于存在集体行动的困境，要提供具有外部性的公共物品通常采取两种办法，即国家理论支持下的中央集权和企业理论支持下的完全私有化，在自然资源系统的治理中亦是如此，但奥斯特罗姆的研究使得自组织理论成为第三种办法。

1.2.2 小规模公共池塘资源治理理论

在研究公共池塘资源治理中的集体行动问题时，奥斯特罗姆

（Ostrom，2012）总结并分析了一系列成功与失败的治理案例，认为当前的集体行动理论存在三个方面的问题：（1）没有强调制度资本的自然增长过程；（2）只强调内部变量没有强调外部变量；（3）不考虑信息和交易成本。她认为资源占用者面临的问题结构因场景不同而不同，并不局限于囚徒困境这一种简化结构；同时，她认为分析问题必须兼顾不同的领域和层次。为此，她拓展了研究假定，将"搭便车"问题纳入分析框架，并考虑行动者及其互动，以及使用者和资源系统、使用者和治理系统之间的关系。奥斯特罗姆（2000）认为，当现实条件逼近模型的假设，即在有着高贴现率、缺乏信任和沟通、无法达成有约束力的协议、难以监督的情况下，简化的模型能够预测现实。但现实环境的复杂性通常超出一般理论，也就不适用于一般理论。由于现实中集体行动的参与者可相互沟通，自主修改规则，这有利于集体行动困境的解决。换言之，克服集体行动的困境需要解决三个问题：新制度的供给、可信承诺和相互监督。阿格拉瓦尔（Agrawal，2003）在总结大量学者针对公共池塘资源案例研究的基础上，认为影响公共池塘资源治理集体行动的变量应包括资源系统特征、使用者群体特征、制度安排和外部环境四个变量组，而每个变量组又包含许多子变量。

1.3　作为集体行动的草地共用

本书关注的核心是牧民共用草地的集体行动。共用草地可以被视为一种最初级形态的合作，指草地所有者在相邻的草地上共同作出草地管理决策的计划和实践（Gass，Rickenbach & Schulte et al.，2009；Rickenbach，Schulte & Kittredge et al.，2011；Ferranto，Huntsinger & Getz et al.，2013）。共用草地之所以值得关注，是因为在作为一种集体行动的草地共用基础上开展自主合作这种经营模式在适应草原生态系统上具有独特的优势，有助于实现"人—草—畜"放牧系统单元的动态平衡。

1.3.1 草地共用的相对优势

第一，从自然资源的特点上看，草原生态系统属于非平衡生态系统，具有高度的时空异质性特点，草地不同于耕地，是一种更适合整体化利用的土地资源，分割和细碎化会限制其利用效果。不少学者的研究已经证实了这一点，张正河和张小敏（2015）利用我国主要牧区省份234户牧户的实地调研数据估算牧户牧业生产的 C－D 函数，构建并求解牧户草地规模经营决策模型，其研究发现我国草甸类草原放牧牧户的最优草场经营规模为42588亩，草原类草原为21159亩，但实际生产中单家独户的经营规模很难达到该水平。在一定草地规模上开展的联户经营通常具有更高的经济效率，不少学者的研究证明了这一点。杨婷婷等（2016）针对甘肃祁连山地区的研究，将牧户分为完全承包到户组和不完全承包到户组，并利用 DEA 模型进行生产效率测算，研究发现不完全承包到户组（即存在草地共用）的纯技术效率、规模效率和综合效率都优于完全承包到户组。王田田（2018）基于青藏高原腹地的青海省玉树藏族自治州、西藏自治区那曲地区、青藏高原东缘的阿坝羌族藏族自治州和甘南藏族自治州四个地区302家牧民的研究发现，联户的经营方式可以提高畜牧业劳动力的利用效率，节省劳动力，有利于增加非畜牧业就业机会和非畜牧业收入，有利于提高家庭收入多样性。在高原腹地地区联户的外出务工均值是非联户牧民收入的1.5倍，在东部边缘地区联户的外出务工收入是非联户的1.9倍。

第二，牧区当前面临严重的超载过牧所导致的草地退化问题，草地共用有利于减缓草地退化、实现草地生态平衡。实现草地共用能够增大牲畜的活动范围、保证牧业经营的移动性，减缓由于定点放牧、草地重复利用造成的草地以定居点为中心向四周辐射后出现的梯度荒漠化现象（敖仁其，达林太，2005）。韦惠兰和郭达（2014）基于甘肃玛曲草场的研究发现，相比单户、小联户（3~7 户）与大联户（25~33 户）而言，中联户（12~21 户）管理的草场具有更高的草场盖度、牧草高度及地上生物量值、具有更少的鼠洞数量及更低的毒杂草比例，总体呈现更好的生态表现。马素洁等（2018）采用 GL 和 QHL 技术，根据 RULSE 土壤流失模型比较甘肃省两地单户经营和联户经营的研究发现，草地联户经营模式在防止水土流失方面优于单户经营模式。曾贤刚等（2014）的研究发现，在牧区围封草地的做法会带来生态上的"围栏效应"，对牧区野生动物的取水、觅食以及迁徙等活动造成严重影响，不利于物种的繁殖和生态多样性的保护。

第三，草地共用能有效扩大牧业经营单元，而达到一定规模的草地面积是选择划区轮牧、游牧等不同放牧方式的基础，也是实现草地动态平衡的基础。不同于简单的定点连续放牧，划区轮牧和游牧要考虑不同季节的气候特点与草地利用价值的搭配关系，因而更能匹配牧区气候不稳定的特点，对于草地植被恢复和生物多样性保护都具有积极作用。但是这些放牧方式需要在草地面积达到一定规模才有条件开展。不少学者的研究已经证明了这些放牧方式能够带来的好处，如李秋月（2015）的研究利用空间化 CENTURY 模型模拟分析内蒙古地区天然草地地上生物量和土壤有机碳的时空分布特征，发现气候变化的背景下，划区轮牧的方式优于连续放牧。王雪峰等（2017）通过对比不同放牧制度下草甸草原植物群落的研究发现，在承包制后未确定地块，保留村一级集体经营的 B 嘎查在采用四季轮牧的情况下，草场植物的 Shannon-wiener 指数、Margalef 指数、Simpson 指数和 Pielou 指数均高于定居放牧的 H 嘎查草地，即从群落结构及生物多样性角度考虑，四季轮牧更有利于草场群落复杂结构和生物多样性的保持。

1.3.2　草地共用的特殊性

作为一种集体行动，牧民发起草地共用存在三方面的特殊性。

第一，区别于合作社实现"小农户联合起来对接大市场"的经济目的，草地共用更侧重于实现保护草原生态以及增强牧民应对自然风险能力的非直接经济目的。草原的脆弱性和不稳定性决定了草原的可持续发展不应该以过度追求草原的生产能力为目标，李和亨辛格（Li & Huntsinger，2011）的研究认为，草地承包之后牧民更难从原有的社区中获取支持，贫困程度和脆弱性都有所增加；张倩（2011）的研究发现，原本低成本的"走敖特"方式在单家独户经营成为主流的情况下变成一种高成本的方式。在气候变迁和极端自然灾害频发的情形下，草地共用被视为牧民应对气候变迁的主要替代性生计策略之一（Wang，Brown & Agrawal，2013；励汀郁，谭淑豪，2018），这种模式有助于保持牲畜的移动性，解决灾害时期水资源短缺和饲草不足的问题。

第二，区别于成立或加入合作社的集体行动，草地共用是一种并未成立正式组织的集体行动，但能以增强社区成员的互动的方式加强社区联结、传承草原文化。牧户分散定居后，传统的以分工合作为基础的放牧方式减少。牧业生产比农业生产更强调大规模和组织化，强调生产过程中的协作与灾害时期的互助，但因为定居和草原分割，社区可利用的自然资源和社会资本减少，牧民间普遍存在的互惠关系遭到削弱（王晓毅，2013）；同时，社区提供的公共服务支持减少，传统游牧文化面临衰落。有学者强调，草地的生态功能和社会文化载体功能才是草原的根本功能（周立，董小瑜，2013），草地共用有利于通过共同组织生产活动和社会活动，联系纽带牧民形成一个特定的团体，增强社会网络联结，恢复草原现已削弱的社区功能的同时，保障草原的文化传承功能。

第三，区别于农业集体化可能带来的要素配置扭曲，在现有制度下让细碎化的草地重新以一定规模组合利用本质上是回归农牧业发展的不同经验。农业经营强调稳定、边界清晰以及在此基础上的精耕细作，而牧业经营强调移动、边界模糊和适应配合。我国牧民在草地利用习惯上一贯都是"善合"的。从蒙元时代的"阿寅勒"与"古列延"延续到清朝的"苏鲁克",虽然具备严格的等级制度,但草地一直是公共地,随后,牧区虽然经历了民主改造时期(1947—1953 年)、社会主义改造时期(1953—1958 年)、人民公社时期(1958—1983 年)等不同阶段,但仍然保持着过去的土地利用方式,只是公共利用的土地面积减小了(荀丽丽,2012),总体而言,在分草到户政策落实之前,虽然牧区政策多变,但是一直在共同利用的草地上延续游牧传统(周立,姜智强,2011)。

1.4　小结

草地是一种生产力低、可分性弱和时空异质性强的资源。根据奥斯特罗姆(Ostrom,1990),具有生产率低、变异性强即获取一定产量的可靠性低、改进或加强的可能性较低、土地的有效使用要以较大面积为前提以及资本投资活动要求较大群体参与这些属性的土地资源适合社区共有。草地资源符合这些特征,可以认为是一种适合社区共有的资源,或被称为公共池塘资源。由于宪法规定中国除内蒙古牧区的部分草地资源属于集体所有,其他省份的草地所有权为国有,但草地的使用权归牧户社区。这样,公共池塘资源拓展为适合社区共用或共管的资源。

草地资源的低生产力、弱可分性和强时空异质性的属性,加上牧业生产的脆弱性和非平衡性等特点以及牧民互惠合作的传统使得草地合作治理相对于单家独户的治理方式而言具有一定的优势。草地资源合作治理的理论基础是集体行动理论和公共池塘资源治理理论。而现有关于草地资源合作治理的研究,多以单案例或对比案例为主,且探讨集体行动机制和行动条件的研究较少。在什么条件下,合作治理更有可能出现,并取得成功?合作治理本身包括哪些要素?哪些条件影响了合作治理制度模式的选择?这些要素是怎样相互影响的?去合作治理会有什么样的影响?合作治理导致了更好的绩效了吗?这些都成为草地合作治理研究的焦点。

2 "去合作" 对草地治理效果的影响

草地是人类的放牧畜牧业基地，不光栖息和养育了 3% 的世界总人口、35% 的绵羊、23% 的山羊和 16% 的牛，而且还提供了巨大的生态系统服务功能。草原畜牧业被认为是全球最可持续的食物生产体系之一（Mcgahey，Davies & Hagelberg，2014），也是干旱半干旱地区主要的土地利用方式和牧民的重要收入来源（Undargaa & Mccarthy，2016）。中国天然草地面积居全球第二，为三大食物生产来源之一，不仅是牧区经济发展和社会稳定的物质基础，更是我国重要的生态安全屏障（洪绂曾，2009）。然而，中国的可利用天然草场退化严重。据 2016 年 10 月 24 日美国《纽约时报》报道，中国北方沙漠在过去若干年以每年超过 3367 平方千米的速度扩展，致使 40 年间，多出了一个"克罗地亚"那么大的沙漠面积。这严重地威胁着中国北方地区的生态安全。草地亟须良性治理以恢复草原生态，并促进牧民生计提高。本章拟探讨去合作制度变迁对草地治理效果的影响及其路径。

2.1 从传统的合作治理走向"去合作"

草地治理从传统的合作走向去合作，主要体现为牧业制度的变迁，即 1980 年以来我国主要牧区实行的牲畜和草地由集体共有共管逐步转到牲畜私有私管、草地共有私用的过程。历史上，草地是有权势的地主和寺院的财产（包玉山，2003；敖仁其等，2009）。草原社区通过游牧、半游牧和休牧（或延迟放牧）的形式进行牧业生产。20 世纪 50 年代初，为了扭转中华人民共和国成立前的不平等现象，让所有牧民都能拥有草场，地主的草地被大量没收。但在很多地区，大部分草地仍被当地牧民共同使用。在之后实行的人民公社体制之下，草地变为国家（或集体）所有。在这一体制下，传统的季节性游牧仍在继续。1978 年，中国农村地区开始了"去集体化"改革。1981 年，家庭联产承包责任制获得了官方认可（林毅夫，胡庄君，1988）。受这种产生于中国中部贫困农区新制度的影响，草原产权制度也转变为承包制。但不同于制度在农区的实行（将土地划分为小块承包给农民），承包制在草原牧区的实施分两个过程进行："分畜到户"和"分草到户"。以内蒙古草原牧区为例，这两个过程分别体现在牧业制度变迁的三个阶段，即"牧业大包干""草畜双承包"和草原"双权一制"中。

第一阶段为"牧业大包干"生产责任制的实行（1978—1983 年）。"十一届三中"全会以后，国家对牧区畜牧业生产进行了大范围调整，推行大包干生产责任制（马兴文，2012），也就是将以"大集体、大锅饭"为特色的人民公社制度变为"分组作业、联产计酬"的责任制，并紧接着以"包产到户或组"的形式落实责任。如内蒙古自治区根据当时全国农村推行的"包干到户"的"大包干"责任制，结合草原牧区实际情况，实行"包本承包，少量提留，费用自理，收入归己"的"大包干"责任制（达林太等，2010）。具体体现在新"苏鲁克"（一种牲畜包放制度）责任制上，实行"三定一奖"制度，即通过"定产（牲畜繁殖成活率、成幼畜保育率、畜产品产值）、定工（放牧、接羔保育、瘦弱畜饲养等用工）、定报酬"，超产奖励责任制。保留过去人民公社实行的"队为基础"的所有制，个别地方开始将牲畜作价归户。这个时期虽然未能破除以"人民公社制"为代表的土地集体所有制，草原牧区的土地产权制度未发生质的改变，但为引进草原联产承包责任制提供了条件。

第二阶段为"草畜双承包"责任制的实施（1984—1997 年）。内蒙古自治区自 1984 年开始实行"草畜双承包"制度，将草牧场的所有权划归为嘎查（村）所有，并将之前的"公社—大队"体制转变为"苏木—嘎查"体制（赵澍，2015）。新体制给草原牧区带来了巨大变化：将集体所有的牲畜全部作价归户，畜牧业经营形式由"集体经营"转变成"家庭经营"。而草原使用权承包大体上经历了两个阶段：草场和牲畜一起承包到嘎查（村）或联户；在第一阶段的基础上进一步将这些生产资料承包到户。大致做法是：承包前，生产队先组织人力按牲畜种类等特征将所有饲养的牲畜分类、清点并登记造册；然后按照现有人口数量，将牲畜全部承包给当时的社员，并将所有大集体的棚圈、房屋随草地作价承包给牧民。

第三阶段为"双权一制"的落实。"双权一制"指的是草场的所有权、使用权和承包责任制。"双权一制"是伴随着家庭联产承包制在草原牧区的展开而逐步落实的。以内蒙古为例，20 世纪 80 年代在全国率先实行了"草场公有、承包到户、牲畜作价、户有户养"的草畜双承包责任制。从 1989 年开始，进一步落实草原所有权、使用权和承包经营责任制。1996 年末，内蒙古自治区人民政府发布了关于《内蒙古自治区进一步落实完善草原"双权一制"的规定》的通知（以下简称《通知》）。《通知》阐明，全面落实好草原"双权一制"，是落实农牧业生产责任制的继续和深入，是新形势下深化农村牧区改革的重要内容，对于加强草原的保护和开发利用，推动畜牧业的持续稳定发展具有十分重要的意义。《通知》要求各地区在 1997 年 6 月底以前高质量地完成草原"双权一制"的落实完善工作，并对草原所有权、草原使用权和草原承包责任制的落实以及坚持实行草原有偿承包使用制度进行了具体规定。并强调这是和"草畜双承包"责任制相配套的政策，是牧区经济体制改革的延续和发展，也是一项重大改革。按照《规定》要求，全区在落实和完善草原"双权一制"时，进行了八个方面的工作（李新，2007）：（1）勘定旗（县市）、苏木（乡镇）、嘎查（村）界线，进一步明确草场范围和面积，处理边界问题，核定各类草地的载畜量。（2）以"草畜双承包"时的数量为基础，核定牧户人口、户数和牲畜头数。草地划分以人为主，人畜兼顾。（3）留出7%的草地作为机动草地，由嘎查（村）统一经营，以壮大集体经济。（4）草原集体所有单位及草原使用单位，将所属草原分片包给基层生产组织或农牧民经营，原则上承包到户。对承包到户的草地，由发包、承包双方签订承包合同，并依法公证。（5）依据经过核定的草地载畜量，以草定畜，防止超载过牧。（6）草原承包期一般为30年不变，也可承包50年。（7）规定合理的草地使用费，一般按承包草地产草量价值的1%~3%收费。所收费用由苏木、乡、镇管理，"取之于草，用之于草；取之于当地，用之于当地"。（8）草原的集体所有权确定后，登记造册，由旗县级人民政府依法颁发《草原所有证》。至2005年，内蒙古牧区的"双权一制"基本落实（达林太等，2010）。

随着2011年草原生态保护补助奖励机制建立，为实施禁牧补助、草畜平衡奖励、落实对牧民的生产性补贴和生产资料综合补贴政策，内蒙古自治区人民政府于2010年11月16日颁发了关于进一步落实完善草原"双权一制"有关事宜的通知，至此，草原"双权一制"得以全面落实，草场全部承包到户。

2.2　去合作对草地治理影响的路径

我国草地治理去合作过程三个阶段最重要的特征体现为"分畜到户"和"分草到户"两个阶段。"分畜到户"是将集体拥有和共同饲养的牲畜分给单个牧户家庭单独饲养。这个过程完成十几年后，国有（大部分牧业省份以及内蒙古的农牧林场和草地类自然保护区的草地属于这种情况）或者集体所有（内蒙古地区的多数草地属于这种情况）的草地，先承包到浩特或嘎查（村）等基层生产组织和农牧民，后全部分给各家各户，这就是"分草到户"。这两个阶段分别以不同的路径影响着草地治理的效果。这一部分先分别探讨"分畜到户"和"分草到户"对草地治理的影响路径，再应用生态学的"交互规模"理论来剖析由"分草到户"引发的土地细碎化是通过什么机制导致草地发生退化的。

2.2.1 分畜到户—牲畜增加—公地悲剧

大部分牧区的牲畜在20世纪80年代初分给了单个牧户。如位于藏区的四川省若尔盖县在1982年进行了牲畜分配。根据我们2014年访问的一位曾在当地担任了30多年村主任和村支书的老人回忆，改革前，牲畜的所有权归集体，由集体成员分工饲养。1985年，每头牲畜被折算成货币后分给了牧民。从此，牲畜所有权属单个牧户，由牧户饲养。在内蒙古地区，牲畜分配于1983年到1984年进行。这一阶段，牲畜被分配给了各家各户，而草地仍然公有共用，每个分到牲畜的牧户家庭都尽量使用集体草地，尽可能增加牲畜数量，造成牲畜总量急剧上升，引发所谓的"公地悲剧"。

哈丁（Hardin，1968）描述的"公地悲剧"是这样形成的：在一片公共草地上，每个作为理性个体的牧民，有强烈的动机去增加其饲养的牲畜数量。虽然他也会承受过度放牧带来的负面影响，但却能够得到增加每头牲畜带来的全部收益，这样，牧民就陷入了一种迫使他不断增加牲畜的机制。鉴于承载能力有限，这种情形必然导致草地退化。我们2013年对锡林郭勒盟正蓝旗一个嘎查（村）的调研证实了这一点。该嘎查（村）的一个小组有近300公顷冬季放牧场。在牲畜分给各家牧户而草地仍然集体共用时，牧户是如何利用这片草场的呢？根据调研中牧民的原话，"各家各户想放多少，就放多少；每户大概放100只羊、10多头牛；放得最多的是一个汉族人家，大约有500~600只羊、20~30头牛，此户人家只有一个人的草场。其他的牧户心里有意见，没有表现出来"。

内蒙古阿拉善盟的一个例子也清楚地展示了这一点。1983—1984
年分配牲畜时，当地一户家庭最初只分到了 80 只羊。到 1986 年底，该
家庭的羊就超过了 200 只。随后，一个儿子结婚分家，带走了 30 只羊。
到 1995 年末，独立成家的儿子就已经拥有了 600 只羊。此后，两个女
儿因为出嫁迁出家庭。这时，家庭财产情况大致为：父母 200 只羊；另
外两个儿子分别有 300 只羊和 200 只羊。在这 10 多年间，这家的牲畜
数量从 80 只迅速增长到了 1300 只（韩念勇，2011），翻了 15 倍。中观
层面的统计数据也呈现出这种趋势。例如内蒙古呼伦贝尔市的陈巴尔虎
旗，在 1983—1984 年中有 3 万 ~ 4 万只羊，但是到了 2012 年，牲畜规
模增加到了 80. 86 万只，约为 30 年前的 20 ~ 30 倍。牲畜的急剧增长引
发草地的严重退化。

宏观层面的数据同样证实了"畜增草退"这一现象。随着全国六
大牧区牲畜数量从 1981 年的 2. 9 亿羊单位增长到 2006 年的近 4 亿羊单
位，产草量却因草场严重退化而下降了 30% ~ 50% 。以青藏高原高寒
草地为例，这一时期草地退化面积占草地总面积的 40% ~ 60% ，具体
表现为：（1）植被覆盖度由原来的 100% 下降为 80% ~ 60% ；草地生
产力从每公顷草地产鲜草 4500kg 下降为产 1500kg，不足原来的 1/3。
（2）牧草质量下降，毒杂草比例增加。某些种类的毒草比例由 10% ~
20% 增加到 40% ~ 60% 。（3）鼠虫害泛滥。根据作者 2007 年前后在青
海湖地区和果洛地区的实地观察，草地上鼠害非常严重，即使是从行驶
的汽车中放眼望去，也能轻易发现许多鼠兔。它们挖掘的黑土堆更是非
常醒目，将草遮盖得难以成片。而四川阿坝州的调查也显示，1983—
2010 年间，草地生产力下降了 20% ~ 50% ，草地覆盖面积下降了 30%
以上。所有这些证据表明，如此集中发生的草地退化与制度变迁关联密
切。虽然很难分离其他因素（如气候和市场）对草地退化的影响，但
以上证据还是在一定程度上刻画出牧业制度变迁对草地退化影响的一条

路径逻辑：分畜到户（而草地共用）—牲畜增加—公地悲剧。这证实了哈丁的预言：若对拥有自己牲畜的牧户使用公共草地不加限制，最终会引发草地毁灭的悲剧（Hardin，1968）。

2.2.2 分草到户—草地细碎化—围栏陷阱

"分草到户"涉及两轮草地承包。第一轮始于 20 世纪 80 年代初，如内蒙古地区为 1982 年到 1989 年间实施。草地被分给单个牧户、村民小组或自然村（即"浩特"）。每个拥有合法成员权的牧户都颁发了草地承包证，但多数牧户仍以小组方式共用草地。用来进行草地分配的地图非常粗放，比例尺为 1∶100000。实际上，大部分分配工作都是通过地图而非实际测量来进行的。从实地调研了解到，实行"分草到户"的地区，牧户之间的草地界线是用摩托车的行驶轨迹来测量的。第二轮草地承包始于 20 世纪 90 年代中期，如内蒙古地区的陈巴尔虎旗是在 1996 年到 1998 年间实施的。这一轮草地承包中，所有的草地必须分到各户头上，而不允许停留在"浩特"一级。这次分配使用的比例尺为 1∶50000（见表 3-2）。

表 3-2　　　　　　　　　两轮草地承包实施情况对比

指标	第一轮草地承包	第二轮草地承包
年份	1983—1989	1995—2002
承包形式	承包到户、组或村	承包到户
地图比例尺	1∶100000	1∶50000
公共草地保留比例	5%～30%	<5%
分配标准	—	60% 按家庭人口；40% 按牲畜数量（"人六畜四"）
决定因素	—	是否有水源，是否能利用公共设施

资料来源：根据笔者 2014 年的田野调查资料整理。

表 3-2 列示了两轮草地承包的不同之处。一些草地资源比较丰富的旗县，先按照一定标准将草地分给各户，然后按照有关规则分配剩下的草地。如呼伦贝尔市陈巴尔虎旗根据每户维持基本生计需要饲养 200

只标准羊，每只标准羊需要 20 亩草地，先给每户牧民分配 4000 亩基本草场。剩下的草地根据家庭人口规模占 60% 和牲畜规模占 40% 的比例进行分配（"人六畜四"）。所有草地在空间上的分配则考虑了地形地貌、水源、牧道以及舍棚等基础设施，这样，各家各户分到的草场形状十分不规则，呈"太阳形"或"面条形"等（见图 3–2）。

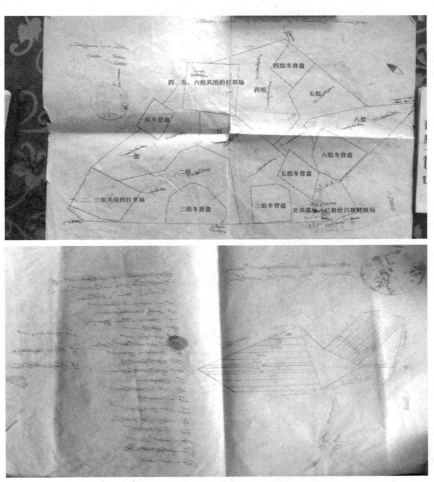

一组的冬营盘（草场）被分为18块给该组的18个牧户

图 3–2　村民小组间的草地分配情况和第一小组组内草地分配情况

资料来源：笔者于 2013 年的实地调研。

图 3-2 展示了 2.1 中那个嘎查（村）的草地使用模式。这个嘎查（村）共有 15 万亩草地，供 6 个村民小组（浩特）的 180 户牧民使用。第一轮草地承包时，草地被划分为 15 块分给 6 个组：每个组有一块夏秋草场（即夏季放牧场和秋季放牧场），一块冬春草场（即冬季放牧场，也叫"冬营盘"和春季放牧场；以下称法交替使用）；并且每 3 个组共享一块公用草地。此外，一块草地（图中右下角）作为村里的机动地，可以公用也可以出租。然而，第二轮"分草到户"迫使牧民从集体中"分离"出来，他们纷纷将自己承包的草地用围栏围起来，导致草地细碎化——即由于围栏和道路等引起的栖息地的隔离（Hobbs，Galvin & Stokes et al.，2008）。图 3-2 的第二部分显示的约 300 公顷冬营盘在第二轮"分草到户"前由浩特 1 的 18 个牧户共用。为了体现公平性原则，第二轮分配时这 300 公顷草场被划为 18 块分给了该集体的 18 个牧户，每块草场的形状细长、狭窄，有些地块长达 1 千多米，而宽只有 100 多米。各户将自家草场拉上围栏。狭长的草场十分不利于牲畜觅食以及牧群管理，也极大地削弱了草地生态系统的完整性（曾贤刚等，2014），导致所谓的"围栏陷阱"。承包非但没有解决"公地悲剧"，反而恶化了草地退化（杨理，2007）。

2.2.3 草地细碎化削弱牧户自然资本

生态学"交互规模"（scale of ecological interactions）理论揭示，草地细碎化削弱自然资本。"交互规模"为固定区域内消费者个数与其可以接触并使用的资源数量的乘积。"交互规模"越大，消费者实际可支配的资源越多，资源的配置就越合理；相反，"交互规模"越小，消费者实际可支配的资源越少，资源配置改善的空间就较大。土地规模与牧户拥有的资源异质性是紧密联系的，且在总面积一定的前提下，土地规模与土地细碎化程度成反比。基于霍布斯、加尔文和斯托克斯等（Hobbs，Galvin & Stokes et al.，2008）的图示，我们可以分析土地细碎化与牧户实际占有资源异质性之间的关系（见图 3 - 3）。

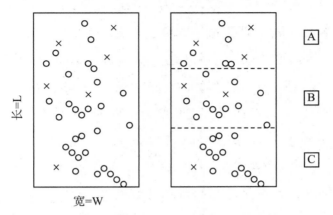

图 3 - 3　土地细碎化、交互规模与资源异质性

资料来源：Hobbs，N. T.，Reid，R. S.，Galvin，K. A.，et al. Fragmentation of Arid and Semi - Arid Ecosystems：Implications for People and Animals［M］. Berlin：Fragmentation in Semi - Arid and Arid Landscapes，2008.

图 3 - 3 显示，在长、宽分别为 L 和 W 的固定区域内，有一定数量的牧户和资源，其中，牧户以 x 表示，数量为 6；资源以 o 表示（假定区域内的资源为同质的），数量为 30。左图体现了"双权一制"实施前的状态，即浩特内的每个牧户对于其共享区域内的资源都有同等的使用权，"交互规模"为 6×30 = 180。右图为"分草到户"下，原有地块（即图 3 - 3 所示的区域）被分为了 A、B 和 C 3 个子地块。每个牧户只能对其所分到的子地块上的资源享有使用权，在资源为同质的假定下，每个子地块的"交互规模"分别为 3×6 = 18、2×11 = 22 和 1×13 = 13；全部地块的"交互规模"为 3 个子地块的之和，即 18 + 22 + 13 = 53。可见，在牧户和其拥有的全部草地资源没有发生任何变化的情况下，细碎化致使"交互规模"下降到不足原来的 1/3。不同牧户拥有的资源数量存在较大差异，3 个子地块上的牧户和资源数量比分别为 3：6、2：11 和 1：13。也就是说，有些牧户（如 C 地块上的）资源可能过剩，而有些牧户（如

A 地块上的）则资源相对不足，导致资源失配（Tan et al. ，2017）。

以 2.1 中某浩特的冬季放牧场为例，进一步说明草地细碎化是如何削弱自然资本的。假定该浩特约 300 公顷的草场上共有 180 个单位的资源，按照牧户家庭数 18 户，将草地等量划分为 18 份，原有草地上的资源数量也分成了 18 份。假定每个牧户家只养一头牲畜。于是，原有地块的"交互规模"为：18 × 180 = 3240；划成 18 份分给 18 户牧民后，无论每一小块地上的资源数量是否平均分配，地块的总"交互规模"都为 180。在草场被分割成 18 个碎片后，总的"交互规模"减少了 3060。这就是说，在资源总量没有发生任何变化的情况下，由于草地细碎化，每个牧户的牲畜可用的资源数量大大地减少。为简化研究，霍布斯、加尔文和斯托克斯等（2008）并未考虑资源的异质性，而是将所有的资源视为同质的，比如将所有的资源都视为种类相同或营养成分相同的牧草。若考虑资源的异质性（即不同种类或营养成分不同的牧草、饮水点、盐碱滩—牲畜舔盐是使其增膘的重要途径，因而盐碱滩被视为关键资源），细碎化对"交互规模"的影响将更为明显。从整个草原牧区来看，产权制度改革使草场分割导致的土地细碎化，极大地降低了草原牧区的生态"交互规模"，削弱了每个牧户实际可支配的自然资本数量和质量，是草地资源的配置不尽合理，从而间接导致了牧户生计资本的失配和生计弹性的降低（Tan & Tan，2017）。为了维持基本的生计，牧户不可避免地陷入"提高或维持生计水平—扩大牲畜规模—超过草地承载力—草地退化—单位牲畜收入减少—生计水平降低—提高或维持生计水平"的恶性循环。若这一循环不能被有效打破，草地退化就难以避免。

2.3 去合作对草地治理效果影响的经验证据

这部分主要通过两方面的经验证据来说明去合作的草地治理改革对

草原环境的影响：第一个属于大范围面上的证据，主要来自作者于
2005—2016 年在内蒙古、青海、新疆、四川、甘肃、西藏和云南等全
国主要牧区的多次实地调研；第二个为特定地区点上的证据，主要来自
曹建军（2010）在甘南开展的实验研究。此外，这两方面的证据中也
穿插着文献资料的佐证。

2.3.1　来自面上的经验证据

通过比较一个嘎查（村）在草地合作治理制度变迁前后的草地变
化，展示制度变迁是如何导致土地细碎化从而对自然资本产生影响的。
自然资本指牧民维持生计所需的自然资源，包括无形的公共品（如生物
多样性）、直接用于畜牧生产的可分性资产（如草场）、获取资源的途
径、资源的质量及其变化（DFID，1999）。九种可视为自然资本的土地
类型：高/中/低覆盖度草地、湖泊、居民点、沙漠、盐碱地、沼泽，以
及耕地。在"分草到户"之前，这个嘎查将草场划分为五块在不同季
节进行放牧：打草场、冬季放牧场、秋季放牧场、春季放牧场和夏季放
牧场。打草场用于在冬季前收割干草，各季的放牧场用于相应季节的轮
牧。每块草场间并没有固定的界限，也没有设置围栏，面积的划分取决
于当年的气候、牧草的长势以及牧民对牲畜对草的需求量、天气状况以
及牧草长势等的综合判断。草场的划分是灵活有弹性的。

从整体来看，这个嘎查对草场的划分是合理的：接近蒙古国的草场
被用作打草场。这块草场虽然覆盖度很好，产草量大，但缺少饮水源，
不便于直接放牧牲畜；比邻这片草场的，是这个嘎查的冬季放牧场。这
里牧草覆盖度相对较好，草场内部分布一定面积的低洼沙地，有助于牲
畜抵挡冬季的寒风；嘎查草场中部为秋季放牧场，东南部为夏季放牧
场。夏季放牧场和秋季放牧场上的自然资本更为多样化，不仅有高、中
和低覆盖度的草地，还有湖泊和盐碱地。这是因为牲畜在夏季和秋季比
较活跃，需要更多的空间进行移动和采食；秋季放牧场和夏季放牧场的

南边，是嘎查的春季放牧场。这样划分草场利于牲畜有效利用各种类型的自然资本。

按照"人六畜四"的原则将草场划分给数以百计的牧户后，各牧户分到的草场在质量、地势、与居民点间的距离以及水源获取等方面差异较大。一些牧户分到的草场上虽然牧草的覆盖度很高，但没有饮水源和盐碱地；相反，一些牧户分到的却大部分是水源和盐碱地——这两种资源虽为关键自然资本，却需要与牧草配合才能用来放牧。制度变迁引发的草地细碎化使得原本配置较为得当的自然资本被细碎化，导致其作为生存资本的作用减弱。

根据作者和中国社科院世界经济研究所以及中国农科院农业经济研究所于 2005 年 10 月至 2006 年 2 月共同在新疆、云南、甘肃、内蒙古、四川和宁夏六个主要草原省区对 231 个牧户，以及笔者与中国社科院世界经济研究所于 2007 年 5 月在环青海湖的海晏、天峻、刚察和共和县对 217 个牧户的调研，牧户分到的草场距离定居点平均为 16 千米，分别从 0 千米（即定居点位于牧场上）到 157 千米不等。环青海湖地区的牧民分到的草场平均距定居点 18 千米，最远的可达 300 千米；牧户草场距离水源平均 3.2 千米，最远的达 150 千米。过于细碎化的自然资本使得有些牧户更倾向于在较近的草场放牧，由此造成这些草场的退化。笔者 2014 年 7 月在四川阿坝和青海果洛地区开展的调研在一定程度上证实了上述推断。调研数据显示，冬/春放牧场离居民点较近，平均为 13.2 千米，而夏/秋放牧场距离居民点较远，平均为 35.2 千米。这使得牧民更多地使用距离居民点较近的草场，由此导致这部分草场的退化程度要高于较远的草场的退化程度。没有牧户认为他家的夏/秋放牧场退化非常严重（草场退化指数为 5），却有 17% 的牧户认为他们家的冬/春草场发生了非常严重的退化（见图 3-4）。这主要是由于小面积草地降低了交互规模，致使过牧和牛羊反复践踏草场造成的。

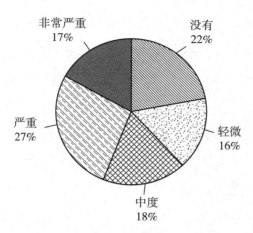

图 3 - 4　牧民对于草场退化的评价

资料来源：笔者于 2014 年在四川阿坝和青海果洛的实地调查。

　　图 3 - 4 显示了牧民对自家不同草场退化程度的评价。只有 22% 的受访牧民认为他们的草场没有发生退化，约 78% 的受访牧民认为他们的草场出现了不同程度的退化。其中，44% 的人觉得他们的草场退化严重或非常严重。这一结果同本章 2.2.1 中来自中观和宏观层面的信息一致。尽管在过去的几十年里，国家对草原进行了大量的投资，但是草场退化的情况还是没有得到显著改善。草场退化削弱了其作为自然资本的作用，增加草原生态系统的脆弱性。

2.3.2　来自点上的经验证据

　　在综述了目前关于草地退化的主流观点（即气候变暖和超载过牧）并不能令人信服地解释草地退化后，曹建军（2010）将注意力转移到探寻草地承包制度对草地退化的影响上。土地制度改革导致的土地利用方式的转变在很多情况下会引起生境的丧失、改变和破碎及植被组分的变化，进而减少生物多样性，引发土壤退化。为了验证制图变迁对草地退化影响的假说，他们选择位于甘肃省西南部，甘、青、川三省份交界处藏族聚居区的玛曲县（位于东经 100°45′ ~ 102°29′，北纬 33°06′ ~ 34°30′）

137

作为实验点进行研究。该县为纯牧业县，各类草场 85.86 万公顷，占总土地面积的 84.26%。境内最高海拔为 4806 米，最低海拔为 3300 米，平均海拔在 3500 米~3800 米。玛曲县是青藏高原生产力最高和生物多样性最丰富的地区之一，有"亚洲第一牧场"和"黄河水塔"之称，黄河打玛曲县流过，水量补给增加了 20%。玛曲县于 1983 年实行"分畜到户"政策。在随后的 10 年里，玛曲县的牲畜数量翻了一番。1993年，推行草场使用权落实到村民小组的试点，此时牲畜总头数为 60.87万羊单位。1995 年开始实行"分草到户"制度，那时牲畜总头数基本维持在 1993 年的水平。1995—2000 年，玛曲县牲畜总头数从 60.71 万增长到 65.58 万，年平均增长率为 1.6%；同期，草场退化面积以每年299 公顷的速度递增（岳东霞等，2004），全县 76% 即 65 万公顷草地出现退化，其中重度退化草场占总退化草场的 51%。

玛曲县草地产权制度改革的政策导向是：冬季草场必须承包到单户，夏季草场联户承包的规模不能超过 3 户。不过，根据作者 2005 年10 月在甘南的调研以及曹建军（2010）的发现，玛曲县冬季草场联户率超过 80%，而夏季草场的联户率高达 90% 以上，与草地承包制度开始时的设想相去甚远。联户经营的普遍存在为探讨制度改革对草地退化的影响提供了便利。为此，他们选取了经营时间相同、转场时间相同且草地类型相似的样本。由于当时当地已实施"草畜平衡"制度，单位面积草地的放牧强度即放牧率基本相同。

用随机偶遇抽样方法，从各样点分别选取 30 个联户经营体和 30 个单户经营体，共 60 个样本。每个样本 3 个样方（样方面积为 50 厘米 ×50 厘米），共 180 个样方。为了探寻最佳联户规模，联户样本中设计了三个联户规模梯度，即 3~7 户、8~15 户和 15 户以上，每个梯度 10 个样本。结果发现，联户体草场的生物量、可食牧草比例、可食牧草高度和物种丰富度等均大于单户草场（Cao，Xiong & Sun et al.，2011），且较大规模的联户效果更好。通过对单户草场和联户草场 10 个常见草种的分析，发现黄帚橐吾等毒杂草已成了单户草场的常见种。黄帚橐吾是草地退化的指示种，多见于过度放牧的裸露生境中。毕力格等（2015）在内蒙古达茂旗的调研发现也证实了以上实验的结果。草畜双承包责任制实施到户后，该旗风蚀荒漠化和水蚀荒漠化都明显增加，与 1990 年相比，2008 年重度风蚀荒漠化面积增加 0.27 万公顷，中度水蚀荒漠化面积增加 2.37 万公顷，重度水蚀荒漠化增加 0.06 万公顷。草原野生黄羊、麋鹿数量减少，天然草地野生植物种类，特别是动物可饲用的野生植物种类也在减少。

这是因为单户草场面积小，牲畜的移动受限，无法在较大空间尺度上采食，加剧对草地的践踏。牲畜践踏对草场的破坏程度大约是采食的 2 倍。有些学者（王晓毅，2013；杨思远，2007）认为这种退化是"没有共地的悲剧"，并将草地退化、牲畜品质下降和牧民贫富分化归罪于草场承包后家庭经营规模的狭小。联户的牲畜活动范围相对较大，能够采食到更多次优牧草，并减轻对草地的干扰。较大的放牧半径使牲畜能够远距离携带土壤和未受损种子，提高种子的扩散效率；牲畜排泄物的空间差异也使土壤和生境的更新能力得以提高（Olff & Ritchie，1998），从而有利于草畜平衡。联户体内部牲畜限制协议比较灵活，能根据上年草场状况对牲畜数量做出动态调整。联户经营也有利于维持作为自然资本的水源。通常状况下，联户体有几处水源，可分散牲畜对某一特定水源的饮水压力，有利于水源保护。这与第三部分提到的"交互规模"理论一致，也是"交互规模"理论在现实中的体现。联户经营即大尺度放牧的践行体现了草地资源的可持续利用和提高物种多样性等保护伦理观，这一价值观对生态资源的保护和多元化利用至关重要。

2.4　结　语

草地是全球主要的土地利用方式。在高度变化和极端的气候环境中，放牧能够最有效而可靠地将太阳能转化为食物。然而，放牧不当则可能导致土地退化，从而降低甚至丧失土地生产力。位于我国干旱半干旱牧区的草地正面临大面积快速退化。草地退化是由多种因素导致的，但难以分离并量化某种因素对退化造成的具体影响，因而也就难以找到有效治理退化的措施。本章检讨了1980年以来牧区制度变迁对草地退化的影响，揭示了牲畜和草地的产权从公有共管向牲畜私有、草地公有私用的转变对草地退化的影响路径和逻辑以及"分草到户"导致的草地细碎化对草地退化的影响机制。多年来广泛的面上调研资料和定点观测数据支持了这两条影响路径，并证实了旨在解决"公地悲剧"的草地承包制度非但未能有效阻止草地退化，反而由于草原私用导致草地细碎化而加剧草地退化。

根据生态学"交互规模"理论，如草地细碎化程度不减轻，牲畜与不同草地资源的接触就势必极大地降低，从而降低草地资源的配置效率，草地退化也就在所难免。因此，在现行草地产权制度安排下，若要改善草地退化状况，就必须改变以细碎化为特征的草地经营制度，即通过任何有助于牧户联合使用草场的方式，特别是考虑到草原资源的异质性，合并使用草地可以使牲畜更有效地采食和补充更多样的养分和水分，提高牧户对草原资源的配置效率，更好地平衡牧业生产中的"劳动力（人）—草地（草）—牲畜（畜）—生产性资产—水资源（水）"，从而促进草地资源的可持续管理和牧业生产在绿色经济中的作用。

3　"去合作"治理制度变迁的成本分摊与转移

本章以内蒙古自治区为例,围绕"双权一制"改革,探讨草原牧区制度变迁成本在不同层面利益相关者之间的分摊及转移。在这些利益相关者中,牧民和生态处在末端,制度变迁中的成本分摊和转移,对他们意味着什么?草地治理该从制度变迁成本分摊和转移中吸收什么经验教训,以使"草原—牧民—牲畜"能够和谐相处?这是本章所要着重探讨的。

3.1　草地治理制度变迁回顾

内蒙古草地与牧业制度可分为三类(李新,2007):第一类是成文的法律、规则;第二类是不以成文法的方式呈现的地方性规则;第三类是与草场资源利用相关的文化。这些制度提供了牧民、草场和牲畜之间的关系框架,限定了牧民的行为选择集合。不同的制度对牧民的行为激励不同,牧民的行为选择集就有所不同,因而草地治理的效果也就不同。这些行为选择进而决定了牧民的生计活动,而生计活动的效果又会最终再作用于草场制度体系。当已有的牧区草地制度体系同当前的自然条件、社会环境相适应,并有助于牧民实现其生计目标时,其有效性会得到增强,制度本身也得到进一步的强化;而当其无法满足这些条件时,制度的有效性减弱,制度体系则会被修正甚至被新的制度体系取代。这一过程可被视为制度的有执行变迁。制度也存在强制性变迁,即制度体系的变化并非牧民生计活动与制度相互作用所致,而是外部权力为实现某种政治目的而强加于草原系统所引起的牧区草地制度的变迁。

表 3-3 从制度及政策类型、主要内容、主要论点及其特征方面梳理了中华人民共和国成立前后内蒙古牧区草地及牧业制度变迁过程、牧区制度的形成逻辑和发展规律。后文将以此为参考对"双权一制"的成本分摊和转移进行分析。

表 3-3 内蒙古牧区草地及牧业制度变迁状况一览

制度及政策	主要内容	主要论点	主要特征
中华人民共和国成立前时期（1949 年以前）			
大部分为不成文的地方性规则与文化习俗；《成吉思汗法典》	草场所有权与使用权公有；保护草地以及草地上草木、河流湖泊、飞禽走兽；实行游牧的放牧制度	草地所有权和使用权名义上由部落或民族公有，实际由部落头人、王公贵族、寺庙上层、牧主掌握；家畜大部分也由这些阶层掌握，雇佣牧工或驱使奴隶放牧；正视对草原的保护	草地的所有权和使用权公有；实行游牧，牧民主动进行合作放牧；牲畜大部分由部落头人、王公贵族、寺庙上层、牧主所有
民主改革时期（1949—1954 年）			
1953 年《中央人民政府民族事务委员会第三次（扩大）会议关于内蒙古自治区及绥远、青海、西藏等地若干牧业区畜牧业生产的基本总结》文件	强调发展畜牧业是牧区的中心工作，并明确在半农半牧区实行"以牧为主"的方针政策，禁止开垦草场；在牧区实行"三不两利"政策，以及新"苏鲁克"制度；草地实行民族公有，自由放牧，有条件的地方倡导定居游牧；稳步发展牧民间的互助合作	明确畜牧业生产在牧区的重要地位，确定"以牧为主"的发展方针，注重对草原的保护；基本废除封建雇佣劳动以及奴隶劳役剥削，实现小牧户家畜私有以及合理雇佣制；废除草地私有制，实行草地共有和自由放牧；开始初步合作化	草地所有权由民族公有，实行自由放牧；实行游牧的放牧制度，开始推行定居游牧，倡导牧民之间的放牧合作；小牧户拥有的牲畜逐渐增加

续表

制度及政策	主要内容	主要论点	主要特征
合作化时期（1954—1958 年）			
1957 年"关于在少数民族牧区逐步实现畜牧业的社会主义改造的指示"文件；1958 年《1956—1961 年全国牧业发展纲要》	实行农牧结合，兼营牧产品加工等副业生产，发展以牧业为中心的多种经济；草地公有，使用权调剂划分到县、乡、村，逐步调整以固定草地使用权，实行划区轮牧，逐步改游牧为定居；有计划地发展国营牧场，倡导牧区合作化；保护、培育和改良草原；大力兴修牧区水利	仍以牧业发展为主，但开始适度发展农、副业；强化对草原的保护与建设；草地使用权逐步固定；合作化趋势加强	草地所有权公有，使用权划分到旗（县）、苏木（乡镇）、嘎查（村）；实行划区轮牧，进一步推动定居游牧，进一步推动牧民间的放牧合作；牲畜入股合作社，但所有权属于牧民
人民公社化时期（1959—1965 年）			
1963 年《关于少数民族牧业工作和牧区人民公社若干政策的规定》（简称"牧业四十条"）	强调必须保护草原、保护水源，兴修水利，培育改良草原和合理利用草原；提出发展草原的"八字宪法"（即：发展水利、打草种草、提高繁殖率、改良畜种、改善饲养管理、防病防灾、建造厩舍、工具改革）	重申牧区、半牧区实行"以牧为主"的方针和保护草原的政策	草地所有权公有，使用权以嘎查（村）为基本单位，但由于 1958—1961 年"大跃进"时期大面积开垦草原种粮，草地使用面积大幅度减少（中华人民共和国成立后草地的第一次破坏）；牧民放牧合作的高峰；牲畜公有
"文革"时期（1966—1977 年）			
"牧区向农区过渡""牧民不吃亏心粮"	大规模开垦草场种粮	否定牧区、半牧区"以牧为主"、保护草原的方针、政策	草地所有权公有，使用权以嘎查（村）为基本单位，但由于开垦，草地的实际使用面积大幅减少（中华人民共和国成立后草地的第二次破坏）

续表

制度及政策	主要内容	主要论点	主要特征
改革开放前期（1978—2002 年）			
1985 年《中华人民共和国草原法》（2002 年又经国家修订颁布）；1987 年《全国牧区工作会议纪要》	牧区实行"以牧为主"、草业先行、多种经营、全面发展的方针；改革牧区生产经营体制，实行草原公有、分户承包、家畜户有户养和服务社会化制度	再次明确牧区"以牧为主"以及保护草场的方针政策；对草原所有权、使用权、保护、利用、建设以及违法处理做出明确规定，结束了"草原无法、破坏无罪"的历史；牲畜、草场承包到户	草地所有权公有，使用权承包到户（部分地区的草地使用权承包到嘎查层面）；实行定居放牧，牧民间的放牧合作基本结束；牲畜私有
新时期（2002 年以后）			
2002 年《关于加强草原保护与建设的若干意见》；2005 年《中华人民共和国畜牧法》；2005 年《草畜平衡管理办法》；2007 年《关于促进畜牧业持续健康发展的意见》；2011 年《关于促进牧区又好又快发展的若干意见》	实施天然草原保护工程、退耕退牧还草工程，实行禁牧、休牧、轮牧、草畜平衡。加强草原水利、草原改良、饲草饲料基地等草原基本建设，优化畜群结构，改良牲畜品种，发展舍饲圈养	突出草地的生态功能，进一步强化对草地的保护；大力支持草原基本建设，促进草原畜牧业由天然放牧向舍饲化、集约化发展	草地所有权公有，使用权承包到户（此时期，草地使用权基本上承包到户）；实行定居放牧，天然放牧向舍饲、半舍饲转变；畜牧业个体化经营特征加强；牲畜私有

资料来源：李毓堂. 中国草原政策的变迁 ［J］. 草业科学，2008（6）：1 - 7.

3.2 制度变迁成本分摊及转移分析框架

制度变迁成本包括制度设立时产生的成本和制度实施时产生的成本（张旭昆，2002）。其中制度设立成本既包括与旧制度消失相关的成本，也包括建立新制度而产生的成本；而制度实施成本，即在制度落实的过程中发生的组织费用、管理费用和监督费用及强制落实某种规则产生的费用（林毅夫，1989），包括给个人及社会带来的收益与成本（樊纲，1993）。

3.2.1　草地产权制度变迁成本分摊及转移分析框架

依据制度变迁进度，可将制度变迁过程分为新制度实施前、新制度实施中和新制度实施后三个阶段。以牧区草地产权制度变迁为例，制度变迁过程包括产权制度设计、产权制度落实以及产权制度运行与维护三个阶段（高磊，2009）。制度变迁成本的承担者包括四个相关主体：政府、社会、个人和生态。各阶段制度变迁成本及承担对象如表 3 - 4 所示。产权制度设计阶段即牧区草地产权制度的形成阶段作为整个制度变迁周期的逻辑起点，对其后的各阶段具有显著的影响，会发生多项不可避免的成本。"双权一制"改革过程中，首先涉及的就是对牧区经济、社会、生态等各方面信息的搜集、整理和分析（张广利，陈丰，2010）。作为相关制度的主要制定者，政府在制度形成阶段发挥着核心作用（黄新华，2002）：首先，制度设计者在设计制度的阶段，产生了诸如前期调查、方案试行等成本；其次，政府职能的界定、政府部门的行政效率以及行政人员的素质等都会对该部分成本产生影响。本阶段，制度设计部门直接承担成本，也就是说，制度变迁成本在此阶段并未发生转移。

表 3 - 4　　　　　　　产权制度变迁中的成本分摊和转移

制度变迁阶段	制度变迁成本或收益	制度成本分摊和转移对象
产权设计	技术度量	政府
	信息搜集	
	专家探讨	

续表

制度变迁阶段	制度变迁成本或收益	制度成本分摊和转移对象
产权落实	直接经济投入	政府、社会、个人、生态
	组织机构设置	
	监督管理费用	
	收益	
产权维护	产权边界冲突	政府、社会、个人、生态
	维修维护成本	
	其他维护成本	

产权落实即将牧区草地使用权承包到户，是制度的执行阶段。这个阶段涉及更多与政策客体直接相关的资源投入。除落实产权产生的直接资源投入，有时还需要设置一定的机构来执行，因此新制度的实施会伴随新机构的设置或原有机构的改革重组；其次制度执行也要求有一定的监督，这就产生了相应的监督成本，包括监管部门的设立以及相关组织、设备方面的成本。牧区制度变迁过程涉及了原有管理部门的优化重组，草原监理中心的成立就是配合制度变迁所新设立的管理部门。政府承担了由此带来的设置成本。当然原有部门的优化重组和新部门成立，将为后续制度执行带来便利和新制度效率的提高，因此，新部门成立和重组的制度收益应大于其制度成本。监督成本在"双权一制"过程中也是存在的。牧区的一些情况表明"双权一制"阶段的监督成本不足或低效。制度执行过程中，各级管理部门在执行过程中有很高的自主性，各地在达成制度顶层设计要求的同时，采取了各具特色的方式。这些方式产生了未被预期的制度变迁成本。产权安排对象的确定、草场的划分、政府的补贴力度以及工程实施效率等方面存在的问题，使得各个旗（县）、旗（县）内不同苏木（乡镇）和嘎查（村）之间的牧民受益不均，有相当一部分成本被强加至小部分牧民身上并进而转嫁给生

态，以致产生了较大的社会成本（见图 3 - 5）（Challen，2000）。

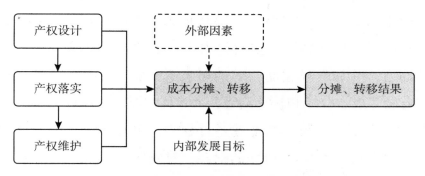

图 3 - 5　产权制度变迁中成本分摊和转移分析框架

　　制度实施后产生的制度变迁成本的分摊和转移，既有制度设计的原因，也有具体执行过程的原因。制度变迁中处于强势地位的利益群体会选择将制度成本向后向下转嫁（董筱丹，温铁军，2011），而这些因素也都不是孤立地使成本发生转移，而是互相联系、共同作用的。综上所述，产权制度变迁中的成本分摊和转移的分析框架可用图 3 - 5 表示。就"双权一制"制度实施后的成本而言，承担者涉及政府、社会和牧户个人，转嫁者则为牧户个人和生态。政府需要监督制度的落实，处理因草场边界纠纷和侵犯放牧等导致的社会纠纷；牧户之间由之前的合作变成单家独户经营，一方面彼此之间的社会连接变得松散，社会资本遭到削弱（Tan & Tan，2017），草原上一些传统的社会交往和社会文化难以维系，带来一定的社会成本；另一方面，为了保护承包的草场，牧户需要建立围栏。这对于牧户而言是一笔不小的成本。制度实施早期，经济实力较强的牧户率先拉起了围栏，将自家承包的草场有效地保护起来，而无力拉围栏的牧户的草场不可避免遭到侵犯放牧，导致原来和睦相处的牧民之间产生纠纷。而每家每户将承包的草场拉上围栏，致使草原细碎化，阻隔野生动物迁徙和大范围移动，导致草场"蹄灾"的发生，从而加剧草原生态环境的恶化（谭淑豪，2020）。

如前文所述，产权设计—产权落实—产权维护阶段都会产生一定的制度变迁成本（Beyene，2016），这些成本在某些因素的影响下，会以某种形式进行分摊和转移。在相关主体（如牧民）的内部发展目标和一些外部因素（如气候波动）等的影响下，成本的分摊和转移更为复杂，有着较多成本分摊和转移路径，并最终以某种形式输出制度变迁结果。在牧区"双权一制"制度变迁过程中，也存在成本的分摊和转移现象。下面将基于图3-5所示的框架，对牧区"双权一制"阶段制度成本的分摊和转移进行分析。

3.2.2 牧区"去合作"制度变迁成本分摊及转移分析框架

这里的"去合作"制度变迁主要指"双权一制"阶段，大致对应表3-3中的改革开放前期，即从1978年至2002年。这一制度的变迁过程及其各阶段所产生的一些始料未及的影响如图3-6所示。20世纪80年代，由安徽凤阳小岗村发起的以土地所有权归集体、土地使用权和

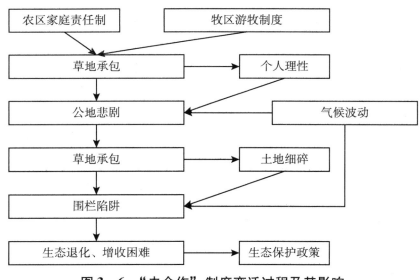

图3-6 "去合作"制度变迁过程及其影响

经营权归农民为特征的家庭联产承包责任制在农区全面实施（林毅夫，胡庄君，1988）。由于适应了农区生产力水平，该政策大幅提高了农民的劳动积极性，在短期内极大地提高了农业生产力，推动了农区经济发展和农民收入的提高。家庭联产承包责任制在农区的成功，证明了明晰土地产权能够提高农业生产率，推动农业发展。为加快牧区经济发展，提高牧民收入水平，牧区学习农区的成功经验进行了"双权一制"改革，即在牧区资源产权制度安排上，效仿农区实施了以家庭为基本单位，将牲畜和草地使用权承包到牧户的"草畜双承包"制度。

　　牧区"双权一制"分为两个阶段：第一阶段为 1983 年前后进行的牲畜承包到户；第二阶段为 1997 年前后开展的草场承包到户。草畜双承包初期，牧区只是将牲畜承包到户，牲畜的收益归牧民个人所有，草地仍为公有公用。这个阶段，增加公共草地上的牲畜放牧数量对牧民来说是有利的，因此牲畜数量在这一个时期增长较快，并逐渐超出了牧区草地的合理载畜量。这对草场生态环境产生了一定程度的破坏。面对由草场公有和牲畜私有所产生的"公地悲剧"问题，牧区逐步将草地承包到牧户小组和牧户。1997 年 1 月，内蒙古牧区对"双权一制"的落实进行了深化，要求尽可能地将可以承包到牧户的草地全都承包给个人。草地承包到户后，产权越发明晰（Ensminger & Rutten，1991），但传统上牧民之间的互助合作大为减少，甚至基本不存在了。虽然该制度在一定程度上防止了"公地悲剧"的再发生，但由于气候多变、自然资源分配不平衡、牧户脆弱和牲畜数量的进一步增长等复杂原因，这种"去合作"的草地产权制度安排并没有很好地适应牧区的生产力发展，反而让牧区陷入"围栏陷阱"（杨理，2010）。图 3 - 6 中的生态保护政策将会在草地生态治理篇中加以讨论。

3.3 "去合作"制度变迁的成本分摊与转移

3.3.1 牲畜产权制度变迁中的成本分摊与转移

按照"产权设计—产权落实—产权维护"的分析框架,牲畜承包到户阶段的成本分摊和转移分析见图 3-7。

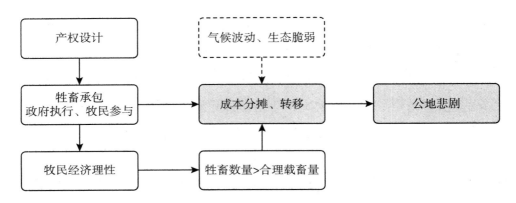

图 3-7 牲畜承包到户阶段的成本分摊、转移分析框架

牲畜产权制度设计的成本分摊和转移。产权界定过程中,会产生数据测量、信息获得、产权分解落实、协商交流等成本(高磊,2009)。牲畜承包到户时,需要对牲畜分配的方式进行设计,并按此标准执行,这之中就产生了某些成本。牲畜产权制度安排的设计阶段,参与者主要是牧区各级管理部门,很显然这部分制度形成阶段的成本是由政府部门直接承担的,产生的成本主要在各级部门间进行分摊,最终的来源为财政支出,因此制度变迁成本没有有效的转移路径。而这部分成本的减少,将主要得益于信息技术的进步、分析能力的提高所带来的信息成本减少,以及优化机构设置等带来的资源投入减少。一般来说,牲畜分配主要由嘎查(村)来执行,牧民在此过程中付出时间成本。牲畜承包到户自 1983 年开始实行，在这次承包中，牧区开展了牲畜作价到户工作，牧户开始独立经营。原有的集体化牧业生产形式逐渐转变为以牧户家庭为单位。如某嘎查 1985 年 1 月进行了牲畜作价归户、草地承包到户责任制改革。牲畜承包到户前，未撤销的生产大队首先对牲畜按畜群、公母等标准分类清点，统计清楚后记录成册，而后按照现有人口、户数等将之前大队的牲畜承包给社员。牧区草地也进行了一轮较为粗放的承包工作。例如，冬春草场按各个牧户分到的牲畜数量和某块草地的历史放牧数量，再参考水源、棚舍的情况进行承包；夏秋草场则按照放牧习惯，分区域联户使用，同时合同期内生产资料不随人口变动而发生改变。承包合同主要约定了每年的成畜保活数量和质量、仔畜比例以及草地的承包界限，当时的合同期为三年。牧民承包的牲畜、棚舍等随草地全都作价到户、牲畜归牧户私人所有、家庭经营。

可以认为，牲畜承包到户的产权落实产生了较多的人力成本，包括对牲畜、人口信息的搜集和统计，并按一定标准对牲畜进行承包，成本主要由各级管理机构特别是嘎查（村）分摊和承担，牧民在此过程中付出了响应的时间成本以及配合政策执行的机会成本。该阶段发生的成本，并未通过某种途径对后续牧区发展产生不良影响，即并未发生成本转移，可以认为是一种一次性的成本投入。

牲畜产权制度维护的成本分摊和转移。新制度落实后，仍未分摊和转嫁的成本以及新产生的成本，将以一定的形式在制度运行期间由各相关主体承担，也有可能向后累计或转嫁，在合适的时间由某些主体承担。对于制度变迁中产生的各项成本，改革的实施者一般来说倾向于选择向后累计。牲畜产权落实到牧户之后，牧区产生了较多成本，并且这些成本在各主要利益主体间发生了转移。背后的原因，从分析框架来看，既有制度设计上的不合理，也有具体执行过程中的一些问题。

制度设计的不合理在"双权一制"第一阶段主要表现为牲畜承包

到户而草地公有公用。在这种情况下，增加放牧牲畜数量对牧户来说是理性的，因此牲畜承包到户的结果就是牧民扩大牲畜养殖规模，致使牧区草地载畜压力不断变大，从而产生草地退化，"公地悲剧"因此发生。具体执行过程方面的问题主要是指牧区牲畜分配过程中的不合理，如"五畜并举"的牲畜结构被破坏、牧业生产中的专业分工打破、牲畜在牧户层面分配的不尽合理引发的社会冲突等，并在牧民和草原生态间进行传递和分摊，由此增加了社会和生态的不和谐，影响了牧区的生产和生态。牧区生态退化问题的产生，也是追求经济发展目标和草原气候波动等因素共同作用的结果，这些因素使得牧区制度变迁产生了一些始料未及的成本，并使其在不同利益相关者之间进行了转移。

3.3.2 草地治理制度变迁的成本分摊与转移

为了防止"公地悲剧"的蔓延，牧区于1997年前后开始将草地承包到户。本节根据该阶段的实际情况，对制度成本的分摊和转移进行梳理，厘清其背后的逻辑和转移路径。分析框架见图3-8。草地承包到户阶段主要包括草地产权制度安排的设计、执行和维护。本阶段制度的落实还伴随着牧民定居化，草场承包和围栏建设也引发了更多的社会摩擦，因此成本分摊和转移相比牲畜承包阶段更为复杂。本节将根据牧区实地调研的数据和资料，对该框架进行详细说明和实证支持。

草地产权制度设计的成本分摊和转移。如前文所述，制度设计成本一般指在旧制度框架下设计、制定新制度时所花费的成本，这些成本需要在制度变迁的早期就进行消化。具体来说有两种消化模式：一是在旧制度内消化，成为旧制度的废弃成本；二是在新制度建立后由新制度产生的收益来覆盖。政府部门是制度设计成本的直接和最终承担者，制度设计成本无法向后转移，也无法由各个相关主体分摊。

152

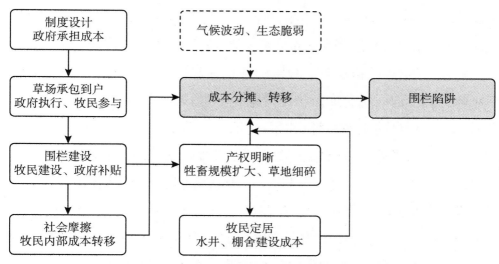

图3-8 草地承包到户阶段的成本分摊与转移分析框架

《内蒙古自治区进一步落实完善草原"双权一制"的规定》（以下简称《规定》）对草地产权制度在牧区的落实作了具体规定。通过2011年和2016年对呼伦贝尔市陈巴尔虎旗阿尔山嘎查的访谈，我们也对这个过程有了较为深入的了解。根据访谈，1947年以前这里既有集体草场也有私有草场，中华人民共和国成立后，草地产权制度未发生大的变化，每户牧民平均有4~5头牛、2~3匹马和20头左右的羊，牲畜都是私有财产，邻近的牧民会进行合作放牧。1958年，国家将草场、牛羊等牲畜以赎买的形式全都收归国有，同年阿尔山嘎查成立。收归国有过程中，牛羊折合成股份，牧民以此入股集体经济，这个时期牧民为嘎查放牧，获取工分以维持生计。1983年牲畜承包到户，阿尔山嘎查按照1958年入股时的股份和之后获取的工分来获得相应数量的牲畜，相比入股时的牲畜数量，牲畜总量大致增长了1倍。1997年草地承包到户，草场从集体所有集体使用变为集体所有牧户私人使用。私有化草地使用权之后，游牧方式不再存在。

阿尔山嘎查在草地承包到户前，首先自旗往下逐级确定旗、苏木、嘎查界限，勘察各地区草地范围与面积，处理好边界问题，并在此基础上核定不同质量草地的载畜量；而后对牧户、人口和牲畜数量进行核算，并以1984年牲畜承包到户时的数量为基础，人畜兼顾地划分草场。草地承包到户的同时，保留一部分草地不进行分配，而由嘎查集体统一管理。承包到户的土地签订合同并公证。草地集体所有权确定后，登记造册，由旗县级人民政府依法颁发《草原所有证》，草原私人使用权确定后，依法颁发《草原使用证》。对于草地使用，当时也做了一些规定，包括：坚持草畜平衡，只有在产草量增加的时期才可增加放牧量；承包期30年；草地有使用费，费用取之于草用之于草。调研过程中我们也发现，不同嘎查草地承包到户的具体执行情况不尽相同，大致以《规定》为依据，但有一定的灵活自主性。

草地产权制度落实的成本分摊和转移。草原牧区和农区之间最明显的不同在于维护产权排他性的成本。普通牧民显然无法独立承担这部分成本（杨理，2007），"围栏"建设是目前牧区维护产权排他的主要方式，也是草地承包到户过程中成本发生的主要环节（杨理，侯向阳，2007）。围栏设置首先需要按草场分配原则进行设计，这会产生一定的沟通成本；其次要按一定的标准对草场进行测量和分配，这会产生直接的人力、物力、财力投入；之后则是正式的围栏建设，这需要巨大的资金投入。至此，牧区"双权一制"执行阶段才算完成。这些成本部分由国家以工程和补贴的形式进行承担，也有部分被转移至牧民，增加牧民的生产成本。如果牧民没有参与过有围栏工程的项目，则围栏成本需要由牧户自行承担。

草地产权落实中的成本分摊与转移，主要可总结为产权界定的成本。根据《规定》，草地产权落实过程中发生了大量的成本，除了各级部门负责的工作以外，与牧户直接相关的则是围栏的建设。现以呼伦贝尔四大牧业旗的实地调研数据为依据，对围栏建设中涉及的成本进行分析，具体如下：从 2011 年调研的 208 户牧户的数据来看，修建了围栏的牧户共 135 户，占总数的 65%。其中，国家工程补贴的有 106 户，获得围栏补贴的牧户占修建围栏总牧户的 78.5%；这其中，全额补贴的有 92 户，占被补贴户数的 86.8%；其余牧户由政府提供每亩 1.2 元到 1.6 元不等的补助，这基本也可以覆盖围栏建设成本。在围栏修建过程中牧户自己承担了部分修建成本的有 29 户，支付的成本在 500 元到 60000 元不等，大部分集中在 5000 元到 10000 元之间。总的来说，修建了围栏的牧户中，80% 牧户的围栏建设是由政府工程出资建设的，剩下的小部分牧户则支付了少量的围栏建设成本。

需要说明的是，以上的调研地在 2000 年以来是国家生态治理的重点区域，实施的各类工程项目比较多，因此，获得过围栏资助的牧户比也较高。在许多草原牧区，围栏建设完全需要依靠牧民自己投资，这对于某些牧民来说，是一个巨大的负担。如根据路冠军（2014）的调研，草原承包到户之后，有条件率先建起网围栏的牧业大户，掠夺式使用无力建设网围栏的贫困牧户的草原，迫使贫困牧户付出高昂的网围栏成本。2000 年时，水泥装铁丝网围栏的综合价格约为 4 元/米。在草地承包到户的头 5 年中，牧民的收入差不多都投入到了网围栏上面了。我们 2007 年对环青海湖四县的调研发现，有牧户表示因为没有经济实力对承包的草场进行围栏，只能先把靠路的草场先围上，以免被"公地悲剧"。即便如此，这家牧户后来还是花掉了 42000 元对草场进行局部拉围栏。

综上，草地承包到户阶段，需要以建设围栏的形式对草地产权进行确认和维护。也就是说在这个过程中，一定数量的经济成本通过制度设计层面的路径转移给了牧民，但同样的，因为这是一项旨在提高牧民收入，加速牧区发展的政策，国家对围栏工程进行了补贴，国家财政在一定程度上承担了部分经济成本，不过，并非每个牧户都均等地享受了国家分摊的成本。此外，围栏工程建成后的使用过程中也会产生一定的维修费用，如根据路冠军（2014）的调查，平均每户每年需要承担2000元左右的围栏维修成本，这之中有牧户因为草场过远而未对围栏进行维修。这些围栏的维修成本也是需要牧民承担的一种成本。

3.3.3 制度维护的成本分摊与转移

草地承包到户后，牧区草地产权意识增强，草地使用权承包到户是牧区草地使用权主体改革的初级形式，与完善合理的草牧场产权制度还有着相当大的差距（敖仁其，2003）。草地产权安排落实后发生的制度变迁成本分摊和转移，既有制度设计上的原因，也有具体制度执行过程上的原因。

3.3.3.1 产权落实后因制度不合理引发的成本分摊与转移

制度设计的不合理在草地承包到户阶段主要指简单地以围栏形式将草地使用权确认到户，土地细碎化也是对产权的细碎化（连雪君等，2014）。每个嘎查（村）在将草场分到牧户时都有自己的方法，可以说在将草地承包到户这一点上是完成得很到位的。但草场划分的依据、单个牧户的最小承包量等都不够合理，很多地区承包到户的草地面积都较小，无法满足轮牧和让牧草休养生息的基本条件，导致对草地的超负荷、高强度使用，这也成为牧区草地退化的重要因素。此外，围栏在将草地产权界定到户的同时，也将牧草和水源等草地资源进行了分离，使草地陷入细碎化，这对后续的一些生态退化问题都产生了较大影响。牲畜和草地两轮承包，加上牧业的不断发展和牲畜规模的扩大，使得牧区的生态环境遭到了一定损害，部分制度变迁成本被逐渐转移给生态环境，在草原牧区这种生态脆弱区，这些向生态转移的成本产生的影响很有可能是不可逆的。

再者，将草地承包到户意味着牧民的定居化（盖志毅，2005）。水资源、草资源的"细碎化"和牧民定居化则伴随着水井、棚舍的建设。

这部分新增成本也是由制度变迁成本引起的成本分摊。水井、棚舍的投入，有一部分是牧民不再游牧，转而定居所引起的，有一部分是草场产权明确而水资源分配不均所引起的。草地的细碎化破坏了牲畜与草原生态系统的互补、协调机制，阻碍了畜群对不同季节、不同营养成分牧场的均衡有序利用，因原有的大草场和四季轮牧的系统被打破，造成对同一季节草场的利用过度或利用不足。

从我们 2011 年调研的数据来看，208 户牧户中，打了水井的牧户共 69 户，占样本牧户总数的 33%。其中打机井 33 眼，普通井 37 眼，其中一户既打了机井，又打了普通井。这之中仅有 2 户得到了国家工程项目的补贴，其中一户的水井共投入 4.5 万元，国家补贴了 3.5 万元，自家花了 1 万元；另一户为工程井，完全由政府出资建设。自己修建水井的牧户，其投资额在 500 元到 2 万元之间。修建了棚舍的牧户共 107 户，占样本牧户总数的 51.4%。其中，获得过国家补贴的有 22 户，占样本牧户的 20.6%；获得过嘎查（村）补贴的 3 户。这些得到过补贴的牧户，其棚舍建设中自身的投入是较小的，一般在 1 万元以下。而其他自己投资建设棚舍的牧户，一般要投入 5000 元到 6 万元。这对牧户来说是一笔较大的单次性投入。水井和棚舍的补贴力度显然没有围栏补贴力度大，覆盖的牧户范围也小。在后文的草地生态治理篇中对此会有较为详细的论述。尽管难以界定有多大比例的围栏、水井和棚舍的需求是由新制度的执行带来的，但是不管怎么说，围栏、水井和舍棚建设显然增加了牧民的成本，该部分成本也没有主动向外转移的途径，一般由政府对其中一部分进行补贴，形成成本的分摊。

我们注意到，产权明晰后，牲畜规模也逐渐扩大，牧民在牲畜养殖上需要增加投入，尽管这也可能同时是由市场因素如牛羊肉的价格和消费情况引起的。这些增加的投入包括牧草、饲料购买量的增加和打草机、搂草机和拖拉机等机械设备的增加等。这些要素的投入增加是正常的，生产投入的增加也会带来生产回报的增加，这是生产效率层面的讨论。为了使分析更加全面和清晰，本节对此进行简单说明。与此同时，我们的调研也表明，目前牧区的生产资料（特别是牧业器械）产能是过剩的。过去一个嘎查（村）只需要几台大型机械就能满足所有草地的需要，但草地承包到户后，牧民以家庭为单位购买大型机械，很大程度上造成了产能和资金的浪费。

3.3.3.2　产权执行不当引起的成本分摊与转移

草地产权承包相比牲畜承包阶段，操作上有更大的空间，因此也存在更多种形式的问题，主要包括草场分配的不合理导致牧区的一些社会冲突。草地承包到户过程的成本分摊主要指：（1）草地承包到户后，围绕产权界限产生的各种社会成本及其相应的交易成本；（2）草地承包到户后，因寻租行为产生的公平性争议和可能由此引发的社会不和谐因素。围绕产权界限产生的各类社会成本和交易成本，在牧民内部进行了消化转移，总的来说对牧民这个群体的总收益是有负面影响的。公平性争议和社会不和谐因素则会对社会公平、安定造成一定隐患，有一些潜在成本，未来可能是需要由政府、牧民和社会来共同承担的。

围绕产权产生的社会摩擦成本。制度执行过程中存在一些问题，引发牧民间的冲突，带来社会摩擦成本。调研期间观察到的有：围绕产权界线的一些矛盾冲突；草地承包过程引发的公平性讨论；政府寻租下牧民利益分配不均。后文在草地冲突治理篇中会有较为详细的论述。

围绕草场产权界线的一些矛盾冲突。目前存在的一些有关产权边界的问题，背后的原因在于牧民缺乏对草牧场承包经营权的认识和尊重（敖仁其，2006）。牧户之间的矛盾点主要是草地边界问题。如我们实地调研中了解到，鄂温克地区草场围栏曾普遍被偷，草场边界模糊，经常发生自家草地被挤占的情况，严重的会被两边草场的使用者挤占一千多亩。即使在有些有围栏的地区，也会有外来人员将牛羊放到自家草场

158

的情况发生。草场离家较远的牧户，往往一年只能去草场两三回，即使草场被占用，也难以及时发现，因而经常会有草场被占用的情况发生。

草地承包过程中的一些问题。牧区土地在集体所有成员之间的承包权是不对称的（盖志毅，2009）。我们在内蒙古某地调研时被告知，1997 年草场承包到户过程中，牧民承包草地主要分 4 种情况：汉族本地人未分到草地；蒙古族本地人未分到草地；蒙古族本地人分到草地（500～8000 亩不等）；非本地人分到草地（有的达 10000 亩以上）。这之中比较有争议的有两种情况：一是汉族户口的牧民未分到草场，这些人往往已经在牧区生活了几十年，草场承包到户后这部分牧民只能租用其他牧民的草场；二是非本地户口牧民（或非牧民）获得本地户口后分得草场，通常这类人群都能获得面积较大的草场，牧业也并不是这部分人群的主业，因此获得草场后他们会选择租出草场，也有部分人的草场被划为禁牧区，每年因此得到一定数额的补偿。

政府寻租导致的牧民利益分配不均。"寻租"的定义为"寻求、获取直接非生产性利益"（周晓曼，2006）。寻租活动具有一些共同点：(1) 阻碍市场自发对资源进行有效配置，降低生产的有效性；(2) 将社会稀缺资源用在非生产性活动上，导致社会产出降低；(3) 行政部门会因为大量租金的出现，进行创租活动，导致更多的资源被浪费。政府寻租行为会使居民收入分配不够科学，进而在贫困人群中产生马太效应。

定义和维护产权是政府的一大功能所在，政府通过制度化的形式对产权进行界定和分配（郭金，2005）。政府对于产权的分配是有双重意义的，如果政府行为得当，明晰产权、保护产权等行为都可以推动社会发展，增加社会总福利；如果政府通过干预行为来限制市场竞争或为他人提供垄断权利，就会阻碍社会的发展，社会总福利也会受到损害。

在公共选择理论中，政府官员都是"经济人"，政府本身就是一个特殊的多元利益主体，有着自己的利益追求，他们有可能在各项政府活动中为自己创造寻租的条件。也就是说，虽然政府是最具备公信力的组织，是整个社会公共利益的代表者，但除了使社会总福利最大化的目标外，政府还有自身财富最大化的目标存在，无论哪个政府都无法完全回避这个诱惑。

按照"双权一制"的制度设计，通过草地承包到户形成排他性的产权，可以将非集体经济成员排除在外，使他们无法占用草原。做到了这一点，也就能抑制政府通过产权运作来进行"寻租"。但是，关于这一点，锡林郭勒盟苏尼特左旗就在 1996 年实行了有牧区户口者均可获得草场分配的政策，这种做法将集体成员与有牧区户口等同起来，显然没有形成足够排他的权利。事实上在 50 年代初时，当地牧民以家畜入股，私人家畜全都充公，这个时期的这些牧民，才更接近实际上的牧区集体经济所有者（盖志毅，马军，2009）。

此外，牧区管理结构将牧区管理权力下放至基层的特点也为其寻租行为的产生提供了可能性。呼伦贝尔草原地区的寻租行为主要体现在草地产权分配和禁牧、草畜平衡补贴中。不规范行为主体主要有三类，一是旗（县）政府，二是苏木（乡镇）政府，三是嘎查（村）级的管理者（敖仁其，2006）。具体来说，在牧区只要是草地，不管是国家所有还是集体所有，其法律凭证都是草原所有权证书和使用权证书。这些证书都是由旗县级人民政府登记、造册和核发，若管理不够严格或缺乏有效的执行和监督系统，侵权行为就会更加频繁。同时牧民对法律赋予他们的各项权利也不清楚，使之地位更为弱势。

陈巴尔虎旗某嘎查牧民 Z 某就表示，自己在旗里的政府部门有许多亲戚，比如说农牧局等跟牧业生产关系密切的部门也有不少熟人，其1999 年拿到草权证，2014 年通过 GPS 技术对自家草场进行了又一次的定位测量，拿到了一本新发的草权证，通过这次 GPS 测量，Z 某家的草场面积并没有发生变化，只是草场更加集中了。在访谈中，其他牧民表

160

示 Z 某本来并不是该嘎查的人，但是一来到牧区之后就分到了草场，反而是有该嘎查户口的人到 2016 年还没有分到草场，部分分到草场的牧户也只分到了面积较小的草地，而且 Z 某可以通过政府部门对自己的草场进行 GPS 测量，使得自己的草场在面积不变的情况下，由分散变得集中，由位置偏远变为位置更有利。根据访谈，我们发现这个嘎查里面的其他牧民 2014 年都没有通过 GPS 对草场进行测量。此外，Z 某也提到自己如果想要搞旅游业也可以申请到许可证，如果之后几年牧业生产还是不景气的话，自己会考虑搞旅游业或者重新回到旗里面去工作。

像该嘎查这种情况，本嘎查牧民未分到草场，外来户却通过给嘎查领导送礼等方式转入户口，或者获得新户口，从而分到面积巨大的草场，获得额外收入的现象在牧区普遍存在，仅该嘎查就有 35% 的牧户为外来户。我们在 2011 年对该嘎查进行实地调研时，被告知该嘎查有一半以上的草场分到了外来户手中。

这些情况的存在，不仅仅降低了制度的执行效率，偏离了制度设计的出发点，增加了牧区内部的不和谐因素，甚至有可能发生较大规模的冲突。目前新一轮"土地确权"在农区已经完成。新一轮草地确权在内蒙古牧区也已落实，但在有些省区却难以开展。草地确权可能会使以上情况得到一定的改善，不过与此同时，也可能会产生新的社会冲突，带来新的额外成本。草场确权和重新分配仍会面临制度设计和制度执行上的问题。

以上，草地承包到户阶段产生的社会摩擦成本主要在各个牧民群体之间进行分摊和转移，在整个牧民主体内部转移消化。未来，有可能转移至其他群体。

3.4 小结

本章探讨了去合作草地和牧区治理制度变迁中的成本分摊和转移。

按照"制度设计—制度落实—制度维护"三阶段制度成本分析框架，结合调研成果，厘清"双权一制"实施过程中各项制度成本在相关利益主体间的分摊和转移，探讨其背后的逻辑和转移路径；同时，通过案例，将牧区气候与制度变迁共同作用下的成本转移也纳入了讨论。研究发现："双权一制"实施前期的产权维护阶段有较多的制度变迁成本转移给草原环境，"牲畜承包到户而草地未承包到户"在一定程度上引发了"公地悲剧"；在"双权一制"实施后期的产权落实阶段，草地承包给单家独户的牧户，他们必须依靠围栏来界定产权，而围栏的设置给政府和牧民都带来了较多额外的成本，同时围栏所形成的产权边界和草地细碎化也使得成本转移给牧民和生态。气候变化在牧区经济发展和生态保护中也发挥着重要作用，制度设计与安排应将气候因素纳入考虑。

相对于过去牧区发展的长久历史来说，这一轮制度变迁只进行了短短几十年，当前以"双权一制"为主体的制度体系仍是不够完备的，还处于不断调整的过程当中，也必然有一个不断改进的过程，未来仍需进行更为合理、更贴合牧区实际的制度变迁，"双权一制"阶段的历史是很重要的实践资料，未来的制度变迁和演进，需要综合考虑牧民需求、草原生态的脆弱性以及气候变化等因素，同时，以史为鉴，通过更合理的制度设计，避免类似的制度成本转移，以推动牧区的可持续发展。

4 什么样的合作治理能够成功？

为了解牧区什么样的合作治理能够成功，本章将对合作组织生发机制进行分析，探讨牧区合作经济组织产生的制度基础，并结合奥斯特罗姆自主治理理论分析合作能够存续的内在逻辑，以改善牧区草地资源的合作治理。

4.1　牧区合作经济组织何以能够产生

近年来，我国牧区合作经济组织快速发展，截至 2018 年 3 月底，内蒙古自治区农牧民专业合作社已从 2007 年底的 428 家发展到 10039 个，入社农牧户总数达 23.74 万户。据内蒙古农牧业部门统计，合作社成员比非社员人均收入高出 35%。牧民合作经济组织的发展为什么如此迅速，其将来的发展态势能否继续保持成为我们关心的问题。本节从三个方面来探讨牧区合作经济组织何以能够产生。

4.1.1　牧户对合作经济组织的了解

利用课题组对内蒙古锡林郭勒盟 8 个旗的 26 个苏木（乡镇），62 个嘎查（村）的 224 个牧户进行的问卷调查①，对牧户的合作意愿进行分析。结果显示，在 222 个有效问卷中，有 55% 的牧户表示对合作社相关政策不了解，只有 16% 的牧户认为自己对合作社的相关政策很了解，剩下 29% 的牧户对相关政策表示有点了解。在问及对合作社的了解程度时，只有 4% 的牧户表示对合作社很了解，这些牧户都是合作社的发起者；7% 的牧户对合作社比较了解，他们也都已经参加合作社，且多在合作社中担任了一定职务，如理事会成员、监事会成员或者合作社会计；30% 的牧户对合作社有一些了解，39% 的牧户听说过合作社，但不是很了解；没听说过合作社的有 20%。

在问及是否愿意参加合作社时，约有 75% 的牧户表示愿意参加合作社，19% 的牧户表示不愿意，还有 6% 的牧户认为要看情况，即：要

---

① 有效问卷 222 份，其中两份问卷由于与被访问者的沟通存在困难，被访问者无法正确理解合作的概念，导致数据无法获得，视为无效问卷。

考察合作社的带头人是怎样的，有没有能力；考察合作社是否有相应的规章，以及合作社是否能够真正给他们带来收益。在愿意参加合作社的牧户中，约37%已经参加了合作社，31%的牧户参加过联户经营，有68%的牧户周围有成功的合作社，85%的牧户从电视上或者通过邻居亲友介绍过合作社。而不愿意参加合作社的牧户中，80%不知道什么是合作社，15%的牧户因为自己家草场足够大，认为不需要合作；还有5%的牧户因为性格原因，不愿意参加，认为合作社会对他的行为造成束缚，个人不喜欢。

在表示愿意参加合作社的牧户中，愿意加入生产合作社的牧民最多，占愿意参加合作社牧户总数的67%。这说明，生产合作社是牧户最喜欢的合作社类型，在生产合作社，大家可以一起放牧，一起进行牛羊育肥；愿意参加农机合作社的占10%；愿意参加打草合作社的牧户占14%，还有9%的牧户希望参加其他合作社，如马文化合作社，弘扬内蒙古的传统文化。这表明，总体而言，牧民参与合作社的意愿较强，获取信息的渠道和愿意参与的合作社种类较多，对于合作社及其相关政策也有一定的了解。这为牧区合作经济组织的出现提供了广泛的群众基础。

4.1.2　牧区社会精英的存在和政府的推动

如果说牧户较强的合作意愿是牧区合作经济组织产生的基础，那么，社区精英人物的存在则推动了合作经济组织的成立。这里的精英指的是有文化、了解什么是合作经济组织、在当地拥有一定号召力和一定人脉关系的人们，如大户和嘎查长等。上文中提及的调查中发现，4%对合作社很了解的牧户，恰好就是合作社的发起者，也就是发起建立合作经济组织的精英人物。

此外，政府也是牧区合作经济组织大力发展的重要推动力。按照自治区农牧业厅、发展和改革委员会、财政厅等12个厅委《关于内蒙古自治区农牧民专业合作社示范社建设行动实施方案》要求和示范社标准对合作社内部制度建设、运行情况进行规范，锡林郭勒盟培育了农业部示范社 8 家，自治区示范社 21 家，盟示范社 23 家。2012 年 7 月，锡林郭勒盟以"依法规范合作社，促进生产标准化"为主题开展了"农民专业合作社法律宣传日"宣传活动，大力宣传专业合作社规范化建设，共发放蒙汉两种文字编印的宣传资料 500 多份，同时利用广播、电视、报纸等新闻媒体广泛报道典型合作社人的经验和做法。年内共培训合作社管理人员、带头人、能人等 625 人次。通过开展宣传培训活动，使广大农牧民群众认识到了专业合作社对促进农牧业的专业化、标准化、规模化、集约化经营的重要意义，达到了预期效果。2018 年内蒙古自治区农牧业厅等九部门颁发了《关于开展 2018 年自治区级农牧民专业合作社示范社评定工作的通知》，进一步推动了牧民合作社的发展。

4.1.3　牧区合作经济组织产生的内在逻辑

合作的收益来自交易费用的降低。当资源所有者同意限制或控制他们未来的行动来实现比没有合作更高的收益时，合作便产生了。调研发现，牧户之间的合作属于一种"被逼到走投无路时不得不采取的行为"。牧民认为，"如果自家有足够草场，生计不用发愁，不合作也行"。而事实上大部分牧户家的草场有限，特别是几兄弟分家后草场更显不足，再加上草场需要恢复期，但羊吃草却不会停止，因此，大多数牧民不得不选择联合，用合作来解决草原稀缺与牛羊对草的需求旺盛的矛盾。

从牧户参与合作社的意愿中我们发现，牧户参与合作社基本上出于自愿，认为合作社能给自己带来收益才愿意参加。并且合作的类型呈阶段性发展，最原始的合作是简单是联户经营，即前文中提到的共用或合作。在被访的 222 个牧户中有 49 户参加过联户经营，占总户数的 22.1%。参加过联户经营的仅有一户不愿意参加合作社。他认为，一般的合作社管理都较为松散，所以不愿意参加。其他参加过联户的48户都愿意参加各类合作社，他们认为合作社就是在联户经营基础上的进一步改进。之前参加联户经营使他们有了一个心理接受的过程。其间他们还参加过各类协会。可以说牧民专业合作社是牧区改革带来的一种制度变迁的结果，虽然政府部门在大力推进，但实质上合作社还是属于诱致性的制度变迁。这项制度是否一直需要政府的推动？如果没有了政府的推动，它能否在牧区续存下去？奥斯特罗姆的自主治理理论认为一个能够长期存续的治理制度需要满足八项原则，牧民合作经济组织作为一种自主治理组织是否同样符合这些原则？下文将对此进行分析。

自主治理理论有三个核心内容，共八项：一是影响理性个人策略选择的四个内部变量（即预期成本、预期收益、贴现率和内在规范）；二是制度供给、可信承诺和相互监督；三是自主治理的具体原则。这里结合牧区合作经济组织的具体情况，对这八项原则及其评价指标进行细分（见表3-5）：

（1）清晰界定边界。这里根据考察对象进行解释，即当考察对象为草地时，有权从草地资源中获取一定草场资源的牧户是否被明确规定了：是，表示本项规则符合度强；否，则表示符合程度弱。而当考察对象为牧区合作经济组织时，有权从合作组织获取一定资源单位的牧户是否被明确规定，规定了为强，没有规定为弱。

（2）责权利相统一。指合作经济组织是否存在相应的章程，并且是否有具体落实。若存在章程并落实到位为强，仅存在章程而无落实为弱，没有章程为否。

（3）决策机制。存在成员大会并有效执行的合作社为强，仅仅存在成员大会但是牧户没有很好参与到决策中来的合作社为弱，成员大会不存在为否。

（4）监督机制。对于官员监督、合作社监事会监督和内部成员监督三条都满足的合作社为很强，满足其中任意两条的为较强，仅满足一条为弱，一条都不满足为否。

（5）分级制裁。对于违反操作规则的行为，有关官员进行制裁和合作社本身进行制裁并存的为强，仅有一条的为弱，两条都不符合为否。

（6）冲突解决机制。合作社能够与管理他们的官员进行有效的对话和能够解决内部成员的冲突。两条都符合为强，仅符合一条为弱，一条都不符合为否。

（7）外部影响机制。对于被认可的组织权，牧户能自主设计制度的为强，受政府部门影响的为弱，不能实现的为否。占用者设计自己制度的权利不受外部政府权威的挑战。

（8）是否存在组织以上治理活动的分权制企业。存在为是，不存在为否。目前牧区合作经济组织的出现已经产生了良好的绩效，带动了牧民增收，在一定程度上保护草原的生态环境。

基于奥斯特罗姆的自主治理理论，发现牧区合作经济组织承担着自主治理八项原则中的第八条分权制企业的职能，负责组织协调好其他七条的运行，是草地资源自主治理得以实现的有效保障。

表 3 - 5　　　　　　自主治理理论八项原则的评价指标及标准

原则	评价指标	评价标准	符合程度	牧区合作经济组织出现之前	牧区合作经济组织出现之后
清晰界定边界	是否明确规定从草地获取资源的对象	是 否	强 弱	强	强
责权利相统一	是否存在相应的章程，以及章程的落实情况	存在章程并落实到位 仅存在章程 没有章程	强 弱 否	不适用	强

原则	评价指标	评价标准	符合程度	牧区合作经济组织出现之前	牧区合作经济组织出现之后
决策机制	是否存在成员大会，以及成员大会的执行情况	存在并有效执行 存在但是执行不到位 不存在	强 弱 否	不适用	强
监督机制	是否对牧民的行为进行了有效的监督：包括官员监督、合作社监事会监督、内部成员监督	三条都满足 满足其中任意两条 仅满足一条 一条都不满足	很强 较强 弱 否	弱	很强
分级制裁	是否对违反操作规则的行为进行了制裁，官员制裁或合作社进行制裁	两种制裁并存 仅有一种 两种都无	强 弱 否	弱	强
冲突解决机制	是否能够与管理他们的官员进行有效的对话，或是否能够解决内部成员的冲突	两条都存在 仅符合一条 一条都不符合	强 弱 否	弱	强
对组织权的认可程度	是否能够自主设计制度	能自主设计 受政府部门的影响 不能实现	强 弱 否	否	强
分权制企业	是否存在组织以上治理活动的机构，及执行情况	存在且能执行到位 存在但执行力度不够 不存在	强 弱 否	弱	强

　　注：牧区合作经济组织成立后的符合程度为理论上的估值，即预期的状况，具体情况需根据合作社自身的情况进行分析。

　　运用奥斯特罗姆自主治理理论提出的八项原则，我们发现牧区合作经济组织产生之前草地治理的情况是这样的：

　　第一条产权结构清晰是基本符合的，"双权一制"后，草原产权明晰，谁能够从草原中提取"一定资源单位"的利益已经确定规定。第二条指是否存在相应的章程，并且是否有具体落实。在合作经济组织产生之前，牧户采取单家独户的形式经营，这一条不适用单户经营的状况。而作为利益分配机制，制定与理论一致的用量，也就是明确第一条中"一定资源单位"到底是多少，这个十分困难，因为草场使用要根据气候条件进行。每年的牧草长势情况都可能不同，现在的 35 亩一只羊单位，可能多了，也可能少了。总是无法完全符合实际情况。并且，现在的草畜平衡标准每三年定一次，这就使得理论与实际更加难以契合了。第三条决策机制，成员大会对于单个牧户而言不适用。但要求由牧民自己来制定草场使用的"一定资源单位"是多少，不符合现实。现在的情况是能够从草原提取的"一定资源单位"由草原监理部门的人来测算，而不是牧民。第四条监督机制，要求对占用者负有责任的人或者占用人自己来监督，现在草原监理（如果算是对占用者负责的人）来进行监督的，但是占用者本人并没有真正地参与监督过程。也有个别牧户出于对草原的热爱，参与监督过程，但这不是普遍现象。第五条约束机制，是分级制裁，要求其他占用者来制裁，即当有牧户破坏草场资源时，他的邻居或其他人可以对其进行制裁。或者要求官员来进行制裁。现在的情况是草原监理部门对破坏草场的行为进行制裁，如抓羊或者罚款。第六条冲突解决机制，是运用成本较低的公共论坛来解决占用者间或占用者与官员间的冲突。现实也不是这样的，不同于农区农民聚居，牧民居住十分分散，聚集成本太高，且牧区基础设施较为落后，这就增加了地方公共论坛的成本。第七条外部影响机制，指占用者设计制度的权利不受外部政府的挑战，这个也是不符合现实的，至少制定载畜量标准的权利就没有得到实现。第八条管理机制，是分权制企业对以上行为进行组织，在牧区的基本行政单位嘎查（村）也没能很好地完成这一工作。

　　在牧区合作经济组织出现后，草地资源的治理是怎样的？在多大程度上符合奥斯特罗姆关于资源自主治理的这八大原则？以下将通过案例来说明。

4.2 牧民合作社案例

牧业合作社在内蒙古发展迅速，截至 2019 年底，全区依法登记的农牧业合作社有 8.1 万家，其中牧业合作社几千家，示范社 2600 多家。这一部分介绍内蒙古牧区几个合作社的典型案例。

4.2.1 牧民合作社基本情况

本节共选取了 5 个典型的合作社案例：2 个成功案例，2 个失败案例，还有 1 个制度绩效由强变弱的合作社案例。2 个成功案例中，其中之一是内蒙古自治区示范社，另一家是全国示范社。这两家合作社在当地的牧民合作组织中极具代表性，产生了很好的制度绩效。2 个失败案例中，第一个主要是由于牧民的参与度低导致了失败；第二个是项目导向型合作社，缺乏有效的管理和运营，因而导致了失败。制度绩效由强变弱的合作社，在 2011 年 6 月之前运营效果良好，但是之后就开始走向基本停滞的道路。这 5 个案例分别来自锡林郭勒盟东乌珠穆沁旗和西乌珠穆沁旗。这两个旗的资源禀赋相似，草地类型都以草甸草原为主，两个旗都是从 1956 年以前的东部联合旗分离出来的，两个旗的文化特征、历史沿袭类似，所以选取的合作社可比性较强。

案例 1：东乌珠穆沁旗 A 牧业专业合作社

A 牧业合作社是在 2003 年 1 月 21 日东乌旗某嘎查 8 户牧户按照自愿原则成立的牧业协会的基础上建立的，2007 年 12 月 12 日，出资 225 万元，在工商部门登记注册的专业合作社。

合作社成立的背景：

从 1983 年嘎查分草场到 2003 年成立牧民协会，牧民认识到"不合作是不行的"。1983 年分草场之后以及 1984 到 1986 遇到雪灾，这三年嘎查牧户还是一起行动，全嘎查游牧。1986 年之后天气好了，大家就分开了。2000 年前后，干旱、沙尘暴、雪灾等自然灾害频繁出现，草原生态环境不断恶化，畜牧业生产经营以及牧民收入的增长面临严峻挑战。由于连年出现干旱少雨天气，草牧场返青迟缓，草被高度、密度逐年下降，打草储草受到严重影响，过冬牲畜所需饲草出现不足，从异地购入饲草作为补充大大提高了畜牧业生产成本。刨除这些生产支出后，牧民收入所剩无几。1999 年的一场大雪，使得全嘎查的牲畜从 7 万多头减到了 3 万多头。

嘎查的有识之士开始了反思：1984—1986 年，所有人合在一起游牧，一起行动，有秩序地开路，效果是很好的。先是马在前面开道，然后勒勒车跟上，最后是牛羊过去。马可感觉到哪里高，哪里低，从而有效地避免一些不必要的损失。1986 年大家分开了之后，各家单独放牧。人散了，很多牧户也没有马了，也就没有了认路的工具。游牧只能凭借牧户的经验，这样面临的风险更大。在这种情况下，大家逐渐认识到劳动力短缺和分开后各户越来越自私的状况不利于牧业发展。经过 1999 年的灾害，大户几乎不存在了，各个牧户的牛羊数都差不多，这为合作提供了一个很好的前提。

合作社的创立过程：

协会和合作社的领头人巴特（化名）从 1991 年开始，当了 20 多年的嘎查长。巴特有了合作的想法，就找了两个同学商量。三个人一拍即合，觉得合作很可行，于是筹划协会的成立，包括自己在内一共选择了 8 户。这 8 户的具体情况是这样的：h1 手巧，什么东西都能做出来。拖拉机也能修，做牛车也行，干农活也可；h2 是蒙医，一方面行医，另一方面对电路也比较熟悉；h3 是个驯马能手；h4 养牛很有经验，对奶牛的培育也很在行，是一位长者；h5 是巴特的同学，曾经做过十年嘎查会计；h6 是巴特自己，负责种羊方面的技术，个人也很有能力。h7

和 h8 是养羊专业户，所养羊的品种是乌珠穆沁羊。这 8 户每户都有四五十只基础母羊、几只骆驼和一只山羊。山羊会破坏草根，但是作为领头羊是很好的。

巴特联系了 8 户一起开会讨论，讲了自己的想法。大家都觉得合作有必要，于是 2003 年 1 月 21 日，8 户牧民一起成立了协会。加入或退出协会都是自愿的：认为会盈利可以参加，有亏损的时候也可以退出。每户出 2500 元作为协会的起始流动资金。协会一起买饲草料，一起放牧，共享技术，相互帮助。这 8 户的草场，有的是连在一起的，有的没连在一起。当时围栏还没有撤去，草场没有合并。

协会刚成立的时候一穷二白，基本没有拖拉机等生产性资产。那时候干草、饲料都被二道贩子控制了，很贵。协会想用 50 亩地种饲料。当时处于非典期间，不方便外出，买不到机械。加上流动资金匮乏，没有周转资金。每户所缴的 2500 元起始流动资金不够，当年在三分利的情况下，协会借了 1 万元，补充作为起始资金。

合作社的发展：

这 8 户牧户中有德高望重的老人，有比较有文化的年轻人，还有掌握这各种技能的人，都是嘎查的精英。他们的行动更容易引起嘎查其他牧户的关注，对其他牧户起到了良好的带动作用。截至 2011 年末，该合作社成员发展到 165 户、432 人，拥有草牧场面积 50 万亩，流动资金为 15 万元。合作社有 200 亩高产饲料基地 1 处，现代标准化种公羊基地 1 处，基地有特级种公羊 1100 只，基础母羊 2000 只。2011 年投资 121.9 万元建了 1 处合作社活畜交易市场。合作社发展成为自治区级示范社，是牧区牧民专业合作社建设典型示范的亮点。当年合作社实现净利润 85 万元，户均增收 13281 元。2012 年合作社被评为全国 600 家国家示范合作社，先后受到多个国家领导人的重视和视察，也吸引了盟内外旗县的牧民前来参观学习，更是受到了很多关注牧区合作经济组织发展的学者的青睐。

合作社成立以来，围绕草原畜牧业发展的总体目标，以市场为导向，以发展乌珠穆沁肉羊生产为支撑，以信息技术、营销服务为宗旨，以增加牧民收入为目标，走自我发展、自我服务的路子。合作社统一销售和租出种公羊进行创收，为成员牧户提供青贮，节省牧户生产开支，促进牧民增收。同时，合作社规模的不断壮大，带动了嘎查及周边地区肉羊产业的发展，实现了"建一个社兴一项产业、活一地经济、富一方百姓"的目标。

基于自主治理框架的分析：

该合作社是调研过程中访谈时间最长、了解最深的合作社，在与合作社理事长访谈过程中，我们从合作社成立的背景、创建的过程谈到现在的成就。最后就奥斯特罗姆自主治理理论的八项原则及其评价指标与合作社理事长进行了深入的探讨。

（1）产权结构：是否有清晰界定的边界。"双权一制"的实施使各牧户的草场产权得以明晰。合作社整合了牧户成员近 40 万亩草场，草场的归属也是十分清晰的。因此，符合第一条边界清晰的原则。

（2）利益分配机制：是否存在责权利相吻合的规则。合作社成员包括入股成员和普通成员，二者之间的关系很清楚。入股成员是以 2500 元一股向合作社入股的成员，牧民可以通过现金、草场、牲畜和劳动力来入股，入股资金作为合作社的流动资金，用于生产和扩大再生产。入股成员按照股份参与合作社的利润分配。非入股成员，即普通会员可享受和入股成员一样的服务，包括统一购置生产资料、统一出售畜产品及提供的信息服务等，但不参与利润分配。

针对频繁出现的各种自然灾害和草地生产力下降（如亩草产量逐年下滑）的现实，合作社建设了高产饲料地，为成员牧户提供了低于市场价的廉价饲草。合作社按照为成员提供优质服务、最大限度降低成员牧户畜牧业生产支出、增加牧民收入的原则，统筹安排饲草购入工作。为保障成员牧户饲草来源，确保饲草价格稳定，采取从东部苏木镇长期租赁草牧场、与其他草业合作社签订长期合作协议和培育专业打草场等措施，解决成员牧户冬季饲草短缺问题，有效降低生产成本，增加了收入。此外，合作社还给成员牧户提供优质种公羊的低价租赁服务。调研时已有64家成员牧户的畜群达到优质标准化畜群，秋季出栏时每只羔羊的体重增加10斤左右，直接经济效益达6万余元。这说明，符合权责利相统一的原则。

（3）决策机制：是否允许和鼓励集体决策。合作社设立了完整的成员大会、理事会、监事会，还有相应的财务管理制度。在决策方面按照成员大会投票决定，一人一票。如2007年，种公羊专业会向合作社成员提供有偿服务的种公羊租金从150元提高到300元就是根据市场供需情况，通过成员大会决定的。合作社还通过成员大会投票决定了2011年与旗内一家龙头企业签订了3500只羔羊提前销售的合同，订单价格每斤高于市场0.8元，销售收入达171.5万元，成员牧户增收5000元。这表明，集体决策的机制是符合的。

（4）监督机制：是否存在有效的监督。合作社"三会制度"（即合作社社员代表大会及其领导下的理事会、监事会）完整，拥有五个监事，能够形成有效的监督机制。由于合作社成员较多，在监督方面合作社也采取了相应的措施：将合作社成员分成7个小组，由最开始成立协会的7户元老（合作社负责人除外）担任各个组的组长，负责各个小组的组织和宣传工作，有效地保障了监督机制的良好运行。合作社的监督机制较为有效。

（5）约束机制：是否存在累进性惩罚制裁。对于不利于合作社发展、损害合作社成员利益的行为，合作社尚未形成一个累进制的惩罚措施。若发现有偏离合作社发展的行为，不严重的由监事会负责处理，严重的偏离行为由成员大会进行决定。合作社的运行主要依靠成员的自觉性，没有强制性的约束机制。不过，合作社成立多年来，成员牧户做得很好，尚没有出现太大的违背合作社发展的行为。这可能跟理事长的个人威望及当地一些非正式制度对成员牧户行为的约束有关。

（6）冲突协商解决机制：是否建立了冲突协商解决机制以及机制的实施情况。合作社针对成员牧户与非成员牧户发生的利益冲突，会首先保障成员牧户的利益。对于成员牧户之间产生的冲突，一般由合作社监事会负责协调处理，但没有成文规定。此外，合作社能够有效地与官员对话，并和其他企业签署有效力的合同文件，能够形成一个成本相对较低的公共论坛来解决合作社发展过程中出现的问题。因此，可以认为冲突协商解决机制原则较为符合。

（7）外部影响机制：对自治权的认可。嘎查、苏木以及旗以上政府部门对该合作社较为认可，非但没有过多地干预合作社的发展，反而在很大程度上为合作社的发展提供了便利条件，给予项目扶持和资金补助等。合作社成立以来得到了上级党委、政府的高度重视和大力支持，在政府政策影响的同时，基本能自主设计自己的规则。因此，外部影响机制的符合程度为弱。

（8）管理机制：是否存在多等级系统性管理机制。合作社本身就是一个将各项治理活动组织起来的分权制企业形式，存在多等级系统性的管理机制。合作社对于入股成员和普通成员进行不同的管理，对于合作社专业户的要求也有所不同，进行分组管理，这样多等级的管理机制是保证合作社良好运行的基础。合作社积极推进适度规模家庭牧场建设和联户经营，科学合理配置生产要素，以点带面、稳步推行，提高了"七化"（指产业化经营、组织化发展、专业化生产、规模化养殖、标准化管理、信息化建设、机械化装备）水平，为畜牧业增效、牧民增收起到了示范带动作用。提高畜牧业机械化水平，培育了牧业机械大户和牧业机械服务组织，为畜牧业产前产中产后提供了全程服务。所以这一原则的符合程度为强。

综上所述，对照自主治理理论八项原则的评价标准细则，发现该合作社第 1、2、3、6、8 五条原则的符合程度是强，第 4 条的符合程度是较强，第 5 和第 7 条原则的符合程度弱。不过，在现有理事长个人威望及当地较为有效的非正式制度约束下，社员牧户对不当行为较为自律，且一旦出现不当行为，合作社也会以成本最低的方式处理。因此，也可以认为第 5 条原则对于这时的合作社并不是非常必要。因此，总体而言，合作社较为符合奥斯特罗姆关于公共池塘资源自主治理的八大原则。正是在这样一种良性的自主治理情况下，协会得到了平稳发展，从 2003 年成立时的 8 户，到 2004 年的 20 多户和 2005 年的 40 多户。因为加入合作社的好处有目共睹，每年加入合作社的牧户逐年增多。2006 年发展到七八十户。2007 年协会改成合作社之后，其他嘎查甚至其他苏木和其他旗县也有牧民要求加入。在我们调研的过程中，邻旗就有很多牧户对这个合作社十分熟悉或者已经加入，很多合作社也以该合作社为学习榜样。合作社切切实实给牧民带来了实惠，如合作社的羊一般能够比没有参加合作社的牧户的羊多卖100 元／只。

案例 2：西乌珠穆沁 B 牛羊育肥专业合作社

B 牛羊育肥专业合作社是由西乌旗某嘎查 69 个成员户、134 位成员组成的牧民合作经济组织，2008 年 12 月 26 日注册成立，入股资金29.2 万元。合作社牧户数占全嘎查牧户的 60%。调研时合作社已初步形成了以晾制风干肉为特色产品的畜产品加工小型企业方式，其前身是B 牛羊育肥协会，负责人是嘎查党支部书记满都（化名）。

合作社成立背景和过程：

该嘎查的草场为西乌旗的少数荒漠化草原类型。嘎查 70% 的草场属于荒漠化草原，植被稀疏，与其他嘎查相比，放牧条件较为恶劣。2006 年，嘎查书记满都发现出售晾制的风干肉可能是促进嘎查发展和牧民增收的新途径，于时当年就组织了 4 户牧户晾制风干牛肉并统一销售，平均一头牛的利润比活畜出栏多挣了 1200 多元。在尝到晾制风干牛肉销售的甜头后，满都在原有 4 户牧户的基础上，组建了风干肉协会，协会负责统一收购和销售，会员以家庭为单位晾制风干肉。协会进一步扩大并于 2008 年成立为合作社。

合作社发展情况：

合作社自成立以来，发展态势良好，2008 年销售风干牛肉 5000 斤，营业收入 35 万元；2009 年销售 8000 斤风干牛肉，为合作社成员牧户人均增收 5000 元；2010 年风干牛肉的销售达 1 万斤，牧民平均从每头牛身上获得净利润 3000 多元，牧户增收近 1.5 万余元。合作社成员通过专业化养殖、规模化生产、统一加工销售，成为当地的致富能手。

在此基础上，合作社进一步挖掘发展潜力，紧紧把握市场规律，积极组织运作，2011 年的收入达 46.48 万元，2010 年和 2011 年 3 次按入股份额分配 25.85 万元。调研过程中合作社负责人告诉我们，合作社下一步要加大宣传力度，并组织社员往外宣传自己的品牌，进一步规范合作晾制风干肉的程序和标准。合作社在基础设施方面投入达 100 万元（包括政府提供的项目资金 72 万元），已经拥有专门的屠宰间、晾制加工车间、集育肥棚、包装车间、冷库及牛肉分割加工间。

基于自主治理框架的分析：

结合奥斯特罗姆自主治理理论的分析框架，我们发现 B 合作社对于八项原则的符合程度情况如下：

第一，是否有清晰的界定边界，即产权结构清晰：符合。该合作社由各家各户成员在自家草场上或自家租赁的草场上分散养殖，所以牛的归属和草地的使用权都十分清晰。

第二，责权利相统一的符合程度：强。合作社向成员统一收购牛肉，按照风干牛肉的数量来进行利益分配，要求每户每年保证可加工牛肉的数量。哪家如果当年不打算屠宰，要及时向合作社管理人员汇报，当年没有分红。合作社统一向成员提供技术指导和信息等服务。2011年对合作社成员进行了25人次技能培训。

第三，合作社在集体决策方面的符合程度：强。合作社设立了完整的成员大会、理事会、监事会，还建立了相应的财务管理制度。在决策方面按照成员大会投票决定，采取一人一票的方式。如合作社每年计划屠宰多少牛，在年初的成员大会都会有安排，并会提前育肥待屠宰的牛。

第四，该合作社的监督机制与案例1中的合作社情况较为类似，符合程度为较强。官员监督和监事会监督是有效的，但是成员之间的相互监督较弱。对于建立冲突协商解决机制，本案例与案例1一样能够建立低成本的公共论坛解决问题，所以符合程度为强。

第五，是否有分级制裁：符合程度是弱。对于不利于合作社发展、损害合作社成员利益的行为，合作社尚未形成一个累进制的惩罚措施，只是发现有偏离合作社发展的行为，轻微的由监事会负责处理，严重些的由成员大会进行裁定。成员牧户行为的正当性主要依靠其自觉性，并没有强制性的约束机制。如2011年由于合作社成员在加工牛肉过程中，出于牛肉更好保存的心思，将牛肉用塑料薄膜进行包装，导致牛肉有很重的塑料味且质量低下，那一批牛肉全部无法销售，直接损失达20万元，事后对该成员也未采取相应的惩罚措施，只对其进行了训导，确保这样的事情不再发生。

第六，冲突协商解决机制原则：较为符合。与案例1的情况类似，该合作社针对成员与非成员牧户之间的冲突，会先保障成员牧户的利益。对于成员牧户之间的冲突，虽无成文规定，但一般由合作社监事会负责协调处理。合作社与单个牧户相比，也能够更加有效地与官员对话，并和其他企业签署有效力的合同文件，形成一个成本相对较低的公共论坛来解决合作社发展过程中出现的问题。

第七，对自治权的最低限度的认可：符合程度为弱。与案例 1 的合作社一样，该合作社尽管受到的外部政策的负影响较弱，合作社基本上可以自主进行决策；同时合作社也能够得到政府相应的支持。

第八，对于是否建立多等级系统性管理机制：符合程度为强。存在这样一个分权制企业来组织上述治理活动。但是也存在需要改进的地方。由于合作社的理事长是嘎查书记，监事会成员为嘎查长，合作社会计就是嘎查的会计，即管理方面的主要负责人都是兼职的，且在嘎查的职务更加重要，因此，这些人经常无法及时对合作社进行管理。调研中，嘎查会计表示来年将辞去嘎查会计的职务，潜心投入合作社的管理中。

4.2.2　牧民合作经济组织案例讨论

A 畜牧业专业合作社和 B 牛羊育肥专业合作社案例都来自锡林郭勒盟，调研中我们与合作社负责人以及合作社社员进行过较为详细的访谈，发现这两个合作社都属于制度绩效较强的合作社，即合作社既能够在一定程度上满足当地牧民的生计需求，又能在一定程度上遏止当地草原生态的进一步恶化，有效地将牧民增收、牧区发展和草原生态环境保护三个目标有机地结合了。

这两个合作社基本都符合自主治理八项原则中的多数，即很符合第 1、2、3、6、8 条原则，较符合第 4 条原则，不太符合第 5 和第 7 条原则（见表 3－6）。此外在调研过程中我们也发现了一些不成功的合作社案例。由于不成功的合作社信息相对较少，只从对当时参与合作社牧户的访谈中获得了部分资料。结合八项原则发现，这些合作社的失败或者表现脆弱与其不符合自主治理的多数原则有关。

案例3：西乌旗 C 冷库合作社（失败案例）。该合作社由 15 户组成，2011 年 11 月成立，但成立后截至调研时的 2012 年 7 月没有给牧民任何交代，也没有召开牧民大会，牧民也开始撤资，因为实行一年没有分红，没有交代，是村里书记办的。大家出钱，出羊，但是对合作社运作不了解，不清楚。更没有相应的回报，必然走上失败的路子。结合八项原则我们发现该合作社仅仅符合其中的第 1、第 2 条，不符合第 3、第 4、第 5、第 6 条，第 7、第 8 条的符合程度为弱。

案例4：公羊 D 合作社（失败案例）。该合作社是国家重点扶持的，投资 100 万元建的一个种公羊基地，但是没人愿意参加。在访问不愿意参加的牧户原因时，他们说是因为合作社没有一个让大家都信任和信服的带头人，也没有明确告诉大家应该做什么和怎么做。结合八项原则分析，我们发现只有第 1 条符合程度为强，第 2、第 7、第 8 条符合程度为弱，其余都是不符合。

案例5：种公羊培育 E 合作社（特殊案例）。该合作社 2011 年 6 月之前的制度绩效是强的，之后制度绩效变弱了。案例 E 是一个种公羊培育合作社，2007 年成立时有成员 30 户。成员将自己好的种羊拿去合作社放养，需要的时候再由合作社提供，有的种公羊还可以拿去拍卖，所获的利润年底进行分红。这个合作社是嘎查的老书记发起成立的，从成立到 2011 年 6 月都办得很好，但是 2011 年 6 月老书记过世了。在没有通过成员大会选举的情况下，老书记的弟弟接手了合作社，截止到调研时（2012 年 7 月）合作社的运营基本处于停滞状态，状况大不如前。结合八项原则分析发现，老书记过世前后合作社的治理情况发生了很大的变化：老书记在世时，合作社符合第 1、第 2、第 3、第 4、第 6、第 8 项原则，不太符合第 5 条和第 7 条原则；老书记过世后，合作社只符合第 1、第 8 条原则，第 2、第 3、第 4、第 6 条原则的符合程度都变弱了，虽然有相应的规则但是并没有遵照执行（见表 3 - 6，老书记在世的合作社情况为 E0，老书记过世后合作社的情况为 E1）。

表 3 - 6 典型案例的自主治理理论分析

合作社	清晰界定边界	责权利相统一	决策机制	监督机制	分级制裁	冲突解决机制	对组织权认可	分权制企业	制度绩效
A	强	强	强	较强	弱	强	弱	强	强
B	强	强	强	较强	弱	强	弱	弱	强
C	强	强	否	否	否	否	弱	弱	失败
D	强	弱	否	否	否	否	弱	弱	失败
E0	强	强	强	较强	弱	强	弱	强	强
E1	强	弱	弱	弱	弱	弱	弱	强	弱

综上所述，我们发现制度绩效强的合作社基本上都符合奥斯特罗姆关于自主治理八项原则中的 6 项以上。合作社 A 和合作社 B 虽然获得了成功，但是其分级制裁和对组织权的认可程度还较弱。而八项原则中有 4 项以上不符合的合作社，不论其他原则的符合程度是强还是弱，都走上了失败的道路。而当有 6 项原则符合程度为弱、另外两条符合程度为强时，其制度绩效较弱，合作社也起不到带动牧民增收的作用。

不过，即使是成功的合作社，其发展也还存在着一些隐患：没有一个强有力的分级制裁机制和冲突解决机制，在合作社出现问题的时候不能有效地解决问题或者对导致问题出现的行为不能有效地制裁。慑于带头人的威信以及大家道德观念的自我约束，暂时能够避免问题出现，但长此以往，将导致合作社成员的散漫心态，最终将严重阻碍牧区合作经济组织的快速发展。

4.3　小结

本节讨论了现行草地经营制度下，5个牧业合作社案例（其中两个成功案例、两个失败案例、一个由成功转为失败的案例）的情况。研究发现，牧民对合作社的了解和合作的意愿、社区精英的存在以及政府的推动等是牧区合作经济组织产生的重要诱因。牧区合作组织产生的制度基础与奥斯特罗姆提出的八项原则基本符合：在合作组织出现前，草地资源的管理只符合奥斯特罗姆提出的八项原则中的第一条边界是否清晰，而监督、分级制裁、冲突解决机制和分权制单位四条都弱，适当的原则、集体选择的论坛和被认可的组织权的符合程度为否。草地资源治理中存在的这些问题是导致草原退化严重、牧民增收困难的重要原因之一。牧区合作经济组织理论上符合奥斯特罗姆提出的八条原则，成为资源自主治理理论在牧区推行的一个有效载体，是在当前草地资源治理不符合公共事物治理原则的条件下，牧区自发形成、牧民自主选择的一种自主治理方式，属于制度变迁中的诱致性变迁。不过案例分析表明，只有符合八项原则中的五条以上的合作社才能成功，而满足原则不足五条的案例会失败，这与运用奥斯特罗姆的自主治理理论在其他公共池塘方面的研究一致。可以运用奥斯特罗姆关于资源自主治理的八项原则来建立和规范牧业合作经济组织，以促进草地资源的自主治理。

5　如何达成有效的合作治理：理论探讨

草地合作治理首先需要通过集体行动实现草地共用。然而，与理论支持不相匹配的是，能够发起草地共用并在此基础上开展合作经营的牧民数量很少且比例仍在不断下降。韩念勇（2018）认为，草场承包确权到户后真正实施草地共用的实例极少，能证明类似论断的研究不在少数。如李金亚等（2013）针对锡林郭勒盟 8 个旗县的抽样调查显示，牧户间开展联户合作的比例不到 5%；张梦君（2017）基于内蒙古锡林郭勒地区和呼伦贝尔地区的牧户抽样调查显示牧民开展互惠合作的比例仅为 17%；谭淑豪和谭仲春（Tan & Tan，2017）的研究更清晰地展示了合作经营在牧区持续减少的过程，在其 2007 年至 2014 年进行的三次抽样调查中，开展合作经营的牧户分别占 29.3%、19.7% 和 8.0%，比例不断下降。但另一方面，牧民的合作意愿却一直较高。韦惠兰和孙喜涛（2010）基于甘肃地区 594 户牧民入户调查的结果显示，愿意开展联户经营的牧户比例高达 70%；我们基于内蒙古地区 144 户牧民的抽样调查也显示，愿意开展合作经营的牧民占样本户的 58%。

5.1　研究问题及研究框架

从已有研究来看，合作治理作为一种比较理想的模式得到了广泛认可，但现实的情形是，在现有制度安排下，仅有小部分牧民能够通过集体行动实现草地共用，并在此基础上开展合作治理。开放与边界灵活原本是草地资源系统的自然特征，但承包制实施后，随着草地私人物品属性的增强，原有的公共池塘资源属性被新的制度安排所打破。在当前的制度安排下，牧户共用草地这类集体行动产生的条件是什么？对于已经成功发起集体行动的牧民而言，合作长期存续的条件是什么？而对于已经采取单家独户模式经营的牧民而言，现阶段是否还具有重新进行草地共用的可能性？

本节的研究目标在于分析现有草地产权制度安排下，牧民如何才能实现草地共用这类集体行动。为了实现该研究目标，本章将回答以上三个研究问题。为此，首先利用扎根理论的手法，从深度访谈所搜集到的质性材料中提炼出影响草地合作治理产生的关键变量，再通过案例分析说明每种关键变量的作用机制；接着通过对比不同草地合作治理模式的特征，分析影响牧民集体行动长期持续的影响因素；最后利用随机走访获取的调查数据分析采取单家独户模式经营的牧民当前重新采取集体行动的意愿和可能性。研究重点分析的两个草地合作治理案例分别始于2011年和2018年。空间区域是内蒙古锡林郭勒草原。

本书针对 20 世纪 80 年代牧区草地承包到户后，牧民联合进行草地围封、开展小规模草地共用这类集体行动，行动者的数量通常大于 3户，小于 200 户。

如前面所述，草地承包制落实之前，我国牧区以社区互助的移动放牧为主要经营模式，承包制之后，草地利用的决策权被划分到户，此后牧民在行动模式上开始出现单独行动和集体行动的分化，相应地发展出单家独户经营模式和草地共用基础上的合作经营模式。本研究涉及的几组关键词的关系和具体内涵见图 3 - 9。

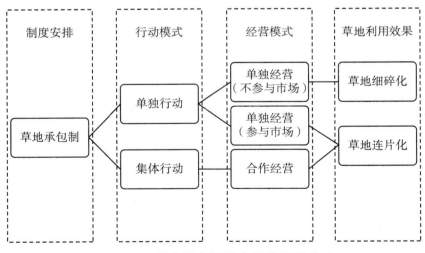

图 3 - 9 研究概念及概念间的相关关系

集体行动：广义的集体行动指存在共同利益的个体，在一定的激励之下自发地提供公共物品或集体物品的行为。本研究所指的集体行动指牧民自发地或在外部强制作用下发起的共用草地的行动。

合作经营：经济意义上的合作指对生产资料的共同利用和共同作出生产决策的行为。本研究所指的合作经营指独立占有生产资源（草地、牲畜、机械设备）的牧民共同使用部分或者全部的生产资源，并在此基础上单独或共同进行生产决策的行为。

本章的研究区域主要为内蒙古自治区锡林郭勒草原。从行政区划上看，涉及锡林郭勒盟所辖正镶白旗、正蓝旗、西乌珠穆沁旗、东乌珠穆沁旗、苏尼特右旗和乌兰察布市所辖四子王旗，总共 6 个牧业旗。之所以选择锡林郭勒草原作为研究地点，是基于研究典型性和资料可得性两方面的考虑。锡林郭勒草原是内蒙古草原的主要天然草场之一，内蒙古又是我国最早落实"双权一制"的省份，无论是从制度变迁的角度考虑还是从牧业经营的角度考虑，都具有典型性；同时，调研团队连续多年（2011—2019 年）在当地展开定期调查，对当地情况较为了解，在当地也拥有较好的人脉关系，便于搜集到更详尽的案例材料。

所用资料由课题组 2018 年 6 月、2018 年 7 月和 2018 年 10 月赴上述地区调研获取。其中包括 2018 年 6 月赴正镶白旗和正蓝旗搜集到的部分案例材料，2018 年 7 月赴西乌珠穆沁旗和东乌珠穆沁旗搜集到的部分案例材料和部分数据样本，2018 年 10 月赴苏尼特右旗和四子王旗搜集的部分数据样本。在后文的叙述中，三次调研将分别用 FR1、FR2 和 FR3 指代。

为搜集合适的案例材料，FR1 和 FR2 在大规模随机走访的过程中选择知情人士和参与者等合适的访谈对象进行深入访谈，最终确定了 16 名[①]深

---

① 包括第一类行动的 1 名受访者、第二类行动的 7 名受访者、第三类行动的 1 名受访者、第四类行动的 2 名受访者和周边 5 户熟悉案例的情况，但采用单家独户模式进行经营的受访者。

度访谈对象，并搜集到相应的质性材料（包括调研笔记和录音文稿）用于进行后续的框架提炼和案例分析。

FR2 和 FR3 采用分层随机抽样方法选择纯牧户进行面对面实地访问，以人口规模为分层标准，首先在所选定的 4 个牧业旗（县），每个旗（县）选取 2~5 个苏木（乡镇），每个苏木（乡镇）抽取 2~3 个嘎查（村），最后在每个嘎查（村）随机抽取 2~4 个牧户进行入户问卷调查，共调研问卷 150 份，去除信息不全的问卷 6 份，有效问卷 144 份，问卷有效率为 96%。受访者基本情况如表 3-7 所示。

表 3-7　　　　　　　　　　　受访者基本情况

指标	类别	样本数	比例（%）
性别	男	104	72.22
	女	40	27.78
民族	蒙古族	131	90.97
	汉族	13	9.03
受教育程度	小学及以下	56	38.89
	初中或中专	68	47.22
	高中及以上	20	13.89
年龄	30 岁及以下	11	7.64
	30~45 岁（含 45 岁）	57	39.58
	45 岁以上	76	52.78
地区	苏尼特右旗	105	72.92
	四子王旗	11	7.64
	东乌珠穆沁旗	12	8.33
	西乌珠穆沁旗	16	11.11
是否租入草地	是	55	38.19
	否	89	61.81

从性别上看，本次调查的受访者以男性为主，占受访者总体比例约

72%，因为草地利用方式是一种重要的家庭决策，故多以户主的想法为参考。从民族上看，由于访问地区为纯牧业旗，所以访问对象以蒙古族为主，占受访者总体比例约 91%。从受教育程度上看，访问对象的受教育水平以小学和初中为主，高中及以上受教育水平的受访者数量较少，比例约为 14%。从年龄上看，访问对象中，30 岁以上的受访者占总体比例约为 92%，45 岁以上的受访者占总体比例超过半数，这说明这些地区从事放牧活动的牧民以中老年为主，年轻人比例较低。值得注意的是，从已围封草地年限上看，受访者已围封草地年限平均为 13.61年，超过 10 年，说明调研对象大部分已经采取较为稳定的单家独户经营模式。

5.2　牧户的集体行动观念与意愿

采取不同模式经营的牧户，其草地利用观念可能存在较大差别。为了更清楚地了解采取单家独户模式经营的牧民对于共用草地这种经营模式的评价，笔者在预调研的基础上、结合专家咨询的意见，从生态、经济、社会三个维度出发设计了评价该模式的问题量表，并要求受访者按照打分的方式对这些问题进行回答，以了解牧户对于共用草地评价在各维度上是否存在具体差异，得到的结果如表 3－8 所示。

表 3－8　　　　　　　　　　　草地共用评价量表

维度	问题设置（1～5 分，分数越高表示越赞同）	平均分数
总体评价	Q1 总体来看，共用草地更符合牧区的实际情况	3.73
	Q2 共用草地会使得牲畜跑得开，对草的践踏少一点，更有利于草地生态恢复	4.12

续表

维度	问题设置（1~5分，分数越高表示越赞同）	平均分数
生态评价	Q3 共用草地会使得牲畜跑得开，传播草种，更有利于维持植被的多样性	3.74
	Q4 共不共用草地差别不大，关键还是看天	3.21
经济评价	Q5 共用草地能使得牲畜能吃到更多天然草料，更有利于牲畜增膘	4.14
	Q6 如果共用草地，每年的草料支出会下降	2.89
	Q7 如果共用草地，我能/打算饲养更多的牲畜	3.22
	Q8 如果共用草地，我家一定能比现在赚到更多的钱	3.28
社会评价	Q9 共用草地能减少因为牲畜乱窜围栏引起的纠纷	3.08
	Q10 共有草地能够加强我和亲戚邻里之间的往来联系	3.4
实践难度	Q11 考虑现实情况，您认为在嘎查（村）里真正搞共用草地、开展合作的难度大吗	4.76

表3-8显示，总体上，受访者对共用草地这种草地利用模式的评价较高，这体现在两个方面：首先，牧民的直接回答认为总体上这种模式更适合牧区情况，该问题的平均得分为3.73分；其次，在总共十个涉及评价的问题中，除了生态评价中应当进行反向记分的Q4以及经济评价中的一个有关草料支出的问题Q6外，其余问题的得分均超过中位数3分，说明即使分开对各个维度进行讨论，受访者对于共用草地的模式评价总体上仍然较为正向。而剩余的两个表示共用草地不具备显著优势的问题实际上都与气候有关，这说明了草地利用模式本质上是牧民的一种适应行为，但无法排除或者很难超越自然条件对资源系统产生的影响。分别对经济、生态、社会三个维度的评价进行探讨，对比发现牧民对于共用草地的正向评价最集中于其减少牲畜过度践踏的生态效果和有利于牲畜增膘的经济效果，这两项评价的分数均超过4分。然而，虽然牧民对于共用草地的模式整体评价较高，并不意味着集体行动容易发动，受访者普遍认为在居住地重新开展草地共用的难度极高，该问题的

平均分数接近满分，可以据此认为受访者的预期较为负向，现阶段要想实现拆除围栏、重新进行草地共用几乎不可能。基于此，在调查中笔者进一步了解了受访者认为重新进行草地共用很难成功的原因，统计结果如图 3 - 10 所示。

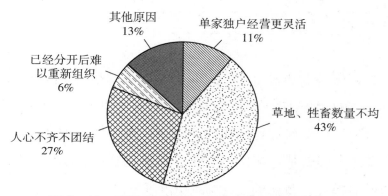

图 3 - 10　现阶段集体行动难以重新开展的原因

图 3 - 10 显示，对于为何现阶段难以开展集体行动，受访对象提出的原因存在差异。43% 的受访对象认为，草地、牲畜的数量不均是难以重新开展草地共用的主要原因。27% 的受访对象认为，目前社会关系松散、缺乏有关草地利用的一致目标是难以重新开展草地共用的主要原因，11% 的受访对象认为单家独户模式更为灵活是难以开展草地共用的主要原因，还有 6% 的受访对象认为草地分开后难以重新组织是主要原因。其他原因在回答中占据 13% 的比重，受访者提及较多的理由包括"拆除围栏需要耗费成本""认为单家独户模式是配合国家政策的做法"等等。从原因分析中可以看出，在第四章中提炼出的四个关键变量和调查结果呈基本对应关系。调查结果涉及的其他因素还包括了政策观点、围栏拆除成本等，这说明制度转换比制度创立难度更高（见表 3 - 9）。

表 3 – 9　　　　　　　　　牧民参与集体行动的意愿

问题及赋值（1 = 是，0 = 否）	均值
在现有条件下，您是否愿意同周围的牧户开展合作、共用草地？	0.58
如果您身边有人在号召大家共用草地，并且他们已经组织起来了，邀请您加入，您是否愿意参加？	0.71
如果国家给予开展草地共用的牧民一定的补贴，您觉得这种方式能推进合作吗？	0.61
如果国家强制要求大家拆除围栏，您是否认同？	0.74

从参与集体行动的意愿上看（见表 3 – 9），在当前的条件下，受访对象中有 58% 的牧民愿意开展草地共用，超过半数的牧民存在开展草地共用的意愿，这从侧面反映出牧民对于这种经营模式的认同。在假设当前草地共用已经开展起来的情况下，71% 的牧民表示愿意加入，这一比例得到明显提升。意愿的变化说明几个方面的问题，首先，牧民共用草地的意愿不仅受到其自身的行动意愿的影响，还受到对这一行动能否实际开展的预期的影响；在草地共用已经开展起来的前提下，参与意愿明显提升，这说明存在合适的领导者和组织者，将有利于草地共用这类集体行动的发起。同时，在假设国家提供补贴或者国家政策要求的情形下，牧民拆除围栏、重新共用草地的意愿呈现显著提升，这说明在外部政策干预能够起到一定的促进效果，在政策引导下开展重新开展草地共用具备现实可能。而实践中，是什么因素在影响草地共用集体行动的发起呢？

5.3　影响集体行动的关键变量

王亚华（2016）提出私有制改革会导致公共资源产权碎片化，此后农民更难就公共事物的治理形成有效的和有规模的合作。类似地，韩念勇（2017）认为制度与个人行为具有同向性，将具有公共物品性质的草地在产权制度方式上作为私人物品安排后，会产生与该制度同向的行为。此时再以鼓励自愿合作的方式维护公共物品，就会受到制度的硬约束。两位学者的观点说明了当前的外部制度安排不利于集体行动的产生，但他们并未进一步说明这种制度安排具体通过什么因素，并以什么方式影响集体行动。而国际上就影响自然资源治理中集体行动的研究虽然已很丰富，但学者们对变量的影响方向意见不一，在每个特定行动情景中发挥作用的关键变量也不尽相同。鉴于此，本节运用扎根理论对搜集的质性材料进行编码和降维，提出一个探索性框架，探讨牧民草地共用集体行动是如何在当前的制度安排下产生的。

5.3.1　质性编码过程

分三个阶段对质性材料进行搜集和整合：第一阶段，对受访者进行面对面半结构化一对一的详细访谈。访谈对象共 16 位，包括顺利发起集体行动后开展草地共用的牧民 11 位，其中女性 5 名，男性 6 名；顺应草地承包制单独围封草地并采用单家独户模式经营的牧民 5 位，其中男性 2 名，女性 3 名（见表 3 - 10）。

表 3 - 10　　　　　　　　受访对象概况

访谈对象代码	性别	身份	访谈时间（分钟）	文稿字数（字）
A	女	共用草地户	67	3321
B	女	共用草地户	36	2172
C	女	共用草地户	45	2432
D	男	共用草地户	104	5143
E	女	共用草地户	67	3134
F	男	共用草地户	63	2982
G	男	共用草地户	127	6075
H	男	共用草地户	41	2213
I	男	共用草地户	33	1835

续表

访谈对象代码	性别	身份	访谈时间（分钟）	文稿字数（字）
J	男	共用草地户	20	678
K	女	共用草地户	27	896
L	男	单独围封草地户	56	3086
M	女	单独围封草地户	32	1987
N	男	单独围封草地户	45	2331
O	女	单独围封草地户	69	3429
P	女	单独围封草地户	56	2756

第二阶段，对访谈的文字记录和录音材料进行整理。访谈对象的身份、访谈时数以及访谈记录所整理的文稿字数如表 3 - 10 所示。

第三阶段，对整理好的访谈材料进行理论归纳和提炼。具体是对案例材料进行整合编码，逐步缩小范畴，以便于对行动和事件进行情景分析（卡麦兹，2009）。访谈材料的编码过程见表 3 - 11。

表 3 - 11　　　　　　　　　　质性编码过程

牧民认为能够/难以共用草地的原因	编码过程		
原始语句（受访者代码）	初始编码	聚焦编码	理论性编码名称
我现在了解的话，还是集体（用地）的好，以前的时候怎么没有退化？70 年代、80 年代的时候（A）	以前共用草地时，草地退化较弱	共用草地的生态效果评价	草地利用观念
网子太小了牲畜没有走动的地方，大一点牲畜有走动的地方（G）	共用草地更有利于牲畜饲养	共用草地的经营效果评价	
长不长草跟拉不拉网子有什么关系，还不是看天气（M）	是否围封草地与草地退化无关	不同的草地利用模式优劣不明显	
这块本来就沙化得特别厉害，分给各家各户的话有可能还有沙化（I）	分草到户会加速草地沙化	单家独户模式的生态效果评价	

续表

牧民认为能够/难以共用草地的原因	编码过程		理论性编码名称
原始语句（受访者代码）	初始编码	聚焦编码	
还是不拉的时候好，不拉的话，牛羊在外面可以转，可以流动开，现在的话，一天都在网子里面，都在那儿蜷着（N）	共同利用草地有利于牲畜饲养	共用草地的经营效果评价	草地利用观念
一下雨就好，没下雨再怎么合也没用（P）	是否围封草地与草地退化无关	不同的草地利用模式优劣不明显	
主要是踩的作用，它每天就在那里死转，走不开，几下子草就没了。一起放的话，今天在这儿、明天在那儿，草就好点（H）	共用草地更有利于草地保护	共用草地的生态效果评价	
草粑大吧，随便吃，小的地一些就啃干净了（K）	共用草地更有利于牲畜饲养	共用草地的经营效果评价	
可能他们是自己拉网子，活少、省事吧（E）	单独围封草地后劳动投入较轻	单独围封草地的经营效果评价	
一拉围栏沙化得厉害。像现在牲畜不是随便跑吗，它不是说在一个地使劲地躁去。你要是拉起围栏，天天在一个地方来回走，得走出个小道来（F）	围封草地是草地退化的主要原因	单独围封草地的生态效果评价	
我们家是拉上围栏省事儿，撒在网子里，也不用去管（D）	单独围封草地后劳动投入较轻	单独围封草地的经营效果评价	
还有的人家就是拉了网子省事，早上一撺出去就不管了，晚上回来一圈就行（J）	单独围封草地后劳动投入较轻	单独围封草地的经营效果评价	
总体来说数量都差不多。特别的情况就是家里遇到点什么大病，牲畜下降点，其他情况都差不多（E）	各户牲畜数量相当	资源均等	资源异质性
基本上我们这几家是养的牲畜数量差不多（G）	各户牲畜数量相当	资源均等	

续表

牧民认为能够/难以共用草地的原因	编码过程		理论性编码名称
原始语句（受访者代码）	初始编码	聚焦编码	
都是差不多的，你有 20 头牛，我也有 20 头这种，草地也是差不多的。有差距、差距太大的话他就不干了（H）	各户牲畜数量相当	资源均等	资源异质性
你说呢，牲畜头数不一样，你的 3 个，我的 5 个，我不可能只放 3 个进去，剩下的 2 个没地方去啊。再说地方也不一样，我的 100 亩地，人家 500 亩地，人家不干啊（N）	牲畜数量差距大、草地资源差距大	资源不均	
有的人就觉得你的牲畜多，我的牲畜少，所以他就不干（I）	各户牲畜数量差距大	资源不均	
牲畜少的对牲畜多的就有意见（受访者 K）	各户牲畜数量差距大	资源不均	
每家养的牲畜都差不多，没有差太大的（J）	各户牲畜数量相当	资源均等	
不可能，人心不齐，有的懒不干活，有的勤劳点干活，干活的肯定不愿意（N）	草地利用方式改变牧民之间的态度	互惠规范	社会资本
浩特里大家关系一直还不错（F）	紧密的社会网络联系	社会网络	
有时候还是有矛盾，有矛盾的时候就互相谅解一下（E）	相互包容的价值观	互惠规范	
小一点的事就不计较吧（D）	相互包容的价值观	互惠规范	
没有意见的才能在一起用（O）	一致的行动规范	信任度高	
自己用的话，从小都是一起长大的，你要是给这个营子的话，他肯定给你保护好这个草场（G）	紧密的社会网络促进草地共用	社会网络	
但是你必须得互相间团结，你不团结，合着怎么用地（D）	一致的行动规范促进草地共用	社会信任	
那个行不通的吧，好几个营盘，人太多了，没法商量（L）	群体规模过大，组织行动困难	群体规模	

续表

牧民认为能够/难以共用草地的原因	编码过程		
原始语句（受访者代码）	初始编码	聚焦编码	理论性编码名称
人多了难管理你们也知道，什么人也有（M）	群体规模过大，组织行动困难	群体规模	群体边界
一个人两个人说了也不算，要全都拆了还行（P）	大规模集体行动难以自发产生	群体规模	
除非上面有规定，那还有可能，要不然大伙儿根本弄不到一起（A）	大规模集体行动难以自发产生	群体规模	
两家、三家说了也不管事（L）	行动成员模糊，难以确定	成员边界	
和谁一起搞合作（P）	行动成员模糊，难以确定	成员边界	

资料来源：根据调研搜集资料整理。

　　基于扎根理论手法提炼，现有草地经营制度下，影响牧民采取集体行动的关键变量可归纳为：（1）草地利用观念；（2）资源异质性；（3）社会资本；（4）群体边界。

5.3.2　影响草地共用的关键变量

　　草地利用观念。草地承包制开始后，牧区历史上首次出现单家独户经营草地的模式。与此同时，牧民对于该以何种方式经营草地的问题产生了观念上的分歧。争议的第一个焦点在于围封草地是否是导致草地退化的原因之一，这个焦点直接决定了牧民共用草地的生态观；争议的第二个焦点在于单独围封草地的做法是否更有利于牲畜饲养，这个焦点决定了牧民对共用草地成本收益的衡量。对于第一个焦点，绝大部分牧民认为若是承包草地面积过小，单独围封草地后更容易产生"蹄灾"，共用草地确实有利于草地保护。但即便如此，在大多数人都选择单独围封草地的前提下，未经围封的承包地容易被当作公地利用，进而导致某种意义上的"公地悲剧"；另外，从成本上看，单家独户模式在经营决策上具有更高的灵活性，能够节省协商成本。在这三方面因素的作用下，牧民的草地利用观念产生分化。一部分牧民认可共同利用草地的经营模式，还有一部分牧民并不认同。根据计划行为理论（Ajzen，1991），个体对于事物的态度（正向或负向的评价）会直接影响个体的行为意愿，因此观念的分化会影响牧民采取集体行动的意愿，进而影响集体行动的产生。对于草地利用观念一致，认可共用草地的牧民更愿意采取自发的集体行动；对于草地利用观念不一致，甚至是反对这种方式的牧民更难采取自发的集体行动。

为了检验这种观念上的分化在牧区是否普遍存在，利用 FR2 和 FR3 收集到的 144 个牧户样本进行简单的均值检验。首先，在调研中让受访者对共用草地模式进行评价（按照 1~5 分的方式进行打分，分数越高代表评价越积极），同时询问受访者采取共用草地方式的意愿（按照"愿意"和"不愿意"的标准简单划分为两组）。比较两组人群对于草地利用方式的评价是否存在差异，并利用 SPSS 软件进行独立样本 T 检验，结果见表 3 – 12。

表 3 –12　　　　　　　不同意愿组对共用草地的评价情况

共用草地意愿	样本数	平均值	T 值	自由度	Sig.（双尾）
愿意共用组	84	4.46	6.634 （假设同方差）	142	0
不愿意共用组	60	2.70	6.316 （假设异方差）	103	0

表 3 – 12 显示，按照是否愿意共用草地，将受访者分为两组后，两组样本在"共有草地是否更适合牧区整体情况"这一问题的回答上存

在明显差异，"愿意共用草地组"对于共用草地模式的评分平均值为4.46 分（满分 5 分），而"不愿意共用草地组"对于共用草地的评分平均值为 2.7 分（满分 5 分），在统计上，这一差异在 1% 的显著性水平上显著，说明在共用草地是否更适合牧区情况这一问题上，"愿意共用草地组"的牧户的与"不愿意共用草地组"的牧户间存在显著差异，两组人群对于草地利用方式的评价呈现较大分化。

类似地，将问卷中"是否认为共用草地更适合牧区情况"这一问题的答案进行统计后，筛选出态度较为强烈，对该观点表示"非常不同意"（评价 1 分）和"非常同意"（评价 5 分）的受访者，分别命名为"低认可组"和"高认可组"，两组的有效样本数分别为 40 和 93。"低认可组"牧民共用草地意愿较低，而"高认可组"牧民共用草地意愿较高，两组的差异在 1% 的水平上显著。这说明，牧民对于共用草地的评价与牧民的共用草地的意愿间存在强烈的相关关系。

资源异质性。草地承包后，牧民分到的草地类型和面积不均。资源异质性的存在既可能正向影响，也可能负向草地合作治理。当牧民的草地类型不同时，共同利用更能使牲畜采食到不同搭配的资源（Tan & Tan，2017），因此类型上的资源异质性有利于集体行动的产生。但草场面积的不均不利于牧民采取集体行动。当牧民的草地面积较大时，载畜负担较轻，此时自主经营或者出租草地往往能获取较高的显性收益，在共用草地的预期收入达不到该收益水平时，这类牧民很难自发采取或自愿加入集体行动。资源数量的差距首先是由初始分配造成的。草地承包制落实之初，根据"按人头分配"的原则或者"按人头和牲畜共同分配"的原则，每户由于人口和牲畜数量不同，分到的草地面积也不同。随着户内人口自然增减（婚丧嫁娶、外出务工、为子女教育搬迁），加上承包地三十年不调整，牧户拥有的草地面积差距进一步扩大。以 FR2 和 FR3 随机走访中某个旗一个片内的牧户为例，该片区牧户承包草地面积最小的仅为 1725 亩，最大的为 21000 亩，资源数量差距达 11 倍，说明草地资源不均已经成为一个较为严重的现象。共用草地不同于集团组织的集体行动，只要有一个参与者不愿意，就无法联合发起集体行动。草地资源数量的差距容易使牧民在合作过程中出现成本分摊不均和受益不均，从而影响集体行动的发起。

社会资本。社会资本理论认为较高的社会资本能够降低资源使用者参与集体行动的成本，影响集体行动的社会资本包括信任程度、社会网络以及正式或非正式的规则制度三个方面。其中，信任程度直接影响个体参与者对于他人是否采取合作行为的预期，社会网络影响参与者的声誉，规则制度通过直接制定一系列的奖励或惩罚措施或者为参与者提供信息、技术性建议和冲突解决机制的方式影响参与者的合作水平（Ostorm，2008）。针对不同自然资源系统治理的研究表明了社会资本在集体行动中的特殊作用，社会资本在牧民集体行动中的作用也是如此。社会资本较高的牧民团体能够更有效开展集体行动，而社会资本较低的牧民团体则很难实现联合。我国当前的外部制度安排对于牧民社会资本的影响主要体现在以下两点：首先，草地承包制之后牧区整体的社会资本水平遭到削弱，原有的社会资本存量减少。这一点具体表现为牧民间的互惠合作行为明显减少、冲突和竞争代替了原有的互惠合作关系（张倩，2011；周立，董小瑜，2013；王晓毅，2016）；其次，草地承包之后出现的草地细碎化还阻断了社会资本积累的路径（Tan & Tan，2017）。围封草地的行为限制了草地原有的灵活边界，也减弱了牧民通过传统活动建立社会关系的机会（赵颖，2017）。整体来看，当前外部制度安排不利于社会资本积累，进而不利于集体行动产生，只有社会资本水平较高的小团体能够实现自发的集体行动（见图 3 - 11）。

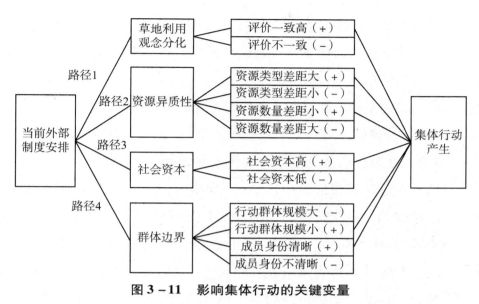

图3-11　影响集体行动的关键变量

注：图中"＋"代表有利于集体行动发起，"－"代表不利于集体行动发起。

群体边界。群体边界包含群体规模和成员边界两个子方面。经典的集体行动理论认为，群体规模是限制集体行动的关键因素之一，除非一个群体中的人数相当少，或者除非存在着强制或其他某种特别手段，促使个人为他们的共同利益行动，否则理性的、寻求自身利益的个人不会为实现他们共同的或群体的利益而采取行动（奥尔森，2011）。研究各类集体行动问题的学者通常能就这一点达成共识：小规模的集体行动往往较大规模的集体行动更容易自发产生。在共用草地问题上同样如此，以嘎查（村）为单位的大规模集体行动很难自发开展，而以浩特为单位甚至是比浩特更小的行动单元（如联户）则相对容易。但在草地共用这类小规模集体行动中还存在另一个问题，即如何确定发起行动的成员。承包制实施之前，最小的放牧单位至少是几户家庭组成的"浩特"，通过放牧行动中的分工与合作，往往能清晰界定出集体行动的成员数量，以及每户在集体行动中的角色。但是单独围封草地的行动却让牧民行变得孤立起来，其以"浩特"为单位的传统放牧单元也正在被新的制度安排所打破。原本基于居住地而形成的社会群体与以地域为基础的共管概念相互契合，但渐进式的草地围封给集体行动的成员资格界定带来了困难，这使得个体牧民自身难以确定以何种规模、同哪些成员开展集体行动合适。这个问题的不确定性又反过来影响了牧民的行动和组织能力。

以上四个影响集体行动的关键变量及其影响方向见图 3 – 11。

5.3.3　社会生态系统框架与关键变量识别

这四个关键变量可以对应计划行为理论、社会资本理论和集体行动理论。在草地共用这个行动情形下，四个关键变量可通过社会生态系统（Social-ecological System，SES）分析框架，整合进同一个解释体系。SES 框架由奥斯特罗姆（Ostrom，2009）提出，是一个融合多学科、用于分析社会生态系统治理的多层次、嵌套式分析框架，表 3 – 13 为 SES 框架包含的所有二级变量。在利用扎根理论识别出影响牧民集体行动的关键变量之后，下面尝试将这几个变量纳入 SES 框架，以更好地解释此类集体行动的产生。

表 3 – 13　　　　　　　　SES 框架下的二级变量

社会、经济、政治背景（S）	
S1：经济发展；S2：人口趋势；S3：政策稳定性；S4：政府管理资源措施；S5：市场激励；S6：媒体组织	
资源系统（RS）	治理系统（GS）
RS1：资源部门	GS1：政府组织
RS2：系统边界是否清晰	GS2：非政府组织
RS3：资源系统规模	GS3：网络结构
RS4：人造设施；RS5：系统生产力	GS4：产权系统；GS5：操作规则
RS6：平衡性；RS7：系统动态可预测性	GS6：集体选择规则；GS7：宪制规则
RS8：系统可储存性；RS9：位置	GS8：监督和制裁程序
资源单位（RU）	资源使用者（U）
RU1：资源单位可移动性	U1：资源使用者数量

续表

社会、经济、政治背景（S）	
RU2：资源增减或更替率	U2：使用者的社会经济属性
RU3：资源单位交互性	U3：资源利用的历史
RU4：经济价值	U4：资源使用者位置；U5：领导力
RU5：资源单位数量	U6：社会规范/社会资本
RU6：独特特征	U7：对社会生态系统的认知
RU7：时空分布特点	U8：资源的重要性；U9：所采用技术
互动（I）—结果（O）	
I1：资源使用者的收获水平	O1：社会绩效测量（包括有效性、公平性、责任分摊、可持续性等）
I2：资源使用者共享信息	
I3：协商过程	O2：生态绩效测量（包括耗竭水平、恢复力、生物多样性、可持续性等）
I4：资源使用者冲突情况	
I5：投资活动；I6：游说活动	O3：对其他社会生态系统产生的外部性
I7：自组织活动；I8：社交活动	
I9：监督活动；I10：评估活动	
相关生态情况：ECO1 – 气候情况；ECO2 – 污染情况；ECO3 – 所聚焦的 SES 流入和流出	

资料来源：Ostrom, E. A. General Framework for Analyzing Sustainability of Social – Ecological Systems [J]. Science, 2009, 325 (5939)：419 – 422.

对应表 3 – 13 发现，利用扎根理论提炼出的几个关键变量与资源使用者特征（U）下的几个变量存在对应关系（见表 3 – 14）。其中，草地利用观念对应对社会生态系统的认知（U7），社会资本对应社会资本（U6），群体边界对应资源使用者数量（U1）。值得注意的是，资源异质性表示资源使用者拥有资源的质量和数量存在的差距，在 SES 框架下暂时没有变量和其对应，可解释为资源单位与资源使用者之间的关系。之所以会出现无法对应的情况，是因为当前我国的草地资源已经被当作私人物品进行安排，并不完全符合公共池塘资源特征，致使每个资源使用者可以利用的资源单位不同。

表 3 – 14　　　　　　　　四个关键变量在 SES 框架中的位置

四个关键变量	资源使用者（U）
草地利用观念	U7：对社会生态系统的认知
社会资本	U6：社会规范/社会资本
群体边界	U1：资源使用者数量
资源异质性	资源单位（RU）和资源使用者（U）的关系

5.4　小结

总体上看，当前的制度安排通过作用于四个关键变量，从而影响草地共用这类集体行动的产生。具体的影响路径如下：（1）草地承包制的实施使得牧民间的草地利用观念发生分化；（2）草地承包制使得牧民实际可以利用的草地资源产生质量和数量的差距；（3）草地承包制整体上削弱了牧民间的社会资本，仅有小部分牧民团体的社会资本能够维持在一个较高水平；（4）草地承包制使得牧民以何种规模、何种身份实现自我组织成为一个不确定的问题。在外部制度安排产生四条作用路径的基础上，草地利用观念一致、资源类型差距大、资源数量差距小、社会资本高、行动群体规模小、成员边界清晰的牧民团体更容易产生自发的集体行动。需要指出的是，本章讨论的关键变量并没有穷尽所有可能的影响集体行动的因素，只是从质性材料的分析中识别出了在共用草地这个特定的行动情景中最重要的几个因素。

6　如何达成有效的合作治理：案例分析

牧民能否发起集体行动，关键在于其草地利用观念、资源异质性、社会资本和群体边界。以下分析四类草地共用集体行动案例中，这四类变量的作用及其发挥机制。表 3 – 13 所示的 SES 框架中，这些案例所涉及的社会、经济、政治背景是相同的，资源系统特征和资源单位特征是相似的，主要的区别在于治理系统特征和资源使用者特征。因此，案例分析时，首先对背景特征、资源系统特征和资源单位特征进行统一描述，再在每个案例中分别对治理系统特征和资源使用者特征进行描述。案例分析过程如图 3 – 12 所示。

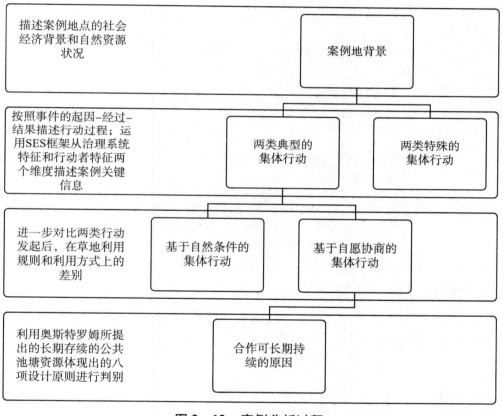

图 3 – 12　案例分析过程

6.1　研究区介绍

本节所搜集的案例大部分来自内蒙古锡林郭勒盟正蓝旗和正镶白旗。表 3 – 15 展示了研究区域的主要社会、经济、政治背景。其中，经济发展状况主要从地区发展特征加以描述，而人口统计学特征利用人口数量、民族等指标加以描述，政策主要考虑政府制定的草地治理政策。

表 3 – 15   研究区社会、经济、政治背景

指标	正镶白旗	正蓝旗
S1 经济发展	纯牧业旗	纯牧业旗
S2 人口趋势	总人口 71975 人，蒙古族占总人口的 28.20%	总人口 83229 人，蒙古族人口 32305 人，占全旗总人口的 41.3%
S3 政策稳定性	草地治理政策长期稳定	草地治理政策长期稳定
S4 政府管理资源措施	实施草地承包制	实施草地承包制
S5 市场激励	市场化程度高	市场化程度高
ECO1 气候情况	中温带干旱大陆性气候，日照时数：中南部丘陵草原 2889 小时，北部沙区 3200 小时；年均降水量：南部丘陵草原 360 毫米，北部沙区 268 毫米；1 月平均气温 – 19.1℃，7 月平均气温 17.6℃	中温带大陆性季风气候；全旗平均日照数为 2947～3127 小时，全年平均降水量为 365 毫米，蒸发量为 1925.5 毫米；最高温度为 35.9℃，最低温度 – 36.6℃

资料来源：根据政府网站整理。

表 3 – 16 展示了研究区域的资源系统特征以及资源单位特征。

表 3 – 16   研究区域特征

资源系统（RS）	
RS1：部门	草地
RS2：系统边界是否清晰	草地和耕地边界清晰
RS3：资源系统规模	正镶白旗草地总面积 5857 平方千米；正蓝旗草地面积 3462 平方千米
RS4：人造设施	围栏、机井、棚圈

续表

资源系统（RS）	
RS5：系统生产力	中等，资源既非耗竭也非完全充足
RS6：平衡性	非平衡生态系统
RS7：系统动态可预测性	弱
RS8：系统可储存性	强，干草可储存
RS9：位置	锡林郭勒草原南部
资源单位（RU）	
RU1：资源单位可移动性	NE
RU2：资源增减或更替率	随季节变化
RU3：资源单位交互性	NE
RU4：经济价值	牲畜食用
RU5：资源单位数量	不充足
RU6：独特特征	NE
RU7：时空分布特点	时空分布不均

6.2　两类典型的集体行动

当前已有较多研究对农民合作进行分类，如罗兴佐（2005）将农民合作分为外生型合作、内生型合作，后者又细分为以市场为基础的自愿合作和以地域为基础的自治型合作。申端锋（2007）按照合作达成的原因将合作分为三类：一是血缘关系基础上的无私奉献；二是公共权力的强制性作用；三是理性算计基础之上的自愿协商。在调研了牧民集体行动的实际情况后，结合以上分类原则，将牧区的现有的开展草地共用的集体行动分为以下四种类型①：（1）基于自然条件的集体行动（C1）；（2）基于自愿协商的集体行动（C2）；（3）基于公共权力的集体行动（C3）；（4）基于亲缘关系的集体行动（C4）。

---

① 该分类未遵从穷举互斥原因，分类方法主要基于在集体行动中起最关键作用的因素。

案例 6：基于自然条件的集体行动（C1）——以登吉宝力格浩特为例

敖林毛都嘎查位于锡林郭勒盟正蓝旗，登吉宝力格浩特是该嘎查 5 个浩特中的一个。该浩特总共有 88000 亩草地，其中 25% 为打草地，75% 为放牧地。因天气干旱，打草地现已无法打草，转作放牧地使用。1986 年，嘎查进行第一次分地，将草地承包到每个浩特；1998 年，浩特再按照每人 375 亩地的标准将草地承包给每个牧民；2018 年，当地正在进行草地第三次确权，目的是用 GPS 仪器精确划分每家每户的草地边界，但对实际承包面积不做调整。在 1998 年将草地承包到户时，依据当时的规定，嘎查将 5% 的草地（4400 亩）划归集体共同使用。但是由于集体草地的产权不归个人，嘎查又缺乏一套合理的管理制度，集体草地遭到了严重的破坏，原因是部分牧民外出务工后将集体草地上名义上属于自己的一部分对外出租，一到夏季成批的外地牲畜进入本嘎查草地，当地人称这种交易为"揽群"。"揽群"的交易使得当地草地生态一度恶化，部分牧民在外出打工后，依据自己在集体草场中占有的草地份额将草地进行出租，但由于草地未划分围封，草地租入方实际上可以利用到全部集体草地。在这种情况下，为了最大化草地利用效果、迅速收回租金成本，租入方往往会成倍地拉入牲畜，这种放牧方式给当地草地带来巨大的生态压力。嘎查里的牧民对这种状况很不满意，但是却没有解决办法，一是因为嘎查对此并没有任何官方的管理措施；二是因为租赁合同中很少主动限制牲畜数量，或者即使对此作出约定也没有任何实质性的监督约束力，这种交易使得当地草地出现较为严重的退化。出于对草地严重退化的不满，该嘎查的牧民特别希望集体的这部分草地能够分到每家每户进行单独管理。此前，对于承包到户的草地，为了防止外地牲畜误入，大家已经陆陆续续拉起围栏，截至 2018 年，嘎查里 80% 的草地都进行了单独围封，还有 20% 的牧民迫于经济条件限制，暂时还没有完全实现围封草地。

受访者 D 在描述当地草地资源治理过程中存在的问题时，形容当地的情况是"不得不拉围栏，但又没法一个人拉"。前半句话是因为清晰界定草地边界才能制止"揽群"交易对本地草场的破坏，而后半句则是因为草地资源划分的细碎化程度过于严重以至于无法对草地进行单独围封。为了解决这个问题，2018 年 5 月，受访者 D 决定联合周围 16 户牧民，对家中的一部分草地实行共同围封。资源异质性是当地牧民拥有的草地资源呈现出的显著特点。仍以受访者 D 为例，受访者 D 家中一共承包了 16 块草地，面积和类型各不相同，每一个小的草块包含一种不同类型的地，如平坦地、山地、沙窝等。虽然草地类型齐全，但每一块草地的面积都过小、很难单独利用。该牧民承包的草地块最小的仅七八米宽，但是长度可达 8000 米。

在这样的背景下，受访者 D 联合周围的 16 户牧民决定对这部分草地的外部进行整体围封。围封草地面积总共 5000 亩，针对草地的利用制定的核心规则是草地可供成员自由使用，但禁止成员之外的牧民尤其是外地牧民的牲畜进入。除了共同使用草地之外，17 户牧民还集资购买了 3 头公牛，按照每户家庭母牛的头数平摊费用。在集体围封草地时，17 户牧民通过会议协商决定，若有成员打算退出，不允许将草地单独围封后对外出租，只允许对内出租给其余成员，租金由大家平摊，但租金价格尚未进行安排。除此之外，没有任何关于草地利用的进一步规定。对于集体行动今后的走向，受访者 D 表示不确定，他认为"现在先这么用着吧，但是以后怎么样还说不清楚，以后有矛盾了说不定就分了"（见表 3 - 17）。

表 3 - 17　　　　　　　　SES 框架下的案例 6（C1）概况

治理系统（GS）	登吉宝力格浩特（C1）
GS1：政府机构	负责落实生态补奖政策、GPS 精确划分每户草场
GS4：产权系统	草地承包到户

治理系统（GS）	登吉宝力格浩特（C1）
GS5：操作规则	无
GS8：监督和制裁程序	无
行动者（U）	
U1：资源使用者数量	17 户
U2：使用者的社会经济属性	牧民
U3：资源利用的历史	长期共用嘎查草地，在单家独户围封草地时选择共同围封
U4：资源使用者位置	邻近资源地
U5：领导力	不明显
U6：社会规范/社会资本	社会网络紧密，协商制定了关于草地利用的非正式规则
U7：对社会生态系统的认知	承包到户面积过小、草块细碎，单独围封后难以使用
U8：资源的重要性	高度依赖草地资源，放牧是主要收入来源

　　登吉宝力格浩特（C1）发起集体行动的案例属于基于自然条件的集体行动，从数量上看此类集体行动并不罕见，类似情况的集体行动还有朱晓阳（2007）的研究中提到的塔拉嘎查，王晓毅（2009a）的研究中提到的浑善达克沙地和科尔沁沙地的半农半牧区，王晓毅（2009c）的研究中提到的乌审草原，陈秋红（2011）的研究中提到的呼伦贝尔 A 嘎查，但这类集体行动能够产生具有极大的偶然性。首先，并不是每个嘎查（村）在划分草地时都采取类似的绝对公平的原则，将草地严格按照类型划分到每家每户，造成草地块数多、形状规整、分布分散的局面。有的地方会利用抽签的形式直接决定每块草地的归属，从而保证牧户分配的草地虽然在质量上存在差异，但至少是一整块地。类似于本案例中这种划分过度、突破牧业最小经营单元的分配方式实属罕见。通常情况下，草地面积低于 1000 亩已经可被视为面积狭小，但是该牧民（本案例中的受访者 D）分到的草地中，面积最小的只有数十亩。在这

种情况之下，单独拉围栏的做法既面临经济成本过高的问题①，又违反牧业经营的基本常识。草地不同于农地，无限分割之后不但无法精耕细作，反而会因为过于狭小，牲畜缺乏足够的活动空间而无法利用，出现"反公地悲剧"。本案例中的登吉宝力格浩特的 17 户牧民，一方面是因为不愿意放弃每一块草地的利用机会，另一方面是为了保护草地不受外来租客的侵扰，才最终决定通过集体围封的方式实现草地共用。本案例与前一章所总结出的四个关键变量的对应情况如表 3 - 18 所示。

表 3 - 18　　　　　　　案例 6 （C1） 与四个关键变量对应情况

关键变量	登吉宝力格浩特（C1）
草地利用观念	17 户牧民观念一致，认为草地过于细碎化，单独围封影响使用
资源异质性	承包到户的草地面积小、块数多，每块草地类型不尽相同
社会资本	社会网络紧密，协商制定了关于草地利用的非正式规则
群体边界	群体规模小（17 户），成员为承包草地难以进行有效分割地带的牧民，身份清晰

案例 7：基于自愿协商的集体行动 （C2） ——以阿德日嘎浩特为例

贡淖尔嘎查位于锡林郭勒盟正镶白旗，阿德日嘎浩特是该嘎查 6 个浩特中的一个。1983 年，嘎查进行第一次分地，将草地承包到每个浩特。同年，嘎查出资为每个浩特统一进行外部草地围封。1991 年，各浩特将草地承包到各家各户，承包的标准是人头数占决策的 60% 、牲口数占决策的 40% 。但此时的承包只是名义上承包到户，每户牧民仅仅知道自己所承包的草地面积，但是并不清楚草地的具体位置，在草地利用上仍然采取集体共用的方式。受访者 G 回忆此时当地的草地状况

---

① 按照一卷网 450 元、一个木桩 8 元的费用核算，围封 1000 亩草地的费用大约在 10000 元左右。

是"每家有多少地都是写在会计账上的，一个小组一个名单，你有多少面积的草粕，但是具体在哪里是不知道的"。1998 年，嘎查根据人口迁进迁出后产生的增减变动情况对草地划分做了一些细微的调整，但对于具体的草地位置，牧民仍旧不清楚。2011 年，伴随着第一轮生态补奖政策的实施，为了将减畜的责任落实到每个牧民头上，嘎查正式将草地划分给每家每户，结合先占原则①、通过抽签的方式决定每块草地的具体归属。在此后的三年内，嘎查里大多数牧民陆陆续续进行草地围封。当地草地划分较为归整，每家每户大都分到 1~2 块草地，面积在 1000 亩左右，具备单独围封的条件。截至 2014 年，嘎查里除了阿德日嘎浩特（第六小组）的 12 户居民没有进行草地单独围封而是选择共用草地与合作放牧之外，其余的牧民全部完成草地的单独围封。随着嘎查草地治理制度的一次次变化，阿德日嘎浩特的牧民行动过程如图 3-13 所示。

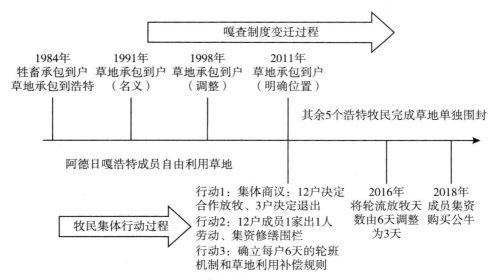

图 3-13　阿德日嘎浩特牧民集体行动过程

---

　①　即该牧民通常在那一带放牧。

210

实际上，阿德日嘎浩特具有长期共用草地的经验。1984年，该浩特当时共有18户牧民，在牲畜承包到户后，该浩特不仅仍然采用共同利用的形式使用草地，连牲畜也仍然放在一起放牧，受访者E回忆当时的情形是"分了之后还是雇羊倌放，自己掏钱。一个羊放一个月多少钱，开始是1毛5，没有当地人放的话，就从外地雇人。1991年分完草地开始，有的人就自己放牧了，但是我们浩特没有自己分开放"。1998年，由于人口自然增减，该浩特的牧户数减少到15户，此后一直稳定在这个户数，共用草地也以这几户为基础展开。2011年，嘎查明确每户草地的实际位置，将草地划分给每家每户。同年，该浩特成员集体商议是否要维持当前共同利用草地、合作放牧的做法。15户成员，有3户决定退出、单独进行草地围封，剩下的12户成员（包括现在仍在浩特里放牧的7户和已经外出打工的5户）决定仍然将草地放在一起共同利用。共用利用的草地面积共16052亩，各成员所占面积和饲养牲畜情况如表3-19所示。

表3-19 阿德日嘎浩特集体行动成员情况

项目	共用草地面积（亩）	牲畜饲养情况		
		牛（头）	羊（只）	马（匹）
成员1	976	2	15	0
成员2	1850	20	200	0
成员3	1300	10	100	0
成员4	1422	13	300	0
成员5	1300	30	200	0
成员6	1727	2	0	7
成员7	1083	20	200	0
外出打工的5户	6394	0	0	0
合计	16052	97	1015	7

注：①成员用编号代表。
②成员6为了一次性还上银行贷款、供女儿上大学，去年出售了几乎所有的牲畜，故牲畜数量较少。

当地在草地资源治理过程中主要需要面对的问题是气候干旱、降水不均和由此导致的草地退化。因此，在草地利用方式上，该浩特牧民将草地划分为夏营盘和冬营盘，实行按季节轮牧。其中夏营盘的面积大约为10000亩，每年6~11月使用，冬营盘的面积大约为600亩每年11月到翌年6月使用。转场日期视降水情况由集体商议决定。在放牧方式上，当前7户牧民仍然采取轮流放牧的形式，每家放6天（后调整为3天），遇到特殊情况可以换班；现阶段牧民的放牧顺序为：成员1—成员2—成员3—成员4—成员5—成员7—成员1。虽然参与放牧的成员共7户，但是参与轮班的牧民只有6户。成员6上一年将羊①出售一空，今年暂时不参加轮牧，负责牲畜饮水工作。除了轮流放牧外，7户牧民还存在共同修复围栏、共同购买生产资料等其他方面的合作，2018年，牧民曾集资购买公牛，所支付的款项按照每户家中母牛的数量进行均摊（见表3－20）。

表3－20 　　　　　　　　SES框架下的案例7（C2）概况

治理系统（GS）	
GS1：政府机构	负责落实生态补奖政策、GPS精确划分每户草场
GS4：产权系统	草地承包到户
GS5：操作规则	见4.3.3节详述
GS8：监督和制裁程序	见4.3.3节详述
行动者（U）	
U1：资源使用者数量	12户*
U2：使用者的社会经济属性	牧民
U3：资源利用的历史	拥有长期共用草地的经验，在周边大规模进行单家独户围封草地时选择不进一步划分、共同使用草场
U4：资源使用者位置	邻近资源地

---

① 当地牧民饲养牲畜以羊为主，羊群规模衡量需要付出的劳动量。

续表

治理系统（GS）	
U5：领导力	存在领导者位置：浩特长
U6：社会规范/社会资本	信任水平高，制定了一系列关于草地利用的规则
U7：对社会生态系统的认知	共用草地有助于遏制草原退化、牲畜饲养
U8：资源的重要性	高度依赖草地资源，放牧是主要收入来源

注：＊此处包括外出打工的 5 户。

阿德日嘎浩特的集体行动属于完全基于自愿协商的集体行动，自愿协商的机制在集体行动过程中尤为重要。这类集体行动在牧区较为罕见，首先，自愿协商的形式往往意味着在实际管理草地的过程中制定了一系列草地使用规则，这一点将在下一节中进行阐述；其次，自愿协商意味着主动选择而非被迫接受集体行动的过程。虽然该浩特的成员几乎都具备单独围封草地的条件，但他们决定通过集体围封的方式进行草地共用，从该片区类似浩特的牧民均单独进行草地围封这一点可以佐证，并没有任何外部力量的强制安排或内部联结的特殊关系去发起集体行动，这一点区别于接下来的两个案例。案例 7（C2）与 5.3.2 中所总结出的四个关键变量的对应情况如表 3－21 所示。

表 3－21　　　　案例 7（C2）与四个关键变量对应情况

关键变量	阿德日嘎浩特（C2）
草地利用观念	12 户牧民观念一致，认为共用草地有利于遏制草地退化且更有有利于牲畜饲养
资源异质性	资源数量差距小，每户成员承包的草地面积在 1200 亩左右
社会资本	拥有长期共用草地的历史，成员信任度高，制定了一系列关于草地利用的规则
群体边界	群体规模小（12 户），成员为浩特中赞同共同利用草地的牧民，身份清晰

奥斯特罗姆（Ostrom，2012）将在自然资源系统治理过程中出现的集体行动困境分为一阶困境和二阶困境。所谓的一阶困境，是通常意义上的集体行动困境，因为每个个体能够免费使用资源，因此在资源利用过程中容易出现个人理性导致的"搭便车"行为；所谓的二阶困境，是指个体如何才能通过自我组织改变规则，因为制度供给本身可以被视为一种集体物品，新制度的供给是有成本的，但这些成本不可能以收费的方式均摊，因此制度供给本身就存在集体行动的困境。前两节的论述可视为在满足何种条件的情况下，二阶困境更容易解决。而在集体行动发起后，能否维持集体行动取决于资源利用过程中是否存在制约"搭便车"的制度安排，即牧民如何通过制定操作规则解决一阶困境，这一点将在下一节做进一步讨论。

6.3 两类案例中集体行动长期持续的原因分析

从理论上讲，集体行动发起后，资源系统对外是排他的，但是对内的使用却存在竞争性，共同使用资源的人存在"搭便车"的可能性，若不能很好地解决该问题，资源可能因为竞相使用产生耗竭、行动随时面临着破裂的危机。在这个具体的行动情景之下，每个参与集体行动的牧民都有可能产生"搭便车"行为或机会主义行为，这主要体现在三个方面：（1）过度使用他人草地而减少使用自己的草地；（2）共用草地后过度增加自己的牲畜数量；（3）在存在集体劳动的前提下，趁机逃避集体劳动。

在案例6（C1）和案例7（C2）中，牧民制定了一系列规则以保障"搭便车"的行为不会出现。下面，笔者将结合改进后的长期存续的公共池塘资源治理制度的八项设计原则一一进行说明①。改进版的设计原

---

① 本节列举的部分案例行动规模小于奥斯特罗姆的研究中所限定的 50～15000 人，但这样的小规模有效治理中同样体现出八项制度设计原则的内涵，故本节仍利用其作为衡量标准。

则在原有八项原则的基础上，结合对 91 个案例样本的研究进行再评估，将部分原则进行了细化，如表 3 - 22 所示。

表 3 - 22　　长期存续的公共池塘资源制度中所阐述的设计原则

奥斯特罗姆的八项设计原则	考克斯、阿诺德和托马斯改进后的原则		原则内涵
1. 清晰界定边界	1A 资源使用者边界		合法的资源使用者与非使用者之间的界限明确
	1B 资源边界		资源系统边界清楚，容易将其同周围环境区分
2. 占用和供应规则与当地条件保持一致	2A 与当地条件保持一致		占用和供给规则与当地社会环境条件一致
	2B 占用和提供相一致		资源使用者获取的收益要与劳动、物质或资金投入成正比
3. 集体选择的安排	3. 集体选择的安排		受操作规则影响的大多数个体能够参与操作规则的修订
4. 监督	4A 监督使用者		对资源使用者负责的监督者监督占用和供给水平
	4B 监督资源		对资源使用者负责对监督者监督资源状况
5. 渐进制裁	5. 渐进制裁		违反操作规则的占用者可能受到别的占用者或者官员的渐进式惩罚（取决于违规行为的内容和严重程度）
6. 冲突解决机制	6. 冲突解决机制		占用者和有关官员能够迅速采取低成本的解决冲突的措施去解决占用者之间或者占用者和有关官员间的冲突
7. 对组织权的最低限度认可	7. 对组织权限的最低认可		占用者设计规则制度的权利不受外部政府权威的挑战
8. 嵌套式组织	8. 嵌套式组织		占用、提供、监督、执行、冲突解决和治理行动在多层次的嵌套式组织中进行

资料来源：①Cox, M., Arnold, G., Tomás S V. A review of design principles for community-based natural resource management [J]. Ecology & Society, 2010, 15: 299 - 305.

②Ostrom, E. Governing the commons: The evolution of institutions for collective action [M]. Cambridge: Cambridge University Press, 1990.

规则 1A 资源使用者边界在案例 6（C1）和案例 7（C2）中，参与集体行动的成员为将承包草地作为份额参与草地共用的牧民。牧民是否贡献草地份额决定了其是否具有成员资格，案例 7（C2）中现有外出打工的牧民五户，虽然当前他们并不直接参与放牧活动，但通过贡献草地份额的方式保留了成员资格，如果将来这五户牧民决定停止外出打工，他们随时可以通过购买牲畜、培育畜群的方式加入集体行动、重新回归牧业生产。除了进入制度外，案例 6（C1）和案例 7（C2）还制定了相应的成员退出制度。案例 6（C1）的集体行动于 2018 年 5 月发起，在决定开展草地共用时，成员集体商议今后若是有成员退出，不允许将他份额之下的草地单独围封出租给外人，只能对内出租给其余成员们，租金由大家平摊，但是租金价格尚未商议。由于集体行动发起时间较短，目前还没有出现成员退出的情况。类似地，案例 7（C2）中同样存在相应的安排，案例 7（C2）的集体行动于 2011 年发起，12 户成员决定不分地、维持草地共用时经过集体商议决定，如果有成员想要退出，这部分草地不能单独围封后对外出租，只能通过协商价格的方式对内出租，租金由剩余的成员均摊，租金的价格参考市场价格。严格的退出制度在很大程度上保证了集体行动的可持续性。2011 年至今，案例 7（C2）尚未出现成员退出的情况。并且，仍在放牧的 7 户成员均有稳定地从事牧业经营的打算，预计暂时不会有成员退出。

规则 1B 资源边界在案例 6（C1）和案例 7（C2）中，参与集体行动的牧民必须拿出自己的草地进行共用，通过对草地外部进行整体围封、内部禁止进一步细分的做法，一方面界定了集体使用的草地的范围、明确了可使用资源的边界；另一方面，草地的连片使用避免了共用草地的过程中区别对待自己草地和他人草地的做法。通过资源边界的限定规则，案例 6（C1）和案例 7（C2）的牧民对外排除了其他资源使用者的干扰，对内限制了第一种"搭便车"的可能性。

规则 2A 占用和供应规则与当地条件保持一致在案例 6（C1）中，成员除了限制草地使用资格外并未进一步制定更详细的草地使用规则，但是案例 7（C2）制定了较为详细的规则，有如下两个方面：首先，在共同利用草地的基础上，制定出每 10 亩饲养一个羊单位的载畜标准①，有利于整体实现草畜平衡；其次，成员进一步采取了轮流放牧、合作劳动的做法，白天将全体成员牲畜聚集到一起（晚上仍然使用各自的棚圈），以每人轮班 3 天的形式放牧。这种做法有利于节约劳动力成本，具体分析如下。

从生态上看，共同利用草地使得成员间可以实现牲畜转移，平衡草地压力，达到草地整体不超载的效果（见表 3-23）。

表 3-23　　　　　共用草地后的超载和草地租金均摊情况

项目	共用草地面积（亩）	牲畜规模（羊单位）	可饲养规模（羊单位）	超载情况（羊单位）	均摊租金（元）
成员 1	976	25	97.6	-72.6	1033
成员 2	1850	300	185	115	12401
成员 3	1300	150	130	20	6200
成员 4	1422	365	142.2	222.8	15088
成员 5	1300	350	130	220	14468
成员 6	1727	52	172.7	-120.7	2149
成员 7	1083	300	108.3	191.7	12401
外出打工 5 户	6374	0	637.4	-637.4	0
合计	16032	1542	1603.2	-61.2	63740

给草地带来载畜压力是放牧行为受到批判的主要原因，假如牧民全

---

①　多少亩能饲养一个羊单位是牧民在考虑天气状况和草畜平衡政策的标准之上综合得出的结果。

部采取单家独户的经营模式，对草地确实会造成巨大的压力。对此，笔者也对案例 7（C2）的载畜情况进行了一个简单的核算。如表 3－23 所示，单独以每户家庭的草地面积核算可饲养牲畜规模，会发现有 5 户家庭都存在不同程度的超载，其中最严重的牧户超载可高达 223 个羊单位，但是在共同利用草地的情况下，却能够使草地整体达到不超载的均衡状态，这实际上也是一种载畜量配额内部转移的办法，草地共用对于减轻草地的生态压力具有重大帮助。除了生态上的好处之外，轮流放牧的做法实现了对劳动力成本的节约。按照案例 7（C2）现在每家轮班 3 天、6 人轮班的制度进行核算，第一户在完成轮班任务之后需要 15 天才会再次工作，按照 2018 年内蒙古四类区非全日制工作每小时最低工资标准为 15.5 元①、八小时工作制核算，轮班可节约的劳动成本折算市场价格为 1860 元。

规则 2B 占用和提供相一致在案例 6（C1）中这条原则并未体现，但案例 7（C2）建立起明确的成本分摊制度，保障资源使用者利用的资源与付出的资金成本成正比，这也是案例 7（C2）的集体行动得以持续的最关键的原因，如果合作的预期结果是成员实际拥有的资源差异越来越大或者不能保障利用资源的公平性，这样的集体行动很有可能无法持续，反之，集体行动则更容易持续。案例 7（C2）中保障公平的办法不是通过建立"统一销售、统一分配"的供销体制保障牧民收益的绝对公平，出售牲畜的数量和出售时机仍然由每位成员自主决定。案例 7（C2）中的牧民按照"资源占用与成本付出相一致"的原则核算每户牧民应付出的实际成本，建立起一套成本均摊机制——这种制度只保障资源利用的过程公平。两次成本均摊过程如下：首先，仍在放牧成员需要按照

---

① 内蒙古自治区人民政府网．内蒙古自治区人民政府办公厅关于调整自治区最低工资标准及非全日制工作小时最低工资标准的通知［EB/OL］．（2017－07－26）．http：//www.nmg.gov.cn/art/2017/7/26/art_2765_3442.html.

一定标准向外出务工成员支付草地"租金","租金"份额由放牧成员根据牲畜饲养规模均摊。其次,统一确定载畜标准后,放牧成员每家仍然自主确定牲畜饲养规模。每年在年中和年末对各家饲养的牲畜进行两次核算,饲养标准超出这一规定的牧户需要向饲养规模不足这一标准的牧户支付"补偿金",需要缴纳的补偿金由需要支付的一方按照超出牲畜的数量进行均摊。

以 2018 年 6 月 30 日的载畜情况为例,分析草地利用过程中的两次成本均摊过程。首先,在放牧的 7 户牧民需要向外出打工的 5 户牧民支付 10 元每亩的补贴,租金由 7 户成员按照牲畜数量[①]均摊;其次,仍然放牧的 7 户牧民中,按照 10 亩饲养一只羊的标准进行核算,超出这一标准的牧户需要向不足这一标准的牧户支付草地使用"补偿金",支付的金额按照超出规模的牲畜进行均摊。

第一次均摊放牧的 7 户成员需要向外出打工的 5 户成员支付使用草地的租金,按照目前协商的 10 元每亩每年的价格计算,7 户成员共需支付 63740 元,按照家中饲养牲畜的规模进行分摊后,牲畜最少的成员一年需支付租金约 1033 元,牲畜规模最大的成员一年需支付租金 15088 元。各成员实际应支付的草地租金如表 3 - 24 最后一列所示。

表 3 - 24　　　　　　　　　第二次成本均摊状况

项目	共用草地面积（亩）	牲畜规模（羊单位）	可享受补贴面积（亩）	应收补贴（元）	应付补贴（元）
成员 1	976	25	726	7260	—
成员 2	1850	300	- 1150	—	2889
成员 3	1300	150	- 200	—	502
成员 4	1422	365	- 2228	—	5597

① 牲畜规模统一折算为羊单位,其中 1 羊 = 1 羊单位,1 牛 = 5 羊单位,1 马 = 6 羊单位。

续表

项目	共用草地面积（亩）	牲畜规模（羊单位）	可享受补贴面积（亩）	应收补贴（元）	应付补贴（元）
成员 5	1300	350	−2200	—	5526
成员 6	1727	52	1207	12070	—
成员 7	1083	300	−1917	—	4816
合计	9658	1542	−5762	19330	19330

第二次均摊对于仍然放牧的 7 户成员，每年需根据家庭饲养牲畜规模进行第二次成本均摊。按照每 10 亩饲养 1 个羊单位的载畜标准计算，对饲养规模低于此标准的牧户予以补贴，饲养规模高出此标准的牧户按照超出标准的牲畜数量均摊。2018 年，饲养规模较小的两户牧民分别是成员 1 和成员 6，按照此方法计算，二人可分别获得补贴 7260 元、12070 元，合计 19330 元，这笔补贴由剩下 5 个牧户按照超出标准的牲畜数量均摊，经过核算，需支付补贴金额最少的为成员 3，仅需支付约502 元；需支付补贴金额最多的牧民为达来，需支付 5597 元。

两次成本均摊机制有效地建立起了"资源使用者付费制度"，一方面限制了案例 7（C2）中牧民过度增加牲畜的可能性，因为增加牲畜意味着更多的租金以及更多的补偿金，这种规则的约束之下，牧民不存在无限制增加牲畜的激励，进而对草地生态起到保护作用，限制了第二种"搭便车"的可能性。相比之下，案例 6（C1）在此方面没有规则约束，成员只是根据以往的惯例进行判断，认为参与行动的成员应当不存在过度增加牲畜的可能性。

规则 3 集体选择的安排在案例 6（C1）中，成员发起集体行动时没有制定更详细的操作规则，因此也不存在调整规则的规定；案例 7（C2）对于集体行动过程中采取的制度安排则存在调整的规定，以保证具体的操作规则有改变的空间和可能。每年 6 月 30 日和 12 月 30 日，案例 7（C2）

成员会以牲畜核算为目的召开两次集体会议，同时对于修整围栏、调整轮班周期等涉及合作规则的问题，也一并进行讨论。集体协商和少数服从多数是案例 7（C2）遵循的两条议事原则，集体协商保障的是群体的决策方式的统一性，而少数服从多数原则则是保障集体协商后能够得出一个统一的结果。共用草地开始至今经历过一次轮班时间的调整，由原来的一班轮 6 天调整为一班轮 3 天；以及几次草地租金的调整，由原来的每亩 4 元调整为现今的每亩 10 元。

规则 4A 监督使用者由于案例 6（C1）并不存在进一步分工或利用草地的安排，因此也不需要对牧民是否遵守规则进行讨论，牲畜饲养是否维持在一个合理的水平依赖的是成员间的相互信任和对声誉的重视。在案例 7（C2）中，需要监督使用者的地方有两处：成员是否参与轮流放牧以及牲畜数量核算是否准确。值得注意的是，即使没有监督者的角色，轮流放牧的做法本身就能让牧民实现相互监督，这种监督方式低成本而高效。事实上，案例 7（C2）存在监督者的角色，由浩特长担任。牲畜数量直接影响牧民需要支付的金额，因此牲畜数量的核算是否正确也会影响到合作的公平性。对此，案例 7（C2）采取的办法是两次核算，由浩特长统一核算一次，再由牧民自己核算一次，确保两次核算无误后再支付相应金额。同时，轮流放牧使得每位成员清楚其余成员的载畜情况，这也起到了额外的监督效果。

规则 4B 监督资源在案例 6（C1）和案例 7（C2）中均不存在明确的规定。

规则 5 渐进制裁在案例 7（C2）中，浩特长具有制裁违规者的权力，这种权力得到了其余成员的一致认可。虽然成员极少出现违反规则的行为，但在前任浩特长的访谈里记录了他对不参加轮流放牧的成员强行收缴罚款的片段，这说明小团体内部的制裁仍然存在，虽然不是渐进式的，罚款的额度也并不高，但起到了制约的作用。

规则6 冲突解决机制这条原则在案例6（C1）和案例7（C2）中均无明显体现，主要是因为两个案例目前都未出现明显冲突。但案例6（C1）和案例7（C2）并未产生冲突的原因有所区别，前者可能是因为发起集体行动的时间较短，问题尚不明显；而后者则可能是因为存在良好的互惠规范代替了明确的冲突解决机制，互惠规范具体体现在租金价格和劳动分工两个方面。目前，放牧的牧民向外出务工的牧民支付的草地租金为每亩10元，这一价格低于当地市场价格（14~20元/亩），对此，5户牧民表示愿意接受，因为7户牧民承诺会比外人更注重草地的保护，同时还会主动负责这部分草地的围栏维修工作，这是一种均衡的互惠。同时，成员巴雅尔因为家庭牲畜数量少而不用参加轮班，得到了其余成员的默许。浩特长虽然主动承担核算牲畜数量的义务，但并没有因为这份职责而获得额外的报酬，成员间的互助和并不完全均等的义务分摊是一种普遍化的互惠。因此，笔者认为在长期存续的集体行动中，互惠规范一定程度上代替了冲突解决机制。

规则7 对组织权限的最低认可政府虽然要求将草地承包到户，但不强制要求每家单独围封草地，这一点为牧民开展共用草地的集体行动提供了制度环境。

规则8 嵌套式组织在案例6（C1）和案例7（C2）两个案例中均体现不明显。

总体来看，案例中体现出的设计原则如表3-25所示。将改进后的十一项设计原则与3.6.2中的两个典型的集体行动案例对比，从表3-25可以看出，案例6（C1）的制度设计中仅体现出其中三项原则，而案例7（C2）则体现出了其中八项原则。据此，笔者认为案例7（C2）的草地共用更有可能长期存续，因为其制度设计覆盖更全面，同时其制度设计的核心通过建立两次成本均摊机制，保障了合作的公平性。

表 3 - 25　　　　　　　　　制度设计原则与案例相符情况

设计原则	登吉宝力格浩特（C1）	阿德日嘎浩特（C2）
1A 资源使用者边界	是	是
1B 资源边界	是	是
2A 与当地条件保持一致	否	是
2B 占用和提供相一致	否	是
3. 集体选择的安排	否	否
4A 监督使用者	否	是
4B 监督资源	否	否
5. 渐进制裁	否	是
6. 冲突解决机制	否	是
7. 对组织权限的最低认可	是	否
8. 嵌套式组织	否	否

6.4　两类特殊的集体行动（C3 和 C4）

除了以上两类典型的集体行动外，牧区还存在两类较为特殊的集体行动，不完全符合 3.5.1 中对集体行动的定义，但实现了草地共用的结果且在牧区普遍存在，因此需要进行说明。这两类行动分别基于公共权力和基于亲缘关系产生。

案例 8（C3） 为锡林郭勒盟正蓝旗的阿拉泰嘎查。该嘎查的草地整体上分为夏营盘和冬营盘分开使用。1993 年，冬营盘以 230 亩/人的标准承包到每户牧民家中。但该嘎查的夏营盘一直由嘎查牧民共同使用，没有承包到户，也尚未进行单独围封，草地面积共 266220 亩，该嘎查立碑与多伦县为界，在嘎查整个夏营盘外部有围栏，由多伦县一方拉起。2016 年，为了进一步落实草原承包制，该嘎查夏营盘的草地以 190 亩/人的标准承包到每户牧民家。但事实上，牧民只知道夏营盘中名义上有多少亩地归自己承包，嘎查并不允许私自拉围栏的做法，夏营盘仍由牧民自由使用，因为没有围封，每到夏季，也会出现外地人将牲畜拉到本地放牧的行为。2018 年，为了促进当地的旅游开发，嘎查开始禁止牧民在夏营盘上放牧。但是对于旅游点究竟要如何开发、牧民能否从开发中获取收益、草地资源在开发过程中是否能够得到有效保护，并没有答案（见表 3 – 26）。

表 3 – 26　　　　　　　SES 框架下的案例 8 （C3） 概况

治理系统 （GS）	
GS1：政府机构	村集体统一规划利用，禁止拉围栏，今后拟进行旅游开发
GS4：产权系统	草地承包到户
GS5：操作规则	NE
GS8：监督和制裁程序	NE
行动者 （U）	
U1：资源使用者数量	140 户
U2：使用者的社会经济属性	牧民
U3：资源利用的历史	名义上承包到户，实际上共同利用草地，禁止细分
U4：资源使用者位置	邻近资源地
U5：领导力	依靠公权力领导
U6：社会规范/社会资本	不存在任何非正式制度
U7：对社会生态系统的认知	草地可以任意使用，牲畜规模无须限制，能者多得
U8：资源的重要性	对草地资源依赖性低，以发展第三产业为主

阿拉泰嘎查的案例 8 （C3） 是典型的基于公共权力的集体行动，这种集体行动属于奥斯特罗姆 （Ostrom，1998） 提出的存在外部行动者 （中心权威） 去强迫参与人达成一致从而解决集体行动困境的情况，属于一种非自愿的集体行动。类似地，罗兴佐 （2005） 将这种通过外部压力将分散的个体纳入一定的组织体系中而强制人们合作称为外生型合作。严格来讲，这类集体行动是强制力之下的集体行动，因此上一章总结出的四个关键变量并不发挥作用，但基于公共权力的集体行动在牧区

存在较多，同种类型的集体行动可参考贡布泽仁和李文军（2016）的研究中作为案例地的青海省贵南县查乃核村以及蔡虹和李文军（2016）作为案例地的四川省若尔盖县下热尔村。在案例 8（C3）中，基于公共权力对个体行动的强制安排，每户牧民虽然已经存在名义上的草地承包经营权，实际上却无法自主安排草地利用方式，不得不维持着集体共同利用草地的实际状态。由于这种集体行动并没有自愿协商的因素，因此能否长期存在也取决于行政安排而非集体行动的成效，而资源系统的效果则取决于是否制定合适的草地利用规则。在存在规则安排的类似行动中，草地资源治理往往能取得较好成效，如蔡虹、李文军（2016）的研究地点下热尔村，在保持草场使用权全村共有的基础上，实行了牲畜数量自主管理。规定每户每人最多养 15 头牛，并实行以没收牲畜、佛教宣誓为手段的严格监查制度，这种制度安排取得了较好的资源利用率。但是在不存在制度安排的类似行动中，比如本研究作为案例地点的阿拉泰嘎查，草地资源的使用混乱而低效。这首先是因为草地没有单独围封又缺乏监管，在以往可以自由利用时常常出现本嘎查牧民和外地人混用的情况，给草地生态造成巨大的压力。在嘎查行政命令"一刀切"决定开发旅游点后，因为禁止放牧，草地的生态有了暂时的保障，但嘎查居民利用草地的权利没有得到任何保障。

案例 9（C4） 发生在锡林郭勒盟白音高毕嘎查的道吉（化名）家。道吉是的普通牧民，今年 64 岁。1987 年当地就已经开始实行草地承包制，但是至今她仍在和大儿子、小儿子一起共同使用家族全体成员所承包到的 14000 亩草地。2001 年，该嘎查牧民普遍完成了草地单独围封，道吉也着手开始对自家的草地进行围封。此时，家中的大儿子和小儿子均已成家，并且家中已经有了第三代人，但道吉仍然坚持让整个家族成员共同利用草地，而不允许两个儿子单独进行草地围封。最后，该牧户仅在草地外围拉起铁丝网，实际上三个家庭的草地还是合在一起利用。

在草地利用方式的安排上，3000 亩草地留作打草地，剩下的 11000 亩草地用作放牧地（见表 3 – 27）。

表 3 – 27　　　　　　SES 框架下的案例 9（C4）概况

治理系统（GS）	
GS1：政府机构	负责落实生态补奖政策、GPS 精确划分每户草场
GS4：产权系统	草地承包到户
GS5：操作规则	NE
GS8：监督和制裁程序	NE
行动者（U）	
U1：资源使用者数量	3 户
U2：使用者的社会经济属性	牧民
U3：资源利用的历史	家族间从未划分草地
U4：资源使用者位置	邻近资源地
U5：领导力	依靠家族长辈领导
U6：社会规范/社会资本	社会网络紧密，信任水平高
U7：对社会生态系统的认知	过于细碎的划分不利于草地使用
U8：资源的重要性	高度依赖草地资源，放牧是主要收入来源

白音高毕嘎查的案例 9（C4）是属于基于亲缘关系的集体行动。在几种典型的集体行动模式中，基于亲缘关系的集体行动在内蒙古地区最为普遍。根据 FR2、FR3 随机走访抽取的 144 户样本显示，基于亲缘关系的集体行动有 13 户，占样本比例的 9%。在以往的游牧经验中，有血缘关系的几个家庭组成一个游牧单元进行移动放牧的情形十分普遍。"承包制以后，牧民移动的放牧逐渐变为定居，家庭间的合作迅速衰退"（王晓毅，2009），但是以几个核心家庭为成员进行的小规模集体行动在牧区仍然广泛存在，类似的放牧方式还出现在宁夏盐池（余露和

宜娟，2012）。这种基于亲缘关系的集体行动本身不需要合理的操作规则即可维持，成员间通常具有一致的草地利用观念，或者即使没有一致的草地利用观念，也要服从家族威望者的行动安排。与第三类集体行动一样，基于亲缘关系的集体行动也可视为一类特殊的集体行动。特殊之处首先体现在这类行动发起后，家族成员内部间往往具有强烈的互惠意识，不存在草地利用的明确规范，模式本身也很难复制；其次，这类集体行动往往规模较小，以2~5户为主，在经营规模上与规模更小的单家独户经营有时甚至很难区别开，生态效果和经济效果与单家独户模式的区别也并不明显。因此，对这种类型的集体行动也不进行深入探讨，只是作为行动种类的一种加以列举。

6.5 四类集体行动比较

对四种不同类型的集体行动进行简要对比总结发现：四种不同类型的集体行动在经营规模上存在差别，表3-28仅展示了3.6所选择的典型案例的具体情况。通常情况下，基于自然条件的集体行动和基于自愿协商的集体行动经营规模中等，行动成员通常是以浩特为基本单位、规模在10~20户。基于公共权力的集体行动经营规模较大，行动成员通常以嘎查（村）为基本单位，而基于亲缘关系的集体行动经营规模较小，行动成员是以家族为基本单位（见表3-28）。

表3-28　　　　　　　　四个集体行动案例简要对比

特征	案例6（C1）	案例7（C2）	案例8（C3）	案例9（C4）
草地经营规模	中等	中等	大	小
草地退化状况[①]	普通	较轻	严重	普通
行动规模（户）	17	12	140	3

续表

特征	案例6（C1）	案例7（C2）	案例8（C3）	案例9（C4）
强制性	无	无	有	无
维持集体行动的制度安排	存在	存在	无	无
制度产生方式	内生	内生	NA②	NA

注：①未能对草地植被情况进行客观测量，此处的草地退化状况采取的是受访者基于与周边草地比较后的主观评价。

②NA 表示不适用，下同。

前述所提炼出的关键变量在每类集体行动中的作用各不相同，在此做归纳比较。最普遍意义上的共用草地的集体行动能否成功发起受到草地利用观念、资源异质性、社会资本和群体边界四个变量的影响，但这些因素在特殊的集体行动中并不完全发挥作用，各变量的对应关系如表 3 - 29 所示。

表 3 - 29　　　　　　　　关键变量在四类集体行动中的作用

变量	基于自然条件的集体行动	基于自愿协商的集体行动	基于公共权力的集体行动	基于亲缘关系的集体行动
草地利用观念	一致	一致	NA	NA
资源异质性（数量）	弱	弱	NA	NA
资源异质性（类型）	强	弱	NA	NA
社会资本	高	高	NA	高
群体边界	清楚	清楚	清楚	清楚

其中，基于自然条件的集体行动更多受资源异质性的影响，而基于自愿协商的集体行动受到四个因素的综合影响，基于公共权力的集体行动，因为具有外部强制性，所以在任何关键变量缺失的情况下都可能产生，基于亲缘关系的集体行动则主要依靠特殊的亲缘关系联结。

6.6　小结

本部分从集体行动的视角分析牧户草地共用行为产生的条件，并在此基础上探讨实现长期合作经营的条件。研究发现：（1）影响草地共用这类集体行动发起的关键变量是草地利用观念、资源异质性、社会资本、群体边界；（2）在满足草地利用观念一致、资源（类型）异质性高、资源（数量）异质性低、社会资本高、群体规模小以及成员身份清晰这几项条件的情况下，共用草地的集体行动容易产生；（3）集体行动能否长期持续取决于是否存在合理的成本分摊机制以保障资源利用与付出成本相匹配，从而保障合作的公平性；（4）本研究中阿德日嘎浩特的案例表明，在草地产权明晰的背景下，市场交易手段与互惠规范并不相互排斥，二者能够通过一定方式进行结合、形成合理的草地利用规则，创新出适应草地生态系统的经营模式。

第 4 章

草地生态治理

本章所讨论的草地生态治理，指的是生态治理制度，包括正式的制度和非正式制度，以及制度的实施情况。本章不涉及对具体草地生态治理技术，如在牧草补播技术、灌溉技术和施肥技术等。换言之，讨论的不是作为技术的草地生态治理，而是作为制度的草地生态治理，目的在于探讨制度改进的可能性，即拟通过制度改进或创新来促进草地生态实现良性治理。

本章旨在回答以下几个研究问题：什么是草地生态治理？中国为什么要进行草地生态治理？目前为止中国出台了哪些主要的草地生态治理制度和政策规定？目前为止中国实施过哪些主要的草地生态治理工程项目？这些项目是如何开展的（实施者和监督者是谁）？这些项目的效果如何（基于政府的视角和基于牧户的认知）？生态治理项目实施中存在哪些主要问题？基于社区的草地生态治理为何可行？

1 理解草地生态治理

草地生态治理是国家治理的一个重要方面，是生态文明建设的重要内容。这一部分要回答两个问题：（1）什么是草地生态治理？（2）为什么要进行草地生态治理？不同的人对于草地生态治理，可能会有不同的理解：有的人可能会将草地生态治理理解为对"草地生态"进行"治理"，即草地生态遭到破坏了，需要治理，以便恢复作为草地生态系统服务功能的提供者。这里，草地生态治理的重心为"草地生态"；而有些人则可能会将草地生态治理理解为对"草地"进行"生态治理"。这里，草地生态治理的重心在于"生态治理"。尽管这两种理解的重心有所不同，但两者之间其实是有逻辑关联的：正是因为草地（的）生态遭到了破坏，因此草地才需要治理，而且需要的是生态（性）治理。我们先按照第二种理解讨论"生态治理"，之后，两种理解会交叉采用。

1.1　生态治理与草地生态治理

生态治理是由"生态"和"治理"复合而成的一个合成词。在传统的汉语文化中，"生态"被广泛用来指生物的生存状态，寓意健康的、美的以及和谐的事物。如南朝梁简文帝《筝赋》："丹荑成叶，翠阴如黛。佳人采掇，动容生态。"《东周列国志》第十七回："〔息妫〕目如秋水，脸似桃花，长短适中，举动生态，目中未见其二。"这里，生态意指显露美好的姿态。而唐杜甫《晓发公安》诗："隣鸡野哭如昨日，物色生态能几时。"明刘基《解语花·咏柳》词："依依旎旎、袅袅娟娟，生态真无比"中的生态，意指生动的意态。这里的生态指生物的生理特性和生活习性。

现代人们提到的"生态"（Eco－）一词源于古希腊字 oikos，原意指"住所"或"栖息地"。现在通常指一切生物的生存状态，以及生物之间和生物与环境之间的关系。现代对于生态的理解，需要视其为一门学科——生态学。生态学（oikologie）是勒特（Reiter）于 1865 年合并两个希腊字 logos（研究）和 oikos（房屋、住所）而构成的。德国生物学家海克尔（H·Haeckel）在 1866 年出版的《有机体普通形态学》中，首次把生态学定义为研究动物同与其赖生存的有机及无机环境相互关系的科学。日本东京帝国大学三好学于 1895 年把 ecology 一词译为"生态学"，后经武汉大学张挺教授介绍到我国。生态学的产生最早是从研究生物个体开始的，但随着生物及其环境之间相互作用的复杂化，生态学的研究对象也从生物个体拓展为包括有机复合体及形成环境的整个物理因子复合体的生态系统。进入 20 世纪，生态的概念渗透了各个领域，表现出了广泛的社会意涵。了解作为经济活动基础的生态成为理解当下社会与经济的关键。

如前所述，治理（governance）概念源自古典拉丁文或古希腊语"引领导航"（steering）一词，原意是控制、引导和操纵，指的是在特定范围内行使权威。它隐含着一个政治进程，即在众多不同利益共同发挥作用的领域建立一致或取得认同，以便实施某项计划。治理既可以理解为是一种手段、一种过程，也可以理解为是一种结果。作为手段、过程而言，治理于 1995 年被全球治理委员会定义为"或公或私的个人和机构经营管理相同事务的诸多方式的总和。它是使相互冲突或不同的利益得以调和并且采取联合行动的持续的过程。它包括有权迫使人们服从的正式机构和规章制度，以及种种非正式安排"。治理有四个特征：（1）治理是一个过程，而非一套规则或一种活动；（2）治理以调和而非支配为基础；（3）治理同时涉及公、私部门；（4）治理有赖于持续的相互作用，而不意味着一种正式制度。作为一种结果，治理表示某一事物得到了管理。

生态和治理复合而成为"生态治理"，最初源于 20 世纪 60 年代的西方，是因工业化和生态危机催生而来。在传统工业化发展阶段，人们逐渐意识到经济增长的极限问题——在人类的发展与环境的承载力之间有一个必须平衡的区间，在这个区间内，它既要考虑到人类最为基本的生存问题，同时也要照顾到子孙后代同样拥有享受地球资源的福祉，为此人们开始反思传统工业的发展模式，反对掠夺式利用资源，主张人与自然和谐相处。

"生态治理"（ecological management，ecological governance，eco-governance）被定义为"运用生态学原理对有害生物与资源进行的宏观调控和管理"（曹荣湘，2015）。据 2019 年 12 月 19 日人民网记者王奎庭报道，由中国林业生态发展促进会、中国生态经济学学会、中国社会科学院数量经济与技术经济研究所以及社会科学文献出版社联合发布的《生态治理蓝皮书：中国生态治理发展报告》（以下简称《蓝皮书》），梳理了改革开放以来我国生态治理取得的成效，指出草地生态治理依然存在问题，并对草原生态治理提出了相关的政策建议。这表明草地等资源的生态治理日益受到了社会各界的关注。

1.2　草地生态治理政策演进

沙尘暴的发作是草原生态治理的诱因。20 世纪 90 年代以来，内蒙古和北京等地频繁发生沙尘暴。如 20 世纪 50 年代沙尘暴在北京只出现了 5 次，到 20 世纪 90 年代，沙尘暴在北京出现的次数翻了四倍，达到 25 次（路冠军，2014）。而 2000 年春，内蒙古地区发生的一场沙尘暴，严重影响了华北并波及东南沿海（张雯，2013）。这一场场沙尘暴的出现，使得京津周边地区的沙源治理引起了决策层的高度关注，从而拉开了国家正式大规模对草原进行生态治理的序幕。同时，经济发展水平的提高、国际舆论的压力和申办"绿色奥运"的承诺也使环京津沙源治理成为可能。而过去几十年来草原产权制度和管理制度变迁对草地生态造成的影响则是草原生态治理背后的真正原因所在。草原生态治理是对以往刺激草地生产功能发挥为主、给草原环境带来负面影响的政策的一种纠正和制度补充。这一部分我们以内蒙古自治区为例，简要回顾中华人民共和国成立以来内蒙古草原牧区草地产权制度和管理制度变迁及其环境影响和作为应对这种负面环境影响的生态治理政策和措施的实施情况，从中可以看出草地生态治理政策的演进。

第一阶段：民主改革时期（1947—1954 年）。

民主改革时期，内蒙古牧区的草地为民族公有制，实际是集体所有制。1947 年，内蒙古自治区政府出台《内蒙古自治区政府施政纲领》，规定："保护蒙古民族土地所有权之完整，保护牧场，保护自治区域内其他民族之土地现有权利"。1948 年，乌兰夫在内蒙古干部工作会议上提出"牧场公有、放牧自由"，在盟旗范围内保留一定的游牧制度。这个时期实行了两项与草地畜牧业相关的政策和制度，即"三不、两利政策"和新"苏鲁克"制。① 这里以新巴尔虎右旗为例介绍政策的实施情况。以下信息多来自该旗的旗志。

"三不两利"政策。"三不"指"不分、不斗、不划阶级"，"两利"指"牧工、牧主两利"。这是 1948 年 9 月 3 日在新巴尔虎左旗甘珠尔庙召开的全盟那达慕大会上提出的。这一政策旨在恢复和发展畜牧业生产，保障"人畜两旺"。这是民主改革的中心任务，具体措施包括积极发展畜牧业生产经济（不排除牧主经济），实行"草牧场公有""放牧自由"，对贫困牧民生产给予扶助、发放贷款、采取轻税等项措施，加快发展畜牧业生产的各项事业。"三不两利"政策的提出拉开了牧区民主改革的序幕。

"三不两利"政策的核心是"三不"，"两利"要在"三不"的前提下实现。"三不两利"政策充分调动和发挥了生产者尤其是牧民的生

① 内蒙古自治区政协文史资料委员会 ."三不两利"与"稳宽长"：文献与史料［M］//内蒙古文史资料：第 56 辑 . 呼和浩特：内蒙古政协文史书店，2005：241－243.

234

产积极性，促进畜牧业生产的迅速恢复和发展，实现"人畜两旺"。1948 年，新巴尔虎右旗（简称新右旗）有牲畜 324892 头（只）。其中有 1~5 头（只）的 64 户、135 人；6~100 头（只）的 728 户、2436 人；100~500 头（只）的 327 户、1717 人；500~1000 头（只）的 102 户、539 人；1000 头（只）以上的 51 户、334 人；有 8 户 10 人为无畜户（人）。到 1955 年，全旗牲畜发展到 476209 头（只）。与此同时，贫困牧民的情况有所改善，中等牧民数量迅速增加，富裕牧民和牧主的经济也有相应发展。通过"三不"，基本上实现了"两利"（新巴尔虎右旗史志编纂委员会，2004）。

新"苏鲁克"制。新"苏鲁克"制度是在从清朝顺治四年（1647 年）开始实行的"苏鲁克"牧区租放牲畜的生产制度的基础上建立起的按比例分羔、分犊等对牧工、牧主都有利的新"苏鲁克"制。其中，雇主是牧主、富牧、上层喇嘛、商人和民族上层，而接放"苏鲁克"的是贫困牧户。新"苏鲁克"制帮牧主解决了劳力短缺、牧场紧张的问题，而牧工则解决了发展畜牧业所必需的母畜、役畜和种公畜等。新"苏鲁克"制极大地调动了牧工的生产积极性，使牧业生产得到迅速发展，全旗大小牲畜从 1948 年的 324892 头（只）发展到 1954 年的 492235 头（只）（新巴尔虎右旗史志编纂委员会，2004）。

新"苏鲁克"制在双方互利自愿的基础上，根据双方协商的分成比例和签约年限签订合同，牧工按照合同放牧牲畜，进行报酬分成。全旗普遍执行"三七"或"四六"分成，牧工要大头，牧主、富牧要小头。劳动牧民的生产积极性得以调动，收入增加，生活改善。如某贫困牧民从一个牧主那里接放苏鲁克马 30 匹、牛 60 头、羊 260 只，合同期为 3 年，报酬按三七分成。经过三年努力，扣除原来的牲畜，还剩 12 匹马、40 头牛、221 只羊，该牧民从此走上了独立生产的道路。这一制度使牧主也普遍增加了牲畜头数，生产有了发展。

第二阶段：社会主义改造时期（1953—1958 年）。

1953 年，牧区开始了对牧民和牧主的社会主义改造。对个体牧民经济实行互助合作改造，对牧主经济以办公私合营牧场、加入牧业生产合作社、办国营牧场的形式将私人所有逐步变为国家所有。

互助合作。1953 年 10 月，中共中央作出《关于发展农业生产合作社的决议》。根据中共呼盟委的部署，新巴尔虎右旗派出优秀青年牧民和旗政府牧业科长等到呼盟牧区典型互助合作组实地考察，学习先进经验。牧业科长等到宝格德乌拉西苏木贝尔巴嘎（嘎查），在自愿互利的原则下，旗政府派出有经验的专业人员帮助组织互助合作组。该组有 7 户贫困牧民，29 口人，其中劳动力 19 名（女劳动力 8 名），牲畜 178 头（只）。为解决人多、畜少的矛盾，互助合作组接"苏鲁克"羊 200 只、牛 20 头、马 30 匹，解决了互助组牲畜缺少的困难，增强了牧民群众走互助合作的信心。该互助组为全旗树立了典范，其他互助组相继成立。1953 年底，全旗成立了 43 个互助合作组，有 75% 的牧民参与了这一组织。这些互助组大体分为两种：一种是季节性的，另一种是常年性的。合作组使个体生产者有了依靠，接羔保育、抗灾保畜、防疫治病、改良品种等很多难以解决的问题得到了解决。1954 年，在互助组的基础上，中共中央号召成立合作社。各苏木将原来的互助合作组合并成立了 24 个初级合作社，牧民入社率达 95%。1955 年 10 月，根据上级指示，新右旗的 24 个初级合作社合并成 10 个高级合作社（新巴尔虎右旗史志编纂委员会，2004）。

公私合营牧场。1956 年，牧区开始对牲畜较多的牧主采取"和平赎买"政策，兴办公私合营牧场。随着民主改革和合作化运动的深入发展，本旗大多数中小牧主自愿加入合作社，成为自食其力的劳动者。在这种情况下，一些大牧主也开始主动靠近政府，要求同政府合办公私合营牧场。当年创办新右旗第一个公私合营牧场——克尔伦公私合营牧场。参加这一牧场的"巴音"（指富牧、牧主）有 4 户，占全旗"巴音"的 7.25%。1958 年 7 月，又相继成立 7 个公私合营牧场，有 28 户"巴音"参加，占全旗"巴音"的 58.3%（新巴尔虎右旗史志编纂委员会，2004）。通过兴办公私合营牧场，使牧主、富牧逐步走上了集体化道路。对牧主经济和牧民经济的改造相继于 1957 和 1958 年完成。

这个时期的土地使用权虽然划分到旗（县）、苏木（乡镇）和嘎查（村），但习惯上用作冬季转场的草原仍然可以跨县使用。草场使用权固定在苏木（乡镇）和嘎查（村）层面，实行划区轮牧。

第三阶段：人民公社时期（1958—1978 年）。

1958 年底，牧区基本在合作化的基础上实现了人民公社化（李毓堂，2008），81348 户蒙古族、鄂温克族牧民在原有的 2000 多个牧业合作社的基础上成立了 152 个牧区人民公社，约有 94% 的牧民加入其中。新巴尔虎右旗 1958 年人民公社化时，将 5 个苏木改为 5 个政社合一的人民公社，当年年底划为 7 个公社。人民公社实行两级所有、队为基础的原则。牧民通过牲畜作价入社，每个畜股支付 2% ~ 3% 的固定年利息。全旗共有牲畜 345746 头（只），入社牲畜占 95.2%；大队 19 个，入社大队占 63.2%。社员可以养"自留畜"，每个公社"自留畜"的比例不准超过牲畜总数的 5% ~ 7%。1959 年，该旗的自留畜占全旗牲畜的 3.9%，每户平均拥有自留畜 14 多头（只）。成立公社以来，新右旗畜群规模一般牛以 100 ~ 200 头、马以 200 ~ 500 匹、羊以 800 ~ 1500 只为一群，骆驼以生产队或公社为单位由专人管理，多数是散牧（新巴尔虎右旗史志编纂委员会，2004）。

虽然这一时期内蒙古草原的产权所有制规定为民族公有，但实际为全民所有。在 1960 年内蒙古自治区出台的《畜牧业八十条》中明确将牧区的产权界定为"全民所有"，这意味着国家用集体经济所有制取代了牧区民族公有制。这个时期，国家是土地的唯一掌控者，集体只是牧业生产单位。1960 年，呼伦贝尔地区按照《内蒙古自治区草原管理条例（草案）》的规定，实行"一切草原均为全民所有，可固定给国营企、事业单位和人民公社的生产队经营使用"。1963 年，在国务院民族事务委员会和农业部发布的《关于少数民族牧业工作和牧区人民公社若干政策的规定》中，草原为全民所有制。1965 年内蒙古自治区制定的《草原管理暂行条例》第三条规定："自治区境内所有草原为全民所有，由各旗人民委员会分配给国营企事业单位和人民公社的生产队经营使用"。土地产权制度从"民族所有制"变为"全民所有制"，为后来移民进入草原进行开垦提供了依据。

"大跃进"时期（1958—1960 年）。伴随对"牧区特殊论"的批判，草原遭到大面积开垦[①]。这一时期移入内蒙古牧区的净人口达 19.2 万，相当于新中国成立时期全部牧区人口的总和。1959 年下半年，国家为了解决"吃饭问题"，提出了"以粮为纲"的口号。为了贯彻中央的方针，内蒙古自治区制定鼓励开荒的政策："大片荒地归生产大队所有，小片闲荒地归生产队所有，宅旁院内和限额以内的零星荒地允许社员开垦，谁开垦收入归谁。"牧区不仅鼓励个人和公社开荒，还投资建立了一批牧区国营农场。据统计，内蒙古地区仅 1960 年就扩大了 1300 多万亩的播种面积。增加了 107 个国营农牧场，其耕地面积达到 500 多万亩。民族公有的草原和在盟旗内自由放牧的制度变成草原无主使用。1968 年组建的内蒙古生产建设兵团共有 82457 名知青参与，在"农业学大寨"和"以粮为纲"的口号下，1970 年 9 月，国务院在北京召开北方农业会议，与会的内蒙古负责人提出对草原"开荒"的政策，并提出"牧民不吃亏心粮、牧民不吃黑心粮"口号。众多建设兵团、部队、机关、学校、企业等单位侵占草场、开垦草原。牧区的牧民也被迫

---

① 突出无产阶级政治，批判"牧区特殊论"——新疆牧区学大寨运动蓬勃发展［N/OL］. 人民日报，1970 – 12 – 11［2020 – 08 – 30］. https：//new. zlck. com/rmrb/news/VZS5BUWW. html.

开垦牧场种植粮食作物。仅"文革"十年，内蒙古自治区至少开垦了1500 万亩草场，而从 1958 年至 1976 年的 18 年间，内蒙古共开垦草原3100 万亩（盖志毅，2008）。

第四阶段：经济改革时期（1978—2000 年）。

这一时期又可以细分成三个阶段："牧业生产责任制"阶段、"草畜双承包"阶段和"双权一制"阶段。

"牧业生产责任制"阶段（1978—1983 年）。1978 年，农区开始试点家庭联产承包责任制。1979 年之后，在农村大包干责任制的影响下，内蒙古牧区恢复"两定一奖"分配模式，推行了"队有户养，专业承包，以产计酬"等畜牧业生产责任制。1982 年 1 月 1 日，中共中央发布了《全国农村工作纪要》，对土地家庭承包责任制给予肯定。1982 年冬到 1983 年春，内蒙古某些牧区开展了"牲畜作价、比例分成"改革。之后，又实行"定额管理、比例分成"的新"苏鲁克"制度。以上各种责任制的实行，在很大程度上调动了牧民的生产积极性。但由于所有权和经营权分离，畜牧业发展仍然受到制约。

"草畜双承包"阶段（1984—1995 年）。1984 年，内蒙古自治区牧区工作会议提出建立以家庭经营为基础的"草场公有，承包经营，牲畜作价，户有户养"的草畜双承包制。1985 年国家颁布的《中华人民共和国草原法》规定，草原属于国家所有（即全民所有）和集体所有；全民所有的草原，可以固定给集体长期使用；全民所有的草原、集体所有的草原和集体长期固定使用的全民所有的草原，可以由集体或个人承包从事畜牧业生产。不过，全民所有制单位使用的国有草原，由县级以上地方人民政府登记造册，核发证书，确认使用权；而集体所有的草原和集体长期固定使用的国有草原，则由县级人民政府登记造册，核发证书，确认所有权或者使用权，确权的发证机关存在级别差。

以新巴尔虎右旗为例，从 1984 年开始，全旗全面推行"草畜双承包"制度，实行牲畜作价归户，草场有偿承包到户时，按劳动力、户数等实际情况，将集体牲畜及各种机具等固定资产全部作价卖给农户家庭经营。有些苏木开始实行的"无偿分畜"办法后改为"作价保本"责任制。各苏木牲畜作价标准不尽相同，一般犍牛 160～300 元、母牛 80～200 元、牛犊 20 元、母羊 12 元、骟马 300 元、骒马 200 元、骆驼（平均价）200～270 元。作价款偿还年限为 10 年。在牲畜作价归户的同时，全旗推行草牧场所有权和使用权固定工作。按照"以现有牲畜为基础，兼顾劳动力和人口，从实际出发不分优劣并留有余地"的原则，先易后难，先近后远，先打草场和放牧场，先到苏木（乡镇）、嘎查（村）界限和各户草场，先试点后推开的办法，开展草牧场固定。这次的草牧场固定涉及 11 个苏木（乡镇）、1 个镇、1 个国营牧场等 13 个单位 57 个嘎查（村），总面积 20466 平方千米。

全旗还对 432 户畜群点的草牧场进行了初步固定，其中永久性固定的有 94 户，季节性固定的有 338 户。到 1985 年，该旗已固定到户的草场面积为 2099 万亩，机动草场（抗灾和打草场）891 万亩；固定草场的牧业户达 1904 户，占全牧业户的 89.2%。

这一阶段总的特点是将"以集体经营为主"转变成了以"家庭经营"为基础的畜牧业经营形式。这一阶段先将牲畜和草牧场承包到了嘎查（村）或联户，再将所有的牲畜、棚圈、房屋等生产资料进一步承包到户，实行牲畜的私有私养和家庭经营。草原承包期限延长至 30 年，牧民对承包的草地享有使用和管理权，且需要履行保护和建设的责任。牧民可以转让承包的草地。

"双权一制"阶段（1996—2000 年）。1996 年，内蒙古自治区发布的《内蒙古自治区进一步落实完善双权一制的规定》规定，在 1997 年 6 月以前高质量地完成草原"双权一制"的确权工作，决定"将大部分草原承包责任制落实到最基层的生产单元，凡是能够划分承包到户的，特别是冬春营地、饲料基地和基本打草场等，一定要坚持到户"。1997年1月，自治区畜牧厅召开了全区会议落实草原"双权一制"改革，要求把所有能划分到户的草牧场划分到户，如果有不能划分到户的，也要尽量划小经营范围，以固定所有权和使用权。已经确权的草原集体所有权和草原使用权要求登记造册，并依法颁发《草原所有证》和《草原使用证》。可见，这次草地使用权划分到户的时间非常仓促，这为后来草地利用中牧业内部边界冲突的产生埋下了伏笔。

"双权一制"实施之后，使用权承包到户的草场可以进行流转。1999年内蒙古自治区人民政府颁布的《内蒙古自治区草原承包经营流转办法》规定：无论是国有草场还是集体所有的草场都可以流转，集体草场优先在集体内部流转，如果流转到集体之外，需经嘎查（村）村民委员会三分之二成员或嘎查（村）代表同意后，报请苏木（乡镇）审批；如果流转到自治区外，要由旗（县）以上人民政府批准。2002年，修订的《中华人民共和国草原法》规定，集体所有的草原或者依法确定给集体经济组织使用的国家所有的草原，可以由本集体经济组织内的家庭或者联户承包经营，也可以由本集体经济组织以外的单位或者个人承包经营。这就为社会资本涌入草原打开了一个口子，为草地畜牧业与农业、矿业以及企业争夺草地资源的冲突埋下隐患。

总的来看，在经济改革时期，牲畜和草原产权经历了由"牲畜承包到队—牲畜承包到户—草场承包到嘎查（浩特）—草场承包到户"的制度变迁。如第一篇中所讨论的，在牲畜私有私养、草地公有共用阶段，牲畜的大量增加使草地不堪重负，加之以往草原经受的多次开垦和气候的不利变化，草原生态退化问题日益凸显。

第五阶段：草原生态治理时期（2000年以后）。

中华人民共和国成立以来，中国颁布了一系列草原生态治理相关的政策文件，但其主要目的在于发挥草地的经济功能，保障牧业生产。如

1953 年中国颁布的第一个有关牧区工作的纲领性文件《关于内蒙古自治区以及绥远、青海、新疆等地若干牧区畜牧业生产的基本总结》提到了培育草场、禁止开荒；1954 年中共中央《关于过去几年党在少数民族中进行工作的经验总结》、1960 年颁布的《1956—1967 年全国农业发展纲要》、1963 年中共中央批转国家民族事务委员会党组的《关于少数民族牧业工作和牧区人民公社若干政策的规定》等均提出保护牧场、禁止开荒、有计划地进行牧区和草原基本建设等草原生态保护和治理的措施，但如前所述，随后人民公社时期重农轻牧和以农挤牧的政策，极大地破坏了草原生态环境。

1978 年改革以来，国家加强了对草原的保护和建设，如 1979 年，中共中央《关于加快农业发展若干问题的决定》规定垦荒不准破坏草原，并呼吁加强草原建设，改良草种，合理利用草场，对草场实行轮牧，但目的仍在于"提高载畜量"。1985 年施行的中国首部《草原法》和 1987 年国务院批转《全国牧区工作会议纪要》中，多处提到草原保护和草原生态建设，但总的指导思想仍是发展畜牧业。在牧区现有草地经营制度下，以发展牧业生产为主的草原生态建设效果甚微，至 2000年左右，中国 90% 以上的天然草原出现退化，且天然草原的面积每年减少 65 万 ~70 万公顷。

2000 年 7 月，农业部明确提出要抓好草原生态建设和退耕还林还草工作；同年 11 月，农业部在"加快西部地区农业发展的十大措施"中提到组织和实施天然草原保护工程。当年 11 月，国务院发布了《全国生态环境保护纲要》，要求各地区、各有关部门要根据《全国生态环境保护纲要》，制订本地区、本部门的生态环境保护规划，积极采取措施，加大生态环境保护工作力度，扭转生态环境恶化趋势。

农业部编制的《全国草原生态保护建设规划（2001—2010）》提出，草原的生态保护建设是全国生态建设和环境保护的重要组成部分。

草原作为绿色屏障，对维持生态平衡，保护人类生存环境，即国民经济与社会发展，发挥了重要作用，有利于国民经济社会发展的生态安全和资源安全。

2002 年 9 月，国务院发布了《国务院关于加强草原保护与建设的若干意见》。这是新中国成立以来首个专门针对草原出台的政策性文件。该意见指出了加强草原保护与建设的重要性和紧迫性，提出了草畜平衡和划区轮牧等草地保护制度、围栏和机井等草原基础设施建设、退化草原治理以及已垦草原退耕等方面的草地生态治理制度和措施，涵盖面广，权威性强，标志着中国草地进入生态治理时期。

1.3　小结

对各阶段草地制度变迁及其环境影响的分析表明，草地生态治理是随着人们对草地资源多功能性认识的逐步深化以及人与自然相处不断调适的结果。"大跃进"—"文化大革命"时期的草地开垦，以及"草畜双承包"—"双权一制"时期的草地从公有共用变为公有私用，草地流转，加上各种自然因素和人为因素的影响，草原生态环境日益遭到恶化。现有的制度安排已很难使草地退化得到有效遏制。根据制度变迁理论，当现存制度无法满足人们的需求，就会发生制度的变迁。恰逢此时，国家的经济发展到可以将富有的余力部分投资于生态环境治理，加上 2000 年 8 月，北京成为第 29 届奥运会的候选城市，2001 年 7 月成功申办 2008 年夏季奥运会，在 20 世纪 90 年代频繁经受沙尘暴袭击的情况下，北京许下承办绿色奥运的庄严承诺，意味着草地生态治理制度的应运而生。鉴于推动这一制度变迁主要力量的"第一行动集团"为国家及其各级政府，中国草地生态治理制度变迁也就是一种"自上而下"的强制性制度变迁。这些生态治理制度被认为是"危机—应对"式的自上而下的政府动员型环境政策（荀丽丽，包智明，2007）。

2 草地生态治理政策及工程

分布在生态环境脆弱的干旱半干旱和高寒高海拔地区的草原是我国主要的生态屏障和生态文明建设的主战场。保护草原生态，不仅是在保护 13 个省（区市）266 个牧区半牧区县（旗、市）农牧民的生计基础，对我国的生态文明建设也意义重大。本节要回答本章所提出的第三和第四个问题，即目前为止中国出台了哪些主要的草地生态治理政策，并实施过哪些主要的草地生态治理工程？

2.1 草原生态治理主要政策

虽然中华人民共和国成立以后，不时有与草原保护和建设相关的规定，且 1985 年，"为了保护、建设和合理利用草原，改善生态环境，维护生物多样性，发展现代畜牧业，促进经济和社会的可持续发展"，国家出台了《中华人民共和国草原法》，并于 2002 年修订，2009 年和 2013 年两度修正，但草原生态治理直到 2011 年《国务院关于促进牧区又好又快发展的若干意见》出台并在 1987 年首次召开全国牧区工作会议 24 年之后再度召开全国牧区工作会议之后，才真正得以重视。以下将分三个阶段：2002 年之前、2002 年至 2011 年、2011 年之后，分别基于中央和省区地方层面，梳理中国草地生态治理相关的政策规定和工程项目。

2.1.1 2002 年以前的草原保护政策

中国 2002 年之前的草地治理相关政策主要以草原保护和建设为主，

目的在于促进牧业发展，保障畜产品供应。这些政策多为国家层面发起，地方响应。本节按照历史年代，对 2002 年之前中国有关草地治理相关的主要政策进行大致梳理。根据李毓堂（1985），早在 1953 年由周恩来总理签署公布的中央人民政府政务院 188 次会议批准的"关于内蒙古自治区、绥远、青海、新疆等地若干牧区畜牧业生产的基本总结"中就要求保护培育草原，划分与合理使用牧场、草场。规定农牧交错地区以发展牧业为主，禁止开荒。1958 年国家颁布的"1956—1962 年全国农业发展纲要"规定牧区要保护草原，改良和培育牧草。1963 年中共中央"关于少数民族牧业工作和牧业区人民公社若干政策的规定"（简称"牧业四十条"）要求必须保护草原，防沙、治沙、防治鼠虫害，保护水源、兴修水利、培育改良草原和合理利用草原；有计划地进行牧业区和草原的基本建设。

从 20 世纪 60 年代中期起，草原上出现大量垦草种粮现象。至 20 世纪 80 年代初，全国牧区有 1 亿多亩草原被开垦，1/3 的草原面积遭到沙化。十一届三中全会以来，国家重申对草原的保护和建设。1978 年中共中央制定的"农村人民公社工作条例（试行草案）"规定，任何单位和个人不得无偿调用或占有公社、大队和生产队所有的草场。1979年中共中央"关于加快农业发展若干问题的决定"规定，垦荒不准破坏草原，要加强草原和农区草山草坡的建设，合理利用草场，实行轮牧。1982 年中央一号文件规定，牧区要保护和建设草原。1983 年中央一号文件要求将不宜耕种的土地还林还牧还渔。1984 年中共中央、国务院"关于深入扎实地开展绿化祖国运动的指示"要求严加制止破坏草原的行为，坚决打击破坏林草植被的犯罪分子，对现有草场要加强管理，更新改良，合理放牧，防止草原退化。与这些政策相对应，自十一届三中全会以来，国家在保护天然草原基础上，采取新建人工草场和改良草场，围栏封育，繁殖牧草种子等办法，开展草原建设，1983 年，全国人工新建改良牧草场 1900 多万亩，第一次超过了退化沙化速度，1984 年，新建人工草场和改良草场 2710 万亩（李毓堂，1985）。1985 年公布"中华人民共和国草原法"，与此同时，内蒙古、青海和新疆等主要草原牧区也制定了当地的"草原管理条例"或保护草原的法规。草地保护被提高到法律规定的高度。《草原法（1985）》在草原污染防治、草原开垦、草原中药材采挖以及鼠虫害防治等草地保护方面做了严格的法律规定，这对草原保护和生态建设起到了很好的作用。

1987 年的全国牧区工作会议反思了过去"垦草种粮"等对草原的不合理利用方式，并在 1985 年草原法对于草地保护和建设的基础上，强调"牧草是畜牧业的基础，必须加强管理，合理利用，保护和建设草原，发展草业，逐步做到草畜平衡发展"。"要保护草原，改变掠夺式放牧，逐步引导牧区从自然放牧向集约化方向发展，从单一经营向多种经营发展，从游牧半游牧向定居半定居发展"，要"保护草原，建设草原，发展草业，逐步做到以草定畜，增草增畜，平衡发展。要把草原建设纳入国土整治规划和国家农业基本建设规划中去，逐步增加投入，有计划地建设一批围栏草场和人工改良草场"，"严禁滥开垦、滥挖、滥占等破坏草原的行为，搞好草原防火，保护草原建设设施"，要加强"保护、改良草场技术，草场围栏技术，飞播种草配套技术；牧草育种、草籽繁殖和建立人工草场技术"。

2001 年，国务院办公厅转发了农业部《关于加快畜牧业发展的意见》。《意见》提出要合理使用草地资源和强化草原建设。具体措施包括：在草原牧区推行以草定畜，划区轮牧；在半农半牧区实行草田轮作，舍饲圈养；推广人工种草、飞播种草、围栏封育和改良草场；建立基本草地保护制度，严格控制草地的非牧业使用；坚决禁垦牧区草原，制止采集发菜、滥挖甘草等固沙植物；加大草原鼠虫害综合防治力度；建立草地类自然保护区，保持草地生态多样性；做好退耕还草和天然草原保护工作。

2002 年以前，尽管不时有关于草原保护与建设的政策出台，草原保护和建设的途径在 2000 年之前以人工种草和围栏建设为主。如在《草原法》颁布之后的 1986 年，全国人工种草累计面积达 8000 万亩，草场围栏面积达 6000 万亩。人工种草属于草原建设，旨在减轻天然草场的放牧压力；而草场围栏则主要是为了使已退化草场得以休养生息免于进一步退化，从而得到保护，恢复其原有的生产力。2001 年的《关于加快畜牧业发展的意见》从更多方面提出了对草地合理利用和保护的措施。但总体而言，2002 年以前的草原保护与建设政策基本上以牧业生产为主导，旨在促进畜牧业的发展。因此，这一阶段的草原保护政策从严格意义上来说，不能称为草原生态治理政策。在以生态治理为中心的政策中，放牧应作为草地生态治理的一种手段。

2.1.2　2002—2011 年的草原生态治理政策

这一阶段的草原生态治理政策大致可以分为总领性政策与具体性政策。这一节按照中央层面和地方层面来分别简要梳理这些政策中与草地生态治理有关的规定。中央层面的有关政策详见表 4 - 1。

表 4 - 1　　2002—2011 年中央层面关于草原生态保护的主要法律政策

类型	法律、政策名称
总领性法律政策	《中华人民共和国草原法》（1985 年颁布，2002 年修订）
	《国务院关于加强草原保护与建设的若干意见》（2002）
	《中华人民共和国畜牧法》（2005）
	《关于促进畜牧业健康发展的意见》（2007）
	《中华人民共和国草原法》（1985 年颁布，2009 年修正）
具体性法律政策	《关于进一步做好退牧还草工程实施工作的通知》（2003）
	《草畜平衡管理办法》（2005）

资料来源：中华人民共和国中央人民政府官网、中华人民共和国农业农村部官网。

2002 年，全国人民代表大会常务委员会颁布了《中华人民共和国草原法》（修订）。《草原法》是所有草原生态保护政策的纲领性文件，是全部草原生态保护政策制定的根基。《草原法》在第一章总则中明确指出草原法制定的目的是"为了保护、建设和合理利用草原，改善生态环境，维护生物多样性……促进经济和社会的可持续发展"，并强调"各级人民政府应当加强对草原保护、建设和利用的管理，将草原的保护、建设和利用纳入国民经济和社会发展计划"。可知，国家将草原生态保护放在首要位置，提倡在保护草原生态的基础上促进社会与经济的发展。在草原生态保护的执行方面，《草原法》的第五、第六、第八章皆有相关内容。

同年，国务院颁布了《关于加强草原保护与建设的意见》。《意见》是在《草原法》的引导下对草原保护与建设的贯彻落实，其政策目的是"为尽快改善草原生态环境，促进草原生态良性循环，维护国家生态安全，实现经济社会和生态环境的协调发展"。该政策明确提出应"充分认识加强草原保护与建设的重要性和紧迫性"，建议从三个方面建立和完善草原保护制度：（1）建立基本草地保护制度，即将人工草地、改良草地、重要放牧场、割草地及草地自然保护区等具有特殊生态作用的草地划定为基本草地，对其实行严格保护；（2）实行草畜平衡制度；（3）推行划区轮牧、休牧和禁牧制度。《意见》还从加强以围栏和牧区水利为重点的草原基础设施建设、加快退化草原治理和提高防灾减灾能力方面稳定和提高草原生产能力，提出对已垦草原实施退耕还草，并从增加草原保护与建设投入以及强化草原监督管理和监测预警等方面来促进草地的生态治理。

这些法律政策的颁布和实施标志着中国真正意义上草原生态治理的开始。

2005 年，全国人民代表大会常务委员会颁发了《中华人民共和国畜牧法》，国家支持草原牧区开展草原围栏、草原水利、草原改良、饲草饲料基地等草原基本建设。优化畜群结构，改良牲畜品种，发展舍饲圈养、划区轮牧，逐步实现畜草平衡，改善草原生态环境。2007 年，国务院颁发了《关于促进畜牧业健康发展的意见》，要求全面推行草畜平衡，实施天然草原禁牧休牧轮牧制度，保护天然草场，建设饲草基地，推广舍饲、半舍饲饲养技术，增强草原畜牧业的发展能力。

以《草原法》和《国务院关于加强草原保护与建设的若干意见》这些总领性法律政策为基础，这一阶段关于草原生态治理的具体政策主要包括《关于进一步做好退牧还草工程实施工作的通知》和《草畜平衡管理办法》。《通知》由农业部于 2003 年颁发，旨在进一步做好退牧还草工程实施工作，加快我国草原生态环境的保护和建设。《通知》指出实施退牧还草是加强草原生态保护和建设的战略举措，可以遏制草原生态环境恶化的势头，改善草原生态环境，有助于维护国家生态安全。《通知》阐明了项目实施的具体办法，以及落实草原家庭承包制与实施退牧还草工程的关系。

为了保护、建设和合理利用草原，维护和改善生态环境，促进畜牧业可持续发展，农业部根据《中华人民共和国草原法》制定并于 2005 年发布了《草畜平衡管理办法》。《办法》指出为保持草原生态系统良性循环，在一定时间内，草原使用者或承包经营者通过草原和其他途径获取的可利用饲草饲料总量与其饲养的牲畜所需的饲草饲料量需保持动态平衡。为了实施草畜平衡制度，牧业生产者必须按照县级以上人民政府草原行政主管部门制定的草原载畜量标准或者核定草原载畜量进行牲畜饲养，"以草定畜，增草增畜"。

参照国家层面的草原法律政策，作为我国天然草原主要分布区的各省区也相应发布了草原管理条例（见表 4－2）。但新疆维吾尔自治区于 1989 年发布了该区《草原法》实施细则，之后在 2002—2011 年未见有草地生态治理相关的政策规定发布。

表 4-2　　　2002—2011 年省级层面关于草原生态保护的主要法律政策

省（区市）	政策名称
内蒙古	《内蒙古自治区草原管理条例》（2004） 《内蒙古自治区草原管理条例实施细则》（1998 年通过，2006 年修订）
青海	青海省人民政府贯彻《国务院关于加强草原保护与建设的若干意见》的意见（2002）
四川	《四川省〈中华人民共和国草原法〉实施办法》（2005）
西藏	《西藏自治区实施〈中华人民共和国草原法〉办法》（2006）
甘肃	《甘肃省草原条例》（2006）
宁夏	《宁夏回族自治区草原管理条例》（2006）

资料来源：各省农牧厅官网。

2.1.3　2011 年之后的草原生态治理政策

草原是中国面积最大的陆地生态系统。占国土面积的 40% 以上、包括 13 个省（区市）的 268 个牧区半牧区县（旗、市）生态地位十分重要，是主要江河的发源地和水源涵养区。经过近十年的草原保护与建设，牧区草原退化的趋势得到了一定程度的减缓，但由于自然、地理、历史等各方面的原因，牧区发展仍然是经济社会发展的薄弱环节。促进牧区又好又快发展，对维护民族团结和边疆稳定，保障国家生态安全十分重要。在这种情况下，国务院于 2011 年发布了《关于促进牧区又好又快发展的若干意见》。这是对草原生态保护的进一步深化。该政策明确指出牧区发展的基本方针是"生产生态有机结合、生态优先"，并指出牧区的发展目标是"到 2015 年……草原生态持续恶化势头得到遏制……""到 2020 年……全面实现草畜平衡"。虽然草原生态保护在前述政策法律中就已占据重要地位，但《意见》首次明确提出草原以生态功能为重、草原发展以生态保护优先（高鸿宾，2012）。之后，《草原生态保护补助奖励政策实施指导意见》《国务院办公厅关于健全生态保护补偿机制的意见》《新一轮草原生态保护补助奖励政策实施指导意见》相继出台。

草畜平衡自《草原法》起就是总领性草原生态保护法律政策持续强调的重要原则。《草畜平衡管理办法》在《草原法》的基础上，明确了草畜平衡的概念、执行单位以及实施措施等内容。生态补奖政策的实施是对草原生态保护的进一步推进。《草原生态保护补助奖励政策实施指导意见》指出，草原生态补奖政策旨在通过禁牧休牧轮牧和草畜平衡促进草原生态保护，在保障牧民减畜不减收的情况下，调动牧民保护草原的积极性。

2013 年修正的《草原法》"禁止机动车辆离开道路在草原上行驶，破坏草原植被"，对未按规定行驶造成的草原植被破坏，应限期恢复植被并处以罚款。在上述法律政策制定并执行后，我国草原以生态保护为主、实行草畜平衡制度的格局基本奠定。此后，分别于 2015 年和 2016 年发布的《关于加快推进生态文明建设的意见》和《国务院关于印发"十三五"生态环境保护规划的通知》进一步强化了这一格局（见表 4-3）。

表 4-3 2011 年以来中央层面关于草原生态保护的主要法律政策

类型	法律政策名称
总领性 法律政策	《国务院关于促进牧区又好又快发展的若干意见》（2011 年）
	《中华人民共和国草原法》（1985 年颁布，2013 年第二次修正）
	《关于加快推进生态文明建设的意见》（2015）
	《国务院关于印发"十三五"生态环境保护规划的通知》（2016 年）
具体性 法律政策	《草原生态保护补助奖励政策实施指导意见》（2011）
	《关于完善退牧还草政策的意见》（2011）
	《新一轮草原生态保护补助奖励政策实施指导意见》（2016 年）
	《国务院办公厅关于健全生态保护补偿机制的意见》（2016 年）
	《全国草原保护建设利用"十三五"规划》（2016）

资料来源：中华人民共和国中央人民政府官网、中华人民共和国农业农村部官网。

为了落实《国务院关于促进牧区又好又快发展的若干意见》中关

于加强草原生态保护建设，提高可持续发展能力的意见，特别是其中的第九条"建立草原生态保护补助奖励机制"，国务院决定从 2011 年起，在内蒙古、新疆、西藏、青海、四川、甘肃、宁夏和云南 8 个主要草原牧区省（区市）及新疆生产建设兵团，全面建立草原生态保护补助奖励机制。为切实贯彻落实这一工作，农业部、财政部共同制定并联合发布了《2011 年草原生态保护补助奖励机制政策实施指导意见》。《意见》要求"权责到省，分级落实""公开透明，补奖到户"。政策内容主要包括"对生存环境非常恶劣、退化严重、不宜放牧以及位于大江大河水源涵养区的草原实行禁牧封育""对禁牧区域以外的可利用草原根据草原载畜能力核定合理的载畜量，实施草畜平衡管理"，实行畜牧品种改良、牧草良种补贴和牧民生产资料综合补贴，并由中央财政每年安排绩效考核奖励资金，对工作突出、成效显著的省份给予资金奖励，由地方政府统筹用于草原生态保护工作。实践中，奖补分为草畜平衡奖励、禁牧补助以及绩效评价奖励。

在落实草原生态补奖的同时，2011 年，国家发展改革委、农业部、财政部针对退牧还草工程 2003 年实施以来出现的一些新情况、新问题联合发布了《关于完善退牧还草政策的意见》。该意见强调今后重点安排划区轮牧和季节性休牧围栏建设，配套建设舍饲棚圈和人工饲草地，继续安排退牧还草，并要求完善补助政策，适当提高中央投资补助比例和标准。

草原生态补奖政策出台后，2016 年农业部办公厅和财政部办公厅关于印发了《新一轮草原生态保护补助奖励政策实施指导意见 (2016—2020 年)》，标志着第二轮草原生态保护补助奖励政策开始实施。与第一轮不同的是，第二轮生态补奖将禁牧补贴标准由原来的 6 元/亩·年提高至 7.5 元/亩·年，将草畜平衡标准由 1.5 元/亩·年提高至 2.5 元/亩·年。此外，强调"加大对草原禁牧休牧轮牧、草畜平衡制度落实情况的监督检查力度"。

为了进一步健全生态补奖机制，加快推进生态文明建设，国务院办公厅于 2016 年发布了《关于健全生态保护补偿机制的意见》。《意见》提出"探索建立多元化生态保护补偿机制，逐步扩大补偿范围，合理提高补偿标准，有效调动全社会参与生态环境保护的积极性，促进生态文明建设迈上新台阶""完善重点生态区域补偿机制，划定并严守生态保护红线，研究制定相关生态保护补偿政策"。

2016 年底，为切实做好"十三五"时期的草原保护，加快改善草原生态，推进草牧业发展，农业部组织制定了《全国草原保护建设利用"十三五"规划》，敦促各地结合实际，认真推行草原禁牧和草畜平衡制度。

紧随中央的草地生态保护政策，天然草原分布较为集中的省份，如内蒙古、新疆、西藏、青海、四川、甘肃、宁夏和云南，也各自发布了具体的实施办法或方案（见表 4 - 4）。可见，2011 年以来，各省份的行动较前一阶段更为积极。

表 4 - 4　　　2011 年以来省级层面关于草原生态保护的法律政策

省份	政策名称
内蒙古	《内蒙古草原生态保护补助奖励机制实施方案》（2011） 《内蒙古自治区禁牧和草畜平衡监督管理办法》（2011） 《内蒙古自治区基本草原划定工作实施方案》（2014） 《内蒙古自治区草原生态保护补助奖励政策实施指导意见（2016—2020 年）》（2016）
青海	《青海省关于探索建立三江源生态补偿机制的若干意见》（2011） 《青海省草原生态保护补助奖励机制政策实施意见（试行）》（2011） 《青海省天然草原禁牧和草畜平衡管理暂行办法》（2012） 《青海省人民政府贯彻落实国务院关于促进牧区又好又快发展的若干意见的实施意见》（2011） 《新一轮草原生态保护补助奖励政策实施方案（2016—2020 年）》（2016）

省份	政策名称
四川	《四川省青藏高原区域生态建设与环境保护规划（2011—2030 年）》（2011） 《四川省 2011 年草原生态保护补助奖励机制政策实施意见》（2011） 《四川省草原载畜量及草畜平衡计算方法（试行）》（2011） 《四川省人民政府关于四川省新一轮草原生态保护补助奖励政策实施方案（2016—2020 年）的批复》（2016）
新疆	《新疆维吾尔自治区实施〈中华人民共和国草原法〉办法》（2011） 《新疆维吾尔自治区草原生态保护补助奖励机制指导意见》（2011） 《自治区实施新一轮草原生态保护补助奖励政策指导意见（2016—2020 年）》（2016） 《新疆维吾尔自治区新一轮草原生态保护补助奖励政策实施方案（2016 年）》
西藏	《西藏自治区人民政府办公厅关于健全生态保护补偿机制的实施意见》（2011） 《西藏自治区建立草原生态保护补助奖励机制 2011 年度实施方案》（2011） 《西藏自治区生态环境保护监督管理办法》（2013） 《西藏自治区建立草原生态保护补助奖励政策实施方案（2016—2020 年）》（2016）
甘肃	《甘肃省贯彻草原生态保护补助奖励政策全面推进草原保护建设实施意见》（2011） 《甘肃省草原禁牧办法》（2012） 《甘肃省贯彻新一轮草原生态保护补助奖励政策实施意见（2016—2020 年）》（2016）
云南	《云南省草畜平衡管理》（2011） 《云南省建立草原生态保护补助奖励机制工作方案》（2011） 《云南省草原禁牧管理办法》（2014） 《云南省新一轮草原生态保护补奖政策实施指导意见（2016—2020 年）》（2016）
宁夏	《关于建立和落实草原生态保护补助奖励机制的实施方案》（2011） 《宁夏回族自治区禁牧封育条例》（2011） 《宁夏回族自治区新一轮草原生态保护补助奖励政策实施指导意见（2016—2020 年）》（2016）

资料来源：各省份农牧厅官网。

  8 个省份在草原生态保护方面的政策不尽相同，但有相似之处：（1）2011 年中央出台《草原生态保护补助奖励政策实施指导意见》后，各省都相应制定并实施了相关的草原保护政策与补助奖励政策。各省政策皆规定草畜平衡、禁牧休牧轮牧政策的实施方式及相应的补偿方式，但具体的实施方式和补偿方式存在一定差别；（2）2015 年中央出台《新一轮草原生态保护补助奖励政策实施指导意见》后，各省份也都据此制定并实施了新的生态补奖政策，并在《新指导意见》的基础上对原政策进行了调整。梳理有关法律政策发现，生态补奖是 8 个主要草原省（区市）近年来实行的主要草原保护政策，即通过补助或奖励调动参与者的积极性，以草畜平衡、禁牧、休牧、轮牧的方式促进草原生态保护与恢复。

2.2　主要草原生态保护建设工程

草原生态保护工程是中国草地生态治理的重要途径。自 2000 年以来，中国实施的草地生态治理工程主要包括退耕还林还草（1999—2013 年）、京津风沙源治理工程（2002—2010 年）、天然草地恢复与建设项目（2002—2003 年）、退牧还草（2003—2008 年）、草原生态保护补助奖励（2011—2015 年）、京津风沙源治理二期工程（2013—2022 年）、新一轮退耕还林还草（2014 年以后）、新一轮退牧还草（2014 年以后）以及新一轮草原生态保护补助奖励（2016—2020 年）。本节按照项目实施的时间顺序，主要介绍环京津风沙源治理、退牧还草和草原生态补奖项目的大致情况。

2.2.1　环京津风沙源治理工程

京津风沙源治理工程是为固土防沙，减少京津沙尘天气而出台的一项针对京津周边地区土地沙化的治理措施。这一工程的本意不在于草地生态治理，而在于京津风沙危害的减轻。不过，这两者殊途同归，减轻京津地区的风沙危害的前提是治理好作为其风沙源的周边退化草原。工程就是在京津乃至华北地区多次遭受高强度风沙危害的情况下启动的。

项目实施前的一些年份，特别是 2000 年春季，北方地区发生了 50 年来罕见的连续 12 次沙尘天气，多次影响到首都。"防沙止漠刻不容缓，生态屏障势在必建"。2002 年，京津风沙源治理工程得以实施。

工程区西起内蒙古的达茂旗，东至内蒙古的阿鲁科尔沁旗，南起山西的代县，北至内蒙古的东乌珠穆沁旗，涉及北京、天津、河北、山西及内蒙古等五省（自治区、直辖市）的 75 个县（旗）。工程区总面积 45.8 万平方千米，其中沙化面积占 22.1%。一期工程包括北部干旱草原沙化治理区、浑善达克沙地治理区、农牧交错地带沙化土地治理区和燕山丘陵山地水源保护区四个治理区，治理总任务为 22 亿亩，初步匡算投资 558 亿元。工程措施以林草植被建设为主，其中林业措施涉及退耕还林 3944 万亩，营造林 7416 万亩；草地治理措施包括人工种草 2224 万亩，飞播牧草 428 万亩，围栏封育 4190 万亩，基本草场建设 515 万亩，草种基地 59 万亩，禁牧 8527 万亩。

2016 年《全国草原保护建设利用"十三五"规划》提出，继续在北京、河北、山西、内蒙古、陕西等 5 省（自治区、直辖市）实施京津风沙源治理工程。实施人工饲草基地和围栏封育等草原建设。此外，在河北、山西、内蒙古、甘肃、宁夏和新疆等六省（自治区、直辖市）实施农牧交错带已垦草原治理工程，并继续推动草原自然保护区建设。计划治理已垦草原 1750 万亩。同时，推动新建 50 个草原自然保护区和续建 5 个草原自然保护区，重点保护一批草原生物多样性丰富区域、典型生态系统分布区域和我国特有的、珍稀濒危的、开发价值高的草原野生物种。

2.2.2 "退牧还草"工程

"退牧还草"工程是指在退化的草原上通过围栏建设、补播改良以及禁牧、休牧、划区轮牧等措施，使天然草场得到休养生息，达到草畜平衡，改善草原生态，提高草原生产力，实现草原资源的永续利用，建立起与畜牧业可持续发展相适应的草原生态系统，促进草原生态与畜牧业协调发展而实施的一项草原基本建设工程项目。工程的核心内容和手段主要是禁牧、休牧和划区轮牧。

"退牧还草"工程的实施是 2002—2011 年中国草原生态治理政策的具体体现。这一工程项目是在草原生态严重退化，影响到国家经济发展的大背景下启动的。在此项目实施前的 2001 年，多个部委就针对草原退化问题赴新疆、内蒙古等主要草原地区调研，探讨草地退化情况下的畜牧业发展，并认为"退牧还草"是一种成本较低的解决超载过牧，改善和恢复草原生态的方法。2002 年，时任国务院总理的朱镕基提出尽快启动"退牧还草"工程，"通过休牧育草、划区轮牧、封山禁牧、舍饲圈养等措施，把草原建成我国北方一道天然屏障"。经过多方的筹备，2003 年起，国家在内蒙古、新疆、青海、甘肃、四川、西藏、宁夏、云南 8 省（区市）和新疆生产建设兵团启动了退牧还草工程。

截至 2010 年，中央对退牧还草工程累计投入基本建设投资 136 亿元，建设草原围栏 7.78 亿亩，同时对项目区实施围栏封育的牧民给予饲料粮补贴。工程惠及 174 个县（旗、团场）、90 多万农牧户、450 多万名农牧民。2011 年 8 月 22 日，国家发展和改革委员会、财政部、农业部印发《关于完善退牧还草政策的意见》的通知，这是继国家实施草原生态保护补助奖励机制后，进一步完善退牧还草政策的重要举措。这一意见中，与草地生态治理相关的主要内容包括：（1）合理布局草原围栏，按照围栏建设任务的 30% 安排重度退化草原补播改良任务；（2）按照每户 80 平方米的标准，配套实施舍饲棚圈建设；（3）将围栏建设中央投资补助比例由 70% 提高到 80%。青藏高原地区围栏建设每亩中央投资补助由 17.5 元提高到 20 元，其他地区由 14 元提高到 16 元。补播草种费每亩中央投资补助由 10 元提高到 20 元。人工饲草地建设每亩中央投资补助 160 元，舍饲棚圈建设每户中央投资补助 3000 元。

2016 年，农业部在《全国草原保护建设利用"十三五"规划》中提出，在内蒙古、西藏、青海等 13 省（区市）及新疆生产建设兵团继续实施退牧还草工程。工程根据各地草地退化的类型及程度，采取针对性的措施，包括围栏、改良退化草原、建设人工饲草地、建设舍饲棚圈、治理黑土滩和狼毒等毒害草。同时，工程配套推进禁牧休牧划区轮牧和草畜平衡制度。退牧还草工程体现了 2002—2011 年草原生态治理政策相对于 2002 年之前政策的转变，即从单纯地强调牧业生产变为促进草原生态和畜牧业的协调发展。

2.2.3 草原生态补奖

草原生态补奖的全称为草原生态保护补助奖励政策。这是国家于 2011 年起在内蒙古、新疆、西藏、青海、四川、甘肃、宁夏和云南等 8 个主要草原牧区省区和新疆生产建设兵团实施的以"保护草原生态，保障牛羊肉等特色畜产品供给，促进牧民增收"（简称"两保一促"）为政策目标的草原保护补助奖励机制。2012 年，该政策的实施范围扩大到河北、陕西、黑龙江（含农垦）、吉林和辽宁五个非主要牧区省份的 36 个牧区半牧区县，覆盖全国 268 个牧区半牧区县。

不同于过去以牧业生产为主的草原生态保护项目，生态补奖是一项"生产与生态相结合、生态优先"发展的草原生态治理机制。这一政策的出台背景是在我国主要草原牧区牲畜普遍超载、草地退化严重以及牧民生计困难的情况下，在经过对内蒙古和西藏等主要牧区草原进行多次调研和座谈、反思了过去实施项目的不足、且于 2009 年和 2010 年在西藏率先开展了试点工作的基础上推行的。

根据时任全国人大农业与农村委员会原主任委员的王云龙回忆，当时全国牧区超载过牧、非法开垦、不当开发现象普遍，草原沙化、盐渍化和退化等"三化"问题严重，以至于形成了"人口增长—牲畜扩增—草原退化—效益低下—牧民增收难"的恶性循环。全国主要牧区

90% 的可利用草原出现退化，其中中度以上退化的草原面积达 23 亿亩。其中，内蒙古草原"三化"（沙化、盐渍化和退化）面积达 7.02 亿亩，占其总面积的 62%；新疆 85% 的天然草场出现退化和沙化，产草率下降 30%～50%，草原超载率超过 60%，局部地区达到 100% 以上；而西藏退化草地面积达 6.5 亿亩，占草原总面积的 50% 以上，以那曲地区为主的藏北草原退化更为严重。

草原生态补奖政策的将以往以"单一补偿性补贴"为主，改为以"补偿性与奖励性补贴并存"。其内容主要包括禁牧补助、草畜平衡奖励、牧草良种补贴、牧民生产资料综合补贴和绩效考核奖励五个方面。其中，禁牧补助是对生存环境非常恶劣、退化严重、不宜放牧以及位于大江大河水源涵养区的草原实行禁牧封育，中央财政按照每年每亩 6 元的测算标准给予补助。草畜平衡奖励是对禁牧区域以外的可利用草原，根据草原载畜能力核定合理的载畜量，实施草畜平衡管理，中央财政对履行超载牲畜减畜计划的牧民按照每年每亩 1.5 元的测算标准给予奖励。牧草良种补贴是鼓励牧区有条件的地方开展人工种草，增强饲草补充供应能力，中央财政按照每年每亩 10 元的标准给予补贴。牧民生产资料综合补贴是中央财政按照每年每户 500 元的标准给予牧民补贴。绩效考核奖励是中央财政每年安排绩效考核奖励资金，对工作突出、成效显著的省区给予的资金奖励，由地方政府统筹用于草原生态保护和草原畜牧业发展。

2016 年《全国草原保护建设利用"十三五"规划》提出，继续在内蒙古、四川、云南、西藏、甘肃、青海、宁夏和新疆等主要草原省（区市）实施草原补奖政策。在内蒙古等 8 省（区市）实施禁牧补助、草畜平衡奖励和绩效评价奖励。扩大实施范围，构建和强化京津冀一体化发展的生态安全屏障。通过实施草原补奖政策，促进草原生态环境稳步恢复、牧区经济可持续发展、农牧民增收，为加快建设生态文明、全面建成小康社会、维护民族团结和边疆稳定作出积极贡献。2016 年，实施新一轮草原生态保护补助奖励政策，又进一步提高了标准、扩大了范围，每年的补奖资金达 187.6 亿元。中央财政将禁牧补助标准提高到 112.5 元/公顷·年，草畜平衡奖励提高到 37.5 元/公顷·年。

2.3 小结

自中华人民共和国成立以来，草地治理走过了从草原滥垦，到草原建设与保护，再到草原生态治理的历程。这一历程反映了人们对草地重要性认识的不断深化。在 2002 年前的阶段，草地默默地为牧区的经济做着贡献，却鲜有被当作主角被重点关注。这一阶段，人们注重的是建立在草地利用上的产业及其经济活动，或以这些产业和经济活动为生的人。如"牧主牧工两利""不分不斗不划分阶级"等牧区政策之下的草地利用；之后"牧区不吃亏心粮""牧区向农区过渡"等重农轻牧思想导致的草原滥垦（垦草种粮）；再到后来人们重新认识到牧业和牧区的重要性，因而开始关注草原的保护和建设。不过，这个阶段的草原建设与保护也基本是围绕牧业生产展开的，保护和建设草原是为了更好地发展畜牧业，提供更多的畜产品。而对于草地的生态功能重视不足。2002—2011 年阶段，草地的生态功能开始受到更多的关注。直到 2011 年之后的阶段，保护草地的生态功能才被作为重点被明确提出，标志着真正意义上草地生态治理的开始。与这些阶段出台的草地保护和生态治理相关的政策相配套，国家层面实施了退牧还草、环京津治沙工程以及生态补奖等生态治理工程项目。草地生态治理的历程，也伴随着草地产权制度的变迁过程。总体的趋势是：随着对草地生态治理的不断强化，草地的使用权主体越来越细化和私有化，同时，象征着权属明晰度的草原围栏越来越多、草地也越来越细碎化。明晰草地产权、将草地确权到户被认为是促进草地生态治理的一个重要保障，以责任到人。以往项目工程覆盖面窄、建设内容单一、补贴标准低，项目区和非项目区存在不公平等，而 2011 年之后的生态补奖政策则是普惠式、多目标的，且开创性地将草原生态保护摆在优先位置。在这样的情况下，草地生态治理项目具体是如何落实的？效果怎样？后文将对此进行探讨。

3　草地生态治理项目的实施及效果：退牧还草

自 2002 年以来，国家出台并实施了多个有关草地生态治理的政策和项目。这期间最重要的是退牧还草工程的实施。内蒙古是"退牧还草"工程实施的重点区域，那里的"退牧还草"项目于 2003 年 3 月启动，大致分为三类：（1）针对退化严重地区的全年禁牧；（2）针对中度退化草地的半年退牧，休牧时间一般为 3 月 1 日至 9 月 1 日；（3）针对轻度退化草场的季节性退牧，休牧时间为 4 月 1 日到 7 月 1 日。各地可根据实际情况适当调整。工程分两期实施，期限为 2002—2015 年，核心内容为禁牧、休牧、划区轮牧，通过围栏建设、人工种草、饲草料基地建设等措施。本章拟讨论退牧还草工程项目在区域（旗县）和牧户层面的实施情况：首先以内蒙古自治区呼伦贝尔市鄂温克旗和四川省阿坝县为例大致介绍 2002—2011 年退牧还草项目在我国主要草原牧区旗县层面的实施状况；接着，基于实地调研数据和文献资料，描述了退牧还草项目在牧户层面的实施状况；最后探讨了退牧还草项目在区域层面和牧户层面实施中存在的问题。

3.1　项目在旗县的实施

根据《关于下达 2003 年退牧还草任务的通知》的相关规定，该项目主要在内蒙古、新疆、西藏等 11 个地区实施，由省级人民政府负主要责任，各省份应将工程建设的目标、任务、责任分别落实到市、县、乡各级人民政府，建立地方各级政府责任制。旗县是项目实施的具体单元。一方面，要负责编制项目实施方案，并将方案报给省级农牧部门，省级部门再会同有关部门将实施方案联合报送农业部，经农业部审核后，由省级政府批复；另一方面，批复下达的任务需由旗县负责落实。为此，旗县要成立项目领导小组，组织相关部门落实下达的退牧还草任务。其中，县级农牧部门负责具体实施，包括负责组织编写作业设计、与牧户签订休牧合同书、制定档案管理条例及其组织饲草料的补贴发放等；设计部门负责规划禁牧区的布局；财政部门负责草料补助资金的下放和监督管理；审计、监察部门负责审计工程建设和财务管理；草原监理所负责休牧草场的监督和巡查，并对违约放牧的行为进行查处。此外，实施休牧还草工程的苏木乡镇要指定或聘用专职管理人员，负责管辖区内休牧草场的管护工作。

3.1.1 鄂温克旗退牧还草项目的实施[①]

鄂温克旗地处呼伦贝尔草原腹地，是我国典型的传统牧区，全旗土地总面积 19111 平方千米，其中草原面积达 12231 平方千米，占总土地面积的 64.0%。2011 年牧业总人口为 1.89 万人。2006—2011 年，年均 GDP 增速高达 21.0%。牧业产值占农林牧渔业总产值的一半以上，且从 2006 年起，比例逐年升高，从 2006 年的 56.4% 上升到 2011 年的 72.9%。就人均年收入来看，当地牧民人均年收入不足城镇居民人均年收入的 2/3，其中 2007 年只有 58.9%，最高的年份如 2011 年也只有不到 66.0%。全旗下辖有 10 个苏木（乡镇）44 个嘎查（村）。各苏木（乡镇）的基本情况见表 4 - 5。

---

① 这部分数据基于实地调研中鄂温克农牧局提供的资料。

表 4 – 5　　　　　　　　鄂温克旗各苏木/镇土地/草地面积情况

苏木	土地总面积（平方千米）	草原面积（平方千米）	林地面积（平方千米）	年均降水（毫米）	年均温度（℃）	嘎查/林场/自然村数（个）
辉苏木	2856	2006	490	274	– 2.2	11/1/0
锡泥河西苏木	3014	2180	587	300	– 2.4	4/0/0
伊敏苏木	4400	2552	1791			——
锡泥河东苏木	5870	3774	1891	337	– 2.4	8/2/2
巴彦嵯岗苏木	920	713	152	348	– 2.4	3/0/0
巴彦塔拉达斡尔民族乡	418	388		300 ~ 450	– 2.4	6/0/0
巴彦托海镇	547	456	——			4/0/0
伊敏河镇*	99	——	——			——
红花尔基镇	292	30	256	334 ~ 375		1 社区/1 自然村
大雁矿区	312	228	24	349 ~ 400	– 3.1	9 社区

注：＊伊敏河镇 2001 年流转相邻苏木草场 10800 亩发展高产奶牛养殖基地。

资料来源：鄂温克族自治旗史志编纂委员会. 鄂温克族自治旗志（1991—2005 年）［M］. 呼伦贝尔：内蒙古文化出版社，2008.

3.1.1.1　退牧还草项目的实施和参与情况

为遏制草地退化，2002 年以来，鄂温克旗实施了国家的主要草原生态治理项目。截至 2012 年，完成天然草原"退牧还草"项目 11 期，实施休牧围栏 740 万亩，禁牧围栏 20 万亩，划区轮牧围栏 95 万亩。首期退牧还草工程从 2003 年开始启动，鄂旗 2004 年开始试点，2005 年正式开始实施，五年为一期，2010 年开始实施第二期。退牧还草第一期年限为 2005—2010 年，这一轮工程主要以政府出资的围栏修建为主。第二期实行年限为 2011—2015 年，以围栏、补播和人工草地为主；2013 年实施的是 2012 年审批的项目，主要是划区轮牧；划定的区域由苏木（乡镇）选定嘎查（村），嘎查提供牧户和地块的资料，上报的区域一经确定，再由旗（县）派技术员下去划定；每一围栏 5000 亩。围栏后，要求休牧 3 个月，从 3 月 20 日到 6 月 20 日，这一段时间是牧草返青期，主要是靠饲草。放牧场可以一年到头放牧，但一般冬天有 4 个月被雪覆盖，无法放牧；打草场在 8 月份打过草的一两个月之后，可以短暂放牧。该旗载畜标准平均为 20 亩/羊（见表 4 – 6）。

表 4 – 6　全旗涉及退牧还草项目的牧户嘎查（村）和苏木（乡镇）情况

时间	项目户（户次）	实施嘎查（村）数	实施嘎查占比（%）	项目苏木数	项目苏木（乡镇）占比（%）
合计	8436	30	68.18	8	80
2002 年	890	25	56.82	5	50
2004 年	823	32	72.73	5	50
2005 年	1351	27	61.36	5	50
2006 年	1009	24	54.55	5	50
2006 年第二批	652	24	54.55	5	50
2007 年	847	22	50.00	4	40
2008 年	737	17	38.64	4	40
2008 年第二批	66	3	6.82	2	20
2009 年	745	17	38.64	2	20
2010 年	1058	17	38.64	5	50
2011 年	258	17	38.64	3	30

资料来源：鄂温克旗农牧局。

表 4 – 6 显示了 2002—2011 年涉及退牧还草项目各项措施的牧户、嘎查（村）和苏木（乡镇）的情况。在多数年份，除 2009 年和 2011 年，实施项目的苏木（乡镇）数占总苏木分别为 30% 和 40%，其他年份实施项目的苏木（乡镇）数都在总苏木（乡镇）数的一半及以上。对照表 4 – 5 各苏木（乡镇）的情况发现，草地面积大的苏木（乡镇）多年重复参与项目，而草地面积少的苏木（乡镇）参加项目的次数较少（见图 4 – 1）。实施项

目的嘎查（村）数占总嘎查（村）数的一半左右。在多数年份，至少涉及项目围栏建设和人工种草等多种措施中至少一项措施的牧户总数不足 1000 户，但涉及各项具体措施的牧户数据缺失，如每年有多少牧户参与了围栏建设或棚圈建设等不得而知，不过，可以判断，给定参与项目的总户数和措施的项数，投入较高的措施涉及的牧户数应该不多。

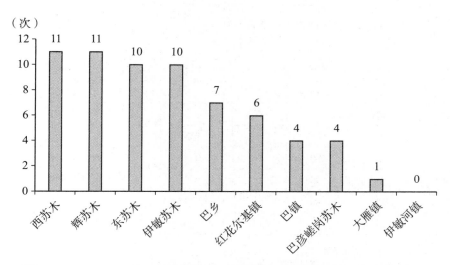

图 4 - 1　2002—2011 年全旗共 11 期退牧还草项目各苏木参与情况

3.1.1.2　退牧还草项目的措施及其投入情况

表 4 - 7 显示了 2005—2011 年鄂温克旗退牧还草项目各项措施的实施情况。就实施的面积来说，休牧面积最大，各年累计达 650 万亩；其次是轮牧面积，约为休牧面积的 1/10，达 65.5 万亩，主要在 2005—2006 年实施。轮牧面积占草原面积的比例为 3.62%。相对而言，草原禁牧面积很少，仅 2010 年实施了 20 万亩。人工种草面积在 2005—2011 年有增长趋势，而草原补播面积逐年下降。草原补播面积共 42.6 万亩，其中一半的补播面积发生在 2006 年，其他各年份均有少量面积进行补播。2005—2011 年共进行棚圈建设 751 处，面积累计 12.3 万平方米，

平均每处棚圈面积约 164 平方米。看来，这一阶段的退牧还草措施以休牧为主，各年均有执行，但是占比也较低，2006 年只有休牧草地 50 万亩，占比仅为 2.76%；2007 年休牧面积最大，为 170 万亩，但也仅占全旗草原面积的 9.4%。

表 4 - 7　　　　　　　　　退牧还草项目具体实施措施

年份	禁牧面积（万亩）	休牧面积（万亩）	轮牧面积（万亩）	人工种草面积（万亩）	草原补播面积（万亩）	棚圈建设（平方米）	棚圈建设（处）
合计	20	650	65.5	17.15	42.6	123081	751
2005	0	80	5.5	1.9	1.5	42002	284
2006	0	50	60	2	21.6	39301	247
2007	0	170	0	1.5	2	10458	58
2008	0	80	0	0	2.8	14510	83
2009	0	90	0	0.6	11	14960	67
2010	20	80	0	5.35	2.4	1850	12
2011	0	100	0	5.80	1.3	0	0

资料来源：鄂温克旗农牧局。

实施草畜平衡是"退牧还草"草原生态治理项目的一项重要内容。为落实草畜平衡，政府采取了围栏建设、人工草地建设、饲料加工地建设和草原改良等具体措施，并对此进行资金投入。表 4 - 8 显示了2002—2008 年草畜平衡各项措施的投入情况。总体而言，围栏建设是投入的主体，占各年投入总额的 52.7%；其次是人工草地建设和草原改良，分别占总投资额的 19.1% 和 15.3%。不过，各年的投入有所侧重。如 2002—2003 年，人工草地建设和草地改良是草原生态治理的主要措施，这两项投入分别占总投入的比例各为 23.3% 和 32%，以及34.9% 和 26.9%。2005 年，这两项投入更是占当年总投入比的 50.5%和 46.1%，而当年没有进行围栏建设，这也是这一期间唯一没有对围栏建设进行投入的年份。但 2006 年，围栏建设的投资达 85.7%。

表 4 - 8　　　　　　　退牧还草各项措施及其投入成本　　　　　单位：万元

年份	围栏	人工草地	饲料加工地	草原改良	防疫	种子基地	合计
2002	539	532	0	797	8	407	2283
2003	434	742	430	623	16	71	2316
2004	1150	270	650	362	12	17	2461
2005	0	591	18	539	9	12.5	1170
2006	4274	350	0	300	60.5	0	4985
2007	1200	350	0	35	70.5	50	1706
2008	1600	495	0	20	120	285	2520
小计	9197	3330	1098	2676	296	842.5	17441
占比（%）	52.73	19.09	6.30	15.34	1.70	4.83	100.00

资料来源：鄂温克旗农牧局。

3.1.1.3　退牧还草项目实施中的草畜情况

在草原生态治理项目中，人工种植牧草是其配套措施之一。鄂温克旗 2002 年以来推行人工种植牧草，人工牧草占当年打草的总量分别从 2000 年和 2001 年的 1% 左右跃升为 12.2%，之后基本上保持在这一水平，到 2012 年，人工牧草的比例上升到 18.5%（表 4 - 9）。

表 4 - 9　　　　　　　　　　2000—2012 年打草情况

年份	总量（万公斤）	天然草地（万公斤）	天然草地占比（%）	人工牧草（万公斤）	人工牧草占比（%）
2000	25020	24742	98.89	278	1.11
2001	14509	14413	99.34	96	0.66
2002	24590	21590	87.80	3000	12.20
2003	19286	16266	84.34	3020	15.66
2004	22450	19330	86.10	3120	13.90

续表

年份	总量 （万公斤）	天然草地 （万公斤）	天然草地占比 （%）	人工牧草 （万公斤）	人工牧草占比 （%）
2005	33809	28745	85.02	5064	14.98
2006	21715	19163	88.25	2552	11.75
2007	12530	11238	89.69	1292	10.31
2008	24366	21813	89.52	2553	10.48
2009	26334	23285	88.42	3049	11.58
2010	24835	21960	88.42	2875	11.58
2011	22435	19635	87.52	2800	12.48
2012	24540	21000	85.57	4540	18.50

资料来源：鄂温克旗农牧局。

图4-2显示了该旗1999—2012年的牲畜发展情况。牲畜总头数呈持续增加的态势，1999—2012年，总牲畜头数增长率高达86.65%。其中，大畜总数变化不大，但小畜数量增长较快，已成为当地饲养牲畜的主体。

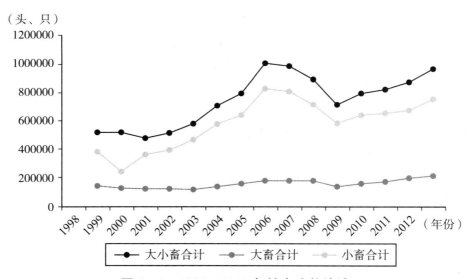

图4-2 1999—2012年牲畜头数统计

资料来源：鄂温克旗农牧局。

在小型牲畜快速增加的同时，仍有高达一半以上（53.2%）的承包草场或36.4%的可利用草原面积处于退化状态（见表4－10），其中重度退化、中度退化和轻度退化的草原面积分别占承包草原面积的9.30%、19.55%和24.35%，分别占可利用草原面积的6.36%、13.38%和16.66%。

表 4 － 10　　　　　　　　鄂温克旗 2011 年草原生态状况　　　　　　单位：万亩

草原面积	可利用草原面积	承包草原面积	退化草原面积			
			小计	重度	中度	轻度
1809.2	1772.5	1213	645.4	112.8	237.2	295.4

资料来源：鄂温克旗农牧局。

3.1.2　四川省阿坝县的实施情况

阿坝县位于青藏高原东部边缘，四川省西北部，阿坝州北部，东经101°18′30″～102°34′15″，北纬30°18′～37°17′。属高山丘状山原地貌类型，平均海拔3300米以上。全县年均降水量717毫米，相对湿度68%；平均日照数2316小时，属高原寒温带半湿润季风气候，无明显四季之分，春秋相连，干湿季分明。干季（11月至次年4月），严寒干燥，大风、大雪、低温、寒潮等灾害性天气频繁；雨季（5月至10月），水热同期，水草丰茂，是典型的高寒草原畜牧业区。全县天然草原1321万亩，占全县面积的85%，其中可利用天然草原1074万亩，以高山草甸草地为主，是长江黄河上游重要的水源涵养地和水土保持地。2010年末，全县总人口增至72650人，其中藏族人口占90%以上，非农业人口7870人，农业人口64780人。全县各类牲畜存栏从2008年的50.11万头（只）增至51.65万头（只）；肉类总产量和奶类产量也分别从2008年的8523吨和1.967万吨增至1.02万吨和2.06万吨；全县国内生产总值 5.19 亿元，其中第一产业增加值 2.28 亿元，占国内生产总值的 43.9%；农牧民人均纯收入 3730 元。

阿坝县草原超载现象普遍：天然草地平均超载率为 72%，其中高寒地区季节牧场超载率达 80%，局部高达 90%。由于牲畜严重超载，草地牧草生长受到抑制，加之草地建设投入匮乏，草地退化严重。表 4 - 11 显示，2010 年全县有 730 万亩可利用天然草原遭到退化，退化草地占天然可利用草原面积的 68.0%。在退化的草地面积中，严重退化草原面积 412 万亩，占退化天然草原面积的 56.44%，占可利用天然草原的 38.3%。轻度和中度退化的草原面积分别为 120 万亩和 198 万亩，分别退化天然草原面积的 16.44% 和 27.12%。此外，阿坝县天然草原的鼠虫害和毒杂草发生面积也很大，其中鼠虫害发生面积约 333 万亩，占全县可利用草原面积的 31.0%；草原毒害草危害面积达 390 万亩，占可利用草原面积的 36.3%。

表 4 - 11   阿坝县 2010 年草原退化状况   单位：万亩

可利用草原面积	退化面积	按退化程度分级		
		轻度退化	中度退化	严重退化
1074	730	120	198	412

资料来源：阿坝县农牧局。

阿坝县早在 1998 年草地承包之后就开始关注草原建设。当时，随着全县 1100 多万亩草场承包给 8247 户牧户，县里在总结牧民定居建设经验的基础上开展了"人草畜"三配套建设。但与全国其他主要草原牧区一样，阿坝县大规模的草原生态治理开始于 2000—2003 年实施的退耕还草项目。该项目共有 58.8% 的牧户参与，涉及全县 15 个乡 4859 户的 29577 人，总计完成退耕还草 4.6 万亩，总投资 3230.3 万元。

2003 年在贾洛乡、贾柯河牧场和麦尔玛乡等地实施了国家天然草原恢复和建设项目，完成项目总投资约 1163 万元，其中国家投资约 945 万元；完成草原建设任务 11.34 万亩，其中人工草地 3.01 万亩，改良草地 8.33 万亩。

从 2003 年至 2010 年，国家下达了七期国家天然草原退牧还草工程建设，涉及全县 13 个乡（场、镇）5350 户 31149 人。以草地承包到户时全县的牧户数计算，全县先后共有 64.9% 的牧户参与了退牧还草工程。全县累计投资 9297 万元，其中国家投资 7543 万元，完成草地围栏 405.89 万亩，占总承包到户面积的约 36.9%，其中禁牧 137.12 万亩，占总承包草原面积的 12.4%；休牧 268.77 万亩，占承包草原面积的 24.4%。2008 年以来在查理、贾洛、麦尔玛乡等地完成优良牧草种植示范推广项目，两期共建设 4.5 万亩人工半人工草地，共投资 697 万元。从 2005 年至 2009 年，完成草原鼠虫害防治工作 219.1 万亩次。其中高原鼢鼠防治 30.2 万亩，高原鼠兔 130.1 万亩，草原红头毛防治 13.6 万亩，草原蝗虫防治 45.2 万亩。

阿坝县结合当地实际情况，针对退化草地，采取围栏自然封育、封育补播、封育除杂、封育施肥、封育除杂补播、封育除杂施肥、封育除杂施肥补播本地多年生天然草原牧草等治理措施；针对草原鼠虫害，采取物理弓箭法（草地鼢鼠）、生物法（草原鼠兔）、生物法和化学法（草原毛虫和蝗虫）等技术；针对毒杂草，采取环保型除草剂等；而对于沙化草地，采取牧草混播技术、灌/草混合种植沙化草地植被技术，对潜在沙化草地进行补播优势牧草草种并采取施肥等措施。

3.2　牧户层面的实施情况

本节采用两个实地调查的数据库和一个文献资料来进一步说明退牧

还草项目在嘎查（村）和牧户层面的落实情况。第一个数据库是2005—2006 年在青海、甘肃、云南、四川、内蒙古和新疆 6 个省区的17 个县对 231 个牧户进行的调研（以下简称"六省数据"。相关信息详见下一章）；第二个数据库是 2007 年在环青海湖四县进行的 242 个牧户的调研（以下简称"青海数据"）；文献资料基于陈洁和罗丹（2009）。

3.2.1　六省份数据

在六省份数据的问卷中，用"你家所在的村是哪年开始实施禁牧、休牧政策的"来了解调研区开展项目的时间和覆盖的村子。样本显示，约 59.7% 的被调研牧户所在村开展了禁牧、休牧措施，30.3% 的调研牧户所在的村在调研时尚没有开展。在已开始实施退牧还草的村中，八成以上是 2003—2004 年开始的，而在 2003 年之前（2002 年）及 2004年之后（2005 年）开始实施的村子占比不到 20%。和全国主要草原牧区一致，2003 年开始实施项目的村子占样本村的近一半，而迟至 2005年才开始实施退牧还草工程的村仅占全部项目村的 5.9%，这些村主要位于内蒙古科左后旗和甘肃夏河的部分地区。问卷中用"你家是否实施了禁牧"和"你家是否实施了休牧"来了解牧户当年参与项目的情况。统计结果显示，大约 22% 的牧户在调查当年参与了禁牧，参与休牧的牧户比例为 20%。不过，到 2005—2006 年为止，共有 58% 的牧户参与过禁牧，平均每户禁牧的草场面积为 747 亩；共有 53% 的牧户参与过草地休牧，平均每户休牧的草地面积为 673 亩。

对于禁牧的草地，政府通常给予每亩 3~5 元的补贴，各省情况略有差异，如新疆的补贴标准为 4.95 元/亩，四川的补贴标准则为 3.025元/亩。饲料粮的补贴标准为 2.75~8 公斤/亩，各省情况也有所不同，可能跟各省饲料粮的品质有关。新疆某些地区还有补贴口粮的现象，标准为 2.5~3.5 公斤/亩。对于休牧的草地，各地给予 0.6~1.2 元/亩不等的补贴标准，并给予 0.65~1.38 公斤/亩的饲料粮补贴。新疆的少数地区也对休牧草地进行 0.88 ~ 2.5 公斤/亩的口粮补贴。

3.2.2　青海数据

青海数据库是 2007 年 5 月在环青海湖四县调查的 242 份问卷，其中海晏县 53 份、刚察县 71 份、天峻县 33 份、共和县 85 份。根据修建围栏和舍棚时是否获得了政府的资助来判断牧户是否参与了退牧还草项目，发现样本牧户中，只有 8 户的草场尚没有修建围栏。在已修建围栏的 234 户牧户中，只有 39 户修建围栏时得到了政府的资助，说明以修建围栏来判断牧户参与退牧还草项目的话，至调研时为止，只有 16.1% 的牧户参与了项目。修建舍棚时得到政府资助的牧户有 89 个，此外，还有两家牧户表示政府许诺了资助，但资助尚未到达。以此判断牧户参与退牧还草项目的话，加上得到许诺的两户，牧户参与率占总样本牧户的 37.6%。有 19 户牧户（占样本总数的 7.85%）既获得了围栏资助，又得到的舍棚支持，这样，参与退牧还草项目围栏或舍棚建设的牧户共 111 户，约占总样本的 45.9%。

样本牧户修建围栏户均花费 19882 元，其中政府退牧还草项目的资助为 1346 元，不足户均出资的 6.8%；牧户修建舍棚（有些包括了修建机井的费用）户均花了 7417 元，其中政府出资 2741 元，占户均舍棚支出的 37.0%。但如上文所述，在这两项最重要的牧业基础设施建设中，获得过项目资助的牧户不足样本户的一半。进一步分析发现，在项目出资修建围栏的 39 户牧户中，获得资助最多的一户得到了 16 万元围栏补贴（或实物折合，这户人家的围栏总共花了 36 万元修建），最少得到了 240 元资助（这个牧户家修建围栏共花费 1.5 万元）。有个获得了 2 万元围栏资助的牧户（他家的围栏共花费了 6 万元修建）告知，能否获得资助以及资助的额度，"关系"起了很大的作用，关系好获得的资助的可能性更大，资助就越多。有一个没有获得政府资助修建围栏的牧户抱怨自己关系不够。

共有 116 户牧户修建了舍棚，其中花费最多的牧户高达 95000 元，在修建了舍棚的牧户中，花费最少的只用了 800 元。其中，得到政府资助的有 91 户，其中资助额度最高的 35000 元，最低的 700 元。在两位告知政府答应了资助，但资助尚未到达的牧户中，其中一家告知政府答应给 7 头羊作为补贴。

围栏投资为 36 万元、其中政府资助了 16 万元的牧户，同时，花了 9.5 万元修建舍棚，其中政府出资 3.5 万元。这是样本中基础设施花费和得到资助最多的牧户。有些牧户表示不知道修建舍棚可以得到政府的资助。多数得到政府资助修建舍棚的牧户，政府的资助占全部修建费用的一半或几分之一，但也有几户修建舍棚的全部费用都来自政府，如一户 2 万元的，一户 6000 元的。也有 2/3 的费用由政府承担的，如一户修建舍棚花费的 3 万元中，政府资助了 2 万元。有个牧户家共花了 6 万元围栏，其中政府出资 2 万元。从中可以看出，牧户基础设施建设的投资，基本上需要牧户自己进行配套。如果牧户没有能力进行配套的话，很难得到项目的扶持。自己花费越多，政府支持力度越大。退牧还草项目表现出明显的"扶富不扶贫"。

3.2.3 文献数据

这里引用陈洁和罗丹（2009）对鄂托克前旗毛盖图苏木的调研。该苏木位于政府所在地东北部 30 千米处，总土地面积 293 万亩，其中可利用草场 200 万亩，占土地总面积的 68.26%。苏木辖 8 个嘎查，34 个牧业社。2003 年时该苏木有 1410 户，3950 人，牲畜饲养量 30 多万头，即平均每户拥有牲畜 213 头，人均拥有牲畜 75.9 头。2002 年 3 月，毛盖图苏木开始实施退牧还草工程。2003 年，全苏木下达了退牧还草任务 39 万亩。按照相对集中连片原则，以嘎查为基本单元来开展。在项目户的选择上，主要考虑草原承包到户、草场无纠纷的牧户。项目认为，这样的牧户可能更有积极性。据此，毛盖图苏木在伊嘎查和沙嘎查两个嘎查中共选择了 90 户参与项目。其中，伊嘎查参与项目的具体措施为休牧 20 万亩，涉及 56 户牧户，233 人，牲畜 16800 头/只，即平均每户拥有牲畜 300 头/只，人均拥有牲畜 72.1 头/只；沙嘎查参与项目的具体措施则为禁牧 19 万亩，涉及牧户 34 户，137 人，牲畜 6800 只/头，即平均每户拥有牲畜 200 头/只，人均拥有牲畜 49.6 头/只。这些牧户全部拥有草原使用证，其草地界限清楚，无边界纠纷，草场使用权 30 年不变。当年已全部执行完成退牧和休牧任务。退牧还草资金，来自国家投入和地区自筹，饲草料由国家补助。退牧还草工作由旗、苏木和嘎查三级负责，层层落实。

这样算来，当年退牧还草的 39 万亩草地面积（包括禁牧 19 万亩和休牧 20 万亩）占该苏木可利用草场（以 200 万亩计算）的 19.5%；参与项目的嘎查数占该苏木嘎查数的 25%，而参与项目的牧户数和人口数分别占该苏木总牧户和总人口的 6.38% 和 9.37%，涉及的牲畜占全苏木牲畜总数（以 30 万头计算）的 7.87%。从参与项目的草地面积、牧户数、牧户人口和牲畜数量来看，项目户的草地面积占比相对于其牧户数、牧民人数和牲畜数占比高出一倍以上（为牧户占比的 3.06 倍），说明所选项目户的草场规模较整个苏木牧户的平均草场规模大得多。据此，可推测进入项目的多为草场大户。项目户草场面积平均为 4333 亩（其中休牧的牧户户均草场面积为 3571 亩，禁牧的牧户户均草场面积为 5588 亩），为全苏木户均草场面积 1418 亩的 3 倍多。项目户平均每头牲畜拥有草场面积 16.53 亩，而全苏木平均每头牲畜拥有的草场面积则为 6.67 亩。不过，不了解这两个嘎查的草地质量是否不如全旗草地质量的平均水平，也不清楚当时这两个项目嘎查各有多少牧户。从报告（陈洁，罗丹，2009）来看，"草场承包到户""集中连片"和"没有纠纷的草场"，是项目选择草地的主要条件。没有看到草地生态状况是否被纳入考虑，因而不知道实际进入项目的草场是否较多数草场更需要

"休牧"和"禁牧"。很有可能，在当时草场普遍退化的情况下，如果有条件，多数草场需要休牧和禁牧。换言之，休牧和短期禁牧对几乎所有的草场都有益无害。只不过，承载压力更大的草场可能更迫切地需要休养生息。

3.3 退牧还草项目的实施效果

"退牧还草"工程从总体上来说，给草原牧区带来了一些积极影响，如提高了一些牧民保护草原生态的意识，加强了牧区围栏和棚圈等基础设施的建设，局部减轻了草原的退化。以内蒙古自治区为例，截至2009年，草原的荒漠化和沙漠化面积较退牧还草前减少了4671平方千米，项目区的草原生态有明显改善。此外，"退牧还草"工程的实施减少了牧业用地，增大了草业用地。如内蒙古科后旗实施退牧还草项目以来，牧业用地减少了3%左右，而草业用地增加了5%（郭燕宇，2014）。

以下用一个微观实地调研的数据库来说明"退牧还草"项目在牧户层面的实施效果。该数据库由中国农科院农业经济研究所组织，中国社科院世界经济研究所人员和笔者参加。调研分多次进行，从2005年10月持续到2006年1月。数据涵盖了青海、甘肃、云南、四川、内蒙古和新疆6个省份的17个县，即青海的达日和久治县，甘肃的夏河和碌曲县，新疆的霍城、凉布吉尔、布尔津和福海县，四川的理塘、康定和雅江县，云南的维西和香格里拉，以及内蒙古的杭锦、鄂托克、扎鲁特和科左后旗。每县抽取10~20个牧户，共产生了231个有效观察值。对所选的牧户调查其在退牧还草项目实施前后的草场利用状况。这是中国的典型牧区，天然草地面积占全国总草地面积的58.1%和总土地面积的51.4%，不仅是中国重要的食物生产基地，也是重要的生态屏障。这个样本可以用来代表中国主要牧区的情形。

3.3.1　项目对牧户牲畜饲养行为的影响

退牧还草对牧户牲畜饲养行为的影响见表 4 – 12。退牧还草后，牧户饲养的牲畜数量、打干草量和购买的饲料粮略有减少，分别从退牧还草前的 230 头、11316 公斤和 1874 公斤下降为 213 头、9416 公斤和 1748 公斤；但购买干草量和围栏面积大为增加，分别比退牧还草前增加了 89% 和 62%，户均达 8771 公斤和 4417 亩。不难理解，由于退牧还草的主要措施是禁牧、休牧，从而是草地能够有机会休养生息，这就要求牧户相应地减少牲畜的饲养量，并增加对牲畜的舍饲，以便达到草畜平衡。草场的禁牧休牧使牧户可以用来打草和放牧的草地面积减少，因而可打的干草变少。相反，牧户需要购买更多的干草来弥补牲畜在天然草场放牧时间的减少和舍饲的增多。不过，牲畜的减少和舍饲的增多却没有导致牧户增加饲料粮的购买，甚至减少了 6.7% 的购买量，原因主要在于两个方面：一是项目会对牧户进行饲料粮补贴（实物或折算成经费），平均每亩补约 3.5 公斤；二是因为退牧还草工程的禁牧、休牧措施要求牧户相应减少牲畜，因而也就减少了对于饲料粮的消费量。如内蒙古退牧还草期限为 5 年。退牧还草期间，国家给予必要的饲料粮补助。如根据"内蒙古自治区人民政府办公厅 2002 年印发的《关于退牧还草试点工程管理办法的通知》，每年每亩草场补助标准为，全年退牧 5.5 公斤，半年退牧 2.75 公斤，季节性退牧 1.375 公斤"。约有 1/3 的牧户超载，超载的牲畜从 1 头到 1100 头，超载牧户平均超载牲畜 96.7 头。

表 4 – 12　　　　退牧还草对牧户饲养牲畜和围栏建设的影响

指标	退牧前	退牧后	退牧后与退牧前相差	差值比（%）
户均饲养牲畜头数（头）	230	213	– 17	– 7
户均打干草量（公斤）	11316	9416	– 1900	– 16.8
户均购买干草量（公斤）	4643	8771	4128	88.9

续表

指标	退牧前	退牧后	退牧后与退牧前相差	差值比（%）
户均购买饲料粮（公斤）	1874	1748	−126	−6.7
户均围栏（亩）	2716	4417	1701	62.3

3.3.2 项目对牧户生计的影响

退牧还草前后牧户的人均收入分别为 2241 元和 2886 元，退牧后较退牧前提高了两成多。这可能是因为项目给牧户进行了补贴，或者牧户在退牧后将超过规定的牲畜售卖后收入短暂增加所致。退牧还草对牧户口粮和牲畜产品消费的影响较大。退牧还草前，牧户人均家庭购买口粮和畜产品的支出分别为 1852 元和 364 元；而退牧还草之后牧户家庭平均购买口粮和畜产品的支出分别增长为 1933 元和 695 元，分别增长了 4.4% 和 90.8%。不过，这里没有考虑消费者价格指数。

3.3.3 牧民对于项目的态度

在问及"国家对破坏严重的草地实行禁牧、休牧是否有必要"时，58.7% 的样本牧户认为很有必要，33.6% 的牧民认为有必要，认为无所谓和没有必要的牧户占 2.7%，5% 的牧户对此没有作出回应。在问及"假如政府不给补贴，强制实行退牧还草，你是否会自愿响应国家号召实行禁牧和休牧"时，只有 46.6% 的牧户认为自己会自愿实行禁牧和休牧，44.8% 的牧户明确表示不会，而 9.6% 的牧户没有表达意见。看来，认为草原生态治理是自己的事情并愿意付诸行动的牧户，与认为草原生态保护不是或者不完全是自己的事情，或者虽然是自己的事情，但无力保护的牧户数量相当。在这种情况下，如果退牧还草项目停止了，牧民是否会接着对该禁牧和休牧的草场继续禁牧休牧吗？答案不容乐观。那么，项目完成之后，给牧民留下了什么？他们保护草原的意识是否得到了强化？或者相反，养成了草原保护依赖国家的心态？

4　草地生态治理项目的实施及效果：草原生态补奖

从 2011 年起，草原生态保护补助奖励机制（简称"草原生态补奖"）在内蒙古、新疆（含新疆生产建设兵团）、西藏、青海、四川、甘肃、宁夏和云南 8 个主要草原牧区省（区市），全面建立，5 年为一个补助周期。2016 年起开始了新一轮政策草原生态补奖。在生态补奖项目的实施中，各地结合实际情况核定载畜能力和补奖标准。如，内蒙古以草地承载力为核心提出"标准亩"的概念，将标准亩的系数作为制定各地区生态补奖标准的依据；而甘肃省根据天然草原的面积分布、生态价值、生态贡献、生产能力、载畜能力、收入构成以及和谐稳定等因素制定全省草原的载畜量和补奖标准。

4.1　东乌珠穆沁旗草原生态补奖的实施

东乌珠穆沁旗（简称东乌旗）隶属内蒙古自治区锡林郭勒盟，位于该盟的东北部，辖 5 个镇、4 个苏木、1 个国营林场，4.76 万平方千米，其中天然草原面积为 3.98 万平方千米，占土地总面积的 83.6%，牧业人口户均草场面积为 8994 亩。从北部低山丘陵到南部盆地，海拔为 800~1500 米。属北温带大陆性气候，冬季寒冷风大，夏季水热同期。年均气温 1.6℃，年降水量 300 毫米左右，年蒸发量在 3000 毫米以上。

4.1.1　第一轮草原生态补奖项目的实施情况

在第一轮草地生态补奖期间，内蒙古自治区共投入 300 亿元，在全区 12 个盟（市），73 个旗（县）区，605 个乡镇的 10.13 亿亩天然草原实施草原生态补奖政策，其中禁牧和草畜平衡分别有 5.48 亿亩和 4.65 亿亩，惠及 146 万户，534 万农牧民（李红，姚蒙，2016）。东乌旗第一轮（2011—2015 年）项目涉及全旗 9 个苏木（乡镇），57 个嘎查（村），7237 户，3.08 万人，5750 万亩草场，覆盖了全旗天然草原总面积的 96.3%，其中草畜平衡面积 5353 万亩，禁牧面积 397 万亩。第一轮项目实施状况见表 4-13 和表 4-14 的左半部分。其中，表 4-13 显示了第一轮草原生态补奖项目涵盖的补奖内容、补奖标准、覆盖的草原面积及其所涉及的苏木和嘎查以及各项补奖内容使用的资金情况。

表 4-13　　　东乌旗第一轮草原生态补奖项目实施状况（2011—2015 年）

奖补内容	面积（百万亩）	奖励/补贴标准	资金（百万元）	备注
草畜平衡奖励	53.53	1.71 元/亩·年	457.69	涉及 7 个苏木（乡镇），57 个嘎查（村），6357 户
禁牧补助	3.97	6.36 元/亩·年	126.24	涉及 3 个镇，16 个嘎查（村），880 户
牧民生产资料综合补贴		500 元/户·年	25.16	涉及全旗 6800 户牧民
牧草良种补贴			2.54	涉及 7 苏木（乡镇），43 个嘎查（村）的 313 户，总面积为 75260 亩
禁牧区三项配套资金		助学：6000 元/人养老：1200 元/人就业：1200 元/人	5.86	助学补助 101 人、养老补助 193 人、就业岗位补助 100 人
管护员工资		4000 元/人·年	8.74	546 名管护员
合计	57.50		626.23	

资料来源：永海，文明. 关于实施草原生态保护补助奖励机制的效益问题调查及建议——以内蒙古锡林郭勒盟东乌珠穆沁旗为例 [J]. 前沿，2020（2）：71-79.

表 4-14 的左半部分显示了为实施第一轮生态补奖的各项内容，政府每年投入的资金及其构成。在东乌旗第一轮项目的 5 年期间，每年投

入的资金达 125.25 百万元，项目期共投入补奖资金 626 百万元。国家是生态补奖项目资金投入的主体，投入了总投资的 96.4%，而各级地方政府的配套资金只占总投资的 3.6%，其中自治区的投资占 2%，旗的投资占总投资的 0.98%，盟投资最少，只投了总资金的 0.65%。

表 4 - 14　　　　　　　　东乌旗草原生态补奖资金来源构成

来源	第一轮 (2011—2015 年)		第二轮 (2016—2020 年)			
			2016—2017 年		2018—2020 年 (拟定)	
	资金 (百万元/年)	比率 (%)	资金 (百万元/年)	比率 (%)	资金 (百万元/年)	比率 (%)
国家	120.69	96.37	215.59	98.95	215.59	85.36
自治区	2.51	2.00	0.00	0	0	0
盟	0.82	0.65	2.28	1.05	16.16	6.4
旗	1.23	0.98	0.00	0	20.81	8.24
合计	125.25	100	217.87	100	252.56	100

资料来源：永海，文明. 关于实施草原生态保护补助奖励机制的效益问题调查及建议——以内蒙古锡林郭勒盟东乌珠穆沁旗为例 [J]. 前沿，2020 (2)：71 - 79.

4.1.2　第二轮草原生态补奖项目的实施情况

与全国的步调一致，东乌旗第二轮草原生态补奖项目也开始于 2016 年。东乌旗第二轮草原生态补奖项目实施状况（2016—2020 年）见表 4 - 14 的右半部分。第二轮实施的草场面积与第一轮一样，也是 5750 万亩，涉及 9 个苏木（乡镇），61 个牧业嘎查（村），6636 户，2.65 万人。与第一轮相比，奖补内容取消了生产资料综合补贴和牧草良种补贴，而保留的草畜平衡、禁牧和草原管护也有一些变化：自 2018 年起，春季青草发芽生长之初，即从 4 月 20 日至 5 月 20 日前后在草畜平衡区实施为期一个月的春季休牧，休牧补贴在原有草畜平衡奖励标准的基础上，每亩草场每年增加 0.75 元；禁牧区除常规的禁牧区外，还细分出自然保护区核心区及固定打草场。常规禁牧补助标准从第一轮的每亩每年6.36元提高到9元，自然保护区核心区的补助标准分别为每亩每年30元。固定打草场的补贴标准为每亩每年5元；全旗聘用的草原管护员情况也有变化，从第一轮的546名兼职管护员变为80名专职管护员，其工资水平则从每人每年4000元提高到3万元，管护员的配置从第一轮的50万~100万亩草场面积变为第二轮的50~70户牧户配置1名草原专职管护人员。

表4-14的右半部分显示了第二轮草原生态补奖项目实施中各级政府的投资状况。第二轮头两年（2016—2017年）每年投资约218百万元，基本上都是中央政府的投资，锡林郭勒盟政府只配套了1.05%。后三年每年投资约253百万元。2018年起，中央政府的投资占比减少到85.36%，而旗（县）、盟（市）两级地方政府的配套分别占8.24%和6.4%。这与自2018年起，草畜平衡区实施的春季休牧补贴有关，即休牧补贴所需资金由盟、旗两级按4∶6的比例分担（见表4-15）。

表4-15　　　东乌旗第二轮草原生态补奖项目实施状况（2016—2020）

奖补内容		面积（百万亩）	奖励标准（元/亩·年）	资金（百万元/年）
草畜平衡区	草畜平衡奖励	46.25	3	138.75
	休牧补贴（2018年）		0.75	34.69
禁牧区	乌拉盖湿地自治区级自然保护区核心区	0.74	30	22.13
	固定打草场	9.41	5	47.03
	常规禁牧补助	1.10	9	9.95
草原专职管护员工资			3万元/人·年	
合计	2016—2017年	57.50		217.87
	2018年	57.50		252.56

资料来源：永海，文明．关于实施草原生态保护补助奖励机制的效益问题调查及建议——以内蒙古锡林郭勒盟东乌珠穆沁旗为例［J］．前沿，2020（2）：71-79.

282

东乌旗第二轮草原生态补奖政策各项目在一年中不同月份实施的安排见图 4 - 3 所示。可见，草畜平衡区有三种草地利用安排①：（1）4 ~ 5 月的春季休牧。2020 年针对全旗 9 个苏木（乡镇）62 个嘎查（村）草畜平衡区 4624.94 万亩草场的牛、羊实行春季牧草返青期休牧。休牧时间为 4 月 15 日至 5 月 15 日，共 30 天。（2）9 ~ 10 月打贮草。（3）按照规定的载畜量进行放牧，包括在暖季（6 月初至 10 月末）和冷季（11 月初至 5 月末）时按照规定的载畜标准放牧。东乌旗冷暖季的载畜标准由其上级锡林郭勒盟下达，其中，暖季的载畜标准为 12.87 亩/羊，载畜量为 432.6 万羊单位；冷季的载畜标准为 30.10 亩/羊，载畜量为 184.9 万羊单位。常规禁牧区常年禁牧，但可将 10% ~ 25% 的草场面积作为固定打草场，按照每年 5 元/亩的标准补贴。根据《东乌珠穆沁旗打贮草管理办法》的规定，严禁提早打草、留茬过低和过度搂耙，打草场隔年轮刈，每打草 300 米宽，保留 20 米宽以上的草场植被作为草籽带，留茬高度不低于 6 厘米。2019 年的打草时间为 8 月 20 日至 10 月 10 日，任何单位和个人不得提前打草或延长刈割时间。

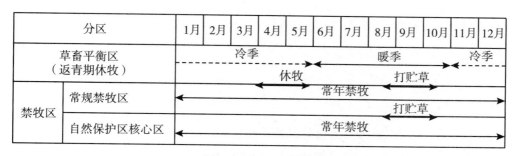

图 4 - 3　东乌旗第二轮草原生态补奖政策各项目实施的时间安排

资料来源：永海，文明. 关于实施草原生态保护补助奖励机制的效益问题调查及建议——以内蒙古锡林郭勒盟东乌珠穆沁旗为例［J］. 前沿，2020（2）：71 - 79.

---

① 东乌旗宣传平台. 东乌旗召开春季牧草返青期休牧工作新闻发布会［EB/OL］.（2020 - 04 - 09）. http：//www. dwq. gov. cn/wz/xfzl/202004/t20200409_2418033. html.

4.1.3 生态补奖项目实施中基层部门和牧民的反映

根据基层人员和牧户的反映,东乌旗生态补奖项目实施存在以下典型现象(永海和文明,2020):

(1)草畜平衡区若存在草地租赁,则容易产生以下问题:一是草场租赁价格(太高);二是租入者为外来人,而非本嘎查(村)或本苏木(乡镇)牧户,用地较狠,不是熟人,打草不按照规定的时间和间隔等要求进行;三是在租来的草场上休牧及其补贴的处理。

(2)草畜平衡区春季休牧问题。尽管春季休牧已经得到多数牧民的认可,但有些牧民认为自家草场的草好,不需要一整个月的时间进行休牧。整个旗(面积近5万平方千米),温度和降水等有所差异,规定同一个时间可能不一定合适;是否对所有牧户都实行同一要求,也值得考虑。

(3)草畜平衡区冷暖季的载畜标准制定不够合理,这表现在两个方面:一是按照冷暖季的载畜标准对牲畜存栏,很难同时满足两个季节的载畜量,因为基础母畜的繁殖率基本给定;二是由于每个牧户的草场条件不一样,牲畜与草场的比例也不同,采用全旗同一个载畜标准可能对一些牧户会产生偏差,导致草场不能被充分利用。目前,旗里的载畜标准较高,与基层部门和牧户自己的经验值不太一致,这就使得草地的生产能力在某个季节可能超载,而另一个季节却不能被充分利用(见表4-16)。

表4-16　　乌里雅斯太镇第二轮草原生态补奖中不同利益
相关者的草畜平衡标准

指标	暖季(6月初至10月末)		冷季(11月初至5月末)	
	平衡值(亩/单位)	羊单位	平衡值(亩/单位)	羊单位
乌镇载畜量标准	13	500	32	203
基层部门观察值	10.10	644	22.50	289

续表

指标	暖季（6 月初至 10 月末）		冷季（11 月初至 5 月末）	
	平衡值（亩/单位）	羊单位	平衡值（亩/单位）	羊单位
牧民经验值	12	542	22～24	271～295
某牧户实际状况	15.66	415	30.95	210

资料来源：永海，文明．关于实施草原生态保护补助奖励机制的效益问题调查及建议——以内蒙古锡林郭勒盟东乌珠穆沁旗为例［J］．前沿，2020（2）：71－79．

4.2　草原生态补奖项目在牧户层面的实施

　　草原生态补奖政策在牧户层面是如何实施的？这一节采用课题组 2018—2019 年在青海祁连和甘肃山丹的小组访谈信息和 2013 年以来多次在内蒙古锡林郭勒盟实地调研的牧户数据，介绍草畜平衡、生态补奖政策和草原确权在牧户层面的执行。锡林郭勒盟的调研样本采取分层随机抽样的方法，以人口规模为分层标准，首先在每个牧业旗选取 3～4 个苏木（乡镇），然后在每个苏木（乡镇）抽取 1～3 个嘎查（村），最后在各嘎查（村）随机抽取 2～5 个牧户进行入户调查。调研涉及苏尼特右旗、四子王旗、东乌珠穆沁以及西乌珠穆沁共 4 个牧业旗的 14 个苏木（乡镇），20 个嘎查（村），共 136 个牧户。被调研牧户的基本情况见表 4－17。

表 4－17　　　　　　　被调研牧户的基本情况

指标	苏尼特右旗		四子王旗		东乌珠穆沁		西乌珠穆沁	
	均值	标准差	均值	标准差	均值	标准差	均值	标准差
受访牧户年龄（岁）	46	10.9	45	10.66	50	13.9	46	9.4
家庭人口数量（人）	4	1.1	4	1.0	2	1.3	3	0.9
承包草地面积（亩）	6733	4709	4643	2671	6825	5519	3175	1665
牲畜存栏量（羊）	221	85	230	128	740	349	320	218
牧业收益（万元）	11.2	14.2	9.3	12.1	10.4	12.6	8.5	10.4

4.2.1　草畜平衡

草畜平衡并不是草原生态补奖政策出台之后才开始实施的。早在2005年《草畜平衡管理办法》颁布后，为了通过"以草定畜"，保持草原生态系统的良性循环，促进畜牧业的可持续发展，全国主要草原牧区就开始实行草畜平衡。2005—2011年，草畜平衡在草原牧区有序推进，但实施力度不强。随着2011年第一轮生态补奖机制的执行。各草原牧区提高了草畜平衡的实施力度。2017年，随着第二轮生态补奖机制的实施，草畜平衡的实施得到进一步强化。

草畜平衡在实践中的执行步骤如下：（1）各地区根据草地生产力及载畜能力确定牧户饲养一个牲畜（标准羊单位）所需的草地面积（亩），即载畜标准；（2）政府与牧户签订草畜平衡协议，约定牧户的牲畜数量不能超过规定，并承诺对遵守规定的牧户给予草畜平衡奖励；（3）草监部门对牧户的牲畜饲养数量进行定期检查，对牧户的超载行为及时进行处理。

从表4-18来看，两轮生态补奖政策实施中，都有多数牧户超载。第一轮超载的牧户约占样本的78%，其中64%的超载牧户超过规定的载畜率60%以下；第二轮超载的牧户减少了12个百分点，但超载率低于30%的牧户有所增加。从样本户的总体来看，第二轮生态补奖政策实施中，草畜平衡做得更好。

表4-18　　　　　　　　第一轮和第二轮生态补奖的超载情况

超载率（%）	第一轮生态补奖		第二轮生态补奖		对比
	牧户数量（户）	牧户比例（%）	牧户数量（户）	牧户比例（%）	比例之差（%）
0	30	22.1	46	33.8	11.7
0~30	52	38.2	60	44.1	5.9
30~60	35	25.7	19	13.9	-11.8
60~90	6	4.4	5	3.7	-0.7

续表

超载率（%）	第一轮生态补奖		第二轮生态补奖		对比
	牧户数量（户）	牧户比例（%）	牧户数量（户）	牧户比例（%）	比例之差（%）
90～120	4	2.9	2	1.5	−1.4
≥120	9	6.6	4	2.9	−3.7

注：超载率＝（实际牲畜饲养数量－草畜平衡标准下的牲畜饲养数量）/草畜平衡政策标准下的牲畜饲养数量。

在草场地形条件复杂和人多草场少的地区，草畜平衡是如何实施的呢？这里以青海省祁连县和甘肃省山丹县的情形为例略加说明。祁连县第二轮草畜平衡补贴为 2.5 元/亩，禁牧补贴为 12.5 元/亩。一般草畜平衡基于冬春牧场，而禁牧基于夏季牧场或秋季牧场。祁连县的夏、秋草场由其所在社或村的牧户共用。而在甘肃省山丹县，访谈的某乡以农牧结合为主，村民人口相对草场面积较多，因此，草场只是从名义上分到了各家各户，各家按照名义上分到的草场面积领取相应的草畜平衡补贴。实际上，根据笔者的访谈，多数村民放弃使用其名义上分到的少量草场，少数村民无偿使用着全村人的草场。因此，在祁连和山丹这样两种情况下，草场上是否实行了草畜平衡难以监督。而无论实际实行了草畜平衡与否，只要分到了草场，牧民就能够按照补偿标准和名义上分到的草场面积领取草畜平衡补贴。换言之，草畜平衡补贴在很多草原牧区实际上并没有和牧民的牲畜饲养行为挂钩。不过，近年来，青海和甘肃实行了村级管护员制度，希望这对于监督草畜平衡的实施有一定效果。

4.2.2 草原确权

草原确权被视为草地生态治理的一个保障措施而实施，即通过明确草地的产权，将草地治理的责任落实到人。全国草原牧区于 2015 年起陆续开展草原确权工作。总体上，各草原牧区草原确权的执行内容包括以下方面：一是对牧户承包草场的位置、面积、四至等进行测绘，并根据测绘结果对牧户实际使用的草场与承包草场进行调整与匹配；二是为牧户换发、补发或完善草原权属证书；三是建立涉及土地承包经营权的设立、转让、互换、变更、抵押等内容的登记制度；四是建立土地承包经营权信息应用平台。在全国八大草原牧区中，内蒙古牧区的草原确权工作开展较早，且成效较为明显。根据内蒙古自治区人民政府发布的公告，截至2017年底内蒙古自治区的草原确权工作基本完成。全区落实的草原所有权面积、使用权面积、承包经营权面积分别占2010年草原普查面积的88%、5%和80%。根据我们在内蒙古锡林郭勒盟的调研，按照先试点，后全面推开的步骤开展草原确权工作。具体地，2014年内蒙古首先在10个牧业旗县开展草原确权试点工作，然后于2015年5月在全区范围启动草原确权。草原确权工作目前完成了上述第一二方面的内容，实践中按以下步骤开展：（1）收回牧户原有的草原权属证明；（2）用GPS传感器获取牧户草场的地理信息，将该信息与牧户承包的草场信息进行核实，对牧户的实际草场进行调整；（3）有家庭人员变动的牧户自愿申请对草场权属人进行调整；（4）根据测定结果以及新调整的草场权属人颁发新的草原权户证明；（5）将草场的信息、牧户信息电子化存档。

根据课题组2019年5月在青海省祁连县的实地调研，那里牧户层面的草原确权工作尚未正式开始。牧户的草地利用情况如下：冬春草场由各家各户自己经营，牧户一般都拉上了围栏，且将固定居住点建在冬春草场上。夏草场和秋草场名义上分到了各家各户，但事实上以社（行政村下面的机构，一般一个行政村下辖3~6个社）为单位共同使用。如默勒镇有6个行政村，27个社。每个社都有自己的夏草场和秋草场。夏秋草场上一般都位于较为偏远（有些在其冬季定居点100千米开外的山上），地形险峻，没有拉网围栏。有些地方的夏草场全村共用，如瓦日尕村24万亩夏草场供全村近300户牧户共同使用，平均每户可用的面积只有700多亩。社与社之间的草场有大致的范围，但是没有围栏，牛羊可以跨界放牧。在这样的情况下，要将草场确权到每家每户，是非常耗时费力的。

4.3 草原生态补奖政策实施效果

从 2011 年起，政府开始在内蒙古、新疆、西藏、青海、四川、甘肃、宁夏和云南等 8 个主要草原牧区省份和新疆生产建设兵团，全面建立草原生态保护补助奖励机制。虽然这一政策在各地实施的具体措施有所差异，但总体内容都包括四个方面：（1）对生存环境恶劣、退化严重、不宜放牧的草原，实行禁牧封育和禁牧补助；（2）对禁牧区域以外的可利用草原，在核定合理载畜量的基础上，给予草畜平衡奖励；（3）给予牧民畜牧良种补贴、牧草良种补贴和生产资料综合补贴；（4）对补奖政策的执行情况进行绩效考核和奖励①。这部分拟从政府的视角和牧户认知的角度来评估生态补奖政策的实施效果。

4.3.1 基于政府视角

这部分的效果评估主要基于全国的草原监理报告。为准确掌握全国的草原资源与生态状况，促进草原保护建设与合理利用，农业农村部组织开展了全国草原监测工作，重点对全国草原植被生长状况、生产力、利用状况、灾害状况、生态状况和保护建设工程效益等进行了监测分析。草原监测工作由农业农村部畜牧业司负责，农业农村部草原监理中心具体组织、协调和指导，全国畜牧总站承担技术支持与服务工作。河北、山西、内蒙古、辽宁、吉林、黑龙江、安徽、山东、河南、湖北、湖南、江西、广西、重庆、四川、云南、贵州、西藏、陕西、甘肃、青海、宁夏、新疆等 23 个主要草原省份的草原监测机构承担了地面监测

---

① 农业农村部网站，http：//jiuban. moa. gov. cn/zwllm/zcfg/qnhnzc/201109/t20110928 _ 2312690. htm.

工作。中国农业科学院农业资源与农业区划研究所、国家气象中心承担了草原利用状况分析、草原植被长势监测和气象条件分析等工作。农业部草原监理中心根据监测分析结果，组织起草了监测报告初稿，并召开专家会进行会商，与农业部遥感应用中心进行了沟通，在此基础上形成了历年的全国草原监测报告①。草原监测报告的主要内容包括草原资源和利用状况、草场生产力、草原保护工程和草原违法案件监督等内容。

为进一步分析生态补奖政策的实施效果，这部分根据农业农村部2010—2017年公布的草原监理报告，基于政府角度，从鲜草产草量、牲畜载畜率和草原植被综合覆盖度三个方面来分析草原生态补奖政策的实施效果。

鲜草产草量。图4-4显示，自2011年项目实施以来，全国草原鲜草产草量整体上呈现增长趋势。尽管2014年出现了短暂的下降，但此后鲜草产草量增长的总趋势没有变化。2017年，全国鲜草产草量达到了10.65亿吨，较生态补奖政策实施前的2010年增加了9.1%，且连续7年超过10亿吨；草原综合植被盖度达55.3%，较2011年提高4.3%。其中生态治理项目区的草原植被盖度比非项目区平均高出8个百分点，高度平均增加63%，鲜草产量平均增加40.5%，可食鲜草产量平均增加46.1%。

牲畜超载率。牲畜超载向来被认为是造成草原退化的重要原因之一，尤其是市场经济的快速发展对肉产品需求量的急剧增加，强烈地刺激了牧民多养牲畜进而获得更多收益。牲畜数量的增加增大了草场压力，破坏了草原生态。自2011年生态补奖政策实施以来，牲畜超载率呈明显下降趋势。2017年全国重点天然草原的家畜平均超载率为11.3%，较2010年降低18.7%个百分点。从宏观数据上草原超载率有所下降，草地生态得到一定好转（见图4-5）。

---

① 资料来源：农业部草原监理中心编制的历年《草原监测报告》。

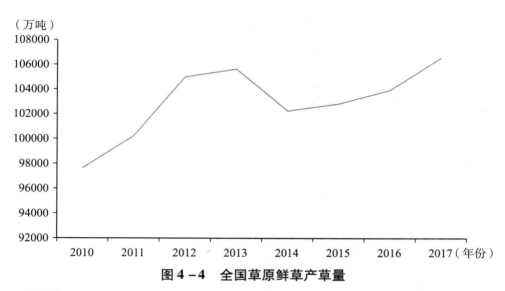

图 4 - 4　全国草原鲜草产草量

资料来源：2010—2017 年草原监测报告。

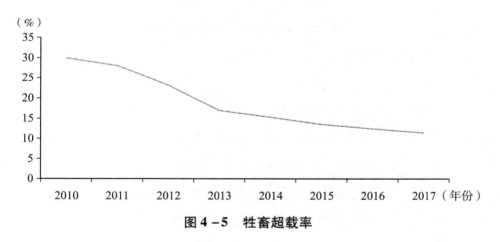

图 4 - 5　牲畜超载率

资料来源：2010—2017 年草原监测报告。

草原植被综合覆盖度。综合草原植被盖度是指某一区域各主要草地类型的植被盖度与其所占面积比重的加权平均值。数据显示，自2011 年生态补奖政策实施以来，全国草原综合植被覆盖度迅速增加，2017 年，这一指标达到了 55.3%，较 2011 年的 51.0% 增加了 8.43%

（见图4－6）。2016年农业部印发的《关于促进我国草牧业发展的指导意见的通知》提到，2020年，草原综合植被覆盖度要达到56%，草原综合植被盖度的提高是草原生态状况改善的显著表现，是草原生态补奖政策实施成效的又一体现。

图4－6　全国草原综合植被覆盖度

资料来源：2011—2017年《全国草原监测报告》。

　　基于政府视角的生态补奖政策实施效果显示，自政策实施以来，中国草原牧区的鲜草产草量有较大幅度的提高、牲畜载畜率明显下降，而草原植被综合覆盖度有一定幅度的上升。这在一定程度上得益于草地禁牧休牧轮牧的大力实施。在生态补奖政策实行前的2010年，中国禁牧休牧轮牧的总面积为10766万公顷，而在政策实施中的2014年，禁牧休牧轮牧达16559万公顷，虽然2017年禁牧休牧轮牧的草原面积略有下降，为15900万公顷，但仍比2010年高出47.7%。实行禁牧休牧轮牧，使草原得以休养生息，草原生态从而得到一定程度的恢复。而牧民对于生态补奖政策的效果是如何认知的呢？下面将基于对牧户实地调研数据的分析来说明。

　　草原生态补奖政策的目标能否实现，取决于牧户的行为响应（王冬雪，2019），即牧户是否按照禁牧和草畜平衡的规定实施了禁牧和减畜。根据表 4 - 19 中显示的呼伦贝尔市羊只存栏数的变化来看，第一轮生态补奖政策实施的头一年即 2011 年，羊只总数基本与 2010 年持平，下降幅度仅为 0.49%；而在政策实施过程中，羊只数量不降反增，2014 年的增幅较上一年增长 7.09%，而 2016 年较上一年的增幅竟达到 36.7%，羊只数超过了 1000 万只。呼伦贝尔市所属的牧业旗鄂温克旗的牲畜变化情况与全市羊只数变化趋势略有不同，羊只数和大牲畜数量都呈现同样的波动，即 2012 年、2013 年以及 2016 年的牲畜数量较上一年下降，尤其以 2013 年的情形最明显，大牲畜下降 16%，羊只下降 8.6%。资料显示，2012—2013 年鄂温克旗冬春降雪明显增多，2013 年春季发生了融雪型洪水。导致全旗近 6 万头牲畜需要转移，数千头（只）牲畜死亡失踪，对牧业生产产生了严重影响（王洪丽，阴秀霞，2015）。

表 4 - 19　　　　呼伦贝尔市及鄂温克旗第一轮生态补奖政策
实施期间牲畜年末存栏量　　　　　单位：万只/头

年份	呼伦贝尔		鄂温克旗			
	羊存栏量	较上一年变化率（%）	羊存栏量	较上一年变化率（%）	大牲畜存栏量	较上一年变化率（%）
2010	700.11	—	46.11	—	11.9	—
2011	696.71	- 0.49	51.58	11.86	15.49	30.17
2012	696.72	0.00	51.48	- 0.19	15.43	- 0.39
2013	707.87	1.60	47.05	- 8.61	12.96	- 16.01
2014	758.06	7.09	48.98	4.10	13.34	2.93
2015	792.52	4.55	51.58	5.31	14.06	5.40
2016	1083.42	36.71	50.76	- 1.59	13.99	- 0.50

资料来源：鄂温克农牧局。

草原补奖政策提高了牧户的养畜意愿，增大了养畜规模，改变了四季放养的观念，转而采用半舍饲养殖；优化牲畜结构，增加适合舍饲养殖的大牲畜和绵羊在畜群中的比重；缩短出栏时间；带动牧户进行生产性投资（"政府补贴一部分、牧户自筹一部分"），提高牧业和牧户的抗灾能力①。

4.3.2 基于牧户认知

如前所述，生态补奖政策的目标是"两保一促"，即"保护草原生态，保障牛羊肉等特色畜产品供给，促进牧民增收"。这部分基于牧户认知的角度，从草原生态和牧民增收两方面来评估生态补奖政策的实施效果。使用的数据主要分为两阶段，分别为本课题组于2012年②和2015年在锡林郭勒盟进行调研所获取的数据，两次调研所获信息正好位于政策实施前和实施后（生态补奖政策实施于2011年）。其中，2012年共收集问卷224份（获取数据包含2010的年度信息），2015年收集问卷130份。调研样本涵盖不同层面的牧民，可以用来分析生态补奖政策的实施效果。

牧户生计。这一小节将通过比较生态补奖政策实施前后牧户的贷款、牲畜饲养及其投入状况来反映生态补奖政策对于牧户生计的影响。表4-20显示了生态补奖政策实施前后牧户的贷款情况。近十年来，牧户贷款一直是牧区非常普遍的现象。我们的实地调研表明，生态补奖政策实施前，65.6%的样本牧户参与了贷款，平均牧户的贷款额度为38417元；但生态补奖政策实施后，参与贷款的牧户高达73.1%，较政策实施前高出7.5个百分点，且平均每个牧户的贷款额高达70343元，较政策实施前高83.1%。生态补奖政策实施以前，牧民贷款渠道单一，调查数据显示主要源于信用社；生态补奖政策实施以后，贷款渠道增

---

① 佚名. 草原生态补奖政策对牧户养殖行为及其效率的影响研究——以呼伦贝尔市为例［D］. 北京：北京林业大学，2020.

② 2012年的调研既询问了牧户2011年的信息，还问到了2010年的信息。

多，除信用社外，农业银行和高利贷也逐渐占据了较高比重。

表 4 - 20　　　　　　　　　　　**贷款情况**

指标	样本量（户）	贷款牧户占样本比例（%）	来源渠道（个）	贷款总额（元）
生态补奖政策前	147	65.6	1	38417
生态补奖政策后	95	73.1	3	70343

资料来源：课题组 2012 年和 2015 年实地调研。

表 4 - 21 显示了生态补奖政策实施前后，样本牧户饲养的牛、羊和马的情况。生态补奖政策实施之前，样本牧户的牲畜年末存栏数量中，羊达到了 186 头，而牛和马的数量分别为 17 头和 9 匹；生态补奖政策实施以后，大型动物略有增加，牛和马的数量分别为 18 头和 15 匹；而小型动物有所减少，羊为 173 只。若按照 1 匹马折合 6 个羊单位，1 头牛折合 5 个羊单位计算，生态补奖政策实施之前，牧户平均饲养的牲畜为 325 个羊单位；而政策实施后，牧户平均饲养的牲畜为 353 个羊单位，较政策实施前高 8.62%。这说明，对禁牧区域以外的可利用草原，在核定合理载畜量的基础上，中央财政对未超载的牧民按照每亩每年 1.5 元的测算标准给予草畜平衡奖励的政策对减少牧户牲畜的作用非常有限。

表 4 - 21　　　　　　　　　　　**牲畜饲养**

指标	牛		羊		马	
	样本量（户）	年末存栏量（头）	样本量（户）	年末存栏量（只）	样本量（户）	年末存栏量（匹）
生态补奖前	148	17	225	186	76	9
生态补奖后	116	18	119	173	35	15

资料来源：课题组 2012 年和 2015 年实地调研。

调研中，牧民普遍表示"每年新出生的小羊羔会在年底前出售，留下母畜，所以每年羊的数量变化不大"。牧民也进一步反映："现在的补贴太低了，如果按照政府制定的标准来养羊，根本不能维持生活。"这说明生态补奖政策对于激励牧民减少牲畜作用有限。相反，为了维持生计水平，牧户饲养的牲畜数量不降反升。文献研究也有同样的发现。

生态补奖政策实施前，购买干草及饲料的牧户平均花费 25648 元，生态补奖政策实施后，牧户购买干草及饲料的支出上升到 41735 元，生态补奖项目实施后牧户平均花在购买干草和饲料上的支出较之前增多了 16087 元，高出 62.72%；类似，生态补奖项目实施前后，牧户平均用来购买兽医兽药的支出分别为 1501 元和 8091 元，后者比前者多支出 6590 元，即生态补奖项目实施后，牧户花在购买兽医兽药上的支出较之前高出约 4.4 倍（见表 4 – 22）。总体而言，生态补奖政策实施前，平均每个牧户的养殖投入约为 2.71 万元，而政策实施之后，每个牧户的养殖开销上升为 4.98 万元，上升了 83.5%。这是因为项目实施后牲畜采用了舍饲半舍饲喂养的方式，意味着需要更多饲草料来替代之前牲畜从草场上获取的天然牧草。同时，舍饲半舍饲喂养的牲畜更容易生病，这就要求牧户购买更多的兽医兽药。大幅度增加的生产投入也意味着牧民对贷款的需求增加，这就不难解释为何生态补奖政策实施后，贷款牧户的比例上升且贷款额度大幅度增加。养殖成本的高涨在很大程度上影响了牧户的生计水平。若牛羊价格保持甚至低于政策实施前的价位，就意味着牧民生计水平的大幅度下降。

表 4 – 22　　养殖投入及其补奖后与补奖前的绝对和相对差

指标	购买干草饲料		兽医兽药服务	
	生态补奖前	生态补奖后	生态补奖前	生态补奖后
支出（元）	25648	41735	1501	8091
支出差额（元）	16087		6590	
支出差占补奖前的比例（%）	62.72		439	

资料来源：课题组 2012 年和 2015 年实地调研。

草原生态。这一节从禁牧情况、牧户超载情况和牧户对草地退化的评价方面来评估生态补奖政策的实施效果。生态补奖政策实施前，牧区禁牧程度普遍较低，调查样本中，只有 7.14% 的牧民选择了禁牧，有相当一部分牧民虽然称在禁牧，且享受着补贴，却仍在禁牧草地中放牧。在已经禁牧的群体中，户均禁牧面积占总承包草场面积的 26%。生态补奖政策实施以后，接近 60% 的牧民进行了禁牧，户均禁牧面积为 1206 亩，户均禁牧面积占到承包草地面积的 36%。在禁牧群体中，虽然也有在禁牧区放牧的行为，但这只是少数现象，绝大多数牧民切实执行了禁牧政策（见表 4-23）。

表 4-23　　　　　　　　　　　禁牧情况

指标	牧户禁牧率（%）	禁牧面积（亩）	禁牧面积占总承包草场面积的比例（%）
生态补奖前	28	2900	26
生态补奖后	59	1206	36

资料来源：课题组 2012 年和 2015 年实地调研。

草原超载。本节利用课题组 2013 年和 2017 年在苏尼特右旗、四子王旗、东乌珠穆沁以及西乌珠穆沁 4 个牧业旗的 14 个苏木（乡镇），20 个嘎查（村）共 136 个牧户的资料，了解牧户在两轮草原生态补奖中的牲畜饲养情况。比较两个阶段牧户的超载情况发现，第一轮生态补奖政策实施中，牧户的超载较为严重，只有 22% 的牧户表示自家没有超载；轻微超载（超载率 <30%）牧户占 38%，中等超载（超载率介于 30% ~ 60%）的牧户占 26%，有 14% 的样本牧户严重超载（超载率 >60%）。在第二轮生态补奖政策实施中，牧户的超载情况有所好转，没有超载的牧户增加了 12 个百分点，轻微超载的牧户较第一轮增加了 6 个百分点，但中等及以上超载的牧户分别减少了 12 个和 6 个百分点。说明第二轮生态补奖政策的实施效果大有改善。这可能跟第二轮生态补奖的力度加强了有关，也可能跟经过第一轮生态补奖的实施，牧民的生态保护意识得到了加强有关。尽管如此，在超载的牧户中，牧民仍然认为禁牧补贴不能弥补禁牧带来的损失。这是禁牧政策在部分地方执行困难的原因。如有牧民表示，"我不执行禁牧政策，因为只要多养几只羊就能得到和禁牧一样多的补贴，禁牧后生活水平会下降，这是我们不能接受的"（见图4-7、图4-8）。

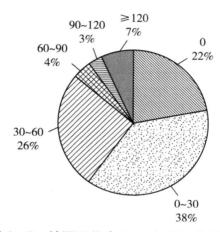

图4-7 被调研牧户2013年的超载情况

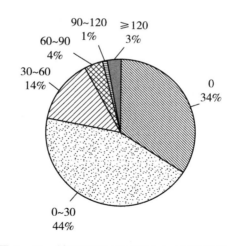

图4-8 被调研牧户2017年的超载情况

资料来源：课题组实地调研。

随着草原生态保护政策的推进，牧户的超载情况有所减轻，但超载仍普遍存在。图 4-7 和图 4-8 分别显示了被调研牧户 2013 年和 2017 年的超载情况。2013 年，有 77.9% 的牧户存在不同程度超载，其中 63.9% 牧户的超载率在 60%～90%；2017 年，超载率为 60%～90% 的牧户相对 2013 年减少了 5.9%，但超载牧户的比例仍高达 66.2%。这对草原生态依然存在较大威胁。

在我们的问卷中，有一个牧民对于本地草地退化的感知问题，牧民作为草原的使用者，其直接感官对于草原保护具有重要的启示作用。图 4-9 显示，生态补奖政策实施前，牧民认为草地退化并非很严重，认为草地没有退化或者只有轻微退化的占比接近 50%，认为草地退化严重和很严重的占比仅为 31%，总体来看草地退化较轻；但就图 4-10 来看，生态补奖政策实施后，牧民认为草地退化不仅没有好转，反而有恶化的趋势，认为草地退化严重和很严重的占比达到 75%，草地退化趋近于严重。导致这一现象的可能原因在于，生态补奖政策实行后，为了提高或维持生计水平，牧民饲养的牲畜数量非但没有下降，反而有所上升。虽然牧户购买了大量的饲草料来减轻在现有草场上放牧的压力，但依然在很大程度上依赖现有草场放牧。此外，调研中有牧民反映 2012 年以后天气趋于干旱，有的年份一整年没有下过雨，这加剧了草地的退化。

面对草场退化，牧户在生态补奖政策实施前后的应对措施有何变化？我们的调研数据显示，在生态补奖政策实施以前，30% 的牧民并未采取任何手段来防止草地退化，70% 的牧民采取了减少牲畜数量和缩短出栏周期等措施来减轻草场退化；生态补奖政策实施后，所有的牧户都采取一些措施来应对草地退化，但购买饲料和租草场是主要的应对方式，减少牲畜数量也是主要的应对措施之一（见表 4-24）。

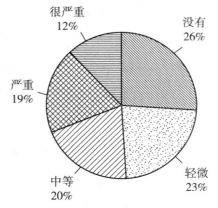

图4-9 生态补奖前牧民草地退化感知

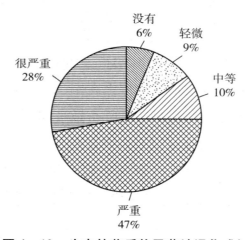

图4-10 生态补奖后牧民草地退化感知

表4-24   草场租赁

指标	租入草场牧户数（户）	租赁户占样本比（％）	租入草场面积（亩）	T检验P值
生态补奖前	79	35.27	4045	0.0021
生态补奖后	50	38.46	2573	

表 4 – 24 显示了生态补奖政策实施前后，样本牧户租入草场的状况。生态补奖前，有 35.3% 的牧户租入了草场，租入草场的平均规模为 4045 亩。生态补奖政策实施后，样本牧户中有 38.5% 的牧户租入了草场，不过，牧户租入的草场面积较政策实施之前降低了 36%，且 T 检验显示政策前后草场租入规模存在显著差异。主要的原因在于，牧区的草场总面积一定，而在对草场租入有更多需求的状况下，平均每户能够租到的草场面积自然会下降。这意味着，在其他条件不变的情况下，牧户若想依靠租入草场来减轻草地退化从而维持生计水平会比较困难。

5　草地生态治理项目的实施特点及存在的问题

进入 21 世纪，中国加大了对于生态环境的重视。在主要草原牧区，开始实施以保护草原生态为主的治理项目。这是中国自 20 世纪 80 年代牲畜承包到户和 20 世纪 90 年代草地承包到户这些以强调草地生产功能为主的制度推行以来，向兼顾草地生态功能及以草地生态功能为主的制度转变。以下将以退牧还草和两轮生态补奖为例，分别探讨 2002—2011 年阶段和 2011 年之后，中国主要草原牧区草地生态治理项目实施的特点及存在的问题。本章总结了 21 世纪以来我国主要草原牧区生态治理项目实施的主要特征及实施中存在的问题，并试图分析了导致项目实施中这些问题产生的原因。

5.1　项目实施的前提、核心和保障

中国 21 世纪以来实施的两项最重要的草地生态治理项目"退牧还草"和"草原生态补奖"的共性特征是平衡牧草与牲畜的关系，即试

图实现"草畜平衡"。为此，所采取的主要措施是：对于退化严重的草场，实行完全禁牧，以恢复草地生态；对于中等退化的草场，实行季节性休牧，使草地能够在牧草生长的关键时期（如春季返青期和秋季草籽形成时期）避免牲畜啃食、践踏，得以休养生息和可持续发展；对于轻度退化的草场，以草定畜。通过对草原的保护来达到牧草与牲畜的平衡。虽然在退牧还草项目中，也有草地建设的内容，如人工草地建设和天然草原的补播等，在草原生态补奖项目的第一轮，有牧草良种补贴，但量少面窄，受益的牧户非常有限。可见，平衡草与畜的关系是目前草地生态治理项目的核心内容。此外，在两个项目的实施中，对草地确权有较为明确的要求。根据文献和实地调研，草地确权是草地生态治理项目实施的重要前提。而执法监督是项目有效实施的保障，各地对此也有专门的规定和投入。以下以天然草原面积约占全国天然草原面积 3/4 的六大草原牧区为例，说明草地确权、草畜平衡和草原执法监督在草地生态治理项目的实施中是如何规定的。

5.1.1 草地确权是前提

在退牧还草和草原生态补奖项目中，草地确权被认为是项目实施的前提。《生态文明体制改革总体方案》将"稳定和完善草原承包经营制度，实现草原承包地块、面积、合同、证书四到户"作为草原保护制度建立的前提。五大草原牧区在草地生态治理项目实施中对草地确权是如何规定的呢？西藏自治区要求通过进一步落实和完善草场承包经营责任制，把草原生产经营、保护与建设的责任落实到户。内蒙古自治区规定，在草原承包经营期内，发包方不得收回和调整承包草原。新疆维吾尔自治区要求各级政府组织领导、畜牧部门牵头、各有关部门配合的原则，以草场承包为基础，利用 GPS、卫星影像图和十万分之一地形图，对牧民承包草场进行勘测定界、核算面积、建立信息系统，并换发新的草场承包合同书。青海省要求稳定农牧户承包权，放活草原经营权，以家庭承包经营为基础，推进家庭经营、集体经营、合作经营、企业经营等多种经营方式共同发展。甘肃省规定明确草地权属，将草场承包到户，长期不变，尽快化解林草纠纷和草原界限纠纷，完善草原规范化承包工作。草原面积较大的牧区和半农半牧区要全面实行承包到户、分户经营；农区和草原面积较小的半农半牧区实行划包到户、联户经营。要确保"两证一合同"（草原使用权证、草原承包经营权证和草原承包经营合同）全面发放到位。要进一步规范档案管理，做到"图、表、册"一致，"人、地、证"相符。

5.1.2 草畜平衡是核心

以青海省为例，看生态治理项目实施中，是如何处理草畜平衡问题的。青海省第一轮草原生态补奖对全省 2.45 亿亩中度以上退化天然草原实施禁牧补助；对禁牧区域以外的 2.29 亿亩可利用草原实施草畜平衡奖励，三年核减超载牲畜 570 万羊单位；对牧区、半农半牧区 450 万亩人工种草实施牧草良种补贴；对 17.2 万户牧户实行生产资料综合补贴。在全面调查、摸清草原、牲畜、人口和社会经济等基本情况的基础上，结合已经实施的退牧还草工程禁牧区建设，统筹规划，因地制宜，以村或牧户为基本单元，以夏秋草场为重点，对草原生态脆弱，生存环境恶劣，退化、沙化、盐渍化严重以及位于江河源水源涵养区的中度以上的退化草原先实行禁牧封育。确定各地禁牧面积，并逐级分解落实到县、乡、村和牧户。制定禁牧补助标准，以全省年平均饲养一个羊单位所需 26.73 亩天然草原作为一个"标准亩"，以此为基础，根据各州禁牧区草原面积和测定的标准亩系数，结合国家禁牧补助测算标准，在与退牧还草饲料粮补助政策合理衔接的基础上，综合考虑各州上年人均畜牧业纯收入、牧民人口数量、禁牧草原面积及减畜减收四个因素，确定各州禁牧补助标准和资金总额。各州禁牧补助测算标准为：果洛、玉树州 5 元/亩，海南、海北州 10 元/亩，黄南州 14 元/亩，海西州 3 元/亩。

新一轮草原补奖政策涉及全省草原牧区6州2市42个县（市、区、行委）的21.54万牧户，79.97万人，4.74亿亩可利用天然草原。通过新一轮草原补奖政策的实施，继续对2.45亿亩天然草原实施禁牧补助，对2.29亿亩草原实施草畜平衡奖励。各州禁牧补贴测算标准为：果洛、玉树州每亩6.4元，海南、海北州每亩12.3元，黄南州每亩17.5元，海西州每亩3.6元。全面推行绩效考核管理制度，划定并严格保护基本草原。牧区天然草原放牧牲畜严格控制在理论载畜量范围以内。具体落实中各地要综合考虑草原面积、补奖资金额度及牧民收入差异等因素，以县为单位统一制定方案。同时要制定"封顶""保底"措施，防止出现因补贴额度过高"垒大户"[①] 和因补贴过低影响牧民生活的现象。草畜平衡根据天然草原承载力核定合理载畜量（如2015年底，青海全省的理论载畜量为2719万羊单位），将草畜平衡任务逐级分解落实到县、乡、村及牧户，经公示后，由县与乡、乡与村、村与牧户层层签订草畜平衡合同，并由各级财政、农牧部门对履行草畜平衡义务的牧民，统一按每年每亩2.5元的测算标准给予奖励。建立省巡查、州抽查、县自查的监督检查制度，省上开展常态化督查，不定期派巡查组深入基层开展巡查；要制定和细化实施方案，将禁牧和草畜平衡任务逐级分解落实到草场、地块和牧户；各市、州要建立州级领导包县、县级领导包乡、乡级干部包村的联点包干制度，深入牧区督查指导。实行"一卡通"，及时足额将补奖资金兑现到户，并在卡、折中明确政策项目名称[②]。

---

① "垒大户"原指信贷资金向大城市、大企业（上市公司）、大项目和某些行业过度集中所表现出的一种"锦上添花"现象。这里指由于某些牧户的草原面积过大而导致的相对于草原面积较小的牧户得到的低额补贴而言的高额补贴现象，反映出生态补奖中草场大小户之间补贴金额的不公平现象。

② 青海省人民政府办公厅．青海省人民政府办公厅关于印发青海省草原生态保护补助奖励机制实施意见（试行）的通知［EB/OL］.（2011－09－28）．http：//zwgk.qh.gov.cn/zdgk/zwgkzfxxgkml/zfwj/.

5.1.3　草原执法监督是保障

以青海省和甘肃省为例，说明草原牧区是如何进行执法监督、以保障草地生态治理项目顺利实施的。青海省建立了省巡查、州抽查、县自查的监督检查制度，省上开展常态化督查，不定期派巡查组深入基层开展巡查；各市、州要建立州级领导包县、县级领导包乡、乡级干部包村的联点包干制度，深入牧区督查指导。要通过设立标识牌、发布公示公告等方式，将新一轮补奖政策内容、目标责任及监督电话向社会公布，广泛接受社会监督。强化资金监管。加强补奖资金运行和管理，严格执行专账管理、专款专用。坚持"规范操作、严格考核、公示公告、兑现到户"的原则，实行"一卡通"方式及时足额将补奖资金兑现到户，并在卡、折中明确政策项目名称。新一轮增量资金全部纳入绩效考核范围，经逐级绩效考评合格后，按照绩效评价办法规定兑现奖惩。各地在测算补奖资金时不得形成结余，严格实行村级公示制，接受群众监督。各级政府逐级签订资金监管和廉政责任书，明确责任主体和工作职责，财政、审计部门要加强补奖资金发放、使用等情况监督检查，对工作不力、出现重大问题的地区通报批评，并依法追究当事人和主要领导的责任。同时，在草地流转问题上也要强化监督检查，形成工作合力。各级国土部门、农牧部门要加强对流转草原用途的监管，认真做好草原承包经营权流转前的信息核实、受让方资格核查、流转合同登记、备案及流转后跟踪服务等工作。强化执法检查，严厉打击各种非法流转草原行为。及时研究新情况，解决新问题，完善草原承包经营权流转和价格形成机制，促进草原生态畜牧业持续健康发展。

甘肃省加强了草原监理监测，将禁牧与治理、放牧与舍饲、资金兑付与超载牲畜核减紧密结合，确保补奖资金发挥实际效益。建立完善县有草原监理机构专职行使监管职责，乡镇有分管领导、专兼职干部负责督促检查，村有干部负责、村级草管员日常管护草原的工作机制，加强对村级草管员的监督管理。草原监理机构加强草原征占用审核管理，对基本草原实行严格保护，严防乱征滥占草原，切实维护农牧民承包经营草原的合法权益和草原生态安全。草原技术服务机构加强草原监测体系建设，完善监测指标，改进监测手段，加强技术培训，认真开展监测工作；研究分析监测数据，编制监测报告，发布监测信息，客观反映草原植被恢复情况，评估政策实施效果。各地要将监理监测结果作为考核禁牧和草畜平衡、兑现补奖资金的主要依据，确保政策实施取得实效。

5.2 项目实施中存在的问题

为了遏制 2000 年以来日益加剧的草地退化，减轻沙尘暴等对于城市和人们的威胁，2002 年以来国家制定了一系列生态政策，并在主要草原牧区强制实施了草地生态治理项目。这其中，最为典型的项目是 2003 年以来在 8 个主要草原省区和新疆生产建设兵团实施的退牧还草项目和 2011 年以来在 13 个主要草原省区实施的草原生态补奖项目。

5.2.1 退牧还草实施中的问题

从 2003 年开始实施的退牧还草工程，到 2018 年中央已累计投入资金 295.7 亿元（侯雪静，2018）。项目虽然取得了一些成果，但在实施中，也暴露出诸多问题。这些问题在一定程度上影响了草地生态治理的效果。主要表现为：

项目执行主体行为不规范。中央政府作为"退牧还草"工程的主导者，负责制定相关的政策和法规，而将布局规划、监督管理和发放补贴等事项委托给予牧民接触密切的地方政府。地方政府掌握着项目实施的资源，在监管不力的情况下，容易产生寻租现象，如在围栏舍饲建设时，运用质量价格不相称的材料给牧户，甚至克扣退牧户的钱粮补助，分次发放补助款或者只发放部分补助款，补助款剩下的部分被地方官员私分等租金寻租；谎报、虚报退牧指标，骗取国家退牧补贴，以及牧户为获取更多的退牧补贴，或者继续进行放牧，主动向官员进行贿赂等权力寻租（郭燕宇，2020）。

管理不力。项目的任务由中央政府制定后下达给各省区，委托各级政府执行。各级政府在项目实施中信息不对称，造成管理不力。在将项目任务落实到区域时，每一级都希望得到更多的退牧指标和与任务相配套的资源，于是尽可能多上报退牧计划上下级信息不一致，使得国家下放的补贴资金与地区所需资金也不相符，导致该退牧的地区没有退牧指标，不该退牧的地区却有退牧指标，甚至将不存在退化的草场划为退牧范围。

笔者在当地调研时，有技术人员反映，退牧还草项目中设计的围栏投资太多了，当地可围栏的草场基本上都围上了，有的草场上甚至围了几次，但牧民非常渴望的舍棚建设投资却极少。遗憾的是，项目的投资在这两种措施之间不能打通。这就势必影响草地生态治理项目的投资效果，进而影响草地生态治理的效果：一方面是可能不需要围栏的草场被围上了，从而降低草地资源的利用率；另一方面，需要建设舍棚的投资却不能到位，在冬季非常寒冷，年平均气温低于 -2.2℃ 的地方，舍棚的建设可以减少牲畜的死亡率，减轻牲畜冬季掉膘，从而提高牧业生产效率。

监督体系不够完善。对退牧后草地的后续监督管理不足，退牧还草更重要的是"还草"，而大多仅停留在退牧阶段。政策执行机制不健全。作为基层政府的旗县最为关键，掌握着项目的资源可以流向的苏木（乡镇）。从监督体系来看，旗政府同时作为执行主体与监督主体，监督失效。苏木（乡镇）决定哪些嘎查（村）可以进入项目。可见，各级地方政府掌握"退牧还草"工程实施的资源，选择性地执行政策，可能造成政策执行与政策目的有所偏差。面子工程，盲目禁牧休牧，规划缺少科学依据，选择项目嘎查（村）和项目户较为随意，有些凭关系。在整村推进的地方，进入项目的村民可免费修建围栏和/或舍棚，或在围栏和舍棚修建中获得部分补贴，但各户牧民获得的补贴力度不一样；在非整村推进的地方，能否（参与项目）得到项目的资助，与牧户家的资源禀赋和社会网络有关。存在"精英俘获"现象（即某些村庄的领导运用个人权力，垄断下乡资源进行利益分配所形成基层治理生态）。

"扶富不扶贫"。项目执行存在明显的"扶富不扶贫"现象，可能会拉大牧户间的贫富差距。先围上围栏的牧户占有极大优势，可以使用共用的草场或者尚未能围起来的草地，迫使无力围栏的牧户赶紧围栏，加重其经济负担。有些牧户由于财力有限，只能暂时将靠近交通道路一边的草地围起来。以青海省为例，初期"退牧还草"工程实施补助标准，青藏高原东部江河源草原的禁牧地区，每亩补贴饲料粮为 2.75 公斤/年，季节性休牧按 3 个月计算，每亩每年 0.685 公斤，期限为 5 年。其他地区禁牧区每年每亩 5.5 公斤，休牧区 1.37 公斤。草原围栏建设费用由中央和地方（及个人）分摊，起初按照 7∶3 的比例，后来按 8∶2。围栏建设中，青藏高原地区中央支付由每亩 17.5 元增加到 20 元，其他地区由 14 元增加到 16 元。补播草种费中央补助由每亩 10 元提高到 20 元，人工饲草料基地建设每亩补助 160 元，舍饲棚圈建设每亩 3000 元。这样看来，项目户相对于非项目户而言，获得较多的资源。

此外，围栏和棚圈建设要求地方和个人配套的做法将一些贫困牧户排除在了项目之外，出现了精英俘获现象。调研中发现，有的牧户大户在项目实施中得到了高达 10 多万元的资助，而很多牧户却表示不知情，或认为有关系才能参与项目，或自己没有经济实力进行围栏和舍棚建设配套时，不能参与项目。有些地方规定，针对草原确权到户的牧户，这就将联户的牧户排除了；有些要求草地连片，如 5000 亩一片，这就将规模不足的小牧户排除了。项目实施中的种种做法，使得项目表现出

"扶富不扶贫"的特征，从而在一定程度上影响了项目的效果和在牧民中的影响力。包括政府对于提高牧民退牧还草、保护草原意识的宣传不到位，少有实地走访和印制宣传册。村民/牧民在项目参与中缺乏参与机制，甚至有牧民反映不知情。

5.2.2　草原生态补奖实施中的问题

2011 年以来，我国在内蒙古、西藏、新疆等 13 个主要草原牧区省份，实施了草原生态保护补助奖励。八年来，国家累计投入草原生态补奖资金 1326 余亿元。草原生态补奖政策的实施，培育了牧民保护草原的意识，提高了牧民维护草原生态安全的积极性[①]。总体而言，项目取得了较好的效果，但在实施中还存在不少问题。本节采用课题组在内蒙古、青海祁连和甘肃山丹等主要草原牧区进行的小组访谈信息和在内蒙古锡林郭勒的牧户实地调研数据，总结草原生态补奖项目实施中存在的问题。

牧户配合程度不够高。虽然大部分牧户的牲畜饲养数量按草畜平衡的载畜标准皆已超载，但极少有牧户认为自己饲养的牲畜数量过多，且不认为其当前的牲畜饲养数量会对草地生态造成不利影响。有相当一部分牧民表示，他们对于怎么样、养多少心中自有一个标准，并认为这个标准充分考虑了草地承载力与草原牧业生产的特征，不会对草地生态造成破坏，因而不需要完全按照国家的标准。

载畜标准不甚合理。绝大多数被调查牧户表示载畜标准不够合理。草畜平衡政策规定的载畜量是根据草地生态状况制定的，不考虑牲畜的销售价格以及牧户基本消费需求与生计有关的因素。然而，牧户在决定牲畜饲养数量时不仅会考虑草地生态状况，也会考虑生计因素，且对于生计的考虑更多。畜牧业生产是绝大多数牧户最主要的收入来源，是牧

---

① 国家林业和草原局. 我国累计投入草原生态补奖资金 1326 余亿元 [EB/OL]. (2018 – 07 – 18). https：//www.sohu.com/a/241896547 – 268469.

户生存的物质基础。虽然牧户会考虑也重视草地生态状况，但若生态与生计发生冲突，牧户则会舍弃前者。在这种情况下，若雨水充足、牧草长势良好且牲畜销售行情不错，牧户会更倾向于配合政策的实施；否则，牧户将按照自己的标准饲养牲畜，以避免生存危机。这是当前牧区面临的现实情况。

此外，载畜标准的调整不够灵活也是牧户认为政策不合理的一个原因。按照政策的规定，载畜标准每5年调整一次。但从草原生态系统特征的角度来看，该调整周期过长。草原属于非平衡生态系统，降水具有高度年际波动性，进而草地载畜能力具有十分大的年际差异性。牧户决定牲畜饲养数量时最主要的参考因素就是草地的承载能力。雨水好、草地载畜能力高，就多养一些；雨水不好、草地载畜能力低，就少养一些。在这种情况下，牧户的牲畜饲养数量每年随草地载畜能力的波动会有不同程度的变化。不管草地承载能力是否发生明显变化，政策规定的载畜标准5年内保持不变。若牧户遵守这种缺乏灵活性的载畜标准，经济利益与风险应对能力皆会受到不利影响。

监管力度不足。按照草畜平衡政策的实施规定，相关监管部门需要在每年6月底、12月底对牧户的牲畜饲养数量进行核查，并在其余时间进行不定期检查，在此基础上对超载牧户进行处罚或扣除一定比例的草畜平衡奖励。而实践中，部分受访嘎查（村）的牧户皆表示并未被检查过牲畜数量，仅少部分牧户表示牲畜数量被检查过，但检查次数并不多。表4-25和表4-26显示了根据调研资料整理的两轮生态补奖期间相关部门每年平均对超载情况进行检查与处罚的情况。在检查方面，第一轮生态补奖期间，28.6%的牧户被检查过牲畜数量；第二轮生态补奖期间，47.8%的牧户被检查过牲畜数量，是第一轮生态补奖期间的1.7倍，检查力度明显加强，但仍有过半的牧户未被检查过。在处罚方面，第二轮生态补奖对超载牧户处罚力度有所提高，超载牧户被处罚的比率由第一轮生态补奖期间的 17.5% 提高至 38.9%，罚款额度也由 100 元/羊提高至 150 元/羊；但仍有 61.1% 的被检查的超载牧户未受到处罚，表明处罚的实施程度有待提高。

表 4 – 25　　　　　第一轮和第二轮生态补奖的超载检查情况

年检查次数（次）	第一轮生态补奖		第二轮生态补奖	
	牧户数量	牧户比例（%）	牧户数量	牧户比例
≤1	97	71.3	71	52.2
2	32	23.5	53	39.0
≥3	7	5.1	12	8.8

表 4 – 26　　　　　第一轮和第二轮生态补奖对超载的处罚情况

罚款比率（%）	第一轮生态补奖	第二轮生态补奖
	17.5	38.9
罚款额度（元/羊）	100	150

补贴标准偏低。虽然第二轮补奖提高了补贴与奖励标准，但调研发现提高后的补贴标准仍比较低，难以发挥激励牧户保护生态及促进牧户增收的目的。畜牧业生产是牧户最主要或是唯一的收入来源。牧业生产状况直接影响牧户的生计水平，总体而言，牧户饲养的牲畜数量越大，收入水平就越高，进而生计水平就越高。因此，牧户无论是减少牲畜还是退出牧业，都会造成收入损失，进而降低生计水平。而生态补奖实施的目的就是对牧户因减少牲畜造成的收入损失进行弥补，以维持牧户的生计水平不减，从而提高牧户配合草原保护的积极性。在草地大面积退化的情况下，实施生态补奖政策是十分必要的，但补奖标准偏低，会因牧户无法维持应有的生计水平而预期的政策目标无法发挥。以锡林郭勒盟南部几个旗草地面积为 1000 亩的某牧户为例。这些地区暖季的载畜

标准为 50 亩/标准羊，按照这一标准，该牧户只能饲养 20 头羊。若这 20 头羊全部产崽且没有幼崽死亡，按近两年 300～400 元/羊的销售价格，该家庭的收入为 6000～8000 元，扣除草料支出后的收益大概只有 2000～3000 元。加上 3000 元的草畜平衡奖励，一个三口之家每个人的收入只有不到 6000 元。而根据调查，当地一个家庭至少需要饲养 200 头羊才能维持生计，因而牧户即使拿到奖励金，收入也比之前减少至少 2 万元。对于草场面积较大的牧户，现行的草畜平衡奖励标准或许能够在一定程度上弥补减畜的损失，但对于草场面积较小的牧户，草畜平衡奖励相对于其减畜而减少的收入而言，微不足道。

奖励标准缺乏差异性。虽然各省区在制定草畜平衡奖励标准时考虑了差异化问题，但却考虑得不够充分。各省区在制定奖励标准时只考虑了地区性（旗县）差异，没有考虑牧户的草地资源禀赋差异。对于草地面积大的牧户，超载程度本身就十分低，甚至不超载。这部分牧户的减畜损失较弱。与此同时，这些牧户因草场面积大可收到较高额度的奖励金。草畜平衡的实施不仅不会使这部分牧户遭受任何损失，还会明显促进牧户增收。但对于草地面积小的牧户，超载程度高但收到的奖励金额小，奖励远小于牧户因减畜带来的收入损失。对于草地面积极小的牧户（如蓝旗、白旗有相当一部分牧户的草地面积小于 500 亩，部分牧户的草地只有 100 亩），减畜带来的不仅是收入的减少，也是生计水平的大幅降低。虽然有些省份规定防止"垒大户"，但无论是按照面积还是按照人口进行补贴，在牧户层面都存在一定的不公平性。

5.3　小结

草原是重要的生态屏障。我国有天然草原 3.928 亿公顷，约占全球草原面积 12%。目前，全国确权承包的草原面积达到 2.87 亿公顷，占天然草原总面积的 73.1%。按照 90% 的退化比例计算，2003 年退牧还草前全国退化的草原面积约 53.03 万亩，其中，西部严重退化草原面积在 2003 年治理前达 25 亿亩，占退化草原面积的 47.1%。为此，2002 年以来，中国在西部主要草原牧区实施了声势浩大的生态治理工程。其中，退牧还草项目先期集中治理的 10 亿亩草原约占西部地区严重退化草原的 40%，后期项目覆盖了八大草原牧区。而 2011 年以来实施的草原生态补奖项目无论是草原面积还是涉及的牧户覆盖面都更广，投入的资金也更多，治理的力度更大，治理效果也更佳。根据《2017 全国草原监测报告》显示，2017 年全国重点天然草原的家畜平均超载率为 11.3%，较 2010 年降低 18.7 个百分点；全国草原鼠害和虫害受害面积较 2010 年分别减少 36% 和 39%。尽管取得了不错的成效，项目实施的组织安排似乎也很严密：以草地确权为项目实施的前提，草畜平衡作为项目实施的根本，以草原执法监督作为项目的实施保障。但项目的实施还存在不少改进的空间。这里围绕草地确权、草地生态项目实施和草原监督执法提出拟讨论的问题，以便为将来的草地生态治理提供有效的政策建议。

5.3.1　草地确权是否应作为项目实施前提？

各省区在草原生态补奖政策实施中，都明确规定要进一步规范草原确权，将草原的承包经营使用权确到牧户层面。根据陈洁和罗丹（2009）的调研，退牧还草项目对于牧户选择的一个重要条件就是草地确权到户。换言之，草地没有确权到户的牧户，没有资格进入项目的筛选范畴。笔者 2012 年在锡林郭勒盟某嘎查调研时发现，在 2011 年生态补奖政策实施前，该嘎查有 7 个浩特的草场名义上分到了各家各户，但实际上各家都没有建围栏，仍以浩特为单位共同使用草场。但第一轮草原生态补奖政策实施时，这个嘎查的草场真正确到了牧户头上，每个牧户家也很快建起了围栏。牧民反映，若不从浩特分开，将得不到生态补奖政策的禁牧补贴和草畜平衡奖励资金。草地确权成本高昂，包括确权之前的方案制订、确权过程中的测量以及确权之后的围栏建设等。如果用围栏界定确权成果，将加剧草地的细碎化，进而增大牧户使用草场的成本，加大"蹄灾"的可能性，并可能最终导致租值耗散。而如果确权之后牧户不建围栏，则其草场将遭到公地悲剧；如果建了围栏而牧户自己又未能利用草场，又没有租给他人使用，则将造成该草场的"反公地悲剧"（谭淑豪，2020）。草地在不超过其承载力的情况下使用时，可以被视为可更新资源。对于这样的可更新资源，人们不加利用，将造成资源浪费，这也是一种形式的租值耗散。

实践中，那些没有将草地确权到户，或虽然已经将草地确权到户了，但实际上牧户仍在共同使用草场的地方，草场生态和经济效果更好（Zhang，Tan & Hannaway et al.，2020；Li，Wu & Zhang et al.，2018）。在西藏、内蒙古、青海、甘肃、新疆、四川和云南关于草地确权的规定中，各草原大省区都明确规定要将草地确权到户，并将是否将草原确权到户作为生态治理项目实施的前提。不过，云南省草地确权的规定是个例外，鼓励完善联户承包草原管护制度。探索以村民小组为基本单元，组建牛羊养殖专业合作社，对联户承包草原进行统一管理、统一建设的管护模式。今后的草地生态治理项目是否要将草地确权到户作为生态治理项目实施的前提值得商榷。

5.3.2　生态治理项目实施中的问题如何避免?

21 世纪以来，中国实施的草原生态治理项目是非常必要及时的，成效也不错，但问题也不少。以退牧还草而言，对项目实施措施的规定较为死板，不同措施间资金分配不够合理，与牧户的需求不相吻合。一方面，有些地方牧户差不多都已经拉上了围栏，而新下达的项目中还有围栏建设的内容。此时，牧户更需要的是建设棚圈或打井。但是，这些规定建设围栏的经费却不能用来建设棚圈和打井。这就造成围栏的资金对牧户而言发挥不了围栏的作用，而另一方面，牧户需要自己掏钱建设棚圈和打井。这就在较大程度上影响了牧民参与项目的积极性，从而影响了项目的实施效果。

　　牧户参与项目的机会不均等，存在不公平现象。根据笔者对有关牧区的实地调研，有些牧户多次进入项目，草场上的围栏用项目的资金拉了不止一次。而多数牧户则从未有过机会进入项目，他们的草场围栏和棚圈等牧业基础设施需要自己掏钱建设。而什么样的苏木（乡镇）、嘎查（村）和牧户可以进入项目呢？调研发现，嘎查（村）由苏木（乡镇）选定，而牧户及其地块的资料由嘎查（村）提供。有些进行围栏的草场要求达到 5000 亩一块。这通常只有大户才具有符合这种规模的草场。在一些苏木（乡镇）和嘎查（村），如果没有 5000 亩一块的草场，就达不到围栏的要求，也就难以进入项目。这就导致"扶富不扶贫"（张雯，2013）。这就不难理解为什么项目实施了多年，而草地生态治理的效果却仍是"点上好转，面上恶化"，因为作为"点"涉及项目的牧户相对而言太少了，而且这样的治理方式也难以起到以点带面的作用。根本的原因在于项目实施的设计中，牧户参与不足。项目完全由政府主导，而作为草地主要利用者的牧户被排除在草原保护之外。牧民甚至被视为草原的破坏者，这种思路就在一定程度上导致了草原生态移民。而根据文献（Niamir–Fuller，1999）及我们在阿拉善等草原牧区的调研，将牧民从草原移出去，对草原进行 5 年以上的长期禁牧，对草原生态的恢复并没有好处。适度的放牧被视为草地管理的有效手段，因为牲畜和牧草存在某种协同进化的关系。

　　生态补奖项目克服了退牧还草项目中牧户参与项目机会不均等的现象，采取普惠制方式。牧户只要分到了国家或集体的承包草场，就能够平等地参与项目规定的各项措施。但是，第一轮补奖金额较低，第二轮虽然加大了补奖标准，但对多数地区的大多数牧民而言，补奖标准总体依然偏低，难以抵偿牧户因减少牲畜而降低的收入。并且，项目补奖中虽然尽量避免"垒大户"，但补奖金额对于草场面积较大的牧户和草场规模较小的牧户仍可能造成较为悬殊的贫富差距，这种差距恐怕会将草场分配到户时起点的不公平放大、放远。很多草场规模较小的牧户会因此被挤出牧业，因为仅靠生态补奖难以维持生计。此外，这两轮草原生态补奖都是基于家庭草场面积或人员规模来进行的，这样的补奖方式与牧户真实的草地利用行为关联不紧密。特别是当牧户将承包的草场租给他人使用时，补奖与实际使用草场的牧户的牲畜养殖行为没有关系，难以起到激励其减少牲畜的作用，也就难以真正靠政策来保护草原生态。今后的草地生态治理项目中如何避免以上问题的产生，以促进生态更有效和社会更和谐的草地生态治理。草地治理是否需要以牧户为基本决策单元来进行？

5.3.3 草原监督执法如何更加有效？

成立项目领导小组，层层落实，签订责任状，聘请草原管护员，实行定期检查和突击检查、对超载、过牧、偷牧等行为进行罚款，监督成本极其高昂。然后，效果却不尽如人意。超载现象仍然十分普遍，偷牧现象也很常见（杨启乐，2014）。在项目的实施和监督过程中，国家同时承担了制度的制定者、制度的执行者和监督者、利益的补偿者三种角色（王晓毅，2009a），这就难免使某些基层政府或部门将政策变成其增加收入的工具，对草原破坏、畜牧超载等现象的治理方式进行"以罚代管"，牧民则利用偷牧、夜牧等"弱者的武器"，消极抵制来躲避休牧禁牧政策。在草原生态治理中，牧民被排除在政策的制定与实施之外，视为主要的监督和执法对象。草地生态系统是一个"人—草—畜"和谐统一的系统，现有草地生态治理政策多将重心放在草和畜上，将人（即牧民）视为监督和执法对象使得制度执行难，如有些地区，休禁牧只是名义上的，偷牧反倒普遍。而越是难以执行，监督的成本就越是高昂，政府部门和官员寻租的可能性也就越大。

项目的实施应如何设计？政府是否需要考虑放权，让社区自治？第 6 节将结合基于社区的草地生态治理案例，探讨以上问题。

6 基于社区的草地生态治理案例

如前所述，政府主导的草地生态治理虽然动员能力很强，投入的人力、资金和物力也很多，但由于以往的项目将牧民排除在治理主体之外，即牧民非但未能参与实施方案的制定，且被视为监督和执法的对象。这样的做法加上其他诸多方面的原因，导致总体而言，草地生态治理项目的投入产出比不尽如人意。牧民是草原生态系统的重要组成部分，是草原的主要利用者和管理者，草地生态治理不能仅看到草和畜，更重要的还要看到牧民的能动性。而鉴于中国主要牧区的草地资源及其产权状况，由单个家庭治理的话很难将生态治理活动产生的外部性内化到牧户的行为中去，因而，牧户可能不是最好的治理主体。本章拟探讨基于社区草地生态治理的可行性。以下将介绍四川省火龙沟村和青海省拉格日村社区草地生态治理的经验，并讨论了基于社区进行草地生态治理的可行性。

6.1 火龙沟村社区草地生态治理

这个案例①发生的火龙沟村位于青藏高原边缘东南部的四川省甘孜

---

① 这一案例基于韩伟于 2011 年 10 月 27 日在昆明召开的"2011 中国草原可持续发展论坛"所作报告《参与式草地平衡管理》的内容以及 2013 年 5 月 11 日应作者之邀来参加中国人民大学可持续发展高等研究院与农业与农村发展学院联合举办的"草地制度变迁对牧区自然资源管理的影响"学术会议的交流内容。特此致谢！

州丹巴县半扇门乡。该村是一个海拔 3800～4500 米的偏远封闭藏族牧村。案例发生时，这个牧村是这样的一幅景象：从远处眺望，山高谷深，陡峭的山体上散布着一些乔木和诸多灌木；从近处看，山体上草类植被稀疏，上面分散着许多大小不等的石块。这些山体就是全村的 5 万多亩草场。在这个案例发生时的 2008 年，这些处在退化中的草场不仅承载着全村 1500 多头牦牛和 50 多匹马，还承载着全村贫困的牧民。当年，在全国城镇居民人均收入为 15781 元，农村居民纯收入为 4717 元，其所在省份农村居民人均纯收入为 4121 元的情况下，火龙沟村牧民的人均纯收入只有 1441 元，不足全国农村居民纯收入的 1/3。恶劣的自然条件和贫困的经济状况使得牧民产生了"尽可能地多养牲畜，争取自己的最大收益"的机会主义行为，以及让"别人（国家）来保护草原，自己受益"的"搭便车"心态。而逐渐加剧的草地退化，使牧民家从陡坡上摔死或饿死的牦牛不断增加。牧民财产受到极大损失，对未来的不确定性产生了恐慌。牧民们谁都不知道，村子的未来在哪里，将来的生计靠什么。整个村子处于村民人心涣散、对未来无望的糟糕状态。

6.1.1　火龙沟村的草地是如何退化的？

导致火龙沟村草地退化的根本原因在于人口的增加和草地产权制度的安排。人口增加意味着对畜产品和其他资源的需求增大。当人口增加导致的牲畜增多超出草地承载力时，草地就遭到退化。火龙沟村不同年代"人—草—畜"的状况揭示了草地退化是如何在该村悄然发生，然后变得愈演愈烈的。火龙沟村历史上是个牧草丰茂的牧村。即使是 20 世纪 60 年代，这里的草地生态系统还很健康（"比现在强十倍"），牧草高深茂密（"小孩躺进去看不见"），生物多样性高（"虫草、贝母、野生动物多"），"牦牛很壮，一头牦牛的产奶量相当于现在的 3～4 头"。那时，全村有 16 户 60 人，牦牛和马一共 1015 头。以此为参照，20 世纪 70 年代，该村的人口减少了 10 人，牦牛也减少了 200 头，这极大地减轻了草场的压力。但挖中草药现象的增多，且不按照季节轮牧，给草地退化带来了隐患。80 年代，人口较 60 年代增加了 10 人，马增加了 5 匹，而牦牛少了 200 头。即使开始按季节轮牧，草原还是出现退化现象：杂草增加，狼害减少。90 年代，"人—草—畜"的状况发生了很大变化：不仅人口数量增加了 1/3，而且牦牛增加了 1/4，马增加了 1 倍。人畜的大量增加给草地带来了很大的压力。全村的草地已经难以承受这些牲畜，牦牛饿死的情形更加频繁，迫使牧民购买饲料，即便如此，草场退化日益严重。2000 年以来，各项指标达到历史最高水平：人口增长了 55%，牲畜暴增，其中牦牛增加了 100%，马增加了 30%，过去从未饲养过的羊也多达 200 只。"人—草—畜"矛盾的空前加大，使得草场进一步退化，牲畜也由于缺少草料，体力不支，摔死饿死更加常见（见表 4 –27）。

表 4 –27　　火龙沟村不同年代的"人—草—畜"状况即草场变化

时间	人口情况		牲畜			草场变化
	户	人	牦牛（头）	马（匹）	羊（只）	
60 年代	16	60	1000	15	0	开始采中草药
70 年代	16	50	800	15	0	挖药多，不按季节轮牧
80 年代	18	70	800	20	0	开始按季节轮牧，杂草明显增加
90 年代	18	80	1250	30	0	饿死牛增加，开始购买饲料；草场杂草灌木增多；出现泥石流和沙化地
2000—2008 年	30	93	2000	50	200	在住家附近种草；牦牛摔死多
2009 年	30	93	1350	40	0	雪灾和地震后，2008 年开始试点

注：人口和牲畜数量为估计值。

草地产权制度的安排未能阻止牧户增加牲畜和超载过牧的竞赛。由于高山草场地形复杂，从物理上将草场确权并分割到户成本高昂，加上传统上牧民共用草场的习惯，使牧户之间、自然村之间甚至行政村之间的一些草场边界模糊，这就为牧民竞相增加牲畜以获取个人的微小利益提供了条件。而在这一次次人口增长——牲畜增加——草地退化的循环背后，是约束村民放牧行为的村规民约的失效，这就最终导致了火龙沟村公地悲剧的发生。

6.1.2 发起基于社区的草地生态治理

为了遏制草地退化，保护作为全村牧民生存基础的草地资源，进行草地生态治理势在必行。如前所述，以往国家的草地生态治理项目要么少有惠及此类生态脆弱而异地影响（off-site effect）较小的地区，要么国家主导的生态治理项目因为无法应对不同类型牧区的复杂性而效果有限。重建社区集体行动能力，进行草地生态自主治理是个值得尝试的选择。在 2008 年的大地震和其后的雪灾之后，火龙沟村在成都曙光社区[①]的帮助下发起了基于社区的草地生态治理。牧民有维持生计的需要，也就有保护草原的愿望和动力，因而能够成为保护草原的主体。牧民"搭便车"的思想观念可以转变，由以往国家主导项目使"你要保护"变成自主治理时的"我要保护"。如果能探索一套牧民可以接受、技术上和管理上可行的草畜平衡管理方法，就可以把牧民对草场退化的焦虑变成保护草原的实际行动，牧民也就能够用自己的办法治理草地生态，实现草畜平衡。

6.1.3 实施草地生态治理

在经历了近半个世纪愈演愈烈的牲畜增加竞赛、草地退化加剧和贫困加深之后，火龙沟村发起了社区的草地生态治理，以试图恢复草畜平衡，实现草地可持续发展。建立实体、制定规则是红龙沟村草地生态治理得以实施的重要保障。

---

① 成都曙光社区发展能力建设中心是四川一家本土的 NGO，该组织主要通过参与式方法，加强社区能力，以促进社区可持续发展（韩伟，2012）。

　　建立实体。火龙沟村基于社区的草地生态治理的实施，首要之事就是将一盘散沙的牧民组织起来，重建其集体行动的能力。为此，火龙村建立了一个自主进行草地生态治理的机构——社区草场管理小组。管理小组候选人为有文化、积极性高、公正、有实干精神、稳当可靠、不乱用钱的年轻人。管理小组包括组长、会计、出纳和记录人员，由社区牧民大会公选产生，主要任务是带领牧民自主治理草场和管理利用草场。管理小组经过培训，并结合实际事务的处理，边干边学，能力得以提高。

　　制定规则。依托建立的实体，社区制定了促进草地生态治理的有关规则，作为约束草场管理的机制。主要包括三个方面：（1）达成集体行动共识；（2）建立社区发展基金；（3）建立草场管理村规民约。

　　实施治理。在社区草地管理小组的带领下，火龙沟社区依照以上制定的规则从以下方面具体实施了草地生态治理：

　　（1）激发牧民自我管理草场，达成集体行动共识。为了使牧民从一盘散沙和对于草地退化焦虑但不知所措的状态中走出来，社区组织牧民讨论"什么是好的牧草？""什么是好的草场？""如何判断草场退化了？""导致草场退化的原因是什么？"等一系列与草场退化和草场管理相关的问题。通过讨论，激发牧民自我保护草场的意识。有别于官方语系，牧民对这些问题有着自己来自生产实践的丰富表达。以"什么是好的草场"为例，牧民们认为"好草场要有草有水，裸露面积少、土壤厚、石头少，经得起牛踩踏，相对比较平坦，不会摔死牛，不同季节草场应有相对高差以便轮牧。可放牧的时间长，草场上药材丰富，能带来较高的虫草收入等"（成都蜀光社区发展能力建设中心，2015）。

　　（2）用社区发展基金激发草场保护行动。社区发展基金可以解决草地管理小组的运行成本，使社区草地管理小组持续存在并发挥作用。

　　（3）提高牧民自主管理草场的能力。社区草地管理小组带领牧民自主管理草场。他们通过共同讨论与草场管理有关的各项活动，增强牧民的凝聚力和能力，达成自主治理草地的共识。讨论卓有成效，包括不同年代生出品种和质量的变化、全村种草的历史和方式、草场野生动植物的变化以及村里牲畜死亡的原因等。讨论的话题来自牧民的生产实践，是牧民最关心的与其生计密切相关的话题。讨论时，牧民用本土知识和自己的语言对话题的内容进行描述。如用牲畜及其畜产品的品质和数量来衡量草地退化状况：没有退化的健康草场上放牧的牦牛3岁就可以下小牛，产奶期很长，产奶10多年的牦牛每年还能产奶600~800公斤，奶水比现在的牦牛多1倍，冬天还可以挤奶；每头牦牛生产的酥油也比现在的要多出半斤左右；牦牛抗病力强；牦牛的毛色光滑透亮，酥油色黄。而在退化的草场上放牧的牦牛，每头的体重减轻200斤左右，4~5岁的牦牛才开始产奶，产奶期短，每年的挤奶期也缩短了2个月左右，冬天挤不到奶了，酥油产量减少。牦牛容易生病，肉质变差，毛色发黄无光。这些共同的回忆增强了牧民的参与感和作为集体成员的认同感，并转化为他们共同保护全村草场的意识。

（4）共同协商制定载畜量。草地管理小组根据草场状况和每个牧户的基本生计需求，确定载畜量，并根据每年草场质量的变化，共同协商调整载畜量，对草场进行适应性管理。

（5）社区自主开展草场生态治理活动。每个牧户都要投劳、投资，在各组之间修建边界围栏，以明确草地产权，减少边界放牧纠纷。各个小组的草场上也修建一些功能围栏，以便划区轮牧。每户种草1~2亩，解决冬季饲草供应，减轻冬春草场压力。社区安排统一购买优质草种、组织牧民学习种草技术和交流经验，对管理人员进行培训。密切关注草地等生态环境变化，如有滑坡等情形出现，要立即采取措施，停止放牧并种草修复草地生态。通过补播草种，改善退化的天然草场。同时，制定有利于草场保护的乡规民约。如为了严格限定草地上的载畜量，社区规定草场以村民小组为单位共同使用，各组草场由各组建设和管理。小组与小组之间、小组内的牧户与牧户之间相互监督，不得超过规定的载畜量。各家若有超过规定数量的牦牛，必须及时卖掉。不能让本组之外的牛进入草场。要按照统一安排的时间进入冬春草场，并对草场进行规划建设。不许在草地上放养山羊和猪。为避免增加人口压力，有儿子的人家不找上门入户女婿。

（6）建立社区自己的监测办法。用自己熟悉的、能够实际操作的指标，评价草场的变化。牧民通过采用基于地方知识和传统知识的指标，识别草场的变化，指导草场管理；根据监测结果，采取适应性管理措施。

6.1.4　草地生态治理效果

为使草地生态治理切实发挥效果，社区从村规民约的执行、社区基金的运转、牦牛生长、草场质量和草场建设维护 5 个方面对草场生态治理状况进行监测与评价，适时掌握草地治理动态，以便及时对草地治理的各项具体措施进行调整。监测和评价内容的每个方面又包括若干牧民协商制定的指标。以村规民约的执行情况为例，具体的监测指标包括：牦牛数量超过规定的家庭，未按期转场的事件、出租草地的家庭、违规代养牲畜的家庭、违规养羊和猪的家庭以及违规招上门女婿的家庭情况。定期监测草场，形成"监测—评估—行动"的良性循环。

火龙沟社区草地生态治理的实践不仅让牧民形成了自觉保护草场的习惯，增强了牧民的凝聚力和集体行动的能力，而且在牧民收入未减少的情况下，改善了社区的草场，使其抗灾能力增强。根据 2009 年的一次评估，火龙沟村草场退化趋势得到遏止，牧民们普遍认为"草原好了""草根紧了""饲草冬天够吃了""沙化减少了""放牧用工减少，可以外出挣钱了"（成都蜀光社区发展能力建设中心，2015）。2011 年3 月，火龙沟村遭遇了特大雪灾，由于实行了草畜平衡和修建围栏等草地生态治理措施，牦牛没有遭受之前那么大的损失。这说明基于社区的草地生态治理取得了良好成效。

6.2 拉格日社区草地生态治理

拉格日村位于青海省黄南藏族自治州泽库县宁秀乡。其所在的泽库县地处三江源生态保护区核心区，为高原大陆性季风气候，年均降水量为 460 毫米，但分布不均匀，年平均蒸发量 1326 毫米，为降水量的 3 倍；气温较低，年均气温在 −2.4℃～2.8℃ 之间，热量不足，低温冻害、大雪、冰雹等危害畜牧业生产的气象灾害时有发生。拉格日村距西宁 390 千米，平均海拔 3500 米，为纯牧业村，下辖 4 个社 174 户 824 人，全村草场面积 9.4 万亩，户均草场面积 540 亩，有些牧户家草场面积只有 100 亩。畜牧业是该村的支柱产业。

根据罗连军（2018）和王玉娟、朱国兴（2020）的报道，2001 年刚从赛庆村分离出来时，拉格日村是泽库县生态、生产、生活条件最差的村，人均年收入只有 700 多元。截至 2010 年底，全村人均纯收入也仅有 2512 元，是典型的深度贫困村。长期以来的粗放放牧加上人口和牲畜数量的增加，使得该村的草畜矛盾突出，草场退化严重，全村的草地黑土滩（草地退化的表现）非常多。二社的草场退化尤其严重，90% 的夏季草场退化成了黑土滩。牧民陷入"草原退化—牲畜无草可食—无法养畜—收入降低"的恶性循环（罗连军，2018）。

草场的严重退化和生计的极度贫困使牧民们意识到，失去草原就失去了所有。2010 年，泽库县农牧局在拉格日村完成 2.6 万亩重度退化草原补播种草，规定当年冬季草场只能利用 3 个月，全村牧民在这三个月之外应严格禁牧。2011 年夏季，补种的退化草原牧草长势良好，这激发了牧民治理退化草原的热情。此时，村里懂市场、善经营的能人——二社社长在村民大会上提出组建合作社的构想。即使屡遭多数牧民反对，发起人没有放弃，而是组织大家反复开会讨论，分析入社的优势和弊端。经过激烈辩论，大家统一思想，达成共识：只有联合起来才能更好地治理退化草原。于是，二社将全社的 36 户牧户联合起来，将其生产资料 6000 亩夏季草场和 74 头牦牛集中起来，共同进行草地生态治理和牧业生产。他们利用扶贫资金 40 万元，统一对全社的退化草原进行围栏建设；同时，又将 36 户的草原补奖资金集中用来开展商贸经营，以此来提高生计，减轻草场放牧压力。

统一治理的退化草场恢复状况良好，集中经营也带来了 58 万元的不菲利润。二社 36 户牧户小型集体行动的小战告捷鼓舞了拉格日村的其他三个社。2012 年初，拉格日以合作社的形式形成了整村联合的格局。合作社整合社员的资源，并对各种资源进行统筹规划，在对资源的有序利用中促进草地的生态治理和保护。2016 年，合作社集中 8.36 万亩天然草场，将牲畜按照年龄、公母和用途等进行分类放牧管理，全社的 3904 头牦牛和 2500 只羊被分为繁殖母畜、后备母畜、幼畜、种公畜群共 41 群牛和 11 群羊，规定不同种类的牲畜在天然草场上的放牧顺序，放牧周期和分区放牧时间。如每年 12 月中旬至翌年 4 月中旬，2500 只羊进行舍饲；而 11 月中旬到来年 5 月底，3904 头牛进行舍饲。每年除留足后备畜，其他牲畜通过舍饲有序出栏、统一销售。这样的放牧安排既可最大限度地利用草地系统的生态位，又能保护草原生态。

此外，合作社把饲草种植作为保护草原、提高效益的手段。每年利用本社耕地和租赁耕地种草 3500 亩左右，既收割饲草，又收获商品草籽。种植的饲草除满足本社牛羊的需求外，一年销往其他合作社的收入 30 多万元，收获的草籽每年收入也有 50 多万元。畜牧业生产方式的转变，打破了过去牲畜"夏壮、秋肥、冬瘦、春死"的恶性循环。合作社在分群饲养的基础上，推广良种繁育、高效养殖，优化畜群结构，牲畜有序出栏，统一销售。合作社对草地的统一治理和利用以及对牲畜的科学管理，极大地改善了草原生态环境。拉格日村年草场平均亩产鲜草从 2010 年的 204.2 公斤增加到 2019 年的 425.6 公斤，翻了一倍多。在草场质量改善的同时，合作社将草场载畜量从 2010 年的 10.76 亩/羊单位调整为 13.75 亩/羊单位。天然草场上载畜量的降低减轻了牲畜对草原的压力，草地生态因此得到了更好的恢复。全县 100 亩以上连片的黑土滩退化草场从 2010 年的 68 万亩减少到 2019 年的 9.72 万亩。而拉格日村黑土滩退化草场面积更是从 2010 年的 2.6 万亩，到 2019 年已基本治理完成。目前，拉格日村不仅草场质量恢复到了全省平均水平，而且整个社区治理草地的意识和能力也得以增强。

6.3 案例社区的草地生态治理何以可行？

表 4 - 28 比较了两个案例村及其开展的草地生态治理状况。这两个案例，都发生在草地退化严重且牧民极度贫困的牧村，当时牧民们面对生态、生产、生活的困难局面，对未来充满焦虑而却不知所措。穷则思变，正是在这种窘迫的状况下，他们或在外界的帮助下，或经由社区精英的发起，觉悟起来，通过提高自身的集体行动能力，以社区主导的方式进行草地生态治理，从而摆脱了"草地退化—生计贫困"的恶性循环。

表 4 - 28　　　　　　　　　两个案例的比较

比较内容	火龙沟村	拉格日村
村庄性质	纯牧业村，偏远，闭塞，自然条件良好：气候温和、年均降水量 600 毫米、光照充足、坡度较大	纯牧业村，偏远，自然条件恶劣：海拔高、气候寒冷、降水和光照不足、蒸发强烈、灾害频发

续表

比较内容	火龙沟村	拉格日村
初始条件	草场退化严重，牧户深陷贫困；牧民自我治理和保护生态的意识淡漠，社区缺乏凝聚力	草场退化严重，牧户深陷贫困
原因/资源禀赋	人口和牲畜快速增长，人多草场少，放牧无序	人口和牲畜快速增长，人多草场少，单家独户放牧
发起人及资金支持	NGO 及其少量资金	本社区能人/政府扶贫资金、草原生态补奖资金，资金量相对较大
草地治理措施	成立草地管理小组，制定村规民约，各家按规定饲养牲畜；以社为单元利用和治理草地，建设围栏，统一治理、监测和评估草地生态状况；按照草地质量及时调整牲畜	集中全社草地、牲畜、资金和劳动力等资源，统一使用资金；建设围栏；租赁耕地种植饲草和草籽；改良牲畜品种；对牲畜进行分群管理；平衡、有序放牧；开展非牧经营

　　自 20 世纪 60 年代以来，火龙沟村像很多其他的牧村一样，深陷"贫困加剧——草地退化"循环和"公地悲剧"困境。加上 2008 年的地震和雪灾，牧民的生计更是难以为继。在这种情况下，借助外界的帮助，社区自发组织起来进行草地生态治理。通过建立草地管理小组和制定草地管理相关的规定，组织牧民讨论与牧业生产和牧民生计密切相关的话题，在讨论中增长牧民的知识、唤起牧民合作保护草场的意识、建设牧民集体行动的能力，对社区的草地生态进行自主治理。有别于目前中国广大草原牧区开展的以政府主导的草地生态治理项目，这个基于社区的草地生态治理案例以自己的话语体系，实践着对于草地的治理和保护。

　　而拉格村的案例显示，社区能人发起、牧民在信息对称的情况下采取集体行动、整合全社资源是这起社区草原生态治理成功的关键。扶贫资金、草原生态补奖资金等分散到各个牧户手中，只能单纯起到增加牧户收入的效果。将这些资金交给合作社统筹使用，社区可以按照重要性和紧迫性来甄别投资项目的内容，如统一进行围栏建设，统一对退化草地进行补播，对社区的资源进行规划和精细化管理，通过民主协商选择成本最有效的方式最大限度地发挥资金的效果。合作社使单家独户牧民"不好治"也"治不好"的草地生态问题得到了良好治理。牧户的资源被整合起来统筹规划利用之后，社区的草原生态变好了，收入也提高了，牧民有更多时间从事非牧就业，带动了社区的发展。拉格日村的生态、生产、生活得到了全面的改观。

以下分析了这两个基于社区的草地生态治理案例何以可行。

（1）历史上牧区合作的传统为社区草地生态治理提供了经验和社会资本。在传统的草原牧区，牧民一直以社区合作的方式共用草场和从事放牧。至今，在青藏高原的许多牧区，虽然草场已经承包到户，牧户多以单家独户经营为主，但生产生活中还存在颇多的合作，如剪羊毛、牲畜防疫、出羊粪时都需要或大或小的牧户小组合作完成。牧户间定期或不定期的频繁合作，加强了彼此之间的社会连接，强化了合作所需的社会资本，加上历史上共同使用草场进行放牧的传统给社区合作提供了经验。

（2）生活在同一个社区，让牧民们感觉他们是同一个命运共同体。同一个社区拥有同一片草场和同样的未来。社区相对于政府而言，更了解当地的情况，更关注自己的未来，也就更可能制定出适合当地的草地生态治理方案，更可能将生态治理的资金用到最有需要的地方，因而适合发起草地生态治理的集体行动。

（3）社区的人员和草场规模相对于牧户而言更合适进行草地生态治理。草场具有非均衡型和异质性，且每家每户的草场面积相对于耕地而言规模较大，单家独户的牧民自己治理草地成本较高，加上草地生态治理具有较强的正外部性，单家独户难以进行。以火龙沟的情形为例，如果某个位于山体较高的牧户投劳投资，保护了他家自己的草场，他在草场上放牧获得的收益未必能够抵销他的投入，但他对草场的保护有利于位于山体下方的草场；相反，如果他不保护他家的草场，位于他家下方山体的草场就更容易遭受水土流失的风险。基于社区进行草地生态治理，从规模上来说较为合适，可以治理较大规模的草地，也可较好地将草地治理所产生的正外部性或不治理退化草地而导致的负外部性内化到社区的决策中。

（4）社区治理成本较低。由于社区牧民是其草地的主要利用者，牧民生计的主要来源为社区的草地资源，因此，他们对治理草地会更有积极性、主动性。由于草地治理效果与牧民生计密切相关，基于社区的草地生态治理可以依靠牧民相互监督来进行，这样不仅节约成本，而且更为有效，为成本有效（cost-effective）的治理方式。

（5）与之相反，政府主导的草地生态治理显示出明显的弊端：无法应对不同类型牧区社区的综合性、复杂性、异质性和草原环境的多样性（王晓毅，2009）；实施成本高昂，矛盾冲突较多。"一刀切"的实施措施和评估标准使政策实施效果大打折扣（韩伟，2012）。

不过，开展基于的草地生态治理时，应根据本社区的实际情况制定合理的载畜量，并将保护草原的责任内化到社区。同时，要基于牧民自己掌握的乡土知识来监测和评估草地状况，判断草场的质量和变化，以此作为调整草场载畜量和草地生态治理措施的行动基础。

6.4　基于社区的草地生态治理何以可能？

以上两个案例村成功地开展了基于社区的草地生态治理。那么，他们的经验能否推而广之到其他的牧业社区呢？换言之，其他牧业社区对于合作有何看法？那里的牧民是否愿意合作？如何才能使他们更好地合作起来进行基于社区的草地生态治理？这一节利用我们 2018 年对内蒙古苏尼特右旗、四子王旗、东乌珠穆沁旗和西乌珠穆沁旗牧户实地调研获取的 144 份有效问卷，从三个方面来讨论基于社区草地生态治理的可能性：（1）现有情况下，牧民如何评价合作？以此来评估牧户对于社区草地生态治理的看法和认同程度；（2）现有情况下，为什么牧民难以合作？实地调研表明，自草地承包到户以来，牧区草地共用等合作现象较少；（3）现有情况下，牧民是否愿意合作？如何才能使牧民真正合作起来？

这里以草地共用来具体代表牧户的合作，讨论现有情况下牧民对于合作的评价。这里基于 2018 年对以上实地调研获取的 144 份有效问卷的信息来解答以上问题。选择采用分层随机抽样的方法选择纯牧户进行访问，以人口规模为分层标准，首先在所选定的 4 个牧业旗选取 2~5 个苏木（乡镇），然后在每个苏木（乡镇）抽取 2~3 个嘎查（村），最后在每个嘎查（村）随机抽取 2~4 个牧户进行入户调查，共调研问卷 150 份，去除信息不全的问卷 6 份，剩余有效问卷 144 份，问卷有效率为 96%。从性别上看，本次调查的受访者以男性为主，占受访者总体比例约 72%，因为草地利用方式是一种重要的家庭决策，故多以户主的想法为参考。从民族上看，由于访问地区为纯牧业旗，被访谈对象中蒙古族占样本量的 91%。从受教育程度上看，访问对象的受教育水平以小学和初中为主，受教育水平高中及以上的受访者约为 14%。从年龄上看，30 岁以上的受访者占总体比例约为 92%，45 岁以上的受访者占总体比例超过半数，这说明这些地区从事放牧活动的牧民以中老年为主，年轻人比例较低。值得注意的是，从已围封草地年限上看，受访牧户已围封草地年限平均为 13.61 年，超过 10 年，说明调研对象大部分已经采取较为稳定的单家独户经营模式。

（1）现有状况下，牧民如何评价合作？

总体上，受访牧民认为共用草地更适合牧区。牧民特别认为共用草场可以使牲畜跑得更开，以此减少对草场的践踏，减轻"蹄灾"，更有利于草地生态的恢复；并且，共用草场可以使牲畜吃到更多种类的天然草料，从而更有利于牲畜的营养健康，有利于牲畜增膘。同时，牧户普遍认为现有情况下，在社区重新开展草地共用的难度极高，重新进行草地共用几乎不可能。这就是拉格日案例中刚开始多数牧民坚决反对合作的原因。那么，为什么牧民表示合作更适合草原牧区，对牧户家庭、对牲畜以及对草原生态都更有好处，但却认为现有情况下合作难以开展。原因何在？

（2）为什么现有情况下，牧民难以合作？

样本牧户对为什么牧民难以重新合作有不同回答。其中，43%的调研牧户认为，草地、牲畜的数量不均是导致草地共用难以重新开展的主要原因。27%的受访对象认为，目前牧区社会关系松散、牧户之间缺乏有关草地利用的一致目标，这是难以重新开展草地共用的主要原因；11%的受访对象认为单家独户模式更为灵活，这是难以开展草地共用的主要原因；还有19%的受访对象认为草地分开后牧户难以重新组织、拆除围栏需要耗费成本、单家独户模式是配合国家政策的做法（如前文讨论的"退牧还草"项目和目前正在实施的"草原生态补奖"政策）等。

（3）牧民是否愿意合作并如何才能合作起来？

那牧户如何才能重新合作起来呢？从参与集体行动的意愿上看，在当前的条件下，受访对象中有58%的牧民愿意开展草地共用，超过半数的牧民存在开展草地共用的意愿，这从侧面反映出牧民对于合作的认同。在假设当前草地共用已经开展起来的情况下，71%的牧民表示愿意加入，这一比例比现有情况下愿意合作的比例有明显提升，这说明：牧民的合作意愿不仅受其自身行动意愿的影响，还受到对这一行动能否实际开展的预期的影响。拉格日案例中，在二社 36 户牧户先发起合作社，并取得分红和草地生态治理效果的情况下，其他社的牧户纷纷加入，证

331

明了这一推测。在合作已经开展起来的前提下，参与意愿明显提升，这说明，合适的领导者和组织者的发起和存在，将有利于草地共用这类集体行动的发起。火龙沟案例中，这个发起者是外部的 NGO，但这个 NGO 只是协助和指导社区进行自我治理；拉格日案例中，发起者是二社的社长，当地的能人和社区精英。在假设国家提供补贴或者国家政策要求的情形下，牧民拆除围栏、重新共用草地的意愿呈现显著提升，这说明外部政策干预能够起到一定的促进效果，在政策引导下开展重新开展合作是可能的。

第 5 章

草地冲突治理

今天，草原上潜在的冲突比以往任何时候都要多。牧民和社会对草地利用效益、产品和服务的需求不断增加：牧民需要从草原上获取稳定的生计来源；社会从草原上获取清洁的空气、开放空间、健康的野生动物种群和栖息地、健康的土壤和干净的水以及社区的经济和社会稳定等。各种利益相关者对于草地资源的竞争性开发利用导致了各种冲突。本书所指的冲突是与草地相关的冲突。

本章拟回答以下问题：目前中国草地治理中主要存在哪些类型的冲突？这些冲突的具体表现如何？是什么原因导致了这些冲突？如何防止冲突？

为了回答以上问题，本章主要通过案例的形式探讨在现有草地产权制度下，围绕草地资源的开发利用所产生的冲突的具体表现，并分析导致冲突的原因。对于如何治理冲突，即如何调解草地资源冲突本身，本章未做重点讨论。不过，本书第 7 章将会探讨如何从法律制度的完善和管理政策的改进方面减少草地冲突的发生。本章展示了草地资源在牧业内部的冲突表现，包括牧户之间的冲突、村级之间的冲突以及牧民与非牧民之间的冲突；展示了牧业与林业在竞争草地资源中的冲突表现，以及农业开垦草地资源而与牧业产生的冲突；展示了草地资源作为非牧业用途时被利用过程中产生的冲突表现，包括外来者侵入牧区采挖草地资源、本地牧民争夺草原珍稀资源以及草原上开发矿产资源所引发的冲突；草地被非法综合开发利用导致的冲突。

1　草地在牧业内部的冲突

牧业内部的冲突主要包括牧户间草场冲突、村级草场边界冲突和牧民与非牧民就草地利用发生的冲突。每一类冲突所涉及的利益相关者不同，引发冲突的原因也各不相同。

1.1　牧户草场边界冲突

以下案例来自课题组 2011 年 7 月到 10 月在内蒙古呼伦贝尔市典型牧业旗陈巴尔虎旗鄂温克民族苏木 A 嘎查的实地调研。陈巴尔虎旗地处呼伦贝尔大草原腹地，土地面积约 2.12 万平方千米，其中可利用草原面积 1.52 万平方千米。陈巴尔虎旗地跨森林草原与干旱草原两个地带，属中温带半温润和半干旱大陆性气候。多年平均降水量 324 毫米，年均温 – 2.3℃。

案例 1：乌仁花草场划分冲突

这个案例中有三个利益相关者：王某、乌仁花（化名）和嘎查达。

王某是外地人，二三十年前搬到阿尔山与本地鄂温克族姑娘结婚，妻子在兽医站上班，现已经退休，有退休金。1998 年分草场时，只要是本地人，无论是职工还是非职工，都可以分到草场。当时，王某的妻子分到了 3400 亩草场，而王某没有分到草场。

嘎查达是王某妻子的弟弟，2006 年刚上任。

乌仁花是其所在嘎查牧民民主选举产生的嘎查委员，鄂温克族本地人。当时分草场时，她正在上学，由于户口迁到了学校，所以那时她没有分到草场。毕业后她回到了嘎查。2002 年起，她开始使用嘎查的草场，2004 年拿到草场证，证上的草场面积是 2532.5 亩。

2006 年嘎查达请草原站来测量草场时，发现乌仁花使用的草场实际面积只有 940 亩。同时，王某家的草场测量出的面积也比 3400 亩少了 1000 多亩。嘎查达当年就把乌仁花的草场全部补给了王某家，并且给王某家办理了草场证。嘎查达允诺会给乌仁花另外一块草场，但是乌仁花却迟迟没有拿到允诺的草场。于是，乌仁花就将王某告上法院，但是法院没有受理，而让苏木内部解决。苏木找到嘎查达，嘎查达承诺给乌仁花换一块草场，并补足草场证上的数量，但过了好几年还是一直都没有结果。

直到 2010 年，嘎查达划了 1500 亩的公共草场给乌仁花，承诺剩下的 1000 亩等把外来户赶走（注：在我们 2011 年 8 月调研该地时，该嘎查仍有高达 70% 的草场掌握在 30% 的外来户，即非本地牧民手中。）再补给她。2011 年嘎查收回了划给乌仁花的那块 1500 亩的公共草场，而重新划了一块 2500 亩的草场给乌仁花。这块草地是从别人的草场上割下来的，打草的时候人家不让进去，因为他家的草场证上包含了这 2500 亩草场。乌仁花找到嘎查达说明情况，嘎查达让她再回到之前的那块 1500 亩草场上打草。但此时这 1500 亩草场又已经补给另一个牧民了，这个牧民家的羊群早已经进入了这片草场，将草吃得打不了了。这样，2011 年乌仁花没有从草场上获得任何收益，同时由于她与嘎查达的亲戚王某家打过官司，所以国家的任何项目嘎查都不批给她。

从这一案例来看，王某作为外来户，妻子是职工，按照政策规定，他们必须无条件退出草场，将草场归还给集体，再由集体将草场分给像乌仁花这样当分而未分到草场的牧民。但由于王某家与嘎查达存在亲戚关系，他家不仅没有退出之前分到的草场，反而还补了当地牧民乌仁花正在经营的近 1000 亩草场，从而出现了一块草地拥有两个草场本的现象。

根据《内蒙古草原管理条例实施细则》，在草原承包经营期内，发包方不得收回承包的草原，所以嘎查达将乌仁花家的草场划分给王某违反了法律规定，损害了承包人的切身利益。2010 年乌仁花实际使用的草场面积为 1500 亩，但也只用了一年。2011 年嘎查达分给她的 2500 亩草场也有两个草场本，乌仁花还是不能使用。草场是牧民的重要生计来源。在这个牧户之间的草场冲突案例中，乌仁花是最大的被侵权者。根据调研，2006—2011 年，乌仁花只在 2010 年使用了草场，且使用的面积远小于自家草场证规定的面积。而受制于官司，她还不能享受任何国家项目。她家的生计因此受到严重影响。

从这一案例可以看出三个方面的问题：（1）草场承包经营权的授予对象应该是牧民，而户口不在牧区的人不应该拥有草场承包经营权，这一现象时至今日在草原上仍旧普遍，但是监察制度的缺失使得这一现象难以在短时间内消失。（2）基层领导干部决定的随意性，完全不受法律的约束，划分草场等事关牧民生计的大事基本由嘎查达一人决定。（3）弱势牧民的生计问题仍然值得关注。由于身处弱势，文化水平较低，即使他们利益受损也难以得到有效解决。解决这些问题的关键在于约束权力，切实保障牧民的合法权益。

案例 2：布提德草场划分冲突

这个案例中也有三个利益相关者：布提德、嘎查达和嘎查达的侄女。

布提德家 1996 年草权证上分得了 8000 亩草场。2010 年嘎查达让草原站的人来测量布提德家的草场面积时发现，布提德家实际使用的草场面积为 9000 亩。嘎查达就从布提德家的草场上划出了 2000 亩草场，又从另一户牧民的草场上切掉 1700 亩。嘎查达将这 3700 亩草场补给了侄女。我们调研时的 2011 年 8 月，嘎查达侄女的草产证已经批下来了，上面的草地面积是 3700 亩。但布提德家的草产证上仍然是 8000 亩，而实际使用的草场面积只有 7000 亩。布提德家现在实际使用的草场面积有草场证上的草场面积不相一致。

这个案例中，嘎查达在决定草场划分中具有绝对权威。

以上 2 个案例都涉及草场证上的面积与实际使用面积不相符的情形，案例 1 中，草场证上的草地面积远大于牧户实际使用的草地面积，而案例 2 中，情况则相反，牧户实际使用的草场面积大于草场证上的面积。我们于 2011—2014 年在当地调研时了解到，几乎所有牧民家的草场都存在这种草场证上的面积与实际使用面积不相一致的现象。主要的原因是，20 世纪 90 年代中期分配草场时，技术手段较为落后，大多数嘎查（村）按照图上分好的草场面积落实时，用摩托车到实地骑一圈，就算把边界圈定下来了。这样不免有误差。当然，由于牧户各家与村干部关系远近不同，也不排除有人为圈大或圈小了草场的情形出现。正如这两个案例所显示，嘎查（村）领导在草地分配或调整中有着决定权。

随着草原上人地关系的紧张、市场条件的变化和生活水平的提高，草地对于多数牧户来说变得越来越重要，人们也就越来越在意自家的草场了。加上测量技术的极大改进和测量成本的降低，由于某些原因重新测量已经承包到户的草场，并发现草场证上的草地面积与实际使用的草地面积不相一致的情形变得越发多见。手中掌握着权力的嘎查（村）或其他基层领导趁机"纠错"，由此引发类似的牧户间草地冲突。

在这类案例中，通常有一方会处于较为强势的地位。值得思考的是，20 世纪 90 年代草场承包到户后，牧民基本都办理了内蒙古自治区人民政府制定的《草原承包经营权证》，有了保护自己合法权益的草场本。即便如此，从这些案例中可以看出嘎查（村）领导，特别是嘎查达处理草地问题的权威性和随意性。牧民间的一些纠纷与嘎查达的处理不当甚至以权谋私分不开。按照产权理论，明晰产权可以有效解决纠纷，但从现实来看，仅从草场证上明晰产权还不足以保障牧民的权益，还需要法律来保障产权不受侵犯，这就需要嘎查达这样的基层领导尊重产权，遵守法律。

1.2 村级草场边界冲突

相比较于牧民间的草场纠纷，村级草场纠纷规模更大，且情况更为复杂。牧民间的纠纷一般都由嘎查达来调解，但是村际纠纷一般需要双方的嘎查达或者苏木领导出面才能解决。且常涉及伤人事件，不利于社会稳定，因此，解决村级草场冲突对于维护牧区和谐发展具有重要意义。

案例3：G嘎查草场边界冲突

这个案例涉及一个嘎查（G嘎查）对多个嘎查的集体所有草场，以及和牧场国有草场的冲突，这些嘎查有本苏木的（W嘎查和T嘎查），也有邻旗的（X嘎查），还有本旗的国有牧场（E牧场），涉及的利益相关者很多，冲突时间久远，情形复杂。

G嘎查位于内蒙古锡林郭勒盟正镶白旗某苏木，属于典型草原的一部分。整个嘎查有15万亩草场，180户牧民，平均每户有约800亩草场。截至2011年6月30日，G嘎查共有牲畜10183头，其中牛867头，绵羊9316只。在内蒙古这属于人多地少的嘎查，草地资源相对紧张，因而，对草地的争夺显得格外重要。

嘎查最初建于一块无人放牧的空地上，先有两户人家搬来居住，1952年正式建立了G嘎查和W嘎查的前身。G嘎查和W嘎查于1962年分开，可是这两个嘎查对于边界的划分一直有争议。人民公社时期，G嘎查的草场合并在其所在的公社里一起进行放牧，加上牧民们在公社里从事不同分工的集体劳动，因此，那时边界问题没有表现出来。但 1979 年以后，草场开始划归各嘎查所有，苏木派人来划分边界时，G 嘎查就与 W 嘎查等相邻嘎查有了边界上的矛盾，这些矛盾在以后多次爆发，冲突不断。

从地理形状上看，G 嘎查如同一个不规则的五边形，与多个嘎查和牧场相邻。G 嘎查的正北面是 T 嘎查，正西及西北面是 W 嘎查，西南面是 E 牧场，这三个嘎查或牧场都属于正镶白旗，而正东面和东南面则与正蓝旗 X 嘎查相邻。G 嘎查与以上的每一个邻居都有或大或小的边界争端，其争议的大致情况如表 5-1 所示，一直到 2010 年才了清所有的冲突。

表 5-1　　　　　　　　　G 嘎查与周边单位冲突情况

项目	正蓝旗 X 嘎查	W 嘎查	E 牧场
争议时间段	1984—2001 年	1979—2006 年	2004—2006 年
冲突形式	互拆围栏	互拆围栏、肢体冲突	拆围栏、去政府游行
冲突次数	2 次	多次	1 次
解决方式	调解、仲裁	调解、诉讼	调解
裁定机构	第一次蓝旗和白旗民政局，第二次锡林郭勒盟政府	先前多次为白旗政府调解，2006 年锡林郭勒盟法院最终判决	M 镇政府
解决结果	1984 年的冲突起因于 1979 年的边界难于辨认。两个旗的民政局相互协商，重划边界，并以文书形式固定下来。但由于两旗的民政局局长对边界不够了解，且没有通过当地牧民，就划分了边界，把原属正镶白旗 G 嘎查的一部分草场划分给了正蓝旗，把原属正蓝旗的一部分草场划分给了正镶白旗 T 嘎查的国营马场，并就确定的边界签订了法律文书。2001 年，关于同一边界的具体细节重新发生冲突。对于这一次冲突，锡林郭勒盟法院把争议草场判归 G 嘎查	1983 年，白旗政府书记下命令，强制划分了 G 嘎查和 W 嘎查的边界。2004 年，白旗法院按照 1983 年的分界情况把争议草场判给 G 嘎查；2006 年，锡林郭勒盟法院维持白旗法院的判决	2006 年，M 镇政府明确下文，恢复原行政界线划分，勒令 E 牧场就所毁围栏进行赔偿

其实，G 嘎查与 T 嘎查也有边界纠纷，只是那些纠纷比较小，没有引起多大轰动，故而未在这里列出来。表中所谓的冲突次数指的是他们之间的争议惊动了上级政府或法院的次数，平常的小打小闹等摩擦更为频繁，否则也不会闹到需要上级政府调解与法院仲裁的阶段。

G 嘎查与 X 嘎查的冲突：

表 5-1 显示，自打承包以来，G 嘎查就一直与周边嘎查和牧场处于冲突之中，而且与有些嘎查的冲突发生了多次，持续了很多年。例如与 W 嘎查及正蓝旗 X 嘎查之间的冲突，在长达二三十年的时间里，发生了多次，有时候冲突还很严重，以致调解无效，双方发生对峙。与正蓝旗的冲突有一定的特殊性，因为 G 嘎查在行政划分上属于白旗，当它 1984 年与正蓝旗的 X 嘎查发生纠纷时，必须通过白旗政府来出面解决。白旗政府自然愿意帮助 G 嘎查争取利益，但是他们之间的立场又存在一些细微的差别。白旗政府则需要考虑整个旗县的利益，只要整体上能够保证白旗不吃亏就行，而不仅仅是 G 嘎查的利益；同时，白旗希望不要与作为同级政府的正蓝旗政府彼此之间撕破面皮。这一点利益上的分歧使得白旗政府在与正蓝旗交涉时更倾向于选择和解方案，所以双方交换了一下草场，把原属白旗 G 嘎查的一部分草场划分给了蓝旗，把原属蓝旗的一部分草场划分给了白旗 T 嘎查的国营马场，旨在维持两旗的整体面积不变，而且在不通过牧民决议的情况下不知不觉地充实了国营马场的草场资源。其实，在这一次调解中，G 嘎查和正蓝旗都没有得到好处，尤其是 G 嘎查莫名其妙地就把这块争议草场给划出去了，并且还在法律文书上固定下来了，无法更改。但在这其中，白旗政府却是受益者。自后在 2001 年，G 嘎查和正蓝旗又因为新的边界问题起了冲突，并闹到了锡林郭勒盟政府，但这一次由于有了 1984 年的法律文书，锡林郭勒盟政府很容易就做出了判断，维护了 G 嘎查的利益。由此可见，土地界定的法律文件对于边界纠纷的处理是非常关键的。因

此，在测绘技术发达之后，精确描述边界是很有必要的。

G 嘎查与 W 嘎查的冲突：

除了正蓝旗，G 嘎查与 W 嘎查也算是多年的老冤家了。1962 年，他们开始从一个嘎查分设为两个嘎查时，双方对于边界的草场划定就颇有微词，一直都争论不下。但那时尚属人民公社时期，这种矛盾引而不发，并不为人所重视。到 1979 年，草场划归嘎查所有时，问题就来了。双方开始为边界问题争吵，导致边界迟迟未定。1981 年，G 嘎查尝试着在边界上拉了网围栏，但很快就遭到了 W 嘎查的反对。尽管双方就此开过多次会议，但还是争论不下，于是要求白旗政府进行调解。1983 年，问题到了非解决不可的地步，白旗政府书记下命令，强制划定了 G 嘎查和 W 嘎查的边界。自此以后，两个嘎查之间的边界划分以这一次的法律文书为准。本来两个嘎查自 1983 年分界之后一直就没有什么纠纷了，但 2004 年，W 嘎查的新书记上任之后，两个嘎查之间的边界冲突再度出现。G 嘎查的老队长曾跟我们提及这样一个规律，即如果两个嘎查就边界问题争论不休，而上级政府判决不下时，就会将争议草场从中间平分，双方各判一半，这样率先挑起争端的嘎查就有可能获得原属对方的一部分草场。这样一个"两边各打五十大板"的做法也促使某些嘎查会蓄意挑起边界争端，以实现侵占他人草场的目的。仅听 G 嘎查老队长的一面之词，我们很难断定这一次纠纷就一定是 W 嘎查的过错，但从后面的判决结果来看，W 嘎查却难辞其咎。

2004 年这一次，双方都闹得不可开交，其间还发生过四五十人的对峙，甚至还有了一两次小小的肢体冲突。为此，双方启动了诉讼程序，上诉到了白旗，白旗按照 1983 年的分界情况把争议草场判给了 G 嘎查。W 嘎查对此判决非常不服，之后和 G 嘎查的争端照旧，还毁了 G 嘎查拉上的围栏。到 2006 年，W 嘎查还是不服，所以一纸状书又告到了锡林郭勒盟，锡林郭勒盟维持白旗的原判，再一次明确了争议草场的归属，并判决 W 嘎查赔偿 G 嘎查 10 万元。但 W 嘎查的书记后来与 G 嘎查的书记进行调解，改为赔 10 捆网和 100 根水泥柱子。对此，G 嘎查的牧民很不满意，原因是，当初每户踊跃出资 100 元支持嘎查去打官司，结果得到的赔偿却只有这么一点网和柱子。这就好比花高价去买了网围栏，非常不划算，但也只能作罢。至此，G 嘎查和 W 嘎查之间才算完全了清。

2010 年在与 T 嘎查发生过短暂的小冲突之后，G 嘎查终于迎来了草场边界基本确定的平静时期，并且成功地把打草场和放牧场都分到了牧户个人手里，以响应上级政府的号召和方便生态补偿金的发放。

G 嘎查历史的特殊性导致了其位置的特殊性，处于 4 个嘎查和牧场的中间，且这些嘎查和牧场还分属于两个不同的旗，这就使 G 嘎查和周边嘎查的草场冲突具有多发性和复杂性。就 G 嘎查与 X 嘎查的冲突来看，由于双方所在的旗不同，旗领导在处理冲突的过程中从大局出发，考虑了旗的利益但是却损害了 G 嘎查的利益。不过，这次处理冲突时签订的法律文件，却为日后解决纠纷提供了依据。从 G 嘎查与 W 嘎查的冲突来看，双方属于同一旗内部的矛盾冲突，在习惯法的处理模式下，某一方甚至会主动挑起纠纷，进而企图获得更多的利益。另外，这一案例表明，在双方积怨已久的情况下，确权或者拉围栏都是不能解决问题的，双方会在利益的驱使下破坏设施。需要领导出面和正式的文件（如法律文书）才能解决问题。

案例 4：武美与美玉的放牧冲突

这是一个两村之间放牧越界的草地冲突案例，来自扎洛（2003）。案例发生在左贡县两个隔山相邻的村。左贡县下辖于西藏自治区昌都市，地处藏东南高山峡谷地带，地势北高南低。全县平均海拔 3750 米，怒江、澜沧江、玉曲河由北向南呈"川"字形纵贯全境奔流而下，形成三种不同的河谷地貌。属藏东南高原温带半干旱气候。年平均气温 4.6℃，年平均降水量 446 毫米。全县土地总面积 1.17 万平方千米，其中草地面积 0.83 万平方千米，约占总面积的 71%。

左贡县田妥镇雅仲村武美组的夏季草场与美玉乡德瓦村的牧场隔山相邻。美玉的村民经常晚上把牛放过来吃草，武美村的人发现后，就轮流值班去看护草场，看到有外村的牛过来就赶回去。后来两个村所在的两个乡的领导开会商讨，达成了惩罚协议：哪边过界放牧，就罚哪边，每只过界的羊或牛罚款 1 元。具体做法是先扣押牛羊，等对方过来缴完罚款后，才能把牲畜赶回去。2003 年，美玉的牦牛又越界放牧了，武美的人把越界的牦牛赶到自己所在乡的政府大院里扣押。美玉的人追赶过来，争吵中发生械斗，美玉的人用匕首砍了武美组一位村民的头，武美的人群情激愤，准备围攻美玉的人。乡里的干部赶紧出面，让美玉的凶手赔偿 200 元作为医疗费，事情才得以平息。

这样的村级草场冲突案例在草地生产力较低、地形条件比较复杂的牧区非常典型。在这种地方界定草场产权的成本很高。因此，在诸多边界没有用围栏进行界定的村级草场，牧民的牛羊相互越界吃草司空见惯。两村之间若没有建立协商治理边界草场的机制，就很容易导致冲突的发生。而这样简单的放牧越界冲突如果开始不能得到及时妥当的处理，就容易引发群体械斗，造成巨大的社会成本甚至人身伤亡。

1.3　牧民与非牧民草场利用冲突

草地是一个社会生态系统（social-ecological system），包括一系列共享资源，如草原植被、草地下的矿产资源、草原地区的地表水和地下水，以及共享的本土动植物遗传物质和文化习俗等（Li & Li, 2012）。这些共享的资源具有多种用途，可供不同利益相关者用于不同的经济活动。正因如此，牧民与非牧民之间围绕草地利用问题就常常会产生冲突，这些冲突的本质源于对草地社会生态系统中各种共享资源的竞争。下面以"90万亩草场失踪案"来探讨这一类冲突的治理。

案例 5：90 万亩草原失踪案①

这是一个三个嘎查将自己所有的 90 万亩草场丢了几年尚不知情的案例，发生在东乌珠穆沁旗（以下简称"东乌旗"）满都宝力格苏木。东乌旗位于内蒙古自治区锡林郭勒盟东北部，北边与蒙古国相邻，总面积 4.76 万平方千米，其中天然草原总面积为 4.61 万平方千米，约占总面积的 97%。乌珠穆沁草原是草原风貌保存完整、唯一汇集内蒙古九大类型草原的地区，素有"天堂草原"之美称。东乌旗属北温带大陆性气候，处于高海拔和中、高纬度带的内陆地区，自然条件较为恶劣。年平均气温 1.6℃，年降水量 300 毫米左右，其中 6~8 月降水量占全年降水量的 70%；年蒸发量为降水量的 7.5 倍，达 3000 毫米以上。境内河流均属内陆水系，乌拉盖河是其主要河流。

案例中的牧民指丢失了 90 万亩草场的三个嘎查的全体牧民（由三个嘎查达代表），非牧民是占用或者非法租用 90 万亩草场的机构（内蒙古自治区某政府部门、某公司、东乌旗绿色示范牧场以及大连某牧场）。除这两类利益相关者，东乌旗政府有关部门或人员（具体情况不甚清楚）在这个案例中也是一个重要的利益相关者。

冲突起因：2004 年 10 月，从东乌旗国土资源管理局领到《集体土地所有证》的满都胡宝拉格、巴彦布日德和陶森淖尔三个嘎查在核对统计的集体土地后，发现他们的土地总面积少了 90 万亩。这"失踪"的 90 万亩草原，位于满都苏木的东北部。牧民反映，由于草原太大，他

①　庞皎明. 曾经草原 [EB/OL]. (2006－08－09). 人民网，http：//www.cnsteppe.com/20060809.htm.

们的土地被别人占用好几年了，而几乎所有的牧民对此却都不知情。这原是内蒙古东北部保存得较好的草原。

根据该苏木三位离退休干部扎那、巴图和吉呼郎图 2005 年 4 月 10 日向有关部门申请解决苏木草场问题的报告，该苏木有草场面积 4717.2 平方千米，1986 年以来，其中的 3059 平方千米草场承包给了牧户。而剩余的 1658.2 平方千米草场却已于 1990 年前后以 10～30 年的租赁合同被转包给外来的单位和非牧业个人，这其中包括满都胡宝拉格嘎查、陶森淖尔嘎查和巴彦布日德嘎查的 90 万亩草场。这些租赁合同未得到草场所在嘎查委员会全体成员的 2/3 同意，也未报请苏木、镇政府审批。外来人员占用了全苏木 1/3 以上的草场，他们在这些草场上超载放牧，并随意开垦草场，破坏生态。

扎那在 1985—1989 年担任过满都苏木党委书记，巴图为原满都牧场副场长，吉呼郎图曾经在陶森淖尔当了 20 年的嘎查长。2006 年 1 月 10 日，三个老干部又给内蒙古电视台的蒙古语卫视频道——直播 12 写了一封信，反映这个事情，但没有得到回应。扎那向记者解释，1986 年草场承包到户的时候，因为面积比较大，就留下了东边的 1600 多平方千米草场没有承包到户。但没有承包到户并不说明这些草场就不是满都苏木的。"东乌旗政府 1966 年的 27 号文件、1984 年的 49 号文件、1989 年的 11 号文件等文件都能说明满都的土地界限。"扎那说，"最有效的是 1989 年的 11 号文件，这些文件都能证明这 90 万亩草原属于集体土地。"

被他人占用或者非法租用的 90 万亩草场中，内蒙古自治区某政府部门，租用 10 万亩，合同起止时间为 1998—2012 年；某公司，租用 10 万亩，合同起止时间是 1998—2020 年；东乌旗绿色示范牧场（原名：东乌旗活畜出口基地），租用 60 万亩，1999 年开始签约，2024 年到期；大连某牧场，租用 10 万亩，有效期为 2000—2010 年。

冲突结果：在扎那等反映了情况、三位嘎查达要求恢复丢失草场的所有权之后，旗政府承诺把 90 万亩集体土地所有权归还三个嘎查。冲突虽然在解决中，但在 90 万亩草原的所有权证没有拿到手之前，牧民对这片草原上发生的事情无权干涉。他们发现在属于牧民的集体草场上，一家外地企业在一个名为阿尔哈达山的草场探矿，并且打算在草场上建设永久性建筑及开设选矿场。由于嘎查还没有拿到《集体土地所有权证》，牧民们没有办法主张自己的权益。后来，山上选矿场开始投入生产，生产设施及生活设施基本建设完毕。选矿场连接外界的道路也基本铺设完工，山上的厂房、办公楼等永久性建筑已经投入使用，山脚下抽取地下水的汲水房也已经建好。然而，选矿场所占用的集体土地并没有与牧民签订租用集体土地和破坏草原植被补偿合同，采矿所需地下水的日用水量也不肯向土地所有者透露。

水是草原最珍贵的资源。牧民眼看着其祖祖辈辈赖以生存的家园被外人侵占，遭受践踏，却由于没有拿到《集体土地所有权证》而无能为力，只能眼睁睁地看着自己草场的生态环境因此被破坏。内蒙古农业大学易津教授认为，牧民的权益得不到保障，"让那么多对草原没有感情的农户、采矿者进入草原，是草原生态恶化的主要原因"。这表达了两层含义，一是非牧民对草地的掠夺性利用导致了草地退化；二是这些利益相关者之所以能够非法进入草原，是相关的法律和部门"让"他们进来的。非牧民非法进入草原的后果是什么呢？用当地草原专家的话说，"谁得利了谁跑掉，留下的却是难以恢复原有生态的草原和以此为生的牧民"。专家发问，"千百年来，内蒙古大草原都好好的，没有退化沙化的问题，为什么在短短的 50 多年间就变坏了？"牧民也反问，"属于我们自己的草原，我们能不爱惜吗？"

2　草地在牧业与林业和农业上的冲突

草原这种土地类型与生俱来的主要用途就是作为畜牧业的生产资料和场所，然而，在诸多草原与森林接壤，或牧业与农业的过渡地带，草原的边界不甚明显，特别是在一些因素的作用下，草原的边界有可能被人为地肆意模糊，在原本是草原的地方扩展森林或开垦耕地，导致牧业与林业和农业发生冲突。

2.1　牧业与林业

传统上，森林与草原是互惠的关系。最好的草原多受森林的保护。但在森林和草原的过渡带，甚至一些沙漠或荒漠地区，有不少林业与牧业争地的现象。这种在原本是草原的地方人为扩展森林的做法是否符合自然的要求、对草原环境有何影响值得探讨。以下是几个因林业用地占用草原而与牧业发生冲突的案例。这些冲突表现在土地的不同用途上、土地利用的不同主体之间以及不同的部门之间。

案例 6：德力格等与林场的草地冲突

这是一个牧业与林业冲突的小案例。这个案例来自我们 2011 年在呼伦贝尔市陈巴尔虎旗的实地调研。如前文所述，陈巴尔虎旗地跨森林草原与干旱草原两个地带，而这个案例就发生在森林与草原交接地带。案例中的冲突双方分别是德力格等四家牧户与某林场。

德力格（化名）是鄂温克族人，其丈夫是汉族人，有城镇户口。2000 年德力格结婚后，就开始与情况大致跟自己相似的斯日木、莫德和巴亚（化名）三户一起向苏木要求分配属于她们的一份草场。2003年他们四户每户分到了1000亩草场。2004年，草原站给他们办了草场证，草场证上的草地面积与分配的面积一致，也是1000亩。但草场证拿到手没几天，他们就发现，分给他们各家的草场上的草已经被人打完了。经过了解，原来草场被N林场占用了，对方也有证，估计是林区承认的证，表明这块草场属于林区。林场把草场租给了外来户打草放牧。于时，德力格等四户牧民当即就一起去找苏木领导，但苏木表示解决不了问题。直到我们调研时的2011年8月，冲突仍未能得到解决。

德力格等四户牧民分别拥有1000亩草场的草场证，但是却有八年时间没有使用过草场，原因是分给他们的草场同时也在被N林场使用，对方也有自己的证。林区的证和草原证相冲突，林场方面发证在前，致使四户牧民的利益受损。利益双方是牧民和N林场，很显然，林场处于强势地位，且苏木不能及时解决问题。我们于2011—2014年在呼伦贝尔调研时，类似的牧业与林业（其实是林区牧业，只不过放牧者不再是祖祖辈辈在那里放牧的牧民，而是林场的人员，或是从林场租用草地的外来户）的冲突不时有所耳闻，如红花尔基林业局周边牧民抱怨说那里曾经是他们祖辈游牧的地方，而现在那里可以放牧的草地却不属于他们。林草矛盾主要由双证问题引起，即牧民拥有草场使用证，林场职工拥有林权证，双方共同拥有同一块草场，因而在使用权上各执一词（乌兰，2016）。

类似的林草冲突还不时见诸报道。如"五一"小长假期间，乌鲁木齐市草原监理站接到水磨沟区农办的报告，"位于米东区芦草沟乡芦草沟村村民在马台碱沟植树造林，侵占了水磨沟区葛家沟村的草场"。值班执法人员立即驱车赶往现场，当时，天色已晚，现场一片混乱，葛家沟牧民正在阻挡芦草沟村村民植树造林。经现场勘查，芦草沟村村民植树造林侵占了葛家沟村部分草场。

　　而牵涉面较广、持续时间较长的林草冲突也不鲜见。我们 2011—2014 年在呼伦贝尔草原调研时，就不断听到牧民和畜牧局的有关人员提及此类的冲突。如鄂温克旗红花尔基的林草冲突。鄂温克族自治旗是内蒙古自治区的一个少数民族自治旗，位于内蒙古东北部大兴安岭山地向呼伦贝尔高平原过渡地段，其东部是葱郁的森林，西部是广袤的草原，自东向西依次形成了森林—森林草原—草甸草原的生态格局，植被以森林草甸草原为主，整个鄂温克族自治旗旗属的二十多个嘎查（村）都处在林草植被结合的过渡地带。据统计，2005 年鄂温克旗林地面积有 4823 平方千米，占全旗土地总面积的 25.8%；草地面积 12629 平方千米，占全旗土地面积的 67.5%。根据鄂温克族自治旗人民政府发布的数据，2012 年该旗草原面积为 11900 平方千米，森林面积为 6462 平方千米，分别占全旗总面积的 62.2% 和 33.8%；而截至 2013 年，该旗草原面积 10596 平方千米，森林面积 6470 平方千米，分别占全旗土地总面积的 56.79% 和 34.68%。从总体上来看，全旗草原面积和森林面积呈现较为明显的此消彼长关系，即草原所占的比重在逐年减少，而森林的面积在逐年增加，并出现了同一地块同时发放草原所有权证、草原使用证和林权证，且每个土地证件都经过了政府合法审批并加盖了公章，具有合法效力（乌兰，2016），从而引起的土地权属纠纷（施文正，2002）。

案例 7：锡林郭勒盟种树毁草原

　　据 2019 年 8 月 5 日《中国农网》报道（焦宏，2019），在 101、207、303 国道和连接内蒙古锡林郭勒南部各旗（县）、苏木（乡镇）的近千千米道路上，一路见到有人在草原种树。出了河北张家口往北，道路两旁活着的树变成了"老头树"，死去的树留下了一个个空空的树坑，树根附近是裸露的沙地，植被不知去向。在锡林郭勒盟南部的镶黄旗、镶白旗、正蓝旗和靠北边的西乌旗，道路两边的草原上可见新挖的树坑，部分延伸到草原深处眼力达不到的地方，路边还有人在挖树坑，在草原上远远望去就像"鱼鳞坑"。一路上还见有往草原上运送树苗的车辆。新一轮毁草种树人为破坏草原生态正在上演。据有关专家介绍，在年降水量 400 毫米以下的地区植树，成活率极低，即使偶尔活下来，包括草原上常见的柠条，大旱之年也不能幸免。在这些地区植的树如果没能成活，每挖一个树坑，就会有约 1 平方米的地表原生植被遭到破坏。我国草原大多分布在干旱半干旱地区，年降水量少而分布不均。内蒙古年降水量为 50～450 毫米，锡林郭勒盟大部分地区年降水量为 200～350 毫米。在这些地区植树造林将恶化原本就脆弱的草原生态。

是什么原因导致了林草冲突的发生呢？以鄂温克旗林草冲突为例，根据乌兰（2016）对鄂温克旗林草冲突的专门调研，主要原因在于不同利益相关者对资源认知的差异、草地在林业和牧业部门的承包年限差别、不同部门所发证的权属登记造册级别差异以及确权顺序不同。以下对于这几点原因有较为详细的论述。我们课题组于 2011—2018 年对于当地多次实地访谈的所见所闻，也证实了这样的判断。如根据我们 2013 年 4 月对鄂温克旗政府和农牧局有关人员的访谈，当时鄂温克旗拥有可利用草场面积 1772 万亩，其中承包到牧户的草场面积为 1280 万亩，国家湿地保护区约 100 万亩，而林草矛盾区域就有 300 多万亩。

首先，草地资源和林地资源在法律上没有得到同等的认可。从《宪法》对资源产权的规定中，可以看出草原被作为一种资源对待，相较于森林资源晚了近 30 年。森林在 1954 年就被列为一项资源，并在产权界定上由"法律规定国有"到"国有"再到"国有和集体所有"。而草原资源作为一项资源在宪法中单列则是在 1982 年，在此前一直归属于其他资源。

其次，草地和林地的产权安全性不同。承包期越长，承包者对于所承包的土地就越有安全感。2002 年颁布的《中华人民共和国农村土地承包法》第二十条规定：草地的承包期为 30～50 年。林地的承包期为 50～70 年。由于林地承包期限比草地承包期限长，一些牧民更愿意承认林业部门在他们已经颁发有草原证的土地上再颁发林权证，这样做的直接原因就是用林权证做抵押，牧民可以获得比草原使用证更多的贷款。乌兰（2016）的调研发现，牧民愿意在已划分的草原上种树，因为种上树后，林业部门会办理林权证，有了林权证后贷款、补贴都比草原多。很多牧民都和林业部门签合同在草原上种树。林业和牧业竞争草地资源的冲突为此甚为常见，林地面积也一度增长迅速。2012 年我们课题组在镶黄旗调研时也有发现，牧民在传统放牧的草山上栽上了小树苗，草地变成了林地。不过，我们发现树苗之间的土地裸露着，与之前的草地相比，地面覆盖度降低，很容易遭到水土流失或风蚀。

再次，草地和林地权属登记造册的机构级别不同。无论国有还是集体所有的林地的所有权和使用权，都由县级以上人民政府登记造册，而国有草原的所有权和使用权，由县级以上人民政府登记造册，但集体所有的草原的所有权和使用权则是由当地县级人民政府登记造册。如鄂温克旗大部分草原的所有权证都是由旗人民政府颁发的，而林权证基本都是由呼伦贝尔市颁发，草原证往往没有林权证"级别"高。

最后，鄂温克旗的林草产权确权时间不同。林权确权在先，草权确权在后，这是造成当地林草矛盾的很重要的一个原因。林权证是 1992 年开始发的，当时有一些林间空地（即草地）统一被划分为林地了。而草原证是 1998 年"双权一制"实施后发放的，在"一地多证"的产权争议中，按照先来后到的规定，林权证在先。

除以上产权方面的原因，草地和林地治理机构设置及其任务分工也是导致林草冲突发生的重要原因（乌兰，2016）。首先，主管草原的部门和力量与主管林业的部门和力量不对等。自 1978 年以来，林业一直由专门的国家林业总局、林业部和由国务院直属的国家林业局管理。而1988年农业部成立以来，整个草原仅由农业部下属的畜牧业司草原处来执行草原行政管理，由农业部下属的草原监理中心主要执法。草地和林地治理机构力量相差悬殊。以鄂温克旗为例，全旗的草原监理以及下面苏木的综合站总共不足100个人却要负责监理1万多平方千米的草原，任务十分繁重。其次，同一地区存在多个级别不同的林地管理机构，且这些机构的行政级别通常高于当地草地主管机构的级别。如鄂温克旗伊敏苏木境内不仅分布着呼伦贝尔市直属林业局的头道桥林场、宝根图林场和红花尔基林场，还分布着国有直属的内蒙古森工集团下辖的绰尔林业局的塔尔气林场和全胜林场。发生林草纠纷时，牧民往往无法就近向苏木和旗政府的相关部门求得援助，因为地方政府无权干涉上级部门所属林业局的林地规划问题。这就使得这些地区的林草矛盾迟迟难以就近解决，也难以促成矛盾中各方的平等交涉（乌兰，2016）。

繁重的造林任务也压缩了牧民的生存空间，制造了林草冲突。仅2011年，全国造林面积就达9207万亩，其中内蒙古造林1086万亩，占全国造林总面积的11.8%。鄂温克是林牧交错地带，33%的土地是森林，如果再继续造下去，"就只能在草原上种树造林，而且是在有草原证的土地上"——访谈中一个旗里的干部这样说。种树任务越重，草原面积减少得越多，林草冲突也就越严重。鄂温克旗有44个嘎查（村）位于林草过渡带。根据施文正（2002）的研究，作为樟子松的故乡，鄂温克旗有些林草过渡带的林场曾根据樟子松传播繁殖的散生林木扩大施业区。樟子松是我国寒温带成林树种之一，其种子小而有翅，借助风力可以传播很远，且容易发芽生长。这种扩展林业施业区的做法导致有些牧民家族生活了200多年的放牧场被划定为了林业施业区，导致了林草矛盾。

此外，生态保护下林场职工的生计转型加剧了林草冲突。在以生态建设为主的转型期，林业职工收入的主要来源不再是之前的林木砍伐，而是完成上级下达任务的奖励。其次是林下资源利用，包括放牧。林业以生态保护名义将牧民的草场划为林业施业区后，他们内部职工开始了畜牧业经营。调研中有牧民反映，林场把林间草场租出去，牧民的牲畜连通过这些地方都不让。一地两证，这就导致了如本节前面提到的德力格等四户牧民与林场草地冲突的案例。

2.2　农业开垦

草地与农业的冲突主要表现在草原开垦方面。据全国草原监理报告，近年来，非法开垦草原案一直高居全国草原违法案例前三位。特别是 2014 年，全国非法开垦草原的法案数量高达 1910 起，因此而破坏的草原面积达 28.54 万亩。此后案件和草地破坏面积逐年减少，2017 年，全国非法开垦草原案件数量比 2016 年减少了近一半，破坏的草地面积较上一年减少了 11%。当年全国非法开垦草原 836 起，破坏草原面积 7.71 万亩，占当年全国草原破坏面积 7.55 万亩的 68.1%；2018 年，全国非法开垦草原案件达 785 起，破坏草原面积达 5.11 万亩，占全国草原破坏面积 11.47 万亩的 44.6%（见图 5-1）。这是已经记录在案的非法开垦案件，加上尚未立案的情形，草地非法开垦的冲突就更加频繁和严重了。2020 年 5 月 30 日，以"草场被非法开垦"在百度中查找，显示"找到相关结果约 60.1 万个"。

在全国主要的草原牧区中，内蒙古的草地开垦无论从案发数量，还是破坏的草原面积，都为全国之首。以 2018 年为例，见表 5-2，内蒙古非法开垦草原的案件数量为 378 起，占全国的案发总数的 48.15%，当年因非法开垦草场破坏的草场面积达 2.1197 万亩，占全国同类草场破坏面积的 41.46%。

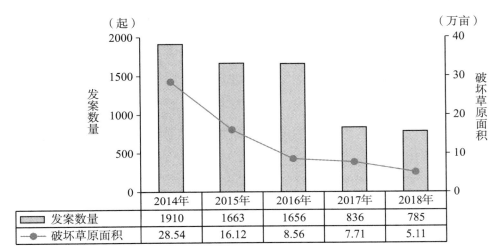

图5-1 历年草原冲突案例及破坏草原面积情况

资料来源：《全国草原监测报告》。

表5-2 2018年各省区非法开垦草原案件数量及开垦破坏草原面积

项目	合计	内蒙古	黑龙江	吉林	其他省份
发案数量（起）	785	378	122	117	168
各省份占比（%）	100	48.15	15.54	14.90	21.40
破坏草原面积（万亩）	5.1126	2.1197	0.8583	1.6161	0.5185
各省份占比（%）	100	41.46	16.79	31.61	10.14

资料来源：国家林业和草原局草原管理司.2018年全国草原违法案件统计分析报告［N］.中国畜牧兽医报，2019-07-14（2）.

自中华人民共和国成立以来，内蒙古草原开垦就很严重，经历过几次大规模的开垦。如1960年前后，内蒙古自治区为了贯彻中央提出的"以粮为纲"的口号，积极鼓励开荒："……宅旁院内和限额以内的零星荒地允许社员开垦，谁开垦收入归谁。"牧区不仅鼓励个人和公社开荒，还投资建立了一批牧区国营农场。据统计，内蒙古地区仅1960年就扩大了1300多万亩耕地，增加了107个国营农牧场，其耕地面积达到550多万亩。"文革"期间，内蒙古自治区组建了生产建设兵团，共有 8 万多名知青参与内蒙古的建设。在全国"农业学大寨"和"以粮为纲"的号召下，内蒙古提出"牧民不吃亏心粮"，对草原"开荒"。"文革"十年，内蒙古自治区开荒 1500 万亩。进入 2000 年以来，草原为何仍频繁地遭到非法开垦呢？这样的非法开垦对草原会造成什么样的影响？我们将通过内蒙古两个不同层面的案例来对此进行探讨：一个是单个的牧户与农户间的农草冲突，另一个涉及的面较广，为群体性的农草冲突。

案例 8：牧户与农户间的农草冲突

这个案例来自课题组 2011 年在陈巴尔虎旗某嘎查的实地调研。案例的冲突双方分别是牧户那木斯来（化名）和种植麦子的外来户。

那木斯来，57 岁，鄂温克族。1982 年，牲口承包到户的时候，那木斯来夫妻分到了两头牛（当时是按照人口分的）。1998 年分草场时他们家已经有 20 头牛和 20 匹马，五口人，按照人口和牲口分草场，他们家分到了 4291.8 亩草场，1998 年签的合同，2001 年发的草场证。他家草场边上就是外来户种的麦田，这些外来户是 1989 年来那里种麦子的，种麦子的草地最初是苏木批的。1998 年草场分到各家各户以后，外来户的麦田就开始侵占他家的草场，一直到 2006 年麦田才开始停止扩张，那时候那木斯来家的草场只剩了 2000 多亩。他去找外来户，外来户说在这边开地是合法的，于是那木斯来又去找苏木和旗里，结果都没人管。

1999 年，外来户的麦子打了很多敌敌畏（灭草的农药），因为麦田没有拉围栏，那木斯来的牛羊跑进麦田（那里原本是占用的那木斯来的草场），吃了麦子，结果大牛死了六头，小牛死了四头，马死了两匹，那时候家里总共有 30 头牛和 20 匹马，牛死了 1/3，那木斯来去找麦田的主人理论。麦田主人说："你们把牛羊看紧了，牛羊就不会死了。"

那木斯来也没有办法。之后，他怕牲口再被毒死，便把马全卖了。随着农药技术的发展，麦田已经不用敌敌畏了，现在的农药毒性小，那木斯来家的牛羊后来就没出什么问题。麦田主人也有牛羊，每年有100多头牛和600多只羊，这些牛羊经常跑到那木斯来家来祸害草场，那木斯来撵牛羊的时候，麦田主人说："反正你家草场多，用不完。"那木斯来去找苏木，苏木领导出面，麦田主人于2010年将牲口都卖了。

这是一个典型的微观层面的农牧冲突。原本是草原的土地，被外来户开垦成了耕地，种上了麦子。草地的农业开垦以多种方式影响着牧业：（1）开垦本身不断侵占草原。案例中，草场使用者原来的4000多亩草场被不断侵占，从1998年草场承包，2001年发草场证，到2006年的时间之内，这家牧户的草场面积就只剩下2000多亩，近一半的面积被开垦掉了，这直接压缩了牧户的放牧空间。（2）农田管理对草原造成负面影响。案例中，牧民反映，麦田对草场的质量影响很大，种麦子要翻土三四十厘米，容易造成土壤风蚀。据气象站多年观测，当地年平均风速为3.5/秒，春、秋季多发生大风日，春季平均风速达5.1米/秒，每月日平均风速大于或等于8米/秒的日数为18天左右，秋季平均风速3.8米/秒。在这样的气候条件下，种麦子翻的土等到风大的时候都会被吹到草场上，牧民抱怨，"被盖住的草就长不出来了"。（3）种麦子用的杀虫剂和除草剂很多，一下雨这些化学物质就会随径流流到周围的草场上了，造成麦田周边的草被毒死。当地夏季（6~8月）是大雨、雷阵雨集中的季节，也是牧草长势最好的时候。（4）不时有牧民的牲畜吃麦子被毒死，或农民的牲畜进入牧户草场的情形。

案例9：通辽万亩草场遭非法开垦

这是一个由多个牧民对一个开发商的案例。案例中的开发商来自河南，借着"招商引资""投资兴业"的幌子，在地方领导的支持下，将从多户牧民手中正式流转的 15000 多亩草场转变为耕地，导致冲突。

据中国经济网通辽 2013 年 2 月 20 日报道（记者罗霄，通讯员张百东、高博、李志明），内蒙古自治区通辽市科左中旗珠日河牧场 15000 余亩草场被非法开垦，两年来无人过问。众多牧民出现"返贫"现象，甚至在一定程度上引发了民族矛盾。新年伊始，内蒙古科尔沁左翼中旗一部分农牧民从 2012 年底开始为自家的草场被破坏而终日奔走，为自家的草场被破坏讨一个说法。然而，他们上访无路，求告无门。

2012 年以来，通辽市科左中旗珠日河牧场奈门塔拉分场牧民不断向记者举报并向当地有关主管部门反映：本地 15000 多亩曾经水草丰美的草场被非法开垦，但在长达两年多的时间里，这种违法行为一直无人过问和制止。听着牧民们的哭诉，记者感到吃惊，在草原受到严格保护的内蒙古，怎么会有如此无法无天的事情发生？2013 年 1 月 3 日，记者赶往距离通辽市 100 多千米的科左中旗珠日河牧场奈门塔拉分场进行实地调查。随行人员告诉记者，如今的科尔沁大草原变成了"大粮仓"，在这片黄金玉米带上，草原已经成了"耕地"的代名词，"开发"和"利用"使这片古老的草原变得满目疮痍。

在牧民的带领下，记者来到过去是草场现为耕地的牧场，所到之处，触目惊心：田间地头全是玉米秸秆，以及来不及收仓的玉米棒。偶有在寒风中伫立的高达近一米的牧草，诉说着昔日草场的茂密景象。牧民白宁布告诉了记者事情的来龙去脉。通辽市地处"黄金玉米带"。随着"招商引资"力度的加大，有不少外地人开始觊觎这片肥沃的草原，将其"转变"为耕地以牟取暴利。2011 年 1 月，来自河南的"老板"赵某乘机来此"投资改善草原环境"。由于有珠日河牧场分场主管领导、通辽市人大代表徐某向牧民表示合同完全合法，签署合同有诸多好处，奈门塔拉分场及一分场的 15 户牧民深信不疑地跟赵某在珠日河牧场招商局签订了转包 16400 多亩草牧场的合同。可是，让农牧民想不到的是，赵某及其新成立的蒙通农牧发展有限公司，完全是说一套做一套，承包完草场之后根本没有"改善草场环境"，而是开始了一系列"精耕细作"活动。从 2011 年 4 月 20 日开始，趁着夜色，赵某等人动用多台大型机械将 15000 多亩草场"开发"成其致富的"良田"。牧民见状，意识到自己被骗了，便开始向分场领导与珠日河牧场党委书记反映这一问题，但每次都没有下文。仅 2011 年和 2012 年两年，赵某及其所属的科尔沁左翼中旗蒙通农牧发展有限公司种植的玉米等农作物就获利两百多万元。其间，赵某及其公司通过旗委、旗政府骗取了上百万元的项目配套资金，还享受了国家大型农机具补贴。旗政府有关领导对赵某前来"投资兴业"热情"服务"，为其一路开"绿灯"，并解决了打井资金等问题，还为其争取了多个项目，通过农业保险骗取保险费等。

草场被开垦最为直接的后果是，大风一起就沙尘遍地。此外，还引发了民族矛盾等诸多"后遗症"：当地政府对草场开垦"区别对待"，采取"双重标准"。2012 年，当地一个牧民因在自家草场开垦了 20 亩饲草料地就被科左中旗草原管理部门罚了 5000 元。而如今 15000 多亩草场被开垦，当地党委、政府却非但未采取任何管理措施，还"积极鼓励"。这一切让当地群众很不满，开始投诉、举报，甚至上访！牧民把草原当作自己的"生命"，也懂得国家对保护草原的重视法律法规。2012 年 11 月 22 日最高人民法院发布《关于审理破坏草原资源刑事案件应用法律若干问题的解释》，明确规定：破坏草原 20 亩以上用于种粮、改变草原生态的行为将获刑；内蒙古自治区十一届人大常委会第二十四次会议审议通过的《内蒙古自治区基本草原保护条例》也规定：擅自改变基本草原用途的，处以每亩 1000 元以上 5000 元以下罚款。据当地农牧民反映，近日，旗政府某副旗长正在帮助赵某改变合同，试图使其违法行为合法化。赵某为息事宁人，也同意对告状告得厉害的两三户农牧民给予一定的赔偿了事。

案例 10：70 万亩草场被非法开垦①

这是一个由当地政府介入的非法开垦草原的群体冲突案例。案例的素材基于内蒙古电视台 2006 年 3 月 20 日《今日观察》的报道。这个案例发生在内蒙古最好的草原——呼伦贝尔草原上，那里北部草甸草原是原生植被最完整、植物种类最丰富的草地。但在该案例报道的前几年，不断有呼伦贝尔草原被开垦种粮现象发生。新巴尔虎左旗一些原本是大面积的草原已经不再是草原了。

在该旗的乌布尔保利，一家牧户的棚圈被大片麦田包围。麦田离牧户的围栏只有几米远。据牧场的原主人宝迪介绍，这里曾经是一个草地绿油油的牧场，是他家的打草场，而去年就有两三千亩这样的草地被开垦种上了麦子。由于草原变成了耕地，环境不适合放牧，牧户因此搬到了十千米以外的一个下营地。草原被开成麦田之后，下面是失去了原生植被的黑土。这与不远处原生植被完好的草原，形成了鲜明的对比。牧民反映，这一带都是这样的打草场，是很好的草场，雨水好的年景草长的膝盖这么高，下雪后的草地也盖不住。这样好的草场被开垦，实在是太可惜了。

据了解，新巴尔虎左旗被开垦草原远不止这几千亩。牧民说，南部大面积优质草原被开垦已经多年。根据自治区人大调查的结果，仅从1991 年到 1997 年之间，新巴尔虎左旗近 70 万亩草场变成了耕地，失去了原有的植被。而开垦草原是从 20 世纪 90 年代初开始的。1988 年，新巴尔虎左旗成立南部农业开发办公室，并在报纸上登广告招引开发者。农业开发也得到了当时呼伦贝尔盟行署的认可，为了防止开发者乱开

---

① 陈继群. 曾经草原［EB/OL］.（2016 – 08 – 09）. http：//www. nmtv. cn/Article/pd02/pd_jrgc/pd_jrcg_wqhg/2006 – 08 – 09/6901. html.

垦，1990 年，呼伦贝尔市行署专门出台了文件，以汉达盖河为界限划定了农业开发区域。农业开发开垦了汉达盖河流以南的草原，位于兴安岭北麓，直到 20 世纪 90 年代，这里仍然是最肥美的草原，可以和呼伦贝尔三河草原媲美的地方。从 1991 年开始，这片草原变成了良田。虽然原呼伦贝尔市行署划出的农业开发区域缺乏法律依据，但当地牧民认为，呼伦贝尔市行署规定的开垦界限是不可以逾越的。所以称汉达盖河的界限为红线，希望汉达盖河流以北的草原不要遭到破坏。遗憾的是，红线没能阻挡开发者的脚步。他们越过汉达盖河流向北挺进，继续开垦草原。面对开发者的乱开垦，当时的新巴尔虎左旗政府并没有制止，农场主人任远国越过红线开垦了 12600 亩草原，旗政府知道以后，对任远国罚款 18.9 万元，也就是说，每亩地收了 15 块钱，还给他办理了开荒审批表。

1998 年，新巴尔虎左旗重新确定划分开垦去的界限，把汉达盖河流以北多开垦的草原划入红线之内。开发者开垦的草原不但越过原呼伦贝尔盟行署规定的界限达 20 千米，越过了旗所划定的界限，连防火道也变成了农业开发者的庄稼地，逐年向外扩张。防火道原来是 100 米宽，现在却扩大了 300 米宽，在北边耕地是农场随意扩地开垦的，原来都是草场。

尽管《草原法》明确禁止开垦草原，但在过去十几年间，新巴尔虎左旗的农业开发通过盟旗两级划定的界限，耕地面积不断扩张。为什么新巴尔虎左旗的农业开发者敢于违反法律开垦草原，并疯狂地扩张开垦面积呢？记者对阳光农场的农场主任远国的采访揭示了部分原因。任远国是来新巴尔虎左旗开发的第一批投资者之一，他的阳光农场已经拥有 6 个分场，分布在新巴尔虎左旗南部被开垦的草原上，面积达 10 万亩。疯狂扩展耕地的原因是收到经济利益的驱使：10 万亩耕地，假定每年轮休一半，一年种 5 万亩地，每亩地一年的收入按 400 元计算，任远国的年收入在 2000 万元以上。农场主为了经济利益扩张耕地，开垦草原，那么新巴尔虎左旗政府又为什么对这种行为放任自流呢？

　　对另一位农场主白江的采访揭示了进一步的原因。白江承包有 5 万亩耕地，每亩地给旗里交 28 块钱，一年给旗里交 100 多万元。农场主与旗里以这种方式合作。任远国也肯定了这一做法，他的这个农场每年给旗政府缴纳 400 多万元的农业费。他所说的农业费，其实就是开发草原以后，向旗政府缴纳的租金。这个农业费和国家的农业税不同，国家取消了农业税，并不影响新巴尔虎左旗农业费的缴纳。1992—2005 年，新巴尔虎左旗从南部开发中收取农业费 3852 万元。在高峰期，农业费占全旗收入的 2/3。

　　开发草原者给地方财政带来了可观的经济效益。那么这对当地的生态环境带来了什么影响？开垦的草原是兴安岭北麓的黑土地，它在新巴尔虎左旗乃至呼伦贝尔草原的生态平衡中发挥了什么样的作用呢？根据记者对内蒙古草原勘察设计院院长邢旗的采访，呼伦贝尔草原有相当一部分是草甸草原，介于荒漠和森林之间的地带，一直在起着生态平衡作用。生态功能主要是涵养水分，调节气候，防风固沙。乌布尔保力格 70 万亩优良草原原生植被被彻底破坏，其生态功能荡然无存。

　　原生植被是永远也恢复不了了，原来这里有麻花头，针茅，养草，披肩草，原生态的植被很好，牧草种类特别多。70 万亩草原失去了原生植被，土地裸露，这对于被开垦的草原本身和周围的环境意味着什么呢？耕翻了以后，土壤有机质很快就暴露在空气下，分解得很快，再加上耕种作物，土壤营养被农作物吸收，通过收割，把营养带走，对周边地区的影响是很大的。有草覆盖的时候，空气和土壤比较潮湿。草原一旦被开垦，土壤中的营养成分会迅速流失，被开垦的草原会逐渐沙化退化。要想恢复，至少需要三十年的时间。而原始生态系统，植物种群和植物多样性的恢复几乎是不可能的。另外，大面积开垦草原进一步加剧了当地的草畜失衡，加速草地的退化，对当地生态造成了破坏。

开垦的草原要逐年全部退耕，每年要退耕 10 万亩。2005 年已经退耕了 12 万亩。开垦的草原真能退耕吗？要退，又是怎么退呢？我们在新巴尔虎左旗南部开垦草原的核心地带看到了一片人工草地。这是阳光农场的耕地上搞的人工草地项目。因为刚种了一年，人工草地的植被还没有恢复，土地仍然裸露着。我们从工程介绍中看到，这 1.2 万亩人工草地共投入租金 168 万元，其中中央财政资金 80 万元，自治区财政资金 26 万元，呼伦贝尔和新左旗财政资金各 3 万元，自筹资金 28 万元，投工投劳 0.9 万个工日，折合投资 28 万元。每亩草地的费用达 140 元，资金来源从中央到地方，各级财政按比例配套资金。开垦草原的农场，只出 28 万元。人工草地费用昂贵，也不可能大面积种植。要恢复草原的原生植被，那就更难了。70 万亩被开垦的草原何时才能恢复原来的面目呢？在新巴尔虎左旗的农业开发中，最大的赢家是那些农场主，他们从开垦草原中得到了数以千万计的高额利润，而留给草原的，则是片片疮痍。当初为了一亩地 20 多块的补偿款，当地政府不惜以破坏草原生态环境为代价搞农业开发，现在又不得不为破坏草原生态的违法行为埋单（见表 5-3）。

表 5-3   **本章各案例情况比较**

冲突案例编号	案例 8	案例 9	案例 10
冲突时间	1998 年到 2011 年（调研时）	2011 年到 2013 年（报道时）	20 世纪 90 年代以来
冲突对象	当地牧民与种麦子的外来者	当地牧民与外地开发商	多个牧户与地方政府/几个开发商
冲突原因	种地者占用牧民草场，麦子种植过程导致土地退化；施肥用药污染草场；麦田主人的牲畜到牧民草场吃草	优质草场被非法开垦；牧民被"骗"；政府区别处理	几个开发商在地方政府的支持下非法开垦草原

续表

冲突案例编号	案例 8	案例 9	案例 10
冲突规模	4000 多亩草场变成 2000 多亩	15000 亩草场	70 万亩草原
冲突性质	单个农民与牧民微观层面的冲突；农户行为	多个牧民与一个开发商的冲突；商业行为；地方政府支持	群体性冲突；政府行为；公司行为
冲突结果	牧民的牲畜死亡，损失严重；生计受损严重；草地数量减少、质量退化	草地退化；牧户贫困	多个牧民失去草场；草地原生植被遭到破坏

表 5 – 3 展示了将草原开垦成农地引发冲突的几个案例。每个案例代表实践中的一类冲突的情形：既有单个牧民对单个农民小范围开垦的情形；也有地方政府介入鼓动牧户将草场出租给单个开发商，致使中等规模草场遭到非法开垦，牧民被骗的情形；还有地方政府主导，主动招商开垦草场的政府行为。在草原上发展农业，将大面积的草地转化为农业用途，开发者（特别是经营规模较大的开发者）从短期而言获得不菲的经济收益，地方政府也可能些微受益，但草原生态环境将遭到极大破坏，而以草地为生产资料的牧户的生计也深受影响。

3 草地资源利用冲突

草地是一个社会生态系统（social-ecological system），包括一系列共享资源，如草原植被、草地下的矿产资源、草原地区的地表水和地下水，以及共享的本土动植物遗传物质和文化习俗等（Li & Li，2012）。这些共享的资源具有多种用途，可供不同利益相关者用于不同的经济活动。本节探讨围绕草地资源的利用而产生的冲突，如采挖草地上的中草药，开发草原上的矿产资源或者使用草原上的地表水和地下水资源等。这些冲突的本质源于对草地社会生态系统中各种共享资源的竞争。这一节将介绍和讨论三类草地资源利用冲突案例：第一类是为了挖中草药而破坏草原案例，这类案例通常发生在外来者深入草原非法采挖草药而破坏草场的案例。这一类案例中的冲突指的是因盗采草药引起的草场破坏，即外来者的经济收益影响了草原使用者对草原的使用。第二类是本地牧民因为经济价值较高的中草药资源的利用而导致的群体性冲突，从而影响牧业生产和社会和谐的案例。第三类是在传统牧业放牧的草场上开采矿产资源，导致放牧草地面积减少、草原环境退化的案例（见表5-4）。

表5-4　　　　　　　　　草地资源利用冲突分类

冲突类型	第一类冲突	第二类冲突	第三类冲突
冲突原因	外来者采挖草药	牧民争夺草原珍稀资源	草原上开发矿产资源
冲突对象	外来者与草地使用者	本地相邻牧民（个人或群体）	矿产公司和当地牧民/矿产开发与牧业生产
冲突性质	由于某种事务（采草药）导致草原破坏，从而使牧民受损（草场被破坏，妨碍打草机打草，引起草地退化和草地物种多样性下降）	由于草场边界和资源利用权属不清引发的群体冲突	矿产公司由于开发草原上的矿产资源，导致用于放牧的草原面积缩小、草地质量下降，牧民生计因此受损，因而与矿产公司起冲突

3.1　外来者盗采草原中草药引发的冲突

在草原生物系统中，植物资源是畜牧业赖以存在的基础。除掉各种可食性的牧草资源，草原上的植物资源还包括一些稀有的中草药，如冬虫夏草、赤芍、防风和甘草等。因此，经常有未经批准，在草原上采挖植物，破坏草原植被的外来者。笔者于 2020 年 5 月 22 日以"采挖中草药破坏草原"为主题词，在百度上搜索，搜到了 229 万个相关结果，说明这一现象在草原上非常常见。按照网页的排序，摘取排序靠前的几条信息作为案例进行分析，案例发生的时间跨度为 2012—2019 年，其中有地方台和中央台的新闻报道，也有地方有关部门的官方微博。

案例 11：非法盗挖防风

据 2018 年 9 月 10 日《锡林郭勒日报》官方微信，锡林浩特市公安局近日抓获一非法采挖野生药材团伙，查获中药材防风近 4 吨。2018 年 8 月初，锡林浩特市公安局民警得到线索，在锡林浩特市大自然保护区内有人盗挖野生药用植物。经过一个多月的蹲守摸排，初步掌握了这一团伙的作案规律：非法盗采人员昼伏夜出，携带采挖工具晚上由专人组织乘车到保护区内进行盗采，凌晨返回。9 月 4 日凌晨，公安局民警将涉嫌采盗挖、收购野生药用植物的 25 个违法人员当场抓获，查获非法盗采中药材防风近 2.5 吨，查获另外一非法收购窝点，发现非法盗采中药材防风近 1.5 吨。

同样因盗挖草原野生药材而被抓也发生在呼伦贝尔。据 2019 年 9 月 14 日内蒙古新闻网报道，自 2019 年 8 月 31 日接到举报非法采挖野生药材的线索，呼伦贝尔边境管理支队呼伦边境派出所经过十天蹲守，于 9 月 10 日成功抓获在边境前沿地带非法组织、采挖、收购野生药材，破坏草原生态的团伙 14 人，收缴药叉 12 把，"柴胡""防风"等野生药材 295 公斤，已邮寄外地 300 余公斤野生药材快递单 7 张，总价值人民币约 12 余万元。这一案例主要有三个特点：（1）人员众多：这是一起有 14 人之多的团伙采挖案例，其中有专职司机。（2）工具齐全：有现代化的交通工具皮卡，有便于晚上盗采药材的头灯，还有方便联络和通风报信等的工具——对讲机，更有专业用来采药的药铲。这种铲子约有 20 厘米长，一铲下去草原上就会形成一个半圆形的深坑，对草原破坏极大。（3）方式先进：其中有现代化的交通方式和通信方式，也有便于快速处理所采药物、有不留证据的销售网络。这是一支较为专业的盗采队伍，其具体的作案方式为：皮卡每晚 20 时左右趁夜色将盗采者及其工具（药铲、头灯、对讲机等）运送至指定草场后离开，第二日凌晨 1 时许再将盗采者及其采挖的药材运出草原，以防风、柴胡每公斤 40 元的价格进行交易。

案例 12：非法采挖赤芍

据 2019 年 10 月 4 日内蒙古多伦县电视台格日勒和孙志猛报道，该县蔡木山乡铁公泡子村王国臣家的草牧场内到处是野生赤芍被盗挖后遗留的土坑。赤芍是我国传统的常用中药材，也是国内外中药材市场的重要商品。多伦被誉为"赤芍之乡"，与其他地区出产的赤芍相比，多伦赤芍的珍贵之处在于其"糟皮粉渣，入药最佳"，因而成为我国历史以来中药界唯一公认入药最佳出产地的芍药品种，在国内外享有盛名。也正因如此，多伦草原上非法采挖赤芍行为时有发生。2000 年土地二轮承包后，王国臣开始在自己的草牧场内尝试恢复儿时的景象。经过他多年的努力和呵护，这里的草高了、花多了，野生的黄花、芍药吸引着人们的目光，他觉得自己的努力没有白费。大概 2006—2007 年，在赤芍进入盛果期（赤芍要五年才能进入盛果期）时，他开始看着草山不让任何人进来放羊，也不让任何人进来挖药。2010 年是赤芍最好的时候，平均一亩地能达到两千到三千棵赤芍。但也是从 2010 年起的三年，盗采赤芍的外来者比较多。多年的呵护，王国臣对山里的一草一木都有很深的感情。为了保护多年来的恢复成果，他不断加大看护力度，天天在山上看着，有时候晚上开上四轮搭个小帐篷，晚上就在这山上睡。但由于草牧场面积大，盗采者昼伏夜出，让他防不胜防。对于这种严重破坏草原的行为，他深恶痛绝，却又十分无奈。看着满山刨挖的坑，他哭了，奋斗十几年的心血，几天就给弄没了，还把草原给破坏了。

案例 13：滥挖柴胡防风

据央视网 2013 年 11 月 24 日的《焦点访谈》报道，呼伦贝尔大草原风景优美、物产丰富，它养育了生长在这里的牧民，也吸引着来自各地的游客。可最近却在呼伦贝尔新巴尔虎左旗见到了这样的场景：一片绿油油的牧草中间出现了一个又一个坑和洞。据了解，新巴尔虎左旗是天然的中草药园，产柴胡和防风等。这些植物的根茎药用价值很高，可以用于治疗发热、伤风、感冒等，效果非常好。因药用价值高，呼伦贝尔草原上的野生防风、柴胡等药材在市场上很受欢迎。据了解，从草原上挖来的防风卖给收药材二道贩子的价格达每公斤 50 元左右，二道贩子再以每公斤 60 多元的价格将药材卖到海拉尔等地的私人收购点，之后转卖给来自河北、河南的药贩子。以每个挖药人平均每天挖 15 公斤的防风计算，每人每天可以收入 750 多元。每个二道贩子以平均每次收 500 公斤防风计算，卖一次药就可以收入七八千元。采挖和收购药材的暴利吸引着全国各地的人来到草原上疯狂乱采滥挖药材。

呼伦贝尔草原是生态脆弱地区，土壤大部分属于栗钙土，这种土壤养分含量比较低，有潜在的沙漠化趋势。一旦地表的植被和土壤遭到破坏，在风的作用下很容易引起风蚀和沙漠化。而"防风""柴胡"等植物除了药用价值高外，还具有很强的固沙的作用。天然防风在草原上扎堆生长，成片挖掉了也就起不到了固沙作用。而乱挖药材和在草原上拔根草是不同的，它破坏的是植物的根茎，如果土壤不能及时回填，植物将不能再生。

据了解，目前新巴尔虎左旗已有近 57 万亩草场因乱挖药材而遭破坏，近 700 户牧民受此骚扰。为了保护草原，呼伦贝尔市出台规定，将这片草原定位为药材禁采禁收区，也就是说任何人都禁止在草原上采挖药材。新巴尔虎左旗各执法部门、各苏木、嘎查也都加大了打击防范违法采挖药材的力度。2013 年入春以来，已累计出动警力 1200 多人次；驱离非法采挖人员 1500 多次，收缴药材 3000 多斤。

案例 14：盗采冬虫夏草

据 2012 年 3 月 2 日《中国环境报》记者刘晓星报道，冬虫夏草是中国独一无二的物种。世界冬虫夏草 98% 来自中国的青藏高原。在盛产虫草的青藏高原及周边地区，每到虫草采收的季节，就会有一支庞大的"挖草军团"，奔赴 3000~5000 米的高山上采挖珍贵的虫草。仅三江源保护区每年就有 12 万人去采挖。过度采挖虫草不但导致资源枯竭，破坏原本就稀疏的植被，且极易引起水土流失、草场退化甚至沙化。虫草要用专用的镢头和小铲采挖。为不破坏虫体，人们会将周围的草皮连土一起挖出。因此，每挖一条虫草都会在草甸上留下一个十几厘米见方、9 厘米左右深的坑，最少要破坏 30 平方厘米左右的草皮。而采挖过程中践踏、碾压的草地面积更大。为了找到一根虫草，人们往往要在草原上反复徒步几小时，践踏好几亩草地。因此，采挖虫草除植被遭到破坏，挖掘留下的空洞也大大加速了水土流失。采挖虫草留下的土坑，即使过了 40 年，植被也难以恢复。青海"三江源"地区每年因挖虫草被破坏的草原面积就达数十万平方米。

在盛产甘草、麻黄、防风等固沙中药植物的内蒙古、新疆、宁夏的荒漠地区，采挖甘草、麻黄和防风等中药材也对环境造成巨大的破坏。甘草根茎深达 10 米，可覆盖 6 平方米土地，防风固沙作用极为显著。但在甘草收获季节，有些地方（如宁夏同心县）每天有数千人上阵，每挖 1 公斤甘草就要破坏 60 平方米的植被，40 多天的采挖季破坏 800 万亩的草原，造成草原严重沙化，损失难以估量。20 世纪 90 年代以来，甘肃、宁夏沙漠地区大量采挖甘草等沙生植物，使得固定沙丘变为流动沙丘，加剧了沙尘暴的发生。

3.2　本地牧民争夺草药采挖权引发的冲突

据我们课题组在 2007 年对环青海湖四县 241 个牧户的调研，约16%的牧户有采挖冬虫夏草的收入，有些牧户采挖虫草的收入占家庭总收入的50%以上。样本中虫草收入最高的牧户，其虫草收入占家庭总收入的63.5%。由于环青海湖地区在过去几十年中草地遭到大量开垦，有些地方已经变成了农牧交错区，因而虫草收入占总收入的份额相对于纯牧区要低。2019 年 5 月，笔者在青海省祁连山调研的时候，正是采挖虫草的季节。县城的日杂小卖部也附带卖刚采集回来的新鲜虫草以及干虫草。新鲜虫草上面带着黑黑的草原土壤，感觉土壤非常肥沃。1 小根虫草卖价 10～12 元，不能挑，买好一小堆后，老板临时立马用刷子将虫草上的泥土刷净。新鲜虫草按根数卖。利润很高。还听说青海某个大学的研究生 2018 年在试验点上，搭乘牧民的摩托车去采挖虫草，一个采挖季节赚到了购买一台手提电脑的钱，大约 7000～10000 元。正因为草原上这些珍稀资源的价格高昂，竞相采挖这些资源就容易引发冲突。以下案例说明了对草地珍稀资源的占有是如何引发冲突的。

案例15："吉垅"冲突

这时两村之间争议草场的归属纠纷已协商解决，且两村和平相处了近 30 年，然而，在当地重要的草地资源虫草的市场价格攀升之后，针对这片有争议草场的归属问题又重新产生冲突的案例。这个案例出自扎洛（2007）。

德村和吉村是 B 县的两个村子，分属于该县的雅乡和竹乡。因为相

369

邻，两村村民常有往来，甚至有许多姻亲关系。但是他们在两村交界处的高山牧场——"吉垅"的归属问题上一直存有争议。原因是中华人民共和国成立前该地属曲林寺（B县最著名的寺院）高僧桑杰活佛的领地，而上一世桑杰活佛就转生在吉村，因此，在中华人民共和国成立前一段时期内"吉垅"牧场归吉村管辖。民主改革时，"吉垅"牧场成为德村和吉村共用的草场，但是，吉村一直有人认为他们对该地拥有所有权。1973年时，雅乡和竹乡就该牧场有争议地段的资源利用达成协议，双方认可该草场为共有混牧地段，决定每年两村分期使用。达成上述协议后，两村平安共处近30年。

但2000年以来，随着虫草市场价格的攀升（2005年1市斤虫草在当地的市场价格为2万元），两村村民对"吉垅"牧场的关注度急剧上升。2000年，B县按照国家统一部署进行县界勘定，同时也进行了乡界划定，两村之间再次发生争议，双方都主张自己在历史上对该草场拥有使用权。2000年12月，由两乡牵头达成草场利用协议，强调双方都不得进入争议地区。但是，2001年5月，据吉村村民反映，当该村村民到"吉垅"牧场采挖虫草时，发现德村的村民曾在该地搭过4顶帐篷，并垒有石堆。根据当地传统，垒石堆表示占有该地。此外，吉村村民还听到"德村部分村民声称，今年'吉垅'草场的虫草可以让吉村挖，明年要将'吉垅'草场的虫草（采挖权）转包外地人"。作为报复，2001年7月6日，吉村村民单方面将牧户搬入争议地区。县里得知此情，要求两乡负责人迅速到现场劝阻，并由县领导主持调解，责令吉村于7月20日12时前必须撤出牧户，双方不得进入争议区。但是，两村不仅未执行县里的调解，还互相写信挑衅，称如果是男子汉就约定时间到"吉垅"草场进行决斗。

2001年7月30日，双方发生大规模武装冲突。德村村民持有枪支。共造成吉村3人死亡，4人重伤，8人轻伤，死伤牲畜8头。

这个案例中，冲突双方本已经就争议草场达成共识，两边相安无事多年，然而使用价值上更为稀罕的冬虫夏草、贝母、菌子等可以轻易运输和交易的资源价格的上涨，驱使两村牧民对资源采集权展开新的竞争。其中一方对于草地资源使用权的习俗界定成为新冲突的导火索。类似的冲突在草地珍稀资源丰富或独特的地方较为常见，草场纠纷经常演变成为村落之间的群体性武装冲突。后宏伟和郭正刚（2013）在碌曲县尕海乡的实地调研也证实，经济利益驱使是藏区草地冲突发生的主要原因之一。自 2002 年以来，冬虫夏草价格的不断攀升使草地的经济价值越来越大，冬虫夏草采挖权从 2002 年的每公顷 9000 元增至 2012 年的每公顷 7.2 万元。作为野生生物资源，冬虫夏草本该归国家所有，但谁拥有草地使用权，谁就拥有采集草地资源的收益。藏区山大沟深、高寒缺氧、人口稀疏（有些地方每平方千米 1～2 人），以游牧和转场为主的生活方式，使得行政区划边界勘定相对粗疏（后宏伟和郭政刚，2013）。草地边界的不清晰是导致草地资源采挖权冲突不断的根本原因。

案例 16：贝村和朵村挖虫草冲突

这个案例也出自扎洛（2007）。案例中潜在的冲突方为朵村和贝村的村民；不过，在 2001 年 6 月刚起冲突时，冲突双方为贝村村民的亲戚与朵村村民；随着案情的复杂化和冲突的逐步升级，越来越多的利益相关者卷入了冲突，这引发了巨大的社会成本和安全隐患。

贝村和朵村分属于 A 县的两个乡，两村隔山相邻。根据划定乡界的有关协议，贝村与朵村以分水岭为界。但是，根据历史习惯贝村对分水岭东侧属于朵村行政管辖的"海绒"草场拥有使用权，那里是该村的几户牧民的夏季牧场。"海绒"虽然属于高山牧场，却有丰富的虫草资源，近年来市场价格迅速攀升的虫草对当地村民的收入非常重要。

2001 年 6 月 13 日，贝村村民及其亲戚共 6 人到"海绒"采挖虫草，与朵村采挖虫草的村民因为游戏输赢而起争执，并就此拉开了持续近 3 年之久的冲突序幕。冲突情况详见扎洛（2007），表 5-5 归纳了该冲突发生的时间、导致冲突的原因、冲突的对象以及冲突的后果。

表 5-5　　　　　　　　贝村和朵村"海绒"草场冲突情况

冲突时间	2001 年 6 月 13 日	2001 年 6 月 14 日	2002 年	2004 年初	2004 年夏季
冲突对象	贝村村民亲戚与朵村村民	贝村村民与朵村村民	贝村与朵村	贝村村民与朵村村民	贝村村民与朵村村民
冲突原因	因为游戏输赢而发生冲突	朵村为报复贝村，趁贝村村民上山采挖虫草时殴打他们	"海绒"草场权属争议	朵村村民强行阻止贝村村民前往"海绒"草场	贝村违反使用"海绒"草场的历史习惯，将原来几户使用变为全村所有牧户使用
冲突形式	朵村村民被殴打	贝村村民被朵村村民殴打	纠纷逐渐升级	阻断贝村村民通往"海绒"草场的搬迁道路，烧毁储放的薪柴	贝村所有 15 户全部迁入"海绒"草场
冲突后果	朵村几位村民受伤；称打人者是贝村村民	贝村村民被殴打，妇女、儿童被扣为人质；朵村称"海绒"归朵村所有，引发两村"海绒"草场归属权争议	双方敌对情绪日益严重	贝村村民前往"海绒"草场的道路被炸毁，储放的柴薪被烧毁	贝村村民在"海绒"草场遭到朵村村民步枪袭击，贝村两位村民受伤
调解状况	无	朵村要求贝村交出前一天打人的凶手	县、乡政府主持两村协商，然而两村意见分歧，未能达成协议	无	县工作组主持再次协商

协商过程中，朵村村民提出不仅"海绒"草场，现属于贝村的其他两个草场都应该属于朵村所有。县政府根据划界协议确认"海绒"草场使用权归属贝村。对此，朵村村民表示不满，声称来年夏天挖虫草时他们将"等着"贝村村民，届时"非打不可"。

这起冲突产生有三个方面的原因：（1）草场行政管辖权与使用权主体不一致是草场利用冲突产生的根本原因。根据案例介绍，两村存在相邻但有产权争议的"海绒"草场，即朵村对该草场具有管辖权（藏区的草地所有权为国有，因此，草地所在的村集体只有管辖权而无所有权），但贝村拥有对该草场的习惯产权——使用权。因此，本质上，这是一起资源的管辖权和使用权相剥离的案例。（2）草场上存在的特有珍稀、便携带的资源成为冲突方潜在争夺的对象。"海绒"草场上有丰富的虫草资源，这些资源可以被采挖者方便地带走，这就使拥有该片草场使用权的贝村村民远道而来采挖虫草成为可能。（3）虫草市场价格的攀升极大地提升了虫草资源的经济价值，驱使草场资源的潜在利益相关者追租，进而导致各方在最大化自己的租金时产生冲突。

值得注意的是，在这个案例中，冲突的直接起因并非争夺稀有的经济价值较高的资源，而是在采挖虫草时因为游戏输赢而发生。并且，冲突双方不是两个起冲突的村的村民，而是贝村村民的亲戚与朵村的村民。"海绒"草场按照历史习惯归贝村村民使用，因此，贝村村民有权决定如何使用（如采挖虫草，或/和放牧；自己使用，还是让给亲戚使用）。但根据案例介绍，朵村村民当时也在他们只拥有行政管辖权的"海绒"草场上采挖虫草。对一片草场拥有行政管辖权意味着什么？是否可以使用该草场上的资源？两村对此有无具体协商？类似这种情形，两村共用有争议的草地资源也许是有效的解决办法。

3.3 草原采矿冲突

草原作为一个生态系统，包括各种生物和非生物资源。采挖野生植物和开发矿产资源也是对草原资源的利用，这些资源的利用短期创造的经济财富远高于放牧。因此，曾引发关于"要煤（矿）还是要草原"等的争议。前面介绍了因在草原上采挖药材引发的各类冲突，以下介绍在草原上开矿导致的冲突。

案例 17：牧民与石膏矿业公司的冲突

这个案例来自 2010 年 12 月 13 日宁夏新闻网—新消息报记者王文革的报道。案例发生在宁夏海原县。海原县地处宁夏中部干旱带，位于黄土高原西北部，属黄河中游黄土丘陵沟壑区。境内丘陵起伏，沟壑纵横。多年平均降水量不足 300 毫米，而年均蒸发量却高达 2200 毫米，素来"十年九旱"，是宁夏最干旱的县之一。境内有天然草场 388 万亩，主要为干旱草原和荒漠草原。石膏资源丰富。冲突方为该县高崖乡联合村的 12 户村民与宁夏金海石膏矿业公司（下称"金海公司"）。冲突的原因是这 12 户牧民正式承包的 1000 亩草场被矿业公司用来开了矿。双方各执一词，分别持有合法证件：一边是承包时办理的《草原使用权证》，而另一边是《采矿许可证》。于是，冲突就在这片生态极其脆弱的荒漠草原上上演。

2003 年 3 月，王进森、王正虎等 12 户村民承包了位于本村地界的 1000 亩草原，并于当月取得了由海原县政府颁发的《草原使用权证》，使用期限为 50 年。当年实行退牧还草政策后，12 户村民开始巡查维护这片草原，每年总共可领 2000 元至 4000 元不等的补助费。2010 年年初，王进森入山到千亩草原上巡查，发现有挖掘机在大面积开挖草原。

村民们立即阻拦施工人员，但对方称是在合法采矿。"我们承包的草原什么时候变成矿区了？"村民们非常诧异。"采矿对草原的破坏是毁灭性的。"村民们认为，在《草原使用权证》没有失效以前，谁也不能侵犯这片草原。但采矿的金海公司出示了一本《采矿许可证》，坚称是在合法采矿。双方各持己见，村民们多次阻拦开采活动，纠纷不断升级并惊动警方。

2010 年 12 月 2 日中午，记者来到位于高崖乡石峡口山中的开采现场。这里的草原实际上是"草山"。绕过许多弯后，一个热火朝天的开采现场出现在山脚下。在大片白色烟尘下，挖掘机挖下大块矿石，装载机将其堆放到一起……挖掘机司机告诉记者，他在此采矿已近 1 年。距此不远处的半山腰，还有一个更大的开采区，停放着更大型号的施工机械，开采的矿石堆积如山。据这里的负责人、金海公司副总经理杨飞文介绍，该公司的石膏粉、石膏空心砌块生产项目是 2008 年海原县的招商引资项目。2010 年 4 月投产后，由于初期原料质量较低及受村民阻拦等影响，到 2010 年 10 月 1 日就停产了。但开采仍在断断续续进行，警方介入双方纠纷也没能解决问题。

海原县草原管理站负责人称，这片草原属于荒漠草原，村民持有的《草原使用权证》是合法有效的。该县国土资源和环境局分管矿产资源管理的纪检书记告诉记者，给金海公司办《采矿许可证》是凭县上相关招商引资文件和招商局发的函给办理的。

12 月 8 日，自治区草原监理中心监理科长介绍，目前自治区共有草原 3665 万亩，草原面积每年都在减少。根据《中华人民共和国草原法》第 38 条规定，采矿确需使用草原的，必须经省级以上人民政府草原行政主管部门审核同意后，才能依照有关土地管理的法律、法规办理相关手续。第 39 条规定，符合审批条件的，还应当交纳草原植被恢复费。而金海公司在采矿前，没有经过任何一级草原管理部门的审核、备案，也未缴纳草原植被恢复费，违反了《中华人民共和国草原法》的规定。

案例18：锡林郭勒盟"5·11"事件

这个案例根据何生海和哈斯巴根（2016）的描述以及百度和其他文献中的报道整理。案例发生在内蒙古锡林郭勒盟的阿巴嘎旗和西乌珠穆沁旗。位于内蒙古自治区锡林郭勒盟中北部，为低山丘陵地貌。可利用草场面积占全旗土地总面积98.2%，是内蒙古十大天然牧场之一。境内煤炭资源丰富。西乌珠穆沁旗位于锡林郭勒盟东部，地处大兴安岭北麓。全旗可利用天然草场中80%以上为良质中产型。草原上还有蘑菇、蕨菜和黄花等特产以及黄芪和知母等多种药材。境内煤炭和铁等矿产资源丰富。

2011年5月10日23时许，因锡林郭勒盟一露天煤矿昼夜运输，影响牧民的生产生活。当地数十名牧民，拦住涉事拉煤车，以制止该类车和企业在牧场上的行为。在货车司机与当地牧民交涉的过程中双方发生争执，货车驾驶员驾驶其重型半挂车将西乌珠穆沁旗的一个牧民碾压致死后逃逸。2011年5月11日，锡林郭勒盟阿巴嘎旗牧民因附近煤厂制造的噪声及污染影响了自己的正常生活，索要补偿费，因此与矿工发生了械斗，其中一名牧民受伤四天后死亡。事故引发锡林浩特蒙古族群众的不满，民众要求当地政府严惩涉事司机，并禁止煤矿企业在当地的采矿行为，保护草原生态不被破坏。

从表面上来看，"5·11"事件起因于当地一名牧民因交通事故而死亡的事件。但其实质是牧民与采矿企业，也就是牧业与矿业的冲突，继而上升为采矿业破坏草原生态、危害当地牧民生存的公共危机事件。

类似的事件在内蒙古之前也多次发生。

案例 19：白云西矿征用草场案例

2002 年，包钢集团巴润矿业有限责任公司开发了内蒙古达尔罕茂明安联合旗的白云西矿，并征用了希拉朝鲁嘎查 26 户牧民的 92055 亩草场，被征地牧民不得不离开赖以生存的草原，到别处谋生。土地征用后，26 户被征地牧民认为巴润公司每亩补偿 128 元的标准太低，从2005 年开始走上长达 10 年的上访之路，要求所征草场按照每亩 326 元补偿，并要求嘎查归还以地方税为由截留的 5% 补偿款（何生海，哈斯巴根，2016）。

由于草原矿业能带来巨大的经济利益，自从 2000 年以来，内蒙古自治区加大了在草原上开发利用矿产资源的力度，草原上私挖滥采矿产资源的现象非常严重。乌拉特前旗的矿产开采是个草原上矿产开发冲击草地可持续利用的典型案例。

案例 20：乌拉特前旗矿产开采案例

2009 年，乌拉特前旗国土资源局立案查处 52 起无证开采，非法占地 7000 亩；2010 年查处 74 起无证开采，非法占地 5799 亩，其中占用河槽 4640 亩，河槽两岸草场 1159 亩；2011 年查处 111 起无证开采，占地 6487 亩。就整个内蒙古而言，矿业企业草原矿区总面积约 3600 平方千米。矿产资源随意开采较为常见，由于采矿车辆没有固定的车道，在草原上肆意横行，压碾草原植被，破坏天然草皮，加剧草原退化。工矿业最发达的地区恰是草原退化最严重的地区。此外，矿业开采大量耗用草原上珍贵的水资源，且可能导致水污染。声势浩大的草原矿产资源开发导致了频发的草原与矿业冲突（马媛媛，2016）。以草原为生计来源的当地牧民的正常生活和生产秩序深受影响（付智华，2013）。

乌拉特后旗矿产资源开发与草原畜牧业的冲突较好地说明了草原矿

业对草原生态和畜牧业的影响。乌拉特后旗位于内蒙古自治区西北部的巴彦淖尔市，是内蒙古自治区矿产资源最丰富的旗（县）之一，现已探明的矿产资源有 8 大类 46 个品种 118 处矿点。各类矿产资源分布广、品质高、储量大，仅有色金属矿藏量就约占全区的 50% 以上，全市的 80% 以上。

全旗草原面积多达 3500 多万亩，有发展畜牧业的天然优势。根据恩和和阿拉坦格日乐（2018），自 2000 年以来，乌拉特后旗矿产开发成为社会经济增长的主要方式，乌拉特后旗 86% 的草原已经发现或正在开发各种矿产资源。2012 年，该旗的工业增加值为 2002 年的 52 倍。矿业开发与当地畜牧业的冲突不可避免：

矿产开发与草原畜牧业竞争水资源。乌拉特后旗属于典型的干旱区，平均降水量为 100 毫米左右，而年均蒸发量高达 2000 毫米。水资源总量十分有限，加之地区分布的不均衡，使得水资源更显稀缺。全旗水资源总量只有 2.39 亿立方米，其中，内陆河流域水资源 1.53 亿立方米，占总量 64%，但是依靠内陆河为水源的土地面积却占全旗土地总面积的 98%，达 2.4 万平方千米，包括 3000 平方千米的阴山山脉和 1.2 万平方千米的草原。这些山区和草原是乌拉特后旗畜牧业经营的主要草场。这荒漠的草原上约 1.7 万人口和 34.2 万头（只）牲畜（2015 年的统计数据）仅靠不足总量 2/3 的内陆河水资源生存。因此，任何增加水资源利用的外来因素（如矿产开发）都会给牧业生产和牧民生活带来致命性打击。工业、农业和畜牧业之间发生竞争水资源成为必然，因而，用水矛盾也就不可避免。

矿产企业获得优先使用有限水资源政策的优势，致使水资源等的分配偏向矿产企业，导致"矿进牧出"。乌拉特后旗草原为缺水地区，牧民可利用的地表水资源量有 0.37 亿立方米，占总量的 24% 左右。矿产企业在河流上游地区切断地表、地下河流，使下游的牧户缺水更加严重。自然河流属于公共资源，只有竞用性，没有排他性。这就意味着企业用水会严重挤压牧业用水。企业更愿意选择给直接受影响的少数牧户适当的补助，从而以更低的成本获取水资源的使用权。由于矿产开发的负外部性无法衡量，河流下游地区受间接影响的牧户同样面临水资源短缺等问题，而他们但却无法得到开矿企业的补偿。遇到人畜饮水困难时，这些牧户只能选择移出草原地区。地方政府解决牧矿冲突的措施，也是将牧户大量移出草原地区，致使牧业受到很大影响。

矿产开发对草地生态环境造成极大破坏。开矿要占用草地资源作为矿区修路架井，建立料场及必需的生活设施，同时，除露天采掘直接破坏土地外，采矿排出的废石、废渣不仅侵占了大量土地，而且破坏了植被，加剧了水土流失和土地沙化。如鄂温克从西部大开发工程开始，引进了两个大的露天矿，其中扎尼河露天矿占用了 2 万多亩草地，闽东矿占用草地 7000 多亩。开矿占用和破坏草场减少是必然的。其他主要草原省区也有诸多类似的草矿冲突，如青海省 1995—2000 年，仅玉树州就有 19.15 万亩天然草原由于采金遭到破坏，其中曲麻莱县 8900 公顷，称多县 3200 公顷，治多县 667 公顷（辛有俊等，2005）。

3.4　小结

虽然本地牧民由于部分收入依赖草地珍稀资源（如草药），因此，他们在采挖草药时会比较注意保护草原，挖药行为对草原的破坏不大，但由于争夺珍稀草地资源而起的冲突会导致社会不和谐。外地人盗采中草药引发的冲突对草场的破坏更为严重。尽管近年来，各地加大了打击力度，但滥采乱挖药材的行为依然屡禁不绝，一个重要原因是草原的守护者们面临着执法的困境，那就是对这种违法行为要严惩却无法可依。

根据乌兰（2016）对鄂温克旗有关人员的访谈，这些执法困境主要表现在以下几个方面：

（1）惩罚力度过轻，不足以起到惩戒的作用。无论是草原监理部门还是公安部门，抓到非法采药的人，有车的扣车，人都交给草原监管部门，而草原监理部门只能依法当场每人处以50元罚款，然后放人。有些挖草药的是外地来的，身无分文，公安把人抓了又放，作案工具、车辆工具没法处理还得返还。由于处罚力度很轻，没过两天被放的人又来挖了。

（2）追责困难。目前根据草原法规定，在生态脆弱地区从事破坏草原行为，达到20亩可以追究刑事责任。但如何定量计算乱挖药材的行为人破坏草原的亩数，是很困难的，因为草药是一个坑一个坑地挖的，这些坑是一个人挖的还是几个人挖的，无法计量，因此也做不到严厉处罚。

（3）草原监管力量薄弱。草原监管人员少，监管的草原面积大。更为困难的是，作案人机动性非常强，有时候晚上出动，以游击战的方式进行。

开矿导致的草地冲突主要源于其对草原地貌的改变甚至破坏：（1）减少草原面积。某些露天矿少则破坏和占地天然草场几百平方千米，多则几千平方千米。（2）加剧草地退化。开矿与草原畜牧业竞争水资源，可能导致草原缺水而遭到退化。（3）引发草原地质灾害。开发矿产可能会影响局部地貌稳定性，引发滑坡、泥石流、地面塌陷、土地盐渍、沙漠化、水土流失等地质灾害风险。（4）污染草原环境。开矿产生的废水污染环境，一些企业在采矿过程中产生的废水环保处理不达标而直接渗入地下，造成地表水和地下水质污染（中国人民银行锡林郭勒盟中心支行课题组，2008）。

4　草地被非法综合开发利用导致的冲突[①]

根据易津等（2006），草地资源包括草地有形资源和草地无形资源，前者包括动植物等生物资源、水源和湿地等水资源、大气资源、古生物和古地貌等地质资源以及矿产资源等；后者则包括少数民族文化资源（历史、法律、美术、音乐，语言文字等）、少数民族医药资源、宗教资源、军事资源和经济资源等。相应地，草地资源具有经济功能、生态功能、承载功能和文化保育功能。草地的某些功能如果被过度不当开发利用，那么其他方面的功能会被极大地削弱。本章通过介绍两类草地综合开发导致冲突的案例，即在草原上建污染企业导致冲突的案例及在草原上进行农业开发引发冲突的案例，探讨这类冲突发生的原因、后果及未来的应对措施。

4.1　化工企业引发的冲突案例

据国家环保总局有关人员介绍（江菲，2003），我国西部草原地区化工污染企业很多。这些企业与牧业竞争草地，产生的冲突"多到管不过来"。"国家并不缺几千吨矿、几万吨纸，缺的是天然的没有被污染的草原。"那么，草原上为什么会出现这样的牧矿、牧企冲突呢？这种冲突对草原意味着什么？今后该如何防止类似的情形发生？本节以河北私营企业主创办的东乌旗淀花浆板厂为例来试图剖析导致这一现象的原因。

---

① 陈继群. 曾经草原［EB/OL］.（2006 - 08 - 09）. http://www. nmtv. cn/Article/pd02/pd_jrgc/pd_jrcg_wqhg/2006 - 08 - 09/6901. html.

案例 21：草原出"平湖"案

这一冲突案例基于江菲（2003）的报道①。

内蒙古东乌珠穆沁旗有全国面积最大的优良天然牧场，但 2000 年以来，根据报道中的描述，旗里将河北省某超标排污造纸厂，引入牧民们承包的集体草场上。造纸厂没做环保评估，没有污水净化设备，直接将工业废水排放到草原上，污染了周边 18 户牧民承包的 1 万多亩草场，造成牲畜中毒、死亡、流产，直接经济损失二三十万元。牧民的水井遭到了污染，致使他们长年饮用被污染的水源，健康受到严重损害。

冲突的起因及初步影响：1984 年，国家开始实行草场承包制。1986 年，在大力发展乡镇企业的口号和旗政府的领导下，这里开办了一家造纸厂。由于生产技术一直不过关，开开停停，1999 年宣布破产。2000 年，盟里招商引资，将厂房以每年 50 万元的租金、租期 15 年，租给一个从河北来的私营企业主，建立东乌旗淀花浆板厂。从此开始了纸浆的大规模生产和污水的大量排放。从 2000 年到现在，造纸厂一天不停地排出臭水，周围的空气中飘荡着臭水的气味。用高坝拦住的污水池，像是"草原出平湖"。将石头扔进"湖水"，会卷起一股黑黄黑黄令人作呕的水花。根据政府丈量的结果，这片污水池的面积为 4000 多亩，占用了 7 户牧民承包的草场。污水池的建造和污水的排放，开启了这场牧民与造纸厂之间或者说是牧业与化工产业之间关于草地利用的冲突。

草原的生态结构是非常脆弱的，禁不起这样的污染。造纸厂开工不到一年，附近的牧户就发现自己的井水出了问题。牧民们纷纷表示，"煮奶茶时……有颜色的凝固在下面"。"井里打来的水静置不到 5 分钟，杯底就出现一层白色沉淀物，将水烧开，沉淀物更多了。""我们

① 国家法官学院，中国人民大学法学院．中国审判案例要览·2005 年民事审判案例卷[M]．北京：人民法院出版社，中国人民大学出版社，2006．

家的井水都黄了，一看就不能喝了。"有条件的人家，都开着车到十几里地外的井里去打水，供人饮用，但牲畜仍只能喝原来的井水。除了在溃坝中淹死了大量牲畜，污水的影响越发明显。靠近污水池的牧民们反映，他们牲畜近两年抓膘率下降，每只羊平均少产半斤至一斤肉；春季接羔率也从原来的 100% 下降到 70%；绵羊开始大量掉毛，山羊产绒量下降。污水池长年随风蔓延的恶臭，熏得大家头晕，恶心，晚上睡不着觉。牧民的健康受到严重威胁。

　　牧民的反映及政府的处理：对于突然出现的污水池，草场被侵占的牧民选择了上访。1991 年前的嘎查老支部书记达木林扎布家居住在离污水池 500 米左右的地方。他家是牧场被侵占的 7 户牧民之一，他是这 7 户牧民上访的带头人。老人回忆，2000 年 3 月，在没有跟牧民们打过任何招呼，没有协商，没有征用的情况下，几辆推土机开进了草原，在草场上垒起了坝。当年 6 月，达木林扎布和现任嘎查书记苏乙拉图联合受害牧民写了第一份抗议书，将这封抗议书送到镇里、旗里、盟里，并亲自到自治区去了两次，要求尽快恢复被侵占草场的权利，恢复生态环境，并对牧民的损失予以赔偿。当时的旗长训斥他们："造纸厂的事我不知道，你想告就告去！"在自治区，他们被从人大信访办推到农牧厅，又推到草原监理站。监理站的人告诉他们，破坏的草场监理站能管，但环境污染监理站管不了，得去找环保局。环保局的人打电话问锡林郭勒盟环保处，对方说：造纸厂确实有点污染，但这是厂方和盟公署、旗政府签的合同，他们管不了。达木林扎布他们跑了好几个月，得到的答复不是说"过几天解决"，就是根本没人搭理。直接找造纸厂理论，造纸厂说，这地是政府给他们的，厂子也是租政府的，要找就找政府。

　　2000 年 10 月 25 日，东乌旗政府下达了一份给牧民补偿的通知。按每亩每年 3 元的标准，对牧户进行为期 15 年的补偿（浆板厂的租赁期为 15 年）。按照 4000 亩草场面积计算，牧民每年只能收到 12000 元补偿款，平均每户每年的补偿款只有 1700 元。东乌珠穆沁旗的草原是最好的草原之一，若按照 20 亩草场养活一头羊计算，这 4000 亩草场够养活 200 头羊。按照每头羊 600 元的价格（我们 2012 年在那里调研时，每头羊的价格为 1000 元左右）计算，这片草场能提供给牧户的直接经济收益也高达 12 万元（那时牧户基本上不需要购买饲草料，有的只需要在灾年的时候购买少量饲草料），相当于能收到的补偿款的 10 倍。而这尚没有计算污染给牧户的健康和其他生计带来的影响。对此，达木林他们表示，他们不能接受这个补偿决定，因为补偿金额没有跟他们协商过，也没有明确对草场污染问题的处理。

上访迟迟没有结果，污水却一天天增多。2001 年 12 月 14 日，由于污水结冰膨胀，挤压堤坝，引发了大规模的溃坝。污水喷涌而出，所淹之处，迅速蒙上了一层黑褐色，牧民们看着被污水围困的牛羊，不知所措。牧民反映，污水就像酱油似的，黏糊糊的，流到哪儿，就黏到哪儿。他们 4 尺多高的网围栏被污水淹得只剩一个小头儿。据牧民估计，这次溃坝共造成 18 户牧民约 2000 头牲畜的损失，污染草场 2000 多亩。而据东乌旗政府 2002 年 3 月发布的文件，这次溃坝污染的草场面积达到 4293 亩，相当于又建了一个同样大的污水池。

溃坝的第二天，达木林写了第二份上诉材料。盟公署派工作组到牧民家做了一个月的工作，告诉牧民造纸厂对旗里贡献很大，不能停产。牧民应以大局为重，通过协商解决问题。告状需要大量时间、金钱，且不一定管用。有牧民强烈表示，"我要问问他们，为什么造纸厂重要，我们牧民、牲畜都不重要？" 2001 年溃坝的污水一直存留在草原上，直到第二年夏天才渐渐消失。

看到上访解决不了问题，牧民们在嘎查书记苏乙拉图的带领下，拿着自己的《草场承包使用证》，准备通过法律渠道，收回被侵占的牧场，关闭污染企业。2002 年 8 月 7 日，内蒙古锡林郭勒盟中级人民法院受理了此案。法院立案后，苏乙拉图一天也没闲着，他说，从 2002 年 11 月起，镇党委、旗党委就隔三岔五地找他谈话，告诫他不要老领着牧民打官司。要求他尽量协商调解冲突，不要闹到法院去。不久，盟里又派来工作组，要求苏乙拉图一同到牧民家做工作，把污水池占用的牧户草场收回去。苏乙拉图说："和牧民签了 30 年的承包合同，怎么能说收回去就收回去？"他要求开个群众会议，投票表决，如果大家都同意收回去，他就同意。工作组说他"不服从组织"。2002 年 12 月 14 日，苏乙拉图被罢免了嘎查支部书记和支部委员职务。他十分沉重地叹息"……地上被污染了，地下被挖空了，将来子孙们还怎么生存？"

在工作组的"工作"下，起诉的 7 户牧民有 4 户撤诉了。撤诉的牧户反映，旗政府一天找他们两三次，两三天到家里来一次，动员他们撤诉，跟他们说，快撤诉吧，其他人都撤诉了，就剩你一个人，怎么能打赢呢？其余几户表示旗里也是这么跟他们说的，还许诺了很多优惠条件，于是他们就撤诉了。坚持继续打官司的其实就是达木林一家，另外那两户，一个是他大儿子芒来，一个是他弟弟巴特尔。达木林对工作组的回答是："盟委的决定，对的，我听；错的，我坚决不听。"

2002 年末，东乌旗乌里雅苏台镇人大会议期间，66 名人大代表中的 33 人联名提案，要求依法停办东乌旗淀花浆板厂。然而提案石沉大海。镇委有关人员在接受采访时认为，苏乙拉图不领着牧民发家致富，反倒领着几户牧民到处上访，大搞个人主义，不把镇、旗政府的决定放在眼里，是不合格的支部书记。他表示，人大提案不是镇政府能够答复的，镇里已经向上级机关汇报过了。

2003 年 1 月，东乌旗政府以 1997 年第二次承包草场划分错误为由，将淀花浆板厂厂房及附近的 10730 亩牧场，化整为零，同时签发了 5 份《国有土地使用证》，正式"收归国有"，租赁给淀花浆板厂使用。在这些证书上，牧场的面积是清楚的，但牧场的四至界线、地号和图号却没有标明。根据 1988 年通过的《土地管理法》（修正）：一个建设项目需要使用的土地，应当根据总体设计一次申请批准，不得化整为零。分期建设的项目，应当分期征地，不得先征待用；国家建设征用耕地 1000亩以上，其他土地 2000 亩以上，应由国务院批准。2003 年 3 月，锡林郭勒盟行署向国家环保局提交了一份报告，其中清楚地说明："关于造纸厂及排污池占地，至今未能找到证明其四至界线和权属面积的文件。"2003 年 3 月，污水池再次发生溃堤，淹死了牧户 67 只羊。

据此案例知情的人了解，涉事嘎查目前（2020 年 8 月 20 日）为止还没有拿到集体草场所有权证。

4.2　乌拉盖草原综合开发案例

乌拉盖草原是内蒙古自治区锡林郭勒盟乌珠穆沁草原的明珠。其境内的乌拉盖河是内蒙古自治区境内最大的一条内流河。它发源于大兴安岭西侧宝格达山，在乌拉盖河下游河槽逐渐消失，形成了大片沼泽、湿地和湖泊。歌曲《乌拉盖河》将这里描述成一幅牛羊成群，飞鸟起舞，河流、湖泊、沼泽湿地、草原交错分布的自然景象。乌拉盖河下游的乌拉盖沼泽区，在 2000 年，曾被列入《中国重要湿地名录》，2004 年经内蒙古自治区政府批准，成立了自治区级的湿地自然保护区。

乌拉盖管理区水资源总量约占全锡林郭勒盟总储量的 1/3，矿产资源丰富，生物资源十分多样，有野生植物 800 多种，野生动物数十种。这里是《狼图腾》故事的发源地，有着中国最好的草甸草原。然而最近十几年里，这片内蒙古面积最大的湿地却发生了惊人的变化。

牧民巴特尔原来的家在乌拉盖湿地自然保护区的核心区域，一个名叫伊和淖尔的湖泊旁边，经营着 5000 多亩茂盛的草场。然而，大概从2003 年开始，他家的整个草场逐渐干旱退化，成了不毛之地，房子的墙根被沙尘埋住，原本有两米高的牛羊棚圈有一半被掩埋在了沙土中。4 月底的乌珠穆沁草原，别人家草场上的小草都已经长出了嫩嫩的绿芽，而巴特尔家的草地却了无生机。

巴特尔家的草场只是整个乌拉盖湿地的一个缩影，当地大片的湖泊在 2004 年以后逐渐干涸，沼泽湿地变成了戈壁碱滩。理论上这片湿地的核心区域应该是水多、草美、羊肥的地方。在保护区成立之前的几十年里，这里的湿地草场一直都还不错，反倒是成立了保护区后的十多年里，这片湿地发生了巨大的变化，逐渐变得荒芜。

乌拉盖及周边的草地退化是不同产业经济活动和不同利益相关者在草地资源利用上产生冲突的集中表现，这些冲突主要涉及煤化工与牧业、农业与牧业以及矿产开发，其中还牵涉一个 90 万亩草场由于被非法转租而导致的牧民与外来者之间的冲突。直接导致乌拉盖及周边草地退化的标志性事件则为水库截留、草原开垦和草地非法转租，其背后的深层原因则是草地产权不明、草原相关法律不清引发各利益相关者对草地资源的竞争使用。

4.2.1　导致乌拉盖草原退化的直接原因

（1）水库截留。

1980 年，当地政府在乌拉盖河中上游修建了乌拉盖水库。1998 年，水库大坝被洪水冲毁，2004 年重修。自此，乌拉盖河下游的湿地逐渐消亡。乌拉盖湿地的水源主要依靠乌拉盖河补给，2004 年乌拉盖水库大坝的重修及其后多年截水不放，切断了湿地的补给水源，加上草原上蒸发量大，导致湿地消亡。内蒙古自治区湿地保护条例，除抢险救灾外，在湿地取水或者拦截湿地水源，不得影响湿地合理水位或者截断湿地水系与外围水系的联系。乌拉盖水库截流蓄水，未优先保障下游的生态用水，原因何在？

内蒙古地区煤炭资源丰富，在乌拉盖管理区就有两个大型煤矿，当地为了发展经济，正着力打造一个以煤化工为主的能源化工基地。为了能满足工业园的工业引水项目，乌拉盖水库从2004年重修后蓄水，而后近十年这座水库基本上再也没有向下游放过水。乌拉盖河一年的地表径流只有大约1.3亿立方米，对乌拉盖湿地自然保护区的生态环境来说，它就是几千平方千米草原的生命线，然而在煤化工庞大的需水量面前，整条乌拉盖河也满足不了一个工业园。乌拉盖政府网站上的信息显示，乌拉盖水库蓄水达到正常水位后，每年能提供工业用水量4760万立方米，而乌拉盖工业园内，仅锡林河煤化工的两个项目年耗水量就达到了8500万立方米。

事实上，不仅是乌拉盖在建的能源化工基地，周边还有好几个新建的工业园也在准备从乌拉盖水库引水。在锡林郭勒盟政府网站上，一份与乌拉盖水库引水工程的相关通知显示，乌拉盖水库供水工程是一项支撑当地经济健康发展的重要的基础性工程，计划建设三个供水接口，分别保障贺斯格乌拉工业园区、乌里雅斯太工业园区、锡林郭勒金三角清洁能源化工园区的工业用水。

之所以在乌拉盖修建开发区，是因为当地地处大兴安岭西麓，属温带草原区，是"迄今为止世界上天然草原自然风貌保存最好的一块黄金牧场"，同时水资源、矿产、动植物资源十分丰富，具有发展高技术农牧业、草原生态旅游、草业开发、绿色食品的良好条件。为加快地区经济发展，利用资源优势带动当地百姓致富，1993年2月，经锡林郭勒盟盟委、行署决定，并报经内蒙古自治区党委办公厅、政府办公厅批准，建立了乌拉盖综合开发区。经过数年发展，2000年12月被自治区人民政府批准升级为自治区级绿色产业开发区，并出台了《乌拉盖开发区关于加强外引内联的优惠政策》。

为加快乌拉盖的开发步伐，地方政府曾出台一系列优惠政策，大力招商。据开发区管委会发布的资料，乌拉盖开发区成立以来至2003年底，共引进各类企业30多户，大部分进行农牧业开发。2004年6月乌拉盖绿色产业开发区被排除在自治区级开发区之列，重又改名为乌拉盖综合经济开发区。

乌拉盖开发区面积达到 5013 平方千米，辖 3 个国有农牧场，1 个镇，9 个行政村，1 个水库农牧业经营公司，总人口 1.8 万人，是"全国面积最大的开发区"。从严格意义上讲，乌拉盖开发区手续不全，仅仅是内蒙古自治区党委、政府办公厅批复成立的，直接属锡林郭勒盟领导，但是缺少自治区人民政府的批文。国土资源部开发区清理整顿办公室曾认定，这个开发区没有经过国务院批准。在成立开发区之前，乌拉盖是草原、湿地的名称，总面积与现开发区面积大体相当，其中有湿地 2000 平方千米，占草原总面积的 40%。

（2）农业开发。

乌拉盖位于内蒙古锡林郭勒盟、兴安盟和通辽市三地接壤处的草原深处，地广人稀。长期以来，兴安盟和通辽市的农牧民不断进入本属锡林郭勒盟管辖的乌拉盖地区开地、放牧，锡林郭勒盟方面也不肯相让，于是这块生态"宝地"成了大家争相进入的开发热土。据乌拉盖开发区管委会有关人员介绍，经年累月的越界开垦和放牧蚕食了乌拉盖大片土地，而且一次次在重新划界中合法化，例如原本属乌拉盖地区的一个农场场部被划分到了锡林郭勒盟外。

1993 年，乌拉盖开发区成立。为争取"主动"，锡林郭勒盟以开发区规划要求的名义，从南部太仆寺旗等五个旗县选了 2800 名精干的农牧民，移民乌拉盖草原深处，编为 9 个行政村，沿边界一字排开，抵御土地蚕食。此前，乌拉盖的农业开发也已存在多年，从国营乌拉盖机耕农场到生产建设兵团，再到乌拉盖农垦局，乌拉盖的耕地面积最高达到 70 万亩（46600 多公顷），开发区成立后，农耕开发使草原遭到进一步破坏。当地农民马永清谈到 1995 年他刚从锡林郭勒盟正蓝旗羊群庙苏木刚来乌拉盖的时候，周围的草很高，羊走进去根本看不到。9 年过去了，家门口的山坡已经变秃了。原因之一在于，乌拉盖周边村庄如呼仍陶勒盖村、温都尔敖包村、德勒哈达村草场超载已达3倍。不少移民户因超载又随意搬迁，对生态造成新的破坏。

面对发展经济与保护生态之间的矛盾，当地显得左右为难，为减少对湿地的破坏，锡林郭勒盟准备把多年前移入草原湿地的农牧民再移出来，但同时地方政府又准备尽快给移民们核发《草场使用权证》，让移民的身份合法化，因为兴安盟、通辽市正在进行这一工作。

内蒙古草原资源监测管理站负责人特日贡说，乌拉盖开发区很少享受上级政府的各类政策性补贴，全部退耕影响开发区农牧场职工和农牧民的年均收入。目前的耕地面积已到了维持开发区生存的临界点，根据乌拉盖管理区政府网站，2014年管理区农作物播种面积27467公顷，其中粮食作物播种面积21334公顷。

（3）矿产开发。

乌拉盖境内矿产资源储量丰富，如煤炭资源预测储量在100亿吨以上。在对乌拉盖周边三盟（市）边界线附近，有大片肥沃的草场被通辽市霍林河煤业集团东蒙公司开垦，夹杂种着小麦和油菜，还有一部分撂荒地。大面积的草场已经退化、沙化。矿产开发企业的开发造成地下水渗漏，地表河流消失，草原生态被破坏。开发区引入的多家煤化工等企业，极大地消耗了乌拉盖河的水，直接影响了当地的草原生态。开发10年来，这个开发区严重破坏了当地的草原生态，而且经济效益低下。2014年，乌拉盖管理区工业产值较上一年增加10.9%，增幅达24亿多元。煤炭开采和洗选业实现产值约30.4亿元。这些产业的发展竞争了草地上宝贵的水资源，加剧了乌拉盖草原的生态安全。

根据《科学时报》对海山的采访[①]，海山认为，在露天不当开采煤

---

① 王卉. 要煤还是要草原　内蒙古土地确权陷窘境［N］. 科学时报，2011－07－15（A3）.

矿，一方面排地下水，淹没草场，制造大面积盐碱地；另一方面，许多露天开采矿区都用一种"炮"驱散夏季少得可怜的几次降雨云团，严重加剧了草原牧区的干旱程度；同时，遍布内蒙古草原牧区的各种金属矿点，虽然每一个矿的面积不大，但这些金属矿区对水体、土壤、植物、动物和人的危害极为严重，各种人畜中毒事件时有发生。不当开矿对某些利益相关者而言意味着巨大的利益，而对于草原环境来说，则意味着极大的破坏。

4.2.2 乌拉盖草原退化的根本原因

草地资源产权不清是造成乌拉盖草场退化的最根本原因。2009 年，全国集体土地产权登记中，农村土地确权登记已经完成近 90%，而内蒙古只完成 1%。2011 年 5 月 11 日和 15 日，在内蒙古锡林郭勒盟西乌珠穆沁旗和阿巴嘎旗，还发生了两起煤矿工人与当地牧民、居民的冲突事件。当时我们的课题组正在附近的草原进行实地调研。导致这些冲突的深层原因，一是牧区土地产权不明，二是草原相关法律不清。

草原保护人陈继群解释："土地只要登记了，就会受到法律保护，而且有优先原则，后登记的人不能侵占先登记人的利益，这是国际通例。"按照《物权法》，不动产物权的设立、变更、转让和消灭，经依法登记，发生效力；未经登记，不发生效力。陈继群透露："我所走访的多数嘎查没有申请'集体土地登记'，没有《集体土地所有证》，导致草场被工矿企业侵占时，才发现权属不清，口说无凭，更勿论维权。"

农业部一位不愿意透露姓名的相关官员表示，在牧区，大面积草原随着承包经营的推广，发放了土地使用权证或承包权证。一定意义上，大部分草原地区随着承包已基本确权。没有确权的，主要是农牧交错地带、林草交错地带，以及存在一定争议的地带。但是，这样的"确权"，在陈继群看来，并没有多大实际意义。因为，确权证上只有被确标的的面积和大致的形状，而没有四至的具体位置和标号。其实，根据陈继群的调研，20 世纪 80 年代初期内蒙古由公社转制成苏木（乡镇），大队转制成嘎查（村）时，各旗政府文件对各苏木（乡镇）、嘎查（村）的边界、户口、土地面积有过非常详细的记录。以 1984 年内蒙古锡林郭勒盟东乌珠穆沁旗第 49 号政府文件为例，其上对每个苏木（乡镇）、嘎查（村）的面积都有非常详细的记载。而且规定在村边界两边 6 里范围内，不许盖永久性建筑，以免将来产生纠纷。但很多地方不肯公开这些文件。

事实上，在很少的已经登记并确权的内蒙古草原，也存在两种产权证并存的情况。比如东乌珠穆沁旗的几个嘎查（村），既拥有全国统一颁发的《集体土地所有证》，也有内蒙古自治区政府发放的产权模糊的《草原所有证》。

2005 年，内蒙古自治区政府向东乌珠穆沁旗的几个嘎查（村）颁发了《草原所有证》和私人的《土地承包经营证》。"但内蒙古自治区政府并未盖章，证件内只有东乌珠穆沁旗的政府章，法律效力不明确。"

翻开已发的《草原所有证》，没有四至界限，相邻村子也没有注明。只是在白纸上画一个大致形状。"这样的《草原所有证》太不严肃了。"陈继群说，两法——《土地管理法》《草原法》并立，土地产权不清造成外人乱占草场。

针对目前内蒙古草原地区土地产权主体模糊的现状，陈继群认为，既不能够体现法律的作用，又危害了牧民的利益，持续和加重了草原荒漠化。信息不公开，再加上牧民法治和权利意识淡薄，是滋生官员贪腐的温床。"普法工作太重要了。"在接受《科学时报》记者采访时，内蒙古师范大学教授海山表示："这本该是政府做的事情，一些地方政府不仅不做，还把对自己不利的信息都掩盖起来。"

现在草原利用的主体多元化，海山解释，草场虽说属于嘎查（村），但从草场承包经营到户后，嘎查（村）已经被空置，一些地方政府随意想要哪块草场就要哪块，想挖哪儿就挖哪儿。"嘎查需要在新的形势下进行新的确权。用法律形式确定后，如果再到草场开矿，政府就需要去平等协商。而现在没有。"

　　当然也有其他原因影响当地的生态保护，如官员不作为，对草原保护法律等认识不够深入，认识不清，盲目发展经济，造成了草地退化，如 2011 年 1 月 6 日，主政锡林郭勒盟 8 年的内蒙古自治区副主席刘卓志被免职，已经让人们开始反思当地经济社会发展模式。

　　乌拉盖湿地作为乌珠穆沁草原上万千生灵赖以生存的生命之源，是牧民生产生活的重要来源。在环境愈加干旱的背景下，本已不堪重负，但是建工厂、上项目势必对环境造成不可逆转的破坏，也许短期来看会对当地经济发展带来不小的效益，但是经济的发展如果以牺牲生态环境为代价，注定不会持久。

4.3　后续说明

　　草原出平湖案虽然从法律上画上了句号，但化工企业曾经给草原带来的创伤依然无法修复，因为地下水已经被污染，地表也因严重污染而使植被无法生长；给当地牧民生计带来的负面影响也无法弥补，牧户不光赖以生存的草场遭到了退化，而且连牲畜的饮水和人的饮用水都成问题。唯有今后地方政府能引以为戒，慎重地评估在草原上引进污染企业的做法。

　　而对于乌拉盖草原的综合开发，2020 年 8 月中旬笔者专门联系了对该案例知情的人了解得知，经过多年的抗争，2020 年 5 月 20 日当地各嘎查（村）集体签字提出两点要求：一是将乌拉盖管理区的管理权下放给东乌旗；二是开闸向乌拉盖河放水。头一个要求没能得到满足，乌拉盖管理区的管理权依然在锡林郭勒盟里。第二个要求部分得到了满足，2020 年 6 月初乌拉盖河开始放水，据当地人反映，大约放了一个月的水，由于河道及沿线的小湖泊小河沟等多年干涸，水只流到了河道一半的距离就消失了，尚有一半河道没有惠及。这意味着下游的草原依然没有得到乌拉盖河水的滋润。农业和工业企业与牧业竞争水资源的状况依然严峻。可以预计，如果草原综合开发不停止，牧业与其他产业竞争水资源的状况就不会停止，草原就会面临大面积沙化的极大风险。

第 6 章

草地治理国际案例

根据联合国粮农组织 2017 年的数据，全球永久性草地（land under permanent meadows and pastures）面积达 32.3 亿公顷，覆盖了世界土地总面积的 1/4 以上。其中，中国拥有 3.93 亿公顷永久性草地。此外，澳大利亚、美国、巴西、蒙古国、阿根廷草地资源也很丰富，永久性草地面积超过 1 亿公顷（见表 6-1）。就草地对某个国家的相对重要性而言，以草地面积占其土地面积的相对比例来反映，蒙古国的草地面积占比达 71%，该比例远超其他各国，说明草原对其经济的重要性。此外，摩洛哥、博茨瓦纳、澳大利亚和阿根廷的草地面积占其国土面积的比都在 40% 以上，肯尼亚的草地面积占比也接近 40%。美国的草地面积占比虽然只有 26.8%，但永久性草地面积较大，达 2.45 亿公顷。本章拟介绍美国和澳大利亚的草地治理实践及其对中国草地治理的借鉴。

表 6-1　　　　　　2017 年世界及主要国家草地面积状况

国家	土地面积（亿公顷）	草地面积（亿公顷）	草地面积占比（%）
世界	130.03	32.66	25.12
中国	9.42	3.93	41.68
澳大利亚	7.69	3.41	44.30
美国	9.15	2.45	26.80
巴西	8.36	1.73	20.64

续表

国家	土地面积（亿公顷）	草地面积（亿公顷）	草地面积占比（%）
蒙古国	1. 56	1. 10	70. 91
阿根廷	2. 74	1. 09	39. 65
俄罗斯	16. 38	0. 93	5. 68
博茨瓦纳	0. 57	0. 26	45. 17
肯尼亚	0. 60	0. 21	37. 42
摩洛哥	0. 45	0. 21	47. 05
加拿大	8. 97	0. 19	2. 16
印度	2. 97	0. 10	3. 45

注：表中的草地面积指永久性草地（land under permanent meadows and pastures）面积。
资料来源：联合国粮食及农业组织（FAO），http：//www. fao. org/faostat.

1 美国的草地治理

美国拥有的草地面积居世界第三，面积达2. 46亿公顷[①]。美国的草地主要指能用于放牧、为牲畜提供饲料的牧草地与灌木地，主要分布在美国西部，其中牧草地主要位于落基山脉两侧，灌木地集中于北美洲段科迪勒拉山系周围。从土地利用类型来看，这里所说的草地相当于牧场，即生长着草本植物的草地和生长着灌木的土地，其中灌木地又包括灌木草地与灌木化的草地。前者是旱中生灌木占优势的草地，后者的灌木多为草原或者荒漠草原中的旱生灌木，草本植物占优势，二者的灌木覆盖程度不同（朱志诚，1982，1984；刘向培等，2012）。表6-2展示了美国的六种土地利用类型，其中牧场的面积最大，占土地面积的1/3以上。六种土地利用类型的面积及其占比如表6-2所示。

---

① 联合国粮食及农业组织［EB/OL］.［2020 - 08 - 28］. http：//www. fao. org/faostat.

表 6 – 2　　　　　　　　　　　美国土地利用类型面积

类型	土地	牧场	林地	耕地	特殊用地	城市	其他
面积（亿公顷）	7.65	2.65*	2.18	1.58	0.68	0.28	0.28
各面积占比（%）	100	34.64	28.50	20.65	8.89	3.66	3.66

注：这里牧场的面积包括灌木地，比 FAO（2017）的美国永久性草地面积 2.46 亿公顷
要大。

资料来源：http：//www.bloomberg.com/graphics/2018 – us-land-use.

　　总体而言，美国的草地治理体现出"自上而下"与"自下而上"
治理相结合的特点。这是按照决策权集中的层级来划分的。"自上而
下"指决策权集中在国家高层，高层通过法律、法规、指令和政策等具
有一定强制性特征的方式将决策传达给基层并保证其实施的过程；"自
下而上"则指决策权集中在基层，国家高层领导者将决策权通过分权的
形式交给基层组织，然后基层听取各利益相关者的诉求通过协商讨论行
使决策权以实行治理的过程。以下分别从草地管理相关机构设置、草地
管理法律法规的制定以及基层草地治理状况三个方面来介绍美国草地治
理"自上而下"以及"自下而上"相结合的特征。

1.1　草地管理相关机构设置

　　无论是"自上而下"的草地治理还是"自下而上"的草地治理，
都离不开各利益相关者在治理过程中发挥的作用。美国的草地 60% 为
私人所有，40% 为联邦或州所有（任榆田，2013；缪建明和李维薇，
2006），其中由联邦政府直接管理的牧场约达 25%。美国联邦或州政府
设立的各层级机构是十分重要的利益相关者。经过长达一两个世纪的演
变，美国与草地管理相关的政府机构主要有内政部、农业部和环保部，
各部之下又设立了一些相关机构（见图 6 – 1）。

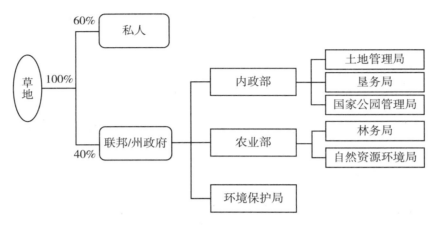

图 6 - 1　美国草地管理机构

1.1.1　内政部

美国内政部（U. S. Department of Interior，DOI）成立于 1894 年，是联邦政府十分重要的部门之一，其职责主要是负责管理全国的自然资源。内政部有 10 个局与多个办公室，与草地管理相关的分设部门与办公室有土地管理局，露天采矿、复垦和执法办公室，美国垦务局和美国国家公园管理局等（陈静等，2020），这些机构在草地管理方面的职能部分交叉，多部门协同合作，共同行使保护与管理草地资源的职责。

土地管理局（Bureau of Land Management，BLM）。土地管理局成立于 1946 年，管理用于放牧牲畜的 0.63 亿公顷土地。土地管理局是如何管理这些草地的呢？他们给公共土地牧场主发放许可证和租约，在许可证与租约中对在这些草地上放牧的条款和条件（如关于饲料使用和放牧季节的规定）都有所规定。这其中，最重要的就是制订放牧管理计划，以便给放牧者提供科学指导。计划一般请高校的科研人员制订，科研人员在了解放牧场的气候、土壤、植被类型、水文以及敏感的生物资源等的基础上评估放牧能力。笔者 2016 年在加州大学伯克利分校劳瑟自然资源学院牧场生态学与管理组访学时，曾三次参与该组巴塞洛缪（Bartolome）教授和其他科研人员给这类草地制订放牧管理计划时的野外草地放牧能力评估工作。放牧管理计划有助于给放牧租约提供依据。此外，上一年的租约也可作为下一年租约的基础。租约发放采用招标的方式，由土地管理机构组织成立一个评估委员会，综合评估潜在租赁者的标书情况，将租约发给标书最好的租赁者。

目前，土地管理局管理着大约 18000 份许可证和租约，以及超过 21000 块草地，牧场主在这些草地上放牧的牲畜主要是牛和羊。许可证和租约通常为期 10 年，如果土地管理局确定许可证或租约到期的条款和条件得到满足，牧场主则可与土地管理局续签。2017 年 9 月，土地管理局牧场资源司宣布了一项称为成果放牧授权（OBGAs）的倡议，这为土地管理局及其牲畜放牧社区内的合作伙伴提供一种更具协作性的方法。该项目旨在改善土地管理局对公共土地上放牧的管理，为牲畜经营者提供更大的灵活性，以便更容易地应对地面条件的变化，如干旱或野火。这将更好地确保他们能够进行可持续的牧场经营，同时提供健康的牧场和高质量的野生动物栖息地。该计划突出了土地管理局对合作伙伴关系的承诺，这对管理可持续、可运作的公共土地至关重要。土地管理局希望通过与授权持有人共同努力，更有效地实现已确定的资源、栖息地和运营目标，这些授权将规定一种联合管理方法，即公共和私人土地一起管理，并承担共同责任的方法（Bureau of Land Management，2017）。

露天采矿、复垦和执法办公室（Office of Surface Mining, Reclamation and Enforcement，OSMRE）。OSMRE 成立于 1977 年 8 月 3 日。自成立以来，该部门与其州和部落伙伴、社区组织和行业一直致力于确保数百万英亩前地表采矿控制和复垦法案（SMCRA）废弃矿区的清理工作，并使法案颁布之后所开采的土地恢复生产性和有益的用途。露天采矿会破坏地表的植被，土地涵养水源、调节气候等生态系统服务功能以及放牧的经济功能都受到极大损害，因此露天采矿后地表植被的恢复以及土地复垦对于保护生态环境以使其可持续发展以及促进当地牧业经济发展则尤为重要。而 OSMRE 负责制订一个全国性的计划，保护社会和环境免受地表煤炭开采作业的不利影响，根据该计划，OSMRE 负责平衡国家对国内煤炭生产的需求和保护环境的需求，该计划可促进因采矿而被破坏的草地植被恢复（Schladweiler，2018）。

垦务局（Bureau of Reclamation，BOR）。垦务局成立于 1902 年，主要负责运河、水坝和水力发电厂建设和管理。在其成立之后，该局通过有效地利用和管理水资源，以控制囤积和侵犯水权的行为，已将美国西部超过 1000 万英亩（约 400 万公顷）的干旱土地转变为经济上高产的农田和牧场。该局的业务范围覆盖四个区，横跨 17 个西部州：华盛顿、俄勒冈州、爱达荷州、蒙大拿州、北达科他州、南达科他州、内布拉斯加州、怀俄明州、加利福尼亚州、内华达州、犹他州、科罗拉多州、堪萨斯州、俄克拉荷马州、得克萨斯州、新墨西哥州和亚利桑那州。如前文所述，美国的牧场主要集中在西部地区，垦务局对这些地区水源的有效管理为牧场上的牧草生长以及牲畜饮水提供了基本的物质保障（王英华和吕娟，2013）。

国家公园管理局（National Park Service）。国家公园管理局成立于 1916 年 8 月 25 日，主要负责美国的国家公园以及历史文化遗迹的保护与开发工作。该局管理着 419 个独立单元（如国家公园等），这些单元覆盖了所有 50 个州、哥伦比亚特区和美国领土的 8500 多万英亩，保护着国家公园系统的自然和文化资源和价值，以供本代人及其子孙后代享受、提供教育和灵感之源。由于国家公园多分布于西部地区，草原也成为国家公园中极为重要的地表景观，美国国家公园管理局在开放国家公园供游客观光游玩的同时对各州不同种类的草原植被进行保护与管理，竭力维护草原植被的健康生长以免人类活动对自然草地产生破坏（汪昌极等，2015；许胜晴，2019）。

1.1.2　环境保护局

美国环境保护局（U. S. Environmental Protection Agency，EPA）是由美国尼克松总统提议设立，成立于 1970 年 12 月 2 日，管理的事务主要围绕"空气，化学品和毒物，环境信息（按位置），绿色生活，健康，土地、废弃物和清理，科学，水" 8 个环境主题展开。该局根据颁布的环境保护法律法规来维护自然环境与保护人类健康免受自然和人为的伤害。温室气体排放、饮用水水质、流域和河流、废弃物填埋、化学品污染等问题是美国环境保护局着力解决的难题，生态系统中的诸要素相互影响、相互制约，草原作为生态系统中的一种植被受到水文、空气、人类活动的影响，美国环境保护局为改善草地生态环境必须先提高其他要素的质量，且治理其他环境问题对草地治理也具有溢出效应。

1.1.3　农业部

美国农业部（United States Department of Agriculture）的前身是 1862 年成立的联邦政府农业司，一直到 1889 年才正式改名为农业部。农业部是依法设置的联邦政府内阁的 13 个部门之一，下设农场服务局、农村公共局、林务局、自然资源保护局等 17 个办事处和机构，各机构之间联系紧密，其中林务局和自然资源保护局是负责管理自然资源环境的机构，林务局（Forest Service）的管理对象是美国的国家森林、牧草地、鱼类和野生动物以及珍稀动物，着重进行林业的保护与研究，职能范围也涵盖林业之外的草地、野生动物等方面。自然资源保护局（Natural Resource Conservation Service）主要领导人们保护、管理与改善自然资源与环境，强调在保护活动中的协调合作关系，并且鼓励基层社区层面的合作管理。自然资源保护局在草地管理中扮演者重要角色，为草地保护提供技术支持以及科学指导（王禹等，2015）。

综上可知，美国的草地治理并不是某个政府部门唱独角戏的过程，而是美国农业部、内政部与美国环境保护局以及其下属机构之间相互合作和妥协的过程。不能忽视某一机构的作用，也不能过分夸大某一机构的功能。各个部门协同合作，共同对草地进行治理。

1.2 法律法规的制定

美国联邦与州政府设立的草地管理相关机构在行使职责时以法律法规为准绳与基本规范，这是制定与实施具体政策的重要依据，以使草地治理实践有法可依、有法必依。美国从殖民地时期就对草地资源加以利用与开发，西部大面积草地在"西进运动"期间被无序利用，产生的问题日益严重并逐渐得到联邦政府重视。从 19 世纪中期开始，草原立法在草地治理中占据极为重要的地位，与草地治理相关的法律法规也经历较长时间的变迁与完善，并逐步形成较为完整的法律体系。美国的草原立法大致可以分为三个阶段：阶段一的法律"作用有限"，未能有效遏制草地退化，草原生态环境继续恶化；阶段二开始步入"制度化发展"阶段，颁布了《泰勒放牧法》等，使相关的放牧制度体系化；阶段三进入"多用途管理"阶段，相关法律得到继续完善，并注重草地的多功能管理（戎郁萍，2007）。下面依次介绍这三个阶段与草地治理相关的法律法规。

1.2.1 第一阶段（《泰勒放牧法》颁布前）

随着"西进运动"的不断推进，东部殖民地的移民向西部不断开发土地以挖掘矿藏、占领草地与牧草资源。美洲原住民印第安人在"西进运动"中也逐渐被东部移民驱赶至荒凉偏远的西部地区，并建立了"印第安人保留地"以供其生活，而印第安人原来居住生产的土地也成为"无主之地"。移民对这些"无主之地"进行瓜分，草地利用无序、情形堪忧。1862 年《家园法案》（The Homestead Act）正式颁布。该法律的条文规定，人们在 160 英亩的土地上生活五年，同时也在耕种该片土地，就可以获得此片土地的所有权。当时，美国有 10% 的土地通过该种形式获得了所有权。《家园法案》极大促进了向西扩张，鼓励人们在最初的 13 个殖民地之外建立立足点，改善了无序利用土地的状况。但随着时间的推移，160 英亩的土地不能满足人们的生产生活需求，因此，1909 年与 1916 年又分别颁布了《扩大家园法案》（The Enlarged Homestead Act）和《畜牧业家园法案》（The Enlarged Homestead Act）。这两部法案将《家园法案》规定的 160 英亩土地分别扩大至 320 英亩与 640 英亩。不过，简单地增加人们可认领的土地面积并没有解决在公共草地上过度放牧的问题。由于西部地区草地面积广阔以及认领土地的面积与时间要求，没有被认领的众多草地就成为公共草地。作为一种公共池塘资源的公共草地具有非排他性与竞争性。出于个体理性，人们尽可能在公共草地上放牧，导致草地退化。而草地退化的后果削弱草地的功能，进而给牧民的生活与放牧造成极大负面影响。1862—1934 年，联邦政府授予了 160 万宗宅基地，并将 2.7 亿英亩的联邦土地分配给私人所有，申请者中大约 40% 获得土地所有权（Carpenter，1981）。

1.2.2　第二阶段（《泰勒放牧法》颁布后）

第一阶段的法律法规虽然有效地限制了对草地的随意占用，但却未解决在公共草地上过度放牧的问题。由此导致的草地退化终于在 1934 年 5 月 12 日以一场黑风暴的形式爆发了。这场黑风暴持续了三天三夜，从美国东海岸长驱直入，一直吹到了西海岸，席卷了美国大部分地区。其影响范围之广、损失之严重历史罕见。当时，美国尚未从 1929—1933 年的经济危机中恢复过来，这场黑风暴对美国经济无异于“雪上加霜”。不过，这次危机唤醒了美国民众保护草地的强烈意识。当年，《泰勒放牧法》（The Stock Raising Homestead Act）出台，规定 8000 万英亩闲置、未被占用的公共土地只能用于放牧，并且授权美国内政部对这些土地的使用进行监管。确定放牧区和放牧时间，在牧场使用者按年度支付合理费用的前提下，发放放牧许可证，期限不超过 10 年，且放牧许可证规定了每平方千米可放牧的牲畜数量，全年的放牧时间为四个半月，违者罚款。内政部部长要为放牧区的保护与管理作出一系列安排，保证有序使用、改良和开发公共草地（温培丹，2015）。《泰勒放牧法》实施之后，政府部门也为之设立相应的牧场管理机构，该机构后来发展成为美国土地管理局，同林业局一起进行公共土地管理（戎郁萍等，2007）。1936 年，法案规定的 8000 万英亩的土地面积扩大至 1.42亿英亩；1954 年，这一面积限制被完全取消（Joseph，1984）。

1.2.3 第三阶段（《多用途持续生产法》颁布之后）

《泰勒放牧法》有效地遏制了公共草地过度放牧的问题，但只关注草地的放牧价值，而未考虑草地的生态系统服务功能等其他价值（Joseph，1984）。随着经济的发展，人们逐渐意识到草地生态系统是一个包括水、气候、生物、土地等多种自然要素的有机整体，对于草地的治理不能局限在"土地"这单一的要素，需要多种因素协同治理才能发挥草地生态系统整体功能大于部分要素功能之和的效果。因此，在《泰勒放牧法》实施几十年后，美国陆续出台了更加关注草地生态系统其他自然要素管理的法律。美国在 1960 年颁布的《多用途持续生产法》中正式开始重视草地除放牧这一生产功能以外的其他功能，该法虽然侧重于规定国家森林资源的多用途与可持续利用，但是"多用途"的概念还包括对国家森林的所有各种可再生表层资源进行和谐协调管理，也就是说发挥草地、水、动植物等资源的多功能性，草地的生态经济功能自此逐渐得到重视（U. S. Forest Service，2004）。1964 年的《荒地法》（The Wilderness Act）将 910 万英亩土地指定为荒野（wildness），并制定了"附加指定的长期研究过程"。总统可向国会提出指定荒野的建议，国会可以将已确定的土地指定为荒野，也将这些土地从荒野指定中解除，或不对建议采取任何行动。《荒地法》规定：在本法指定的任何荒野区域内不得有商业企业和永久性道路，除非为满足本法所述区域管理的最低要求（包括涉及区域内人员健康和安全的紧急情况），任何此类区域内不得有临时道路，不得使用机动车辆、机动设备或机动艇，不得降落飞机，不得使用其他形式的机械运输，也不得有任何结构或装置（U. S. Department of Justice，2015）。荒地包括尚未开发利用的适宜农作、植树、放牧的土地。美国西部的大片荒地可开发为牧场，《荒地法》的出台限制了荒地变为城市建设土地的可能性。国会在 1973 年通过了《濒危物种法》（The Endangered Species Act）。该法案认识到丰富的自然遗产"对国家和人民具有美学、生态、教育、娱乐和科学价值"，但是美国的许多本土动植物正面临灭绝的危险。《濒危物种法》的目的是保护和恢复濒危物种及其赖以生存的生态系统。除害虫外，所有动植物都有资格被列为濒危或受威胁物种（U. S. Fish and Wildlife Service，2020）。1977 年颁布的《清洁水法》（Clean Water Act）《清洁水法》确立了管理向美国水域排放污染物和管理地表水质量标准的基本结构，为牧场草类生长提供了水资源保障（U. S. Environmental Protection Agency，2020）。1994 年《牧场改革法》的出台使美国草地管理在行政和执法方面得到了改进，该法规定在国家法律允许的情况下，将以国家的名义在公共土地上获得牲畜饮用水的新水权，加强水资源的管理为牧场管理建立了必要的物质基础（Michael J. Penfold，1998）。近几年美国农业部愈加重视除牲畜之外以草地为栖息地的其他生物的生存环境，为此也进行了许多有助于法律法规实行的尝试。根据联邦民权法和美国农业部的民权法规和政策，美国农业部于 2019 年提出的《雷霆盆地国家草地 2020 计划修正案》（环境影响报告初稿）明确提到减少与草原犬鼠占用和牲畜放牧有关的资源冲突、尽量减少草原犬鼠侵占非草原土地、提供重新引进黑脚雪貂的生态环境等持续保护高危物种的内容

（USDA，2019）（见图 6－2）。

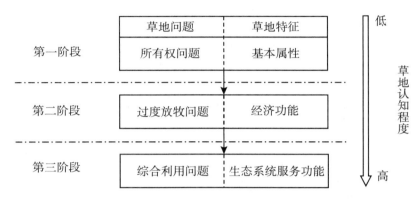

图 6－2　美国草地管理法律法规发展阶段示意

可以将美国草地治理法律法规的三个发展阶段归纳为图 6－2 所示。可见，从第一阶段对草地基本权属问题的认识到第二阶段对草地放牧的经济功能的认识，再到第三阶段对草地的生态系统服务功能的认识，美国在草地治理过程中对草地的认知程度是一个逐步加深的过程。如果说第二阶段的《泰勒放牧法》是只注重解决草地过度放牧问题、只重视单一土地要素的"头疼医头，脚疼医脚"式的法律，那么第三阶段的法律法规则是将草地当作一个多种要素协同作用的系统，不仅意识到草地的涵养水源、提供生物栖息地等生态系统服务功能，还考虑改善草地生态系统中其他自然要素的管理水平。随着对草地功能认知程度的加深，相关法律法规更可能促进草地的良性治理。

1.3　基层草地治理

立法是一种自上而下的强制性治理方式。自秦始皇建立第一个封建王朝，自上而下的社会治理就是我国社会最基本的特征（薛泉，2015）。

美国的历史并不悠久，各州之间联合起来形成国家，自下而上的社会治理方式在美国较为常见。草地治理也是如此，牧场主在草地治理过程中扮演着极为重要的角色。1994 年的《牧场革新法》中明确规定了所有利益相关方均可参与，并基于社区作决策。底层的牧场主以及相关非政府组织是草地治理的利益相关者，也是社区的主要组成人员（Penfold，1998），这为美国草地基层治理提供了有益的法律基础。此外，由于草地资源退化的根源在于草地的"公共性"，草地作为一种"公共池塘资源"，牧民从个人理性出发的过度放牧可能导致草地资源退化或使用拥挤的情形，发生"公地悲剧"（刘俊浩和王志军，2005），所以草地产权制度也是草地治理的重要方面。以下基于亨辛格、塞尔和麦考利（Huntsinger，Sayre & Macaulay，2014）对美国得克萨斯州、加利福尼亚州与亚利桑那州草地基层治理的案例，分析不同产权环境下基层草地治理是如何开展的。

这三个州土地产权环境存在较明显的差异，三州的土地产权结构见表 6 – 3。加利福尼亚州、亚利桑那州和得克萨斯州的联邦所有土地占比依次减少，得克萨斯州私人所有的土地占比最高。加利福尼亚州南部是沙漠地区，而高地森林和沙漠地区归联邦所有，生产力最高的牧场、橡树林地和一年生草地有 80% 为私人所有，因此，虽然加利福尼亚州联邦所有的土地占比高于亚利桑那州，但是加利福尼亚联邦所有的牧场占比低于亚利桑那州。在不同产权环境的背景下，三州都建立了社会与政治关系网，以基层治理组织的形式来确保利益相关者从牧场获益的能力。

表 6 – 3　　　　　　　三州的土地产权结构　　　　　单位：%

州	联邦所有	州所有	私人所有
加利福尼亚	48	6	46
亚利桑那	42	13	45
得克萨斯	2	8	90

1.3.1 亚利桑那州的基层草地治理

亚利桑那州的基层治理组织发挥作用的范围包括新墨西哥州南部与亚利桑那州交界地区的牧场，该组织主要进行道格拉斯郊外马尔派牧场的生态系统管理，所以组织名称为马尔派边境集团（Malpai Borderlands Group，MBG），并以在亚利桑那州东南部和新墨西哥州西南部 80 万英亩的未开垦牧场实施生态系统管理为目标。该区域为年降水量 360 毫米的半干旱区，为荒漠草原，牧场易受豆科灌木及其他灌木侵袭，导致放牧能力、土壤植被覆盖率下降以及依赖草地物种的栖息地减少。为此，牧场主成立马尔派边境集团这一非营利组织以解决草地生态系统退化的问题，使牧场从有灌木的草地变为有草地的牧场。灌木侵袭主要是由 20 世纪的抑制用火引起的。适当放火燃烧灌木成本较低且操作方便，是治理草地的有效措施。人工或机器修剪灌木的成本高昂，没有足够的牲畜啃食幼苗期的灌木导致灌木生长速度快于消灭速度，在灌木侵占草本植物生长空间的情形下，马尔派边境集团提出制订用火计划，该组织花费了十多年时间与土地、森林等管理机构协调与申请，用火计划才最终确定。

"草地银行"是用火计划的一个衍生品。由于牧场用火分时间分区域进行，牧场主为实施规定用火等土地保护措施，可将其畜群转移至"格雷牧场"（Gray Ranch），使其牧场得以休牧，并减少干旱的影响或换取对其私人土地的保护地役权。马尔派边境集团在 13 个牧场的 85252 英亩私有土地上获得了保护地役权，9 项地役权是直接以现金购买的，购买价格通过评估确定，该评估将特定牧场的市场价值与有或没有地役权限制的情况进行了比较。其他 4 个牧场的地役权是作为使用草地银行的交换而获得的，地役权的价值决定了根据私人牧场租赁的市场价格衡量地提供给格雷牧场的饲料量。地役权仅适用于牧场的私有（或契约）土地。但是，它们都包含了一个条款，如果牧场进入公共土地进行放牧的机会不是由于地役权各方的过错而丧失，则根据马尔派边境集团和土地所有者的相互协议，地役权将被取消。

此外，马尔派边境集团还在保护濒危物种方面提供了有益实践。2008 年，马尔派边境集团与美国鱼类及野生动物管理局（U. S. Fish and Wildlife Service）签署了一项栖息地保护计划，计划涵盖了 19 种稀有鱼类与野生动物，并且马尔派边境集团鼓励珍稀动物的研究和管理，在亚利桑那州渔猎部的领导下，该组织在亚利桑那州与新墨西哥州的边境建立了一个活跃的美洲虎管理团队（Malpai Borderlands Group，2020）。

1.3.2　加利福尼亚州的基层草地治理

如果说马尔派边境组织的建立是源于牧场主之间保护生态系统的共同目标，那么加利福尼亚州的基层治理组织——加利福尼亚牧场保护联盟（California Rangeland Conservation Coalition）则是在环境保护主义者、牧场主以及来自联邦和州机构的资源专业人员不同目标相互妥协的基础上而建立的。随着城市的发展，向集约化农业的转化以及用于保护区或休闲活动的土地购置的不断减少，可用于放牧的私人牧场逐渐减少，加利福尼亚牧场主通常从政府拥有的牧场获得 1/4 ~ 1/2 的草料。一些美国土地管理局和美国森林服务中心土地被用于放牧，美国鱼类及野生动物服务局、区域和地方公园以及公用事业区租用了大量土地供放牧，鱼类及野生动物局等州机构也是如此（California Rangeland Conservation Coalition，2016）。许多包括由奥杜邦协会、自然保护协会、土地信托基金等组织管理的私人保护区，无论大小，都出租土地供放牧。环保主义者认为加州牧场应当设置休闲区、保护区与未开发区，这种开发方式也减少了牧场放牧的面积，与牧场主通过更多放牧以维持生计的目标相悖；加之美国加利福尼亚州约有一半的土地（主要是森林和沙漠）归联邦政府所有，而海岸与内华达山麓的牧场是加州野生动物最为丰富的栖息地，且大部分为私人所有，牧场主可在栖息地上放牧以获得收入，但是美国大多数野生动物都由州托管，联邦与州政府限制野生动物栖息地的开发以保护栖息地，这些要求阻碍了牧场主的放牧行为，二者目标也产生了冲突。经过十多年的竞争，三方利益相关者达成了一项以中央山谷（包括内华达山麓和内陆海岸山脉）牧场共同保护为基础的决议，各方承诺为了特殊关注的物种通过共同努力的方式来保护和加强加州牧场，同时支持牧场的长期生存能力（Barry，Schohr & Sweet，2007）。各方利益相关者达成一致意见的原因是越来越多的研究表明牧场放牧对于维持诸多动植物的栖息地具有必要性，比如虎螈更喜欢放牧的泥泞池塘，红脚青蛙也似乎在放牧的池塘中繁衍。加利福尼亚牧场保护联盟由原先的各持己见转变为后来的相互让步，体现了"求同存异"的合作思想。

该联盟致力于通过自愿、私有部门的土地保护，主要以保护地役权的形式来维持牧场的和牧场经营的存在。由于保护界也认识到未分割的栖息地的价值以及牧场在维持大面积栖息地中的作用，因此联盟首先完成的事情之一是绘制该州的野生动植物保护区高优先级区域的地图，确定应该受保护使其免受开发的牧场地区，沿海草原被排除在优先考虑的土地之外，因为环境界不确定放牧能否为这类草地带来积极的利益。地役权对保护社区的主要好处是获得地役权的费用要比获得土地便宜，因此可以保护更多的土地；土地是由最了解牧场情况的牧场主管理。管理成本被证明难以由公共实体维持，例如由于缺乏管理资金，一些加利福尼亚州立公园被关闭。公共机构和非政府组织都认识到无碎片的景观和缓冲区对于长期保护的重要性，从而需要加强土地的利用规划，将碎片化的土地进行整合。

在此基础上，联盟制订了一项战略计划，为签署方共同努力争取更多的联邦资金用于保护计划，协调许可程序，获得对合作保护项目的支持以填补研究空白，针对有管理的放牧活动积极作用开展外联活动，并为生态系统服务提供激励措施。

1.3.3　得克萨斯州的基层草地治理

得克萨斯州牧场管理的特殊性使其草地基层治理的重点与前二者有较为明显的区别。该州重点管理以草地为自然栖息地的濒危动物。得克萨斯州牧场管理存在较大难度，原因主要有三点：一是得克萨斯州许多地区有狩猎的历史，狩猎一直是当地畜牧业不可或缺的一部分，也是原住民获取收入的重要方式，路径依赖的结果与新时期的管理要求发生冲突；二是 90% 的草地为私有，高度分散的所有权模式使得管理牧场的交易成本十分昂贵；三是越来越多的城市居民逃往农村，并在风景优美的地方进行打猎、钓鱼以及娱乐活动，新的土地所有者对野生动物和栖息地管理越来越感兴趣，这为牧场管理带来新的挑战。作为一个以私有土地为主的州，为了有效管理土地与野生动物栖息地，得克萨斯州建立了野生动物管理协会（Wildlife Management Association）。第一个已知的得克萨斯州野生动物管理协会成立于 1955 年，而第一个现代野生动物管理协会——Peach Creek 成立于 1973 年。各地的野生动物管理协会组织起来于 1996 年建立了得克萨斯野生动物管理协会组织（Texas Organization of Wildlife Management Association），旨在协调得克萨斯州的野生动物管理协会。由于野生动物是一种跨界资源，野生动物管理协会对其管理通常需要促进相邻土地所有者之间的合作，比如制定在大面积上雄性和雌性的收获标准以保持一定的性别比例以及在大范围内发布狩猎规则并确保狩猎者遵守规则。除了放牧这一因素会影响野生动物栖息地之外，譬如道路建设、家园土地清理、建筑物与围栏修建、园林绿化之类的使土地碎片化情况更为复杂的其他人类活动也使栖息地数量减少、质量下降，土地私有者为了提供优质的栖息地寻求与邻近土地所有者的合作以共同管理足够的栖息地支持野生动物的生长。由于越来越多的城市居民受郊外风景吸引来购买牧场等土地，这些"新"土地所有者与几代人都生活在牧场上的"传统"土地所有者不同，城市居民牧场管理经验匮乏，但不断增长的来自城市的牧场主却在州的政治决策中享有更高的话语权与投票权，该种情形下制定的政策改善牧场治理的作用就极为有限，此时由了解牧场实际管理的小牧场主们团结组成的基层治理组织就能在参与制定有助于牧场可持续发展的决策过程中提出不容忽视的切实建议以保护牧场主的共同利益（见表6－4）。

表6－4 三个基层治理组织的比较

组织名称	成立时间	治理范围	组成人员	目标	措施	举行会议频次
马尔派边境组织	1994年	亚利桑那州的东南部与新墨西哥州西南部交界处	牧场主，之后科学家与其他利益相关者陆续加入	实施生态系统管理	1. 制订与实施用火计划 2. 发明"草地银行" 3. 使用保护地役权制度 4. 保护濒危物种	每年一次科学研讨会
加利福尼亚牧场保护联盟	2005年	加利福尼亚州大部分地区，包括农村与人口稠密的地区	牧场主、机构以及环保组织	努力维持牧场主的牧场经营	1. 签署牧场保护决议 2. 使用保护地役权制度 3. 制订资金使用战略计划	每年一次峰会
得克萨斯州野生动物保护协会组织	1996年	得克萨斯州大部分地区	得克萨斯州各地野生动物管理协会（包括牧场主、生物专家、野生动物主义者）	加强土地和野生动物管理	1. 管理跨界公共池塘资源（野生动物） 2. 制订鼓励土地所有者参与专家指导计划的规定	三年一次研讨会

资料来源：Huntsinger，L.，Sayre，N. F.，Macaulay L. Ranchers，land tenure，and grassroots governance：Maintaining pastoralist use of rangelands in the United States in three different settings ［M］//Pedro，M. H.，Davies J.，Baena P. M. The Governance of Rangelands Collective action for sustainable pastoralism. New York：Routledge，2014.

1.3.4　三个基层治理案例的比较

虽然以上三个地区基层治理组织都在草地治理中发挥了改善草地生态环境、保护野生动物和提高牧场主收益等作用，但三者之间存在差异（见表 6 - 4）。马尔派边境组织的治理范围在三个组织中最小，主要管理美国亚利桑那州与新墨西哥州南部边境地区牧场的相关事项，开始组织人员只有牧场主，在之后的发展过程中，资源管理专家、生物学家等其他利益相关者也加入了组织的董事会，三个组织的人员构成也存在一定区别。另外，三者也具有一些共性，最为明显的是在牧场治理的诸多措施中，三个组织都涉及野生动物保护的相关内容。野生动物作为草地生态系统的重要组成部分，对于维护生态平衡、促进物质能量循环、丰富动物基因库都具有不可替代的作用。此外，三个组织都会定期举办会议探讨上一阶段牧场治理的效果和制订下一阶段的治理计划，虽然会议的频次与形式略有差异，但是会议的反馈与计划功能是相同的。

1.4　小结

总体而言，美国草地治理体现出"自上而下"和"自下而上"相结合的特征。其中，"自上而下"表现为政府部门对于草地治理的重视，不仅设立了多部门、多机构对草地资源的不同方面进行治理，而且随着对草地资源认知的不断加深，制定适合时宜的法律法规，以规范和引导草地利用者和管理者的行为，提高公众对于草地的保护意识。如各部门及其机构之间紧密合作，各司其职：内政部、农业部和环境保护局三个互不隶属的机构在美国草地管理过程中发挥着主导作用，三者的职能有着共同与差异之处。内政部管理全国的自然资源，土地资源概念下的草地资源属于自然资源的范畴；环境保护局围绕 8 个环境主题履行环境保护的职能，土地保护是其中的一个主题，土地保护涉及草地保护的内容；

农业部主要负责管理农业相关的事务，广义的农业包括林业与畜牧业，草地管理也属于农业部的职责范围。从三者的职能可知，"草地"是三个部门共同管理的对象，管理对象有所交叉。但是对于"草地"这一管理对象，三个部门的管理重点有所不同：内政部下设土地管理局这一专门管理土地资源的部门，侧重于在不破坏土地质量的前提下发挥土地的经济作用，所有多对草地放牧的数量、时间等做出规定以避免过度放牧而耗竭草地资源；而农业部下属的林务局、自然资源保护局以及环境保护局都侧重于对草地资源的保护，在草地开发方面的规定相对较少。此外，环境保护局还较为重视草地的破坏污染问题，草地作为自然环境的重要组成部分，环境污染问题也受到环境保护局的极大重视。三者对于草地的管理重点虽然有一些差异，但是都是在保护草地资源的基础上展开，并无根本性冲突。保护是开发的前提与基础，秉持这一原则的三个机构在共同目标的驱使下开展各方面工作，共同促进草地有序、可持续的开发利用。

草地治理的法律法规制定的时间早、体系较为完善，因而成为其他一些草地资源丰富国家的借鉴对象。随着社会经济发展和对于草地功能认知的加深，法律得到与时俱进的修改完善。关键是，如何使合理的法律得以良好实施。在这个方面，"自下而上"的基层治理发挥了很大的作用。美国草地资源的基层治理组织注重不同产权环境和不同草地资源特征下，治理的主要对象和方式有所不同。因地制宜地采取多样化的治理方式，吸纳多个利益相关者参与，基于社区作出治理决策是基层草地治理较为有效的关键。

2 澳大利亚的土地关爱

澳大利亚在 20 世纪 80 年代末提出了土地关爱，这一理念来自政府项目实施中群众的广泛参与，并在参与的基础上形成的自下而上的群众运动。土地关爱运动自开展以来，发展迅速，收效喜人。澳大利亚的土地关爱小组已经发展到了数千个。这些小组旨在根据本地的实际情况，兼顾经济效益和环境保护，促进生存环境的可持续发展（Henry et al.，2016）。以下首先大致介绍土地关爱运动在澳大利亚的兴起和发展以及运动在澳大利亚的实施状况；其次，审视在这样一个声势浩大的恢复退化的自然资源运动中，国家所充当的角色，并探讨为什么这样一个自下而上的、以社区为基础的土地生态治理运动能够有效；再次，介绍了土地关爱在流域治理中的具体运作的案例；最后，总结土地关爱运动对于中国草地生态治理的启示。

2.1　土地关爱运动的兴起和发展

土地关爱运动是随着欧洲人殖民澳大利亚留下的诸多环境问题而出现的。殖民时期，开垦农田和开采矿山导致土壤和生物多样性丧失以及旱地和水田的盐碱化（Love，2011）。殖民者带来了各种杂草和病虫害，并通过土壤侵蚀，使河流水质遭到恶化。1945—1985 年对澳大利亚来说是一个繁荣发展的时代。这一期间，农牧民经常得到政府的财政支持，以保护牧场和农场的土壤。这些财政资金最初提供给农牧民家庭，后来在州政府代表的指导下，提供给小型地方团体。这些拨款和贷款项目由政府机构组织研究，为农牧民提供土壤保护知识方面的免费咨询（Henry，Koech & Prior，2016）。与土壤保护项目并行，还开展了一些防治杂草和病害虫及免费植树的项目。20 世纪 60 年代兴起了流域项目，如维多利亚的埃佩洛克湖流域的项目包含了诸多小项目，这些小项目与土地所有者建立了密切联系，为维多利亚南部的城镇和村庄提供了优质的水源，获得了当地社区的支持。政府项目与社区的密切合作促进了土地关爱运动的发展。

20 世纪 80 年代中期，一个慈善基金会资助的农田计划与农民和维多利亚政府合作，在昆士兰地区发起了达令草地项目。西澳大利亚国土区域保护委员会成员，同维多利亚州奥尔伯里伯霍土地保护集团的 180 位成员共同成立了领导小组，开展独立的社区活动。"土地关爱"就源于土壤保护项目发展势头良好的维多利亚州东南部。那里于 1983—1984 年针对土壤退化实施了盐碱地改良项目。为了在全州开展更全面的项目，环境保护、森林和土地部长与维多利亚农民联合会主席欣然合作。1986 年底，州政府发起了一个多学科、以社区为基础且高度自治的土地关爱项目。该项目的第一个小组成立于 1986 年 11 月 25 日，这个小组现在仍在运行。自此，土地关爱运动开始推向全国。

到 1990 年，全国成立了约 70 个土地关爱小组。小组中有一些兼职人员，帮助识别环境问题、撰写项目申请书、组织技术培训事宜并和其他机构建立联系。土地关爱最初成立于农村地区，之后一些城市社区也想成立小组，以恢复公有原始林区重要的环境和娱乐价值。到 2006 年，维多利亚农村地区的土地关爱小组达 800 个，城市环保小组达 500 个，关爱海岸的社区协会约 300 个。1988 年，联邦资源部长在维多利亚州建立了两个土地关爱小组，亲自验证当地社区对环境保护措施的实施过程和效果。1989 年，随着人们对环境问题日益关注，澳大利亚政府发布了全国环境保护和土壤保持战略，为全国植树造林、土壤保护和盐碱地改良提供额外资金。由全国农民联盟和澳大利亚保护基金会联合建立的联盟也发展起来。

国家土地关爱首席协调者起草了一项十年的国家性计划，由联邦政府斥资 3.4 亿澳元，开启了 20 世纪 90 年代土地关爱的十年。土地关爱的理念迅速传播到澳洲大陆的其他州和地区，澳大利亚土地关爱有限组织和国家土地关爱项目得以建立。协调者四处游历，借此机会告诫人们每个地区都存在水土资源问题，每个社区可针对如何解决本社区的土地问题成立土地关爱组织。如今，澳大利亚共有 5000 多个土地关爱小组。土地关爱有来自包括草根阶层的广泛的政治支持和政府、综合性大学、工商企业等机构稳固的创新型伙伴。同时，土地关爱还促进了积极友好关系网的建立，这提高了小组的能力。作为一项全国性的运动，土地关爱运动在其开展的 16 年里，通过澳大利亚联邦政府和州政府发展了一套流域管理系统。这一系统覆盖了 56 个地区性机构，这使得社区可以和政府同心协力，共同计划、筹资、审查和监控自然资源管理。

2.2　土地关爱运动的实施

澳大利亚的农牧业社区主要为 19 世纪定居于此的欧洲人后裔形成，具有地方自治、创新以及关注自然等特点。土地关爱运动无意中利用了这些社区价值来推动其发展。由于土地关爱运动基于地方的土壤、气候以及动植物知识，建立在当地人的传统和与乡村的密切联系之上，以至于以往不具备以上特征的土著居民社区也对土地关爱表现出兴趣（Henry，Koech & Prior，2016）。

土地退化是由于气候干旱和过度放牧等自然和人为因素导致的，表现为生物多样性减少和杂草入侵等。土地生态治理需要在理解自然资产同可持续土地和水资源利用之间关系的基础上进行。由于土地退化不仅具有本地效果（on-site effect），而且还会产生异地效果（off-site effect），涉及上下游和上下风向的多个利益相关者，因此，只有在政府、社区和其他相关机构之间建立合作，才有望较好地治理退化土地。在退化土地的治理中，政府起着重要但并非主导的作用，他们非常明确自己的职能。这将在后文详加论述。

社区通过识别环境问题，提出治理方案。而政府和公司基于治理方案和预算，将资金直接拨给关爱小组及网络。这些资金能够有力地支持社区，帮助社区实现设定的具体治理目标。社区需要提供治理进度和项目完成报告，还需要进行不定时的审计。

土地关爱运动注重社会各方力量的参与（Brown，Bridle & Crimp，2016）。关爱运动鼓励女性介入，并鼓励成员参与学校和社区教育。1995 年，土地关爱运动成员中有 35% 是女性。仅 2000 年，维多利亚就有 200 个项目在中学开展。通过孩子来感染父母，改变父母的态度。自2003 年，澳大利亚土地关爱组织给每个学校和青少年小组的平均拨款为 500 澳元，这些资金来自一些大公司。

土地关爱小组规模不一，小到偏僻村庄或乡村小道上的一群农场或牧场主，大到人口密集区的 100 强组织。社区组织催生了更多的小组，各级政府也促进了更多小组的产生。小组的鲜明特征是有一个共同的奋斗目标，让成员感觉自己是组织的一部分。

通常，小型组织委员会监督工作的运作，申请项目基金，组织公共活动，如农场计划会议和植树活动。多数小组每年有一至六个正式会议，此外还会组织有当地专家参与的信息分享会议。大家可以通过参会进行讨论，并组织到其他小组参观。通过参与活动来获取和分享知识。

许多组织雇用协调员作为专业人员参与土地关爱小组。协调员不必是技术专家，但能够将广泛的科学和管理知识以及沟通技能用于提高社区的治理能力。起初这些协调员由土地关爱组织聘用，后来一些地方性自然资源管理组织也开始聘用。协调者帮助组织会议、活动和提供管理方面的指导，同时他们自己需要新的技术和管理支持（如对数据库处理、营销、筹划、监管、项目管理、宣传、沟通教育和指导方式）等方面的培训。他们的工资大多由政府发放。如果一个社区有多个小组，各小组可整合在一起，由社区委员会统一管理，社区委员会协调各类活动，采取更符合地区特色的方式来解决流域存在的普遍性问题。

418

　　许多土地关爱小组通过参与培训提升能力。土地关爱运动鼓励农民参加各种活动和论坛。除了全职和兼职的协调员，土地关爱运动主要依赖农场主和牧场主的义务劳动。一些政府的培训项目十分有效，如"绿色兵团"计划让青年人在农村地区待半年，帮助恢复退化的土地。土地关爱网络有许多能干的咨询顾问，多为政府人员，他们的活动范围很大，见多识广，能够为土地关爱运动保驾护航。

　　土地关爱运动重视社区解决问题的能力。农牧民社区若发现问题，可收集资料，进行试验，提出解决问题的建议书，然后寻求正式的技术支持来解决问题。比如在南澳大利亚州的东南部地区，水涝灾害的治理就广泛地运用了社区提议的石膏肥料。又如，须芒草在 20 世纪 30 年代被作为牲畜的草料从非洲大陆引入澳大利亚。后来在一些地区的牧场四处传播，给草原带来了严峻的问题。须芒草可高达 4 米，不适合澳洲本土的袋鼠等有袋类动物食用。在一些地方它几乎取代了本土草木，是造成一些地区野火肆虐的主要原因。为了防止草原大火并拯救生态系统，牧民社区介入须芒草治理有关的研究、推广和监测①。

　　在盐碱化治理方面，社区草地项目建立了一个由新南威尔士州和维多利亚州的土地管理者和科学家们参与的网络，促进原生和外来多年生草本植物的采用，开发投入成本低、持续时间长且适口性好的牧草。这种牧草的生长比现有一年生牧草的耗水量大，因而可望降低土壤盐分。在维多利亚的特拉戈威尔，社区牧民在部门的帮助下，采用特殊技术绘制了区域土壤盐分图，改进系统的运行，建立标准、组织培训，并在 30×60 米的网格上对 11 万公顷土地进行采样。项目的成功增进了社区牧民对土壤盐分的认知和自己的职责所在。

　　除了参与项目研究和规划，在土地关爱中，社区也很重视对活动进

---

　　①　澳洲时事新闻. 须芒草入侵澳洲，专家建议引进非洲大象来吃草［EB/OL］. http：// www. aushome. info/jiaoliu/news/7442. html.

行监测。在诸如盐分观测和地下水监测的社区项目中，土地关爱小组会将观测和监测的数据录入官方数据库，以供官方绘图和分析时使用。在维多利亚的古尔本流域，32 个土地关爱小组的 1200 位农民为维护计算机化的地下水位测绘提供服务，每个月发布地下水位数据及报告潜在盐渍化问题。

2.3　土 地 关 爱 运 动 中 的 政 府 行 为

土地关爱运动由社区发起，经过几十年的发展，在澳大利亚变得声势浩大，有声有色。那么政府在这场运动中扮演了何种角色？澳大利亚的未来取决于农牧场主、企业和政府如何分担自然资源治理的权力和责任。国家除了管理自己的土地，如公园、自然保护区和军事用地，还需在以下方面对自然资源的治理起到领导和协调作用（Henry，Koech & Prior，2016）：（1）制定长期战略以从不同层面解决资源问题，并努力实现资源环境的可持续性；（2）建立实现指定目标的经济和社会框架；（3）领导和资助研发；（4）提高公众认知、大力发展教育和促进信息交流，识别自然资源治理中存在的知识不足。这些作用融合在战略的制定和实施中，难以单独分别论述。

2.3.1　制定长期战略

澳大利亚政府制定长期战略来保护自然资源。通过建立国家土壤保护项目（National Soil Conservation Program，NSCP），国家土地关爱（National Landcare Program，NLP）和自然遗产信托（The Natural Heritage Trust，NHT）以及国家水土质量行动计划（The National Action Plan for Salinity and Water Quality，NAP）等，影响各级土地管理和利用者的行为。政府各部门之间相互协作，共同促进自然资源的治理。农业、渔业和林业部管理国家的土地关爱组织。但 2001 年，认识到彼此的核心目标是互补的，环境和遗产部与农林渔部共同设立了一个自然资源管理团队，和国家自然遗产信托组织及国家水土质量行动计划组织一起，负责澳大利亚的环境保护和水土资源的可持续管理。

国家土壤保护计划（1983—1992 年）：

澳大利亚政府对土地关爱的首个贡献就是实行了国家土壤保护战略，这一战略 1989 年由国家土壤保护委员会发布，旨在用国家政策引导可持续和综合的土地利用。认识到保护土地，包括土壤、水和植物，需要全国齐心协力，澳大利亚政府在环境问题的联合声明里发起"土地关爱十年计划（1990—1999）"。土地关爱运动在 1990 年至 1992 年，由国家土壤保护组织资助。该组织在 1983 年至 1990 年资助了土壤保护运动，这是土地关爱运动的前身。国家土壤保护组织通过提供资金、培训、示范、研究、宣传、技术支持和计划，丰富现有活动，获得更多资源，提高土壤保护的公众形象。在 20 世纪 80 年代，这笔资金强调，有效的水土保持行动需要通过社区行动方案将自然、经济和社会方面的问题同小组学习和公众参与相结合。

国家土地关爱计划（1993—2008 年）：

澳大利亚政府在 2005 年至 2008 年为土地关爱计划（National Land-care Program，NLP）提供了 1.1 亿澳元，用于支持土地关爱活动和可持续农业。土地关爱计划注重发展社区和政府的合作，社区和行业共同行动，实现环境的持续管理。在社区的帮助下，土地关爱计划支持小组活动、从事管护运动的协调者、其他志愿团体以及地区层面的第一产业组织。该计划还资助了以下 4 个重要的土地关爱组织：（1）澳大利亚土地关爱委员会（The Australian Landcare Council），作为政府的重要社区顾问在土地关爱、资源管理优先序和战略选择方面提供建议，以促进生态的可持续发展。（2）澳大利亚土地关爱有限公司（Landcare Australia Limited）是联邦政府建立的非营利组织，负责土地关爱计划的商业领域，如企业赞助和土地关爱基金等。（3）国家土地关爱协调人（The National Landcare Facilitator）是全澳大利亚与土地关爱和其他社区团体合作网络的协调机构，将国家层面的土地关爱、议会部长、政府和第一产业组织、小组及其协调者联系在一起，是联系政府、非政府机构和农民土地关爱小组的纽带。（4）州土地关爱协调员（State Landcare Coordinators），由各州任命，以支持土地关爱团体和行业团体，并支持与区域自然资源管理机构合作的社区土地关爱协调员。

各地土地关爱运动的规模不一。在农场和地方一级，项目的重点是可持续生产、植被重建和退化土地的恢复。大多数政府资助都需要接受方的大量投入，无论这些接收方是团体、土地所有者还是政府机构。许多通过网络实施的大型综合项目，表明综合景观规模规划、绘图、研究和战略行动是可取的。

国家土地关爱项目还投入大量资金进行培训，特别是农场规划，以提高技能和推广最佳管理做法。此外，国家土地关爱项目在鼓励农民采用可持续管理做法方面非常有效，改进了他们的生产力、盈利能力和自然资源状况。区域和大都市中心及其周围的土地关爱也得以加强。

自然遗产信托（1997—2008 年）：

1997 年，澳大利亚政府发起了自然遗产信托计划（Natural Heritage Trust，NHT），到 2007—2008 年投资达 30 亿澳元。遗产托管计划资助了数以千计的社区项目。它支持采取行动改善水质、植被管理和土壤状况，减少侵蚀和恢复河口自然生态。随之而来的好处有：有经验的资源管理者增多了；社区可以决定未来的方向；提高了土地生产率和盈利率；生物多样性的保护得到加强；越来越多的人直接或间接地参与了提高自然资源管理的行动（刘晓荃，2014）。

2.3.2 建立经济社会框架

澳大利亚政府将土地关爱视为发展社会和文化框架的一个组成部

分，促进土地可持续利用。政府通过一系列不断演进的方式对土地关爱给予支持，建立特定的国家机构，帮助农牧场主和社区解决涉及公众利益的自然资源管理问题。政府也寻求生态环境和经济产出之间的平衡，以此促进社区福利，包括在保持和加强资源基础和生态系统的情况下，大幅度提高农业经济的生存能力和水资源利用效率。

2.3.3　领导和资助研发

澳大利亚的政府体系分为三个层次，即联邦政府、州政府和地方政府。起初，只有联邦政府和州政府对土地关爱运动给以资金支持。后来，地方政府也意识到了土地关爱运动对环境、经济和社区凝聚力的宝贵价值，因而也为土地关爱小组提供办公场所、会议室、交通工具及管理等方面的帮助和支持，甚至出资帮助社区雇佣专业协调者。政府虽然领导着自然资源治理有关的研发，但他们却与社区建立了很好的伙伴关系。如政府将管理权下放给社区，同时给社区赋权，以加强社区对自然资源关爱的责任感。但政府给社区放权并对其给以资金支持，这种对社区的信任没有被社区滥用，社区很好地将政府支持的资金用于退化资源的治理。政府用于自然资源管理项目的资金较为充足。自 1996 年，澳大利亚政府支出了 45 亿多澳元用于支持国家土地关爱项目、自然遗产信托管理和国家水土质量行动方案三大资源管理项目。

2.3.4　提高公众认知

澳大利亚政府将全国划分为 56 个区，在每个区培育了基于社区的自然资源管理组织来准备和实施综合的资源管理计划，识别问题并评估问题的重要性。联邦政府和州政府对社区基于对本地情况的深入了解而制订的详细计划给予资金支持。社区负责使用来自政府的资金，制订实施方案，实现预期效果。土地关爱计划将环境、社会和经济因素都考虑进来，采取综合方法进行资源管理。政府和社区协商，界定目标并评估各方所作的贡献，确定和安排目标，并制定适当的投资策略。咨询、反馈和协商在地方组织和利益相关者间尤为重要，这些利益相关者包括土著居民、学者、科学家、环境组织、工业、地方政府、州政府以及国家代理。注重社会各方力量参与土地关爱运动，鼓励女性介入，并鼓励成员参与学校和社区教育，通过孩子来感染父母，改变父母对于自然资源的认知态度。总之，政府通过网络形式将各界人士、女性儿童等纳入，从方方面面提高公众对于自然资源保护的认知。

2.4 土地关爱运动为何能够成功

由于与澳大利亚的文化、需要及政府制度相兼容，土地关爱运动取得了良好效果。土地关爱运动的成功主要得益于以下方面。

（1）土地关爱运动目标明确，致力于解决社区层面的土地退化问题。土地关爱运动基于社区，尊重本土知识，决策符合地方规划和监测规定；在社区开展诸如"什么是可持续性"等贴近农牧民生产实践的辩论，以激发人们用长远的眼光看待资源的利用和恢复；自下而上，平等、民主，"民有、民治、民享"；及时发现问题、提出解决方案，寻求资金和技术支持，采取"扁平"组织方式运作。

（2）得到政府的资金支持和信任。政府对土地关爱活动给予大力支持和信任，而不是领导。在政府看来，社区里有积极、负责、聪明、有合作精神和技术能力强的人，他们能够合作管理政府支持的资金，政府给社区授权，让社区自己作出决策；政府也给以土地关爱组织及成员以政策支持，如对农牧民从事的土地关爱活动实行税收优惠政策。

（3）与多方合作，得到多方支持。土地关爱以组织网络的形式开展，遍及各地，得到了农民组织、环保机构以及政治团体等的广泛支持；得到全职或兼职协调员的支持；得到国家社区组织的大力支持，如澳大利亚绿化组织（Greening Australia），为植被恢复提供技术支持，以及澳大利亚保护志愿者组织了野外工作队；Landcare 通过艺术奖、录音和当地节日与文化社区合作，为社区提供令人愉快的社交和娱乐渠道；善于利用社区的各种力量，如注重吸纳女性参与，发挥妇女在土地关爱运动中的重要作用；注重代际间的互相影响。服务学校和社区教育，通过教育儿童来影响其父母。

（4）具有灵活性和包容性。讲究灵活性，不在全国制定统一的实施规则，而是鼓励各地结合自己的实际情况围绕土地关爱的具体目标灵活开展退化土地的治理措施；当有新主意出现的时候，迅速作出反应并启动试点项目；具有包容性，当事情不顺利时，大家富有韧性，互相支持，互相体谅。土地关爱小组的成员会对那些提供过帮助的人表示感谢。

（5）重视信托和基金会在土地关爱运动中的作用。土地关爱需大量资金作为保障，用于土地关爱计划和社区教育。特别是在一些特殊项目中。如波特基金会推动了两个全国性的重大项目：波特农场计划，以维多利亚州汉密尔顿为中心，涉及 15 个示范农场；书签生物圈保护区计划，由联合国教科文组织的人与生物圈计划发起，旨在将干旱内陆地区的景观保护和经济活动结合起来。

总之，土地关爱运动的优势在于，在政府和企业的支持下，社区作为土地治理项目的发起者和实施者，可为当地的环境保护设立目标，憧憬未来。为了更好地实现设定的目标，这种从下而上的土地关爱运动与政府项目相比，具有更多的自由性和灵活性，社区也因此具有了更强的使命感。政府通过放权和社区赋权，相信社区自己能够识别问题所在，提出环境治理方案。政府组织相关机构和人员评估社区提出的治理方案的可行性，为社区提供积极的财政和技术等支持。土地关爱运动中，社区基于内部努力，采取民主平等的扁平化方式管理项目，将外部支持转化为内生力量，并注重通过代际传承的方式不断激发内生动力。这是土地关爱运动能够成功的主要原因。

2.5 墨累—达令流域治理中的土地关爱案例

墨累—达令河流域位于澳大利亚的东南部,是澳大利亚最大的流域,覆盖面积超过106万平方千米,约占澳大利亚国土总面积的14%。墨累河是澳大利亚最大的河流,长达2500千米。达令河是墨累河最大的一级支流,其流量约占墨累河总流量的20%。该流域是澳大利亚最重要的农业区,其农业总产值占澳大利亚农牧业总产值的41%以上,被认为是澳大利亚农牧业的心脏地带和粮仓。然而,墨累—达令流域面临诸多环境、文化和管理问题:(1)土地退化,包括水浇地盐碱化、土壤结构与肥力下降、有害动植物入侵,草地退化等;(2)水质退化,包括水流量减少、鱼类与植物入侵、水质恶化及地下水位下降等;(3)其他环境问题,如自然植被砍伐与退化、栖息地数量减少、自然遗产遭破坏以及湿地与河岸带退化等;(4)土著文化遗产区条件恶化,欧洲移民文化遗产区条件恶化,旅游与休闲区退化;(5)管理方面的政策不协调,已有法规政策实施不力,社区教育弱,信息传播差,土地利用与管理措施不当。这些问题严重地威胁着流域农牧业的发展和社区的可持续性。

一方面,为了促进墨累—达令流域水、土与环境资源的平等、高效和可持续利用,澳大利亚成立了墨累—达令流域管理机构,包括墨累—达令流域部级理事会、社区咨询委员会和墨累—达令河流域委员会。部级理事会的主要任务是为流域内的自然资源管理制定政策,社区咨询委员会是部级理事会为了在流域内采取统一的政策行动,并广泛地听取各方面的意见而设立。部级理事会规定向社区土地关爱小组提供明确的指导和支持,政府与社区的人力资源和资金必须协调使用。社区咨询委员会负责流域委员会和社区之间的双向沟通,确保社区有效参与解决流域内的水土资源和环境问题。社区咨询委员会向部级理事会和委员会就应关注的自然资源管理问题提供咨询，向委员会反映社区对所关注的问题的观点和意见。流域委员会的主要职责是：分配流域水资源；向部级理事会就流域自然资源管理提供咨询意见；实施资源管理策略，包括提供资金和框架性文件。组建负责日常事务的办公室，成立特别工作组，聘请来自政府部门、大学、私营企业及社区组织的自然资源管理及研究专家，将最先进的技术方法和经验运用到流域管理中去。

另一方面，为了保障墨累—达令流域资源管理目标的实现，墨累—达令流域采取了一系列政策与措施，包括《墨累—达令流域行动》和自然资源管理战略。《墨累—达令流域行动》确立流域内生态可持续发展的共同目标：使用、保护和增加社区资源，以便各种生命所赖以生存的生态过程得以持续，当前和今后所有人的生活质量得到改善。认为未来所需要的转变有赖于政府与社区建立的真正伙伴关系。《墨累—达令流域行动》最大限度地体现了流域内政府、社区与公众的政治意愿，是墨累—达令流域进行综合治理的共同展望和纲领，也成为流域综合治理的重要措施。自然资源管理战略以流域综合管理和建立社区与政府的伙伴关系为基础，带来了流域自然资源管理的重大变化。

"扎根基层"，直接面向农民和社区的土地关爱计划的实施也是保障流域资源治理目标实现的重要措施。作为公众参与流域治理的典范，土地关爱计划在墨累—达令流域于 1987 年开始实施，1995 年被纳入国家自然遗产信托基金（National Heritage Trust）框架。土地关爱计划的实施在墨累—达令流域治理中发挥了重要作用（于秀波，2003）。

农民土地关爱小组在联邦政府和地方政府支持下开展流域的社区生态恢复工作。基于流域的农牧民社区，成立的多个土地关爱小组，获得联邦政府通过国家自然信托基金提供的稳定资金支持，开展流域生态治理；土地关爱计划积极吸纳澳大利亚土地关爱有限公司、澳大利亚土地关爱理事会、全国土地关爱协调人（Facilitator）参与，他们作为联系政府、公司与社区公众的纽带，在资金筹集、信息联络、技术和管理等方面给土地关爱计划以极大的支持。

据对墨累—达令河流域包括的五个州/区之一的维多利亚州土地关爱小组的抽样调查，该州成立了700多个土地关爱小组，近一半的农场主加入了土地关爱小组。关爱小组成员中，女性占1/3。土地关爱小组通常每年召开4次会议，印刷5期活动通讯，进行野外考察，建立示范点，开展植树造林、草场围栏、控制鼠害与盐碱化治理和人工草地建设等生态恢复措施，并参与流域管理规划，确定流域生态治理的优先区与农场发展规划工作。土地关爱小组深入社区学校开展多种多样的环境教育活动，鼓励中小学生直接参与社区、州乃至全国性的"关爱水"和"绿化澳大利亚"（Greening Australia）等活动的竞赛。土地关爱小组的积极行动极大地激发了流域广大民众治理和保护流域自然资源的热情，并将这种热情通过言传身教的方式有效地传给了下一代青少年。

土地关爱计划吸纳了澳大利亚农林渔业部国际农垦局、大学与研究机构和一些慈善机构的参与，从这些机构得到了资金、技术和管理等多方面的支持。如在社区生态恢复项目中，土地关爱计划将公司、政府、科学家等纳入，这带动了遥感影像与地理信息系统等新技术在农场发展规划中的应用，从而提高了墨累—达令流域农场发展规划的技术水平。在流域管理中，土地关爱小组利用自身熟悉本地环境、关心本社区资源的优势，发现问题，以小组为基本单位，针对问题的重要性排序逐级申报土地关爱计划项目。联邦政府基于对社区的信任，会对社区申请的项目给以50%的资金支持，用于购买生态恢复所需要的种苗、铁丝等材料，其余50%的项目资金多以土地关爱小组成员农牧户投工投劳折算（于秀波，2003）。

428

2.6　案例对我国草地生态治理的启示

墨累—达令流域的土地关爱计划是社区参与流域治理的成功案例。这一计划不仅提高了公众对流域生态恢复的意识，传播了生态恢复的知识与技术，提高了流域生态恢复效果，而且极大地推动了整个流域的规划与管理。墨累—达令流域生态治理中的土地关爱计划案例，可给我国草地生态治理带来以下启示：

（1）草地生态治理和流域生态治理一样，不仅涉及威胁牧业生产和牧区可持续性的土地退化和生物多样性减少等环境问题，还伴随社区文化方面的削弱甚至消失以及管理方面的诸多问题，需要综合治理，而不能"头痛医头、脚痛医脚"，即仅围绕牲畜和牧草来开展。

（2）草地生态治理不能完全采取从上到下的政府主导方式，也不适合由单家独户的牧民开展，可以基于社区。政府未必十分了解社区的生态问题和优化治理措施，而牧户则可能无力应对生态治理这种外部性较强的活动。社区具有一定的规模性，可以将生态治理的外部性纳入决策；作为会带来外部性的环境治理，最好能够以社区为单位实施。由社区提出优先治理的区域（如禁牧区、草畜平衡区）、具体的治理措施（如建设围栏、修建棚圈等）。

（3）借鉴土地关爱计划中政府与社区的关系，政府可考虑放权，将生态治理项目的管理权和监督权等下放给社区，对社区给以充分的信任。将生态治理资金拨给社区，由社区决定如何使用，政府放权并给社区赋权。

（4）政府的生态治理资金，可发放给社区而非牧民，由社区决定如何使用。鉴于社区管理水平有限，政府可以出资，帮助社区聘用有技术懂管理善于协调的人员作为顾问，协助社区进行草地生态治理的管理工作。可以鼓励专业学校的毕业生、科技人员和基层政府的专业人员等担任社区协调员，对社区成员进行培训，增强社区的自制能力。

（5）在草原牧区形成社区草地生态治理网络，吸纳一些公司、高校和研究所等科研部门以及非政府组织参与，从多方寻求资金、技术和管理等方面的支持。

总之，在草地生态治理中，如何让来自基层的声音能够被国家层面的政策所关注？目前中国的草原生态治理以"自上而下"为主导，在政策制定中排除了牧民的参与，忽视了牧民的声音，而澳大利亚的土地关爱机制中则很好地强调和反映了这一点。如州土地关爱局在其理事会中有来自地区的代表，通过州土地关爱局的工作，确保基层土地关爱的声音能够被纳入州一级的政策和计划。这一点在未来中国的草地生态治理中有待加强。

第 7 章

促进中国草地资源的良性治理

自 20 世纪 80 年代以来，中国的草原牧区经历了一系列制度变迁和社会环境变化：80 年代初中期，牲畜分配到户而草地公有共用，导致了典型的"公地悲剧"；为了消除"公地悲剧"，90 年代中后期将草原确权到户，使传统上社区共用的草场使用权私有化到牧户层面，导致"围栏陷阱"；而为了弥补草地产权制度变迁带来的不利影响，2000 年以来发起了声势浩大草地生态治理。诸多的努力虽然取得了一定成效，但新一代发展中出现的草地问题仍没能从根本上得到解决，草原牧区依然面临严峻挑战：（1）草地产权制度不完善，草地经营规模小，细碎化严重。（2）牲畜结构不尽合理、品种质量普遍不高。（3）牧户的组织化程度极低，以单家独户经营为主。（4）牧民抗风险能力弱，牧区基础设施落后，牧户面临高信贷风险。（5）牧区资源配置效率低下，草地、生产资料和劳动力严重不匹配。（6）草原生态系统功能减弱，草地资源、水资源和其他动植物资源严重退化，生物多样性大量减少。对牧区影响更为深重的是，传统上互惠互利培育起来的社会资本遭到严重削弱。所有这些构成了新一代发展中所谓的"难缠问题"（wicked problem），这些问题涉及多个利益相关者，需要多个层面共同决策才可能得到解决。在这些问题的解决中，草地良性治理是恢复草原生态系统服务功能、促进牧区可持续发展的关键。以下基于本书前文所作的研究，提出促进草地良性治理的建议。

1 正确理解草地资源与草原畜牧业

目前中国草地治理中存在的问题，多与对草地资源和草原畜牧业的理解不够深入有关。

（1）将草地资源视同于牧草。

草地不是简单的牧草，不能像牧草资源一样分配，否则将割裂整个草地生态系统，进而极大地削弱其功能的发挥。将 1 万斤牧草分给 10 户牧民，每户 1000 斤，10 户牧民将分到的牧草加总与合在一起使用 1 万斤牧草没有区别，牧草的功能不会有任何的增长或耗损。但将 1 万亩草场平均分给 10 个牧户，效果则大不相同。由于草地的空间异质性很强，这就可能使每个牧户分到的草场牧草种类、饮水点、有舔盐地、地形地貌（以便牲畜避风避寒）等资源状况不一样，牲畜也因此可以摄入的养分大受限制，分割草地可能切断某一片草地与整片生态系统的关联；另外，分割草地极大地降低了牲畜的移动性，不利牲畜的生长和草原畜牧业的发展。此外，将草原分到各家各户，确权到户带来很高的社会成本，这些成本在很大程度上由牧民承担，并最终转嫁给草原生态，加剧草地退化。将草地资源分配到户的思维，根本上是没有正确理解草地资源，将生态系统的草地资源视同简单的牧草。

（2）割裂了草场与其他非生物等的联系。

对草地资源的理解有失偏颇，割裂其与整个草地生态系统中其他非生物等资源的联系，是导致草地治理失效的重要原因。例如，在第 5 章中，乌拉盖河流截断的案例、草原开矿的案例以及草原开垦农田案例都反映出决策者对于草地资源概念理解的偏差。矿产开发可能并没有与牧业直接竞争草地资源，而可能通过抽取地下水，对草原造成间接却深远的负面影响（王晓毅，2008）。农业开发所带来的影响也类似。草地开垦为农田利用，不仅可能由于天然降水不足，导致所垦农田遭到退化、抛荒，而且可能由于本地块的退化产生异地效果，这些异地效果随着水流的作用和/或风的作用传播到异地，加剧大面积草地的退化（如内蒙古草原被开垦成农田，可能直接导致北京出现沙尘暴）。再者，农业灌溉与草原争夺珍贵的水资源，无论使用地表水还是地下水，都可能给草原生态造成不可逆转的负面影响。因此，转变草地用途时，不能割裂草地与整个生态系统中其他非生物因素的关联，且需要考虑到草地利用的异地效果。

（3）割裂了草地与牲畜和牧民的关联。

草原虽然是天然的，但经过长期放牧，牲畜与草原相互影响，相互作用。现在的天然草原其实带有牲畜长期放牧的烙印。草地治理涉及牧民—草地—牲畜之间的关系，要在草原生态社会系统中进行。在气候变化和自然灾害加剧时，草地治理的目标之一是为了更好地应对气候变化，减轻自然灾害给草原和牧户带来的不利影响，提高草原和牧民的弹性。将草地资源看成单纯的自然系统，会割裂其与牧民和文化的关联。未正确理解草地资源，将草地看成是整个生态系统或社会经济生态系统（SES）的有机组成部分，将导致顾此失彼，无法实现善治或对草地资源的良性治理。如禁牧，只考虑要求牧民不去放牧，牧草不受干扰，而未想到牧民为了维系舍饲，需要种植牧草，为此家家户户无序耗用的水（主要是地下水）资源对整个草原生态造成的影响可能更加恶劣。草原畜牧业的主要特征是"草—畜—人"的三位一体，草地生态治理将牲畜移出、将牧民移走的思路在一定程度上割裂了草原与牲畜和人的关联。

1.1　正确理解草地资源，促进草地良性治理

草原生态系统为非平衡生态系统，具有时间和空间上的异质性以及

生产力低的特点。时间的异质性表现为草原的季节性很强，不同季节牧草的生长情况大不相同，对牲畜的承载情况也大不一样。空间的异质性表现为不同地段、地形条件下的草地由于降水、温度、光照、土壤和植被等的不尽相同而有所差异，饮水点和舔盐地等草地关键资源也较为稀少，有些地块上有所分布，有些地块则与这些资源相隔甚远。加上草地的生产力较低，这些特点使草地资源具有某种公共属性，即同时具有非排他性和竞争性，是一种人们共同使用整个资源系统但分别享用资源单位的公共资源。草地资源的非排他性，指甲在使用该片草场时，并不能排除其他人去使用该草场；竞争性是指，给定草的存量一定，由于甲使用了该草场，其他人就会减少对草场资源的使用。可以这样理解"人们共同使用整个资源系统，但分别享用资源单位"（Ostrom，1990）。如甲、乙、丙、丁四个利益相关者（人或机构）都可以共同使用作为整个资源系统的某片草地，但每个人（机构）使用草地带来的收益归他们自己。从这个角度来看，"资源单位"就是"个人（机构）从作为资源系统的这片草场上占用和使用的牧草数量"。如果甲、乙、丙、丁各使用了 A、B、C、D 公斤的草料，则可理解为他们分别使用了 A、B、C、D 个资源单位。资源系统大致相当于我们讨论的作为生态系统的草地，在草地生态系统中，地表水和地下水以及矿产资源等也都被视为这一系统的组成部分，这些资源的排他性弱、可分性差，对这些资源的使用，会使整个草原生态系统"牵一发而动全身"，这就是为什么在乌拉盖河流上游截留，其下游的大片原本丰美的草原就会遭到退化的原因。

畜群的流动性是草地畜牧业可持续发展的关键（Niamir – Fuller，1999）。草地与放牧的牲畜是协同进化的，二者相互依存：牲畜影响着草地生态系统和生物多样性，而草地也影响着牲畜的进化。草地畜牧业也在这一体系中进化，几千年来发展出复杂的管理体系和文化规范，在粗放利用的条件下确保高度可变资源的可持续利用。保持牧群规模和劳动强度的灵活性以及对多种产品的依赖是牧民创造高弹性生计的关键策略。限制流动性破坏与畜牧业有关的资源效率，造成一些资源利用不足，而另一些资源又被过度利用，进而导致草地生物多样性的丧失。

在奥斯特罗姆（1990）对公共池塘资源的研究中，研究对象受影响的人数为 50～15000 人。这里，受影响的人数不是参与集体行动的人数。以牧场公共资源为例，发起集体行动的人数实际是牧户家庭数，而受影响的人数则是家庭数乘以平均家庭人口数。本书的研究对象为更小的草地资源。根据实地调研的经验，自发形成的集体行动小组一般合作者为 2 户至 15 户。在合作治理中，研究牧户如何能够自主组织起来，进行草地资源的自主治理。什么样的土地适合社区共有和社区自主治理？奈廷（Netting，1976）总结了五个特征：（1）生产率低；（2）变异性强，获取一定产量的可靠性低；（3）改进或加强的可能性较低；（4）土地的有效使用要以较大面积为前提；（5）资本投资活动要求较大群体参与。中国牧区的草地，除内蒙古之外，没有属于社区的，因为宪法上规定的草地所有权为国有。但长期以来，草地的使用权归牧户社区。因此，也可以将公共池塘资源拓展为适合社区共用或共管的资源。

1.2　正确认识草原畜牧业的真实价值

草原畜牧业指的是在天然草场上对牲畜进行粗放生产的方式。全球 75% 以上的国家，1/4 以上的陆地上存在草原畜牧业，并有将近 5 亿人口从事草原畜牧业。草原畜牧业对食物生产和环境保护都有重大贡献。在草原畜牧业中，牧民是草地的主要管理者，他们在草地上逐水草而牧，遵循既定的季节性路线，并在严酷的干旱或暴风雪年份维持应急放牧储备。草地畜牧业是地球上最可持续的食物生产体系之一（McGahey，Davies & Hagelberg，2014）。草原畜牧业利用生产力较低的草地提供广泛的经济价值，以独特的方式，最大限度地利用草地资源的多样性和不可预测性。尽管草地畜牧业是一种低投入、低产出的系统，但它能够有效地利用自然、人力和社会资本来生产一系列经济、环境和社会产品和服务。作为草地畜牧业利用的每单位草地的生态系统服务功能比资本密集型替代方案高 2~10 倍。只是草原畜牧业产生的许多收益无法被衡量，因此常被资本密集型的畜牧业所取代（FAO，2017）。特别是在干旱半干旱地区，由于牲畜具有流动性，相对于旱作农业来说，草原畜牧业比旱作农业更能忍受干旱条件，对草原生态系统的极端环境和变异性具有高度的适应性，是生态脆弱地区土地利用的主要方式（Hundie & Padmanabhan，2008）。

草地畜牧业在维持自然资本中发挥了重要作用，保护着全世界 1/4 土地面积上的自然资本。草地与草原畜牧业密切关系：一方面，草地是畜牧业的基础。天然草地既能够直接提供中药材和天然食物（如蘑菇等），也可以通过草地畜牧业生产肉、奶和纤维和牲畜粪便等畜产品；另一方面，畜牧业有助于保护草地生态，维持土壤肥力和土壤碳、水分调节、病虫害防治、生物多样性保护和火灾管理（澳大利亚和美国加州的山火在一定程度上与放牧不足有关）。在纯粹的草地畜牧业系统中，投入为天然草地以及兽医兽药等和饲料添加剂（feed supplements）。这样的牧业生产体系，不会产出任何对环境有害的副产品（FAO，2017）。全球草地畜牧业覆盖了 50 亿公顷土地面积，每年每公顷吸收 200~500 千克碳。草地畜牧业与集约畜牧业相比，在提供环境正外部性和减缓气候变化方面发挥着主导作用。

在天然草原上放牧的家畜多为地方品种，通常具有较高的基因多样性。这些牲畜生产了一系列集约化生产系统所无法复制的商品和服务。草原畜牧业在维持自然资本方面的重要作用被很多国家或地区低估了。过去的几十年里，我国草地资源治理效果不佳与许多草地冲突的产生，在很大程度上就是由于低估了草原畜牧业的真实价值所致。人们过于关注从草地利用中获取经济产出，而忽视了更传统的畜牧业生产方式的绿色增长潜力，认为草地畜牧业要么经济上或社会上落后，要么对环境有害，如过牧导致草地退化。简单地将超载过牧视为草地退化的原因表明，草原畜牧业被误解。对牧业知识的漠视和对草原畜牧业作为土地利用方式价值的普遍低估，助长了草地被开垦成农田和被开发矿产等转用现象的发生，导致农牧冲突、林牧冲突和牧矿冲突等。这些被开垦的草地通常对整个草原牧业生态系统至关重要，将这些关键地块转化为农业用途很可能造成大面积草地退化和牧区贫困（Fernández‑Giménez，2002）。相反，一些发达国家正在考虑投资畜牧业，将其作为一个多功能系统来提供远超牧场边界的生态系统服务。

从粗放的、低投入的、高度劳动密集型、多价值生产系统的草原畜牧业向固定的、资本密集型单一产出的集约型畜牧业转型，会缩小系统提供的产品范围，牺牲社会和环境健康（McGahey，Davies & Hagelberg，2014）。如在禁牧休牧体系中，牧民需要对牲畜进行舍饲，牧民可能会自己种植一些饲草，这样投入和产出可以分成两个部分：（1）牲畜生产部分。投入为更多的兽医兽药和饲草料（feed），产出为肉、奶和纤维等畜产品。牲畜的粪便会被用来作为肥料用于饲草的生产。（2）饲草生产部分。投入为牲畜生产的有机肥和/或化肥，可能还需要杀虫剂、除草剂和机械用油。产出为作物饲料和草料（如谷物及其秸秆）。与草原畜牧业生产体系相比，这个生产体系会排放温室气体，在饲料种植过程中也可能产生土壤侵蚀（FAO，2017）。

总体而言，应充分认识到草原畜牧业对干旱脆弱地区经济绿色发展所具有的重要作用：维持脆弱环境的自然资本；在高度多变的干旱环境中，保持资源的效率并进行可持续生产。不过，要使草原畜牧业在干旱脆弱的环境中发挥其独有的潜能，需要尊重牧民的本土知识、文化和传统制度，使牲畜具有足够的流动性，这是草原畜牧业最主要的特征。

2 创新草地产权制度安排

产权是个人和群体间一系列关于土地使用的权利和义务组成的关系（Birgegard，1993），它通过影响人们的生存、财富分配、政治权力和文化表达而涉及生活的方方面面。界定草地资源的产权，并非解决草地"难缠"问题的灵丹妙药。相反，草原牧区的许多问题，如前所述的牧业内部因草场边界导致的冲突、草场细碎化导致的"蹄灾"或"围栏陷阱"、草原生物多样性的减少和生态系统的退化在很大程度上与现行草地产权制度的不完善有关。现有草地产权制度过于强调草地资源的经济价值，而对于环境价值、社会价值和精神文化价值等的强调体现不足。产权制度的变迁，需要有一定的路径依赖，强行改变产权可能不仅会改变人们与土地资源的关系，还会对整个社会结构造成深远影响（Lane & Moorehead，1994）。决定产权制度成功与否的关键是，看其在多大程度上反映了与特定自然和社会环境的协调性（FAO，2017）。

2.1 产权制度安排需要基于草地资源属性和功能

资源的产权制度受资源特征的制约，产权安排要避免资源使用中过高的排他性，且避免资源的诸多受益者之间产生冲突（王晓毅等，2009）。草地产权的界定，要考虑其资源的属性特征，即草地资源作为物品的属性和其功能特征。对于竞争性强、排他容易的物品，适合界定为私有产权；对于竞争性弱、排他困难的物品，适合界定为公共物品；对于竞争性弱、排他性强的物品一般界定为准公共物品；而对于草地资源这种竞争性强但排他性弱的资源，界定为公共产权，即作为公共池塘资源较为合适。作为社会生态经济系统草地，不仅是具有经济功能的自然资源，而且具有生物多样性保护和草原文化保育等环境和社会功能，草地产权制度的安排要能体现这些价值的存在，并有利于这些价值的发挥。确权到户并用网围栏从物理上隔开的产权过于细碎，不利于草地利用交互规模效应的发挥、降低自然资本并削弱牧户的社会资本，从而降低草原生态系统的弹性和牧户的弹性（Tan & Tan，2017）。此外，将草地使用权私有化，通过围栏来限制他人的牲畜进入自家草场是牧民难以承受的高成本措施（王晓毅等，2009）。

2.2　产权制度安排需要考虑草原畜牧业的特征

草地畜牧业的一个重要特征是牲畜放牧时具有移动性（mobility），且牧户间需要互惠合作来进行牧业活动及分摊面临的各种风险。传统上，牧区为了保障牲畜一定的移动性，发展出土地不同的产权制度。在干旱地区，草原产权的私有化并非经济发展所必须，却可能损害经济发展（Mwangi，2007）。在人多地少的情况下（多数情形下），草地产权的私有化降低了牲畜的移动性，而共有（用）产权却可以允许牲畜在更大范围内移动。草原共用在中国历史上延续了多年，直到前文所述的强制性制度变迁改变了这一产权。在世界各地，共有产权的草地也非常多见，且越是生产力低的草地，私有（私用）的可能性就越低。共有（用）产权是否会导致哈丁（Hardin，1968）的"公地悲剧"，关键就是看产权制度安排能否解决"搭便车"和逃避责任的问题。不制定规则和未加限制的情况下采用共用草场的产权将导致两种"搭便车"行为：一是每个人尽量使用草地资源，而不考虑自己过度使用草场的行为会给别人带来什么影响；二是不去维护和改善作为公共池塘资源的草地。这就是牲畜分配到户而草地公有共用阶段，我国主要草原牧区"公地悲剧"出现的根本原因。

在共有产权中，基于社区的草地产权制度正在全球受到不断关注。这种产权不仅能够在一定程度上保证牲畜的移动性，而且有利于牧户之间的互惠互助。全球有 25 亿～30 亿人口拥有基于社区的产权制度，1/4 的全球土地面积靠社区产权来治理（World Bank，2019）。基于社区的产权制度兼有"私有制"和"公有制"的特征，能成功地存活于"存在着搭便车和逃避责任的诱惑的环境中"，从而取得富有成效的结果。

2.3 产权制度安排需要兼顾非正式制度

在不确定性大且风险较高的干旱牧区，产权既需要相对稳定，又要具有一定的灵活性和一定的重叠性。公共产权制度安排允许牲畜灵活地进入不同栖息地去利用资源，以分散风险并饲养更多牲畜（Niamir－Fuller，2005）。草地治理相关的法律、政策和措施应重视流动放牧的生态和经济价值（Niamir－Fuller，2005）。关于流动性管理制度最基本的设计原则是嵌套的产权、流动的边界、包容性、灵活性、互惠、协商以及优先利用。中国现有草地产权制度边界过于清晰，且产权结构单一，几乎不存在嵌套的灵活的产权制度安排。在产权明晰的概念下，社区牧民的传统放牧权利未取得法律认可和支持（王晓毅，2008）。草地产权系统是个复杂系统，包括从国家、集体到社区和牧户的产权，而目前的产权制度简化了这一系统，减少了产权利基（tenure niche）（Bruce，Fortmann & Nhira，1993），这不利于草地资源充分合理的利用，也降低了牧民从草地资源获取收益的能力。

虽然确保牧民的土地产权有助于使牧民更好地发挥干旱区草地自然

资本管理者的作用，但对于中国牧区而言，私用产权下，草地面积较小，牲畜的移动性大为降低；草地的排他比较困难，成本高昂；并且，草地的分割减少牧户之间的交流和合作，增大边界冲突的可能性。奥斯特罗姆、贝格和菲尔德等（Ostrom, Burger & Field et al., 1999）认为制度多样性更可能促进公共池塘资源可持续利用，因而对于人类社会的长期生存可能与生物多样性同样重要。奥斯特罗姆、贝格和菲尔德等展示了产权治理结构（即一个灌溉系统中，属于农民所有的土地与政府所有的土地的地块数）与（首茬作物和尾茬作物）种植强度之间的关系。传统牧区的草场，存在不同社区使用、管理和控制有关的复杂重叠权利，特别是在面临自然灾害时。牧民社区之间长期的互惠合作使得这些非正式嵌套的权利可以较好地发挥作用。

草地产权的正式化可能会破坏原有制度固有的灵活性，从而限制牲畜的流动性和草地利用的可持续性。如内蒙古牧区传统上用于社区之间避灾的"走敖特"制度在"双权一制"实施后就基本消灭了。从全球来看，凡是政府政策支持草地私有化的干旱地区，冲突、贫困化和退化现象更为严重。而支持草地产权共有的政策往往有利于牧民生计和牧场环境。如西班牙 1995 年通过了一项促进牲畜的流动议会法案，保障该国 12 万千米转场通道的公共使用。羊群通过转场，不仅可以将本地植物的种子传播开来，而且可以通过游牧施肥，提高山地土壤的肥力，最终在保护国家生物多样性方面发挥重要作用。蒙古国根据 2003 年《土地法》和 2006 年《自然与环境法新修正案》恢复了社区牧场规则，使传统社区更好地控制自然资源。这增加了牲畜的季节性流动，提高了牧民的收入，改善了牧场，并为生物多样性和生态系统服务带来了红利。中国草地承包权的长期稳定，意味着这一权利事实上的"私有化"。在中国草原牧区牧民收益获取能力方面，草地资源的使用权比所有权更为重要。

此外，可以借鉴美国基于基层的草地治理模式，除创新草地产权制度安排，还应重视牧民从草地上获取收益的能力。如利用利基市场提高放养牲畜有机产品的市场价格，降低载畜率，减轻草场压力（McGahey，2014）；也可以进一步发展利基市场，补偿社区牧民与野生动物共存以及在保护生物多样性方面的作用。以此来提高牧民的收益，减轻草场压力，达到草地生态治理的目的。

3　促进牧民社区合作

由于干旱区草原畜牧业主要依靠生产力低、变异性高的土地，牧民需要使用大片土地，以确保牲畜的流动性，优化土地资源利用并防止退化（IUCN[①]，2011）。在草地治理中，有效保留了流动性和习俗制度的地方，牧区退化就较为少见。社区治理能较好地保持牲畜的移动性和习俗制度（Niamir - Fuller，1999），全球大多数牧场都是由社区治理的。但社区治理的成功与否取决于规则和条例的制定和实施，成功的社区资源治理依赖于成员的既定行为或规范，这些规范包括来自除社区之外若干层面的规章制度，如国家和/或地方的有关政策。社区草地治理也受到其他利益攸关方的影响，其中一些利益攸关方可能是与草场不直接相干的人员，如上游用水者，他们的行动对草场治理会产生不同的影响。乌拉盖河流域草地资源冲突的案例说明了这一点。因此，有效的治理需要体制安排，以便能够进行跨部门规划和资源分配（FAO，2017）。

为什么牧区草地治理实践中合作的情形并不普遍？牧民能否成功合作利用草场，取决于是否能够解决三个问题，即"新制度的供给问题"

---

① IUCN（The International Union for Conservation of Nature）为世界自然保护联盟，首个致力于推动环境与可持续发展的全球性环保组织。

"可信承诺问题"和"相互监督问题"。这里的制度指合作利用草地的规则的组合,即用来决定谁(合作者本人还是其亲戚等)有资格利用草场,如何利用(在什么季节可以去放牧,放多少牲畜,放多长时间等),如是否允许合作者的亲戚朋友利用,或合作者将亲戚朋友的牲畜放牧在共用的草场上;应限制偷牧(在不该放牧的时间进行放牧)、超载(超过规定的载畜量)、过牧(规定的牲畜数量,超过放牧的时间)或将他人的牲畜代牧在共用的草场上的行动。这些应该遵循和不允许采用的放牧规则,以及违背放牧规则应受到的惩罚的规定,应为所有合作者所周知,并使"每一个参与合作利用草场的人都知道这些规则,知道其他合作者知道这些规则,知道其他合作者知道他知道这些规则"(Ostrom,1990)。要保证这些有关合作放牧的规则得到长期有效的遵守,就必须解决"可信承诺问题"和"相互监督问题"。合作利用草场放牧中的"可信承诺问题"指每一个合作利用草场的人都遵守有关合作利用草场的规则,不会在别人遵守规则的情况下,不遵守规则(即放有关放牧的规定,采取偷牧、超载或过牧的行为)。

除社区牧民之间的自发合作,政府也应当鼓励,甚至通过立法,加强社区草地治理,像肯尼亚、坦桑尼亚、博茨瓦纳、摩洛哥和约旦等许多国家所为。

4　改进草地生态治理

进入 21 世纪以来,国家在草原生态治理方面投资巨大,中央政府和各级地方政府也非常努力,投入了巨大的人力。但总体而言,收效不尽如人意,可持续性也遭到质疑。主要原因在于草地生态治理是一个十分复杂的工程,是所谓的"难缠问题",牵涉多个利益相关者,需要多个层面共同决策才能解决。而现有草地生态治理主要是采用自上而下的做法，采取项目的形式开展，由政府主导。社区和牧民等利益相关者被排除在治理政策的制定和项目实施措施的有关决策之外。

现有草地生态治理的主要措施为禁牧休牧、舍饲圈养和生态移民等方式。这种逻辑割裂了人、畜与草的关系，不符合草原畜牧业的要求。将牧民移出草原的生态治理思路需要反思。事实上，适度的放牧有助于保护草地生态。对于一些草地来说，禁牧过久（如 5 年以上）会使放牧不足，而放牧不足产生的后果可能比过度放牧（over-grazed）更严重，会导致适口性不良植物的入侵，降低植被覆盖率，减少植物多样性。长期放牧的草原牧区会产生"放牧依赖"，需要牲畜和草地良性互动，协同进化。流动放牧可以满足牲畜和草地的良性互动和协同进化，因而被认为是生态友好的（Niamir，2005）。此外，放牧不足（under-grazed）还会使草地植被发生逆向演替，如被灌木侵占，从而降低牲畜承载率，并且，还会增大火灾发生的风险。如在西班牙的安达卢西亚，旱地森林中缺乏放牧导致了火灾，由此造成对生态的极大破坏（McGa-hey，2014）。而瑞士牧民通过在阿尔卑斯山牧场的放牧来控制雪崩的发生和灌木的侵袭；英国的牧羊人通过放牧来维持草地的审美情趣。这说明，将牧民长期移出草原并不能有效地恢复草原生态，反倒可能产生新的环境问题。

如何在不破坏草地生态的情况下让牲畜移动起来，这是草地生态治理的根本出发点。牲畜移动可以在不同规模上发生，从长则几百千米的季节性转场，短则不同地块上的轮牧。现在的生态治理项目，要么将牲畜圈养起来，要么在每家每户的草场上放牧，牲畜的流动性极低。而为了保障舍饲所需的饲草料，牧户会少量种植饲草料。如前文所述，在干旱的草原牧区，即使只种植很少的饲草料，也可能需要抽水灌溉，由此给草原带来的负面影响可能会很深远。如与作为牧户私人物品的牧草资源相连的草地生态系统的地下水资源等环境因素依然有公共池塘资源的属性，如果某个牧户采用机井和大马力高压电抽水设备灌溉饲草料，就可能使其没有机井的邻居家的草场受到负外部性的影响。草地生态治理中，资源禀赋高的牧户在使用草地生态系统的公共资源方面占有优势，这会在某种程度上加剧牧户的贫富分化，也会因无序使用草原上珍贵的水资源而可能导致更大范围的草地退化。

基于社区层面的草地生态治理在一定程度上可以弥补以上的不足，增大牲畜的流动性，消除社区牧户之间资源占用的不平等，维持草原社区良好的社会资本。此外，基于社区的草地生态治理是参与式和自下而上的，这种治理方式可赋予当地人权利，建设当地人的能力，并能将当地人的知识纳入治理计划。基于社区的治理以合作替代竞争，通过协商减少损失，协调利益。采取分权和多元的方式，发挥地方制度和传统规范在草地生态治理中的作用。社区组织还可以与政府、企业和非政府组织进行协商，自己决定项目的实施从而使治理措施更好地反映需求，从而提高治理的可持续性（Dongier, Dowelen & Ostrom et al. , 1995）。

可以借鉴澳大利亚土地关爱运动的经验来进行草地资源的生态治理。在这种模式下，政府要给社区赋权，让社区牧民协商自己的草原该如何治理，决定是否对草原进行禁牧或休牧，禁牧休牧多久等，政府可考虑为社区提供技术指导和资金支持。项目的资金或资源直接拨到社区层面，由社区协商是用资金来修建围栏还是棚圈，是打井还是购买饲草料等。

5　完善草原法律制度

草地是一种宝贵的资源，具有经济和战略价值，具有政治和文化意义。个人、社区、私营部门行为者、国家和其他人将草地用于不同的目的，并从草地利用中获益，有时对他人构成真实的或感知的损害（Bruce & Holt，2011）。随着经济的发展，人们对草地的各种需求越来越多，因而竞争草地引发的冲突也越来越多见。如果草地的竞争和冲突能够得到有效管理，可以激发资源利用效率的提高。反之，则可能导致负面的环境和社会影响。

草地资源相关冲突产生的根本原因在于草地资源短缺、产权不安全以及群体之间长期对草地的不满（Bruce & Holt，2011），而法律制度的不完善，也给这些冲突的产生提供了条件。如由于《草原法》不够完善，草地被大量开垦成农田，导致诸多农牧冲突，致使牧民生计受损，草原面积且生态退化。当牧场变成农田时，95%的地上碳流失，高达50%的地下碳流失（McGahey，2014）。在《中华人民共和国草原法（2013修正）》中，草原指天然草原和人工草地，其中天然草原包括草地、草山和草坡，人工草地包括改良草地和退耕还草地。本书所指的草原为我国主要草原牧区的天然草原。由于《草原法》中的草原包括人工草地，这使得在干旱半干旱区将天然草原开垦种植饲草的行为不被认定为改变草原用途，但实际上种植人工饲草较之放牧，更可能导致草地退化。

《草原法》中的一些其他条例，也为冲突的产生提供了可能性。如第十一条规定"依法确定给全民所有制单位、集体经济组织等使用的国家所有的草原，由县级以上人民政府登记，核发使用权证，确认草原使用权。未确定使用权的国家所有的草原，由县级以上人民政府登记造册，并负责保护管理。集体所有的草原，由县级人民政府登记，核发所有权证，确认草原所有权"。不同产权的草地被不同等地对待，导致两种产权性质的草地发生冲突时，难以公平处理。关于草地的利用中，第三十三条规定"草原承包经营者应当合理利用草原，不得超过草原行政主管部门核定的载畜量；草原承包经营者应当采取种植和储备饲草饲料、增加饲草饲料供应量……保持草畜平衡。草原载畜量标准和草畜平衡管理办法由国务院草原行政主管部门规定"。如前文所述，草地资源的空间异质性较强，各地甚至各户的草场及放牧情况都可能不同，草原行政部门按照一刀切的办法和载畜标准难以合理反映牧户草场的实际情况，要么标准过低，导致超载；要么过高，导致草场放牧不足，牧户生计受损。应将权力下放，让基层、社区和牧民共同参与标准的制定并相互监督，以尽可能契合草场的实际状况，最大化牧户的收益。规定种植饲草料的做法，也似有不妥。在干旱草原牧区，少量种植的草地也可能导致退化并产生土地利用的异地效果，从而扩大退化草地面积。笔者2013 年在锡林郭勒盟调研时，访谈到一户牧民，曾经开了 20 亩草场作为饲料地，但只种了两年，饲料地就因为严重退化而种不了了。牧民自己估计将这片退化的草场恢复到种植饲料之前的状态要四五十年的时间。

第三十四条要求"牧区的草原承包经营者应当实行划区轮牧，合理配置畜群，均衡利用草原"。牧民有着几千年的放牧传统和经验，只要草原条件许可（如面积足够大，草地类型足够丰富），他们会主动轮牧，合理调整牲畜结构。如内蒙古的牧民长期以来"五畜并举"，充分地利用草地生态系统的生态位，实现草原生态和牧户生计的双赢。反之，如果草原或牧户家庭条件（如劳动力短缺）不允许，则即使法律有所规定，牧户也无法实现划区轮牧和畜群的合理配置。目前，以牧户为单元的草原承包经营多为这种状况。如 2012 年在内蒙古锡林郭勒盟对 210 户牧民的调研，经营 2000 亩以下草场的牧户占样本的 46%，一般牧户家只有牛和羊，少数牧户家甚至只有牛或羊，只有 7 家牧户仍然饲养了骆驼，有马的牧户不足样本的一半。2015 年在锡林郭勒盟调研的 200 多份牧户问卷中，67% 以上的牧户家承包的草场面积不足 2000亩。在干旱草原牧区，草地的生产力很低，这种规模的草场进行划区轮牧成本高而效果不明显。畜群配置不合理的现象十分普遍。

在《草原法》中，有关草原保护、监督检查和法律责任的定性规定较多，而可以用来作为量刑依据的定量规定却很少，如第四十七条规定"对严重退化、沙化、盐碱化、石漠化的草原和生态脆弱区的草原，实行禁牧、休牧制度"，但如何实行禁牧和休牧，禁牧多久和休牧多久、禁牧休牧过程中对承包了草场的牧业有何安排等不清楚；第四十六条规定"禁止开垦草原"，第六十六条规定"非法开垦草原，构成犯罪的，依法追究刑事责任"，但开垦多少算构成犯罪、罪行有多严重等没有规定。2012年最高人民法院出台的《最高人民法院关于审理破坏草原资源刑事案件应用法律若干问题的解释》虽然对《草原法》中的一些条例进行了补充解释，但有些依然不够完善，如第二条规定：非法占用草原，改变被占用草原用途，数量在二十亩以上的，或者曾因非法占用草原受过行政处罚，在三年内又非法占用草原，改变被占用草原用途，数量在十亩以上的，应当认定为刑法第三百四十二条规定的"数量较大"。对此"处五年以下有期徒刑或者拘役，并处或者单处罚金"。这里只规定20亩以上，但没有说明上限，且单处罚金也没有规定数额。笔者2011—2018年在草原牧区调研时发现，有些地方对非法开垦草原20亩以上的处罚金，这是很多违法开垦者所乐意接受甚至主动要求的，他们在被处罚金比如5000元之后，转而可能开垦更多的草原。有些人甚至先准备好一笔罚金在手头，然后"心安理得"地开垦草地。因此，这样的法律规定在某种程度上导致了"逆向激励"，草原开垦可能因此更加严重。

此外，有些法律法规的规定不一致。如《草原法》第十三条规定"集体所有的草原或者依法确定给集体经济组织使用的国家所有的草原，可以由本集体经济组织内的家庭或者联户承包经营"，但《农业部办公厅关于进一步加强退牧还草工程实施项目管理工作的通知》（2008）规定，"优先选择退化严重、使用权到户、群众习惯放牧的地方"，"按照以户为单位的原则建设围栏，避免超大面积围栏，在户均面积较小的地方，可按照每个围栏单元面积 3000 亩的标准联户建设"。调研中也发现，退牧还草和生态补奖项目的实施都有草地承包到户的要求。草地相关法律法规的不尽完善，在很大程度上影响了草地治理的效果。完善草原法律制度建设，是草地资源实行良性治理的关键（刘晓莉，2015）。

参 考 文 献

［1］ Aboling, S. , Sternberg, M. , Perevolotsky, A. , et al. Effects of cattle grazing timing and intensity on soil seed banks and regeneration strategies in a Mediterranean grassland ［J］. Community Ecology, 2008, 9 (1): 97 –106.

［2］ Acemoglu, D. and Johnson, S. Unbundling Institutions ［J］. Journal of Political Economy, 2005, 113: 949 –995.

［3］ Agrawal, A. , Perrin, N. Climate adaptation, local institutions and rural livelihoods ［M］. University of Michigan, 2009.

［4］ Ajzen, I. The theory of planned behavior ［J］. Organizational Behavior & Human Decision Processes, 1991, 50: 179 –211.

［5］ Akiyama, T. , Kawamura, K. Grassland degradation in China: Methods of monitoring, management and restoration ［J］. Grassland Science, 2010, 53 (1): 1 –17.

［6］ Allen, V. G. , Batello, C. , Berretta, E. J. , Hodgson, J. , Kothmann, M. , et al. An international terminology for grazing lands and grazing animals ［J］. Grass and Forage Science, 2011, 66, 2 –28.

［7］ André, C. and J. P. Platteau. Land Relations under Unbearable Stress: Rwanda Caught in the Malthusian Trap ［J］. Journal of Economic Behavior and Organizatio, 1998, 34 (1): 1 –47.

［8］ Asner G. P. , Elmore A. J. , Olander L. P. , Martin R. E. & Harris A. T. Grazing systems, ecosystem responses and global change [J]. Environment and Resources, 2004, 29 (29): 261 – 299.

[9] Bekele Hundie, Martina Padmanabhan. The Transformation of the Commons: Coercive and Non-Coercive Ways [M]//Mwangi, E., Markelova H., Meinzen – Dick R. Collective and Property Rights for Poverty Reduction: Lessons from a Global Research Project. Washington D. C. : IFPRI, 2008.

[10] Beyene, F. Land use change and determinants of land management: Experience of pastoral and agro-pastoral herders in eastern Ethiopia [J]. Journal of Arid Environments, 2016, 125: 56 – 63.

[11] Boone, R. B., BurnSilver, S. B., Thornton, P. K., Worden, J. S., Galvin, K. A. Quantifying declines in livestock due to land subdivision in Kajiado District, Kenya [J]. Rangeland Ecology and Management, 2005, 58: 523 – 532.

[12] Boone, R. B., Hobbs, N. T. Lines around fragments: Effects of fencing on large herbivores [J]. Afr. J. Range Forage Sci, 2004, 21, 79 – 90.

[13] Borland, J., Yang, X. Specialization, product development, evolution of the institution of the firm, and economic growth [J]. Journal of Evolutionary Economics, 1995, 5 (1): 19 – 42.

[14] Brenda K. Schladweiler. 40 years of the Surface Mining Control and Reclamation Act (SMCRA): What have we learned in the State of Wyoming [J]. International Journal of Coal Science & Technology, 2018, 5 (1): 3 – 7.

[15] Bromley and Cernea. Management of common property natural resources: Overview of Bank experience; Innovation in resource management: proceedings [J]. Agriculture Sector Symposium, 1989, 9: 10 – 11.

［16］ Brown, P. R. , Bridle, K. L. , Crimp, S. J. Assessing the capacity of Australian broadacre mixed farmers to adapt to climate change: Identifying constraints and opportunities ［J］. Agricultural Systems, 2016, 146: 129 - 141.

［17］ Bureau of Land Management. Livestock Grazing on Public Lands ［EB/OL］. (2017 - 09 - 22). ［2020 - 08 - 09］. https: //www. blm. gov/programs/natural-resources/rangelands-and-grazing/livestock-grazing.

［18］ California Rangeland Conservation Coalition. Rangeland Resolution ［EB/OL］. (2016 - 12 - 03) ［2020 - 08 - 21］. https: //carangeland. org/our-story/who-we-are/rangeland-resolution/.

［19］ Cao, J. J. , Xiong, Y. C. , Sun, J. , Xiong, W. F. , Du, G. Z. Differential benefits of multi-and single-household grassland management patterns in the Qinghai - Tibetan Plateau of China ［J］. Hum. Ecol, 2011, 39 (2): 217 - 227.

［20］ Carlisle Runge. Common Property Externalities: Isolation, Assurance, and Resource Depletion in a Traditional Grazing Context ［J］. American Journal of Agricultural Economics, 1981, 63 (4): 595 - 606.

［21］ Carpenter, F. R. Establishing management under the Taylor Grazing Act ［J］. Rangelands, 1981, 3: 105 - 115.

［22］ Challen R. Institutions, transaction costs, and environmental policy: Institutional reform for water resources ［M］. UK: Edward Elgar Publishing, 2000.

［23］ Chamberlin, J. , Ricker - Gilbert, J. Participation in rural land rental markets in Sub - Saharan Africa: Who benefits and by how much? Evidence from Malawi and Zambia ［J］. American Journal of Agricultural Economics, 2016, 98 (5): 1507 - 1528.

［24］ Charles Lane, Richard Moorehead. Who Should Own the Range? New thinking on pastoral resource tenure in Drylands Africa ［R］. London: IIED, 1994.

［25］ Chen, H. , Zhu, T. The dilemma of property rights and indigenous institutional arrangements for common resources governance in China. Land Use Policy, 2015, 42: 800 – 805.

［26］ Coppock, D. L. , Swift, J. M. Livestock feeding ecology and resource utilization in a nomadic pastoral ecosystem ［J］. Journal of Applied Ecology, 1986, 23 (2): 573 – 583.

［27］ Coughenour, M. B. Causes and consequences of herbivore movement in landscape ecosystems ［C］//Galvin, K. , Reid, R. S. , Behnke, R. H. , Hobbs, N. T. Fragmentation in Semi-arid and Arid Landscapes: Consequences for Human and Natural Systems. Springer, 2008.

［28］ Cox, M. , Arnold, G. , Tomás S V. A review of design principles for community-based natural resource management ［J］. Ecology & Society, 2010, 15: 299 – 305.

［29］ Deininger, K. Land Policies for Growth and Poverty Reduction ［M］. World Bank and Oxford University Press, 2003.

［30］ Deininger, K. , Ali, D. A. , Alemu T. Land Rental Markets: Transactions Costs and Tenure Insecurity in Rural Ethiopia ［C］//Holden, S. T. , Otsuka, K. , Place. F. M. The Emergence of Land Markets in Africa: Impacts on Poverty, Equity and Efficiency. Washington DC: Resources for the Future Press, 2009.

［31］ Deininger, K. , D. A. Ali, and T. Alemu. The Emergence of Land Markets in Africa: Impacts on Poverty, Equity and Efficiency ［M］. Washington D. C. : Resources for the Future Press, 2009.

［32］ Demsetz, H. Toward a Theory of Property Rights ［C］//Go-palakrishnan C. Classic Papers in Natural Resource Economics. London： Palgrave Macmillan, 1974, 163 – 177.

［33］ DFID. Sustainable Livelihoods Guidance Sheets, Department for International Development ［EB/OL］. (1999) ［2020 – 08 – 06］. https：//www. unscn. org/layout/modules/resources/files/Sustainable _ livelihoods _ guidance_sheets_comparing_development_approaches. pdf.

［34］ Dongier, P., Domelen J. V., Ostrom, E. A., et al. Chapter 9：Community – Driven Development ［M］//A Sourcebook for Poverty Reduction Strategies. Volume 1：Core Techniques and Cross – Cutting Issues. Washington, D. C.：World Bank, 1995.

［35］ Dworkin, Ronald M. Taking rights seriously ［M］. Cambridge：Harvard University Press, 1977.

［36］ Elinor Ostrom, Joanna Burger, Christopher B. Field, Richard B. orgaard, David Policansky. Revisiting the Commons：Local Lessons, Global Challenges. Science, 1999, 284：278 – 282.

［37］ Ely Richard. T, E. W. Morehouse. Elements of land economics ［M］. New York：The Macmillall Company, 1924.

［38］ Ensminger J, Rutten A. The political economy of changing property rights：Dismantling a pastoral commons ［J］. American Ethnologist, 1991, 18：683 – 699.

［39］ Ernst Haeckel. Generelle Morphologie der Organismen ［M］. Berlin：Reimer, 1866.

［40］ FAO. Improving governance of pastoral lands：Governance of tenure of technical guide No. 6 ［M］. Rome, 2016.

［41］ FAO. Voluntary Guidelines on the responsible Governance of tenure of land, fisheries and forests in the Context of national food security [M]. Rome: FAO, 2017.

[42] Färe R, Primont D. Multi-output production and duality: Theory and applications [M]. Kluwer Academic Publishers, 1995.

[43] Feder, G. The relation between farm size and farm productivity: The role of family labor, supervision and credit constraints [J]. Journal of development economics, 1985, 18 (2): 297 −313.

[44] Fernandez − Giménez, M. E., Le Febre, S. Mobility in pastoral systems: Dynamic flux or downward trend? [J]. International Journal of Sustainable Development & World Ecology, 2006, 13 (5): 341 −362.

[45] Fernandez-Gimenez, M. E., Wang, X., Batkhishig, B., Klein, J. A., Reid, R. S. Restoring community connections to the land: Building resilience through community based rangeland management in China and Mongolia. Wallingford, UK: CABI Publishing house, 2012.

[46] Ferranto, S., Huntsinger, L., Getz, C., et al. Management Without Borders? A Survey of Landowner Practices and Attitudes toward Cross − Boundary Cooperation [J]. Society & Natural Resources, 2013, 26: 1082 −1100.

[47] Fratkin, E. Ariaal Pastoralists of Kenya: Surviving Drought and Development in Africa's Arid Lands. Boston: Allyn and Bacon, 1988.

[48] Fryxell, J. M., Wilmshurst, J. F., Sinclair, A. R. E., Haydon, D. T., Holt, R. D., Abrams, P. A. Landscape scale, heterogeneity, and the viability of Serengeti grazers [J]. Ecol. Lett., 2005, 8 (3): 328 −335.

[49] Furubotn, E. G., Pejovich, S. Property rights and economic theory: A survey of recent literature [J]. The Journal of Economic Literature, 1972, 4 (10): 1137 −1162.

［50］Gao, L., Kinnucan, H. W., Zhang, Y., Qiao G. The effect of a subsidy for grassland protection on livestock numbers, grazing intensity, and herders' income in inner Mongolia ［J］. Land Use Policy, 2016, 54：302 – 312.

［51］Gass, R. J., Rickenbach, M., Schulte, L. A., et al. Cross-boundary coordination on forested landscapes：Investigating alternatives for implementation ［J］. Environmental Management, 2009, 43：107 – 117.

［52］中国土地勘测规划院，国土资源部地籍管理司. 土地利用现状分类：GB/T 21010—2017 ［S］. 北京：中国标准出版社，2017.

［53］Ghebru, H., S. T. Holden. Factor Market Imperfections and Rural Land Rental Markets in Northern Ethiopian Highlands ［M］//S. T. Holden, K. Otsuka, F. M. Place. The Emergence of Land Markets in Africa：Impacts on Poverty, Equity and Efficiency. Washington DC：Resources for the Future Press, 2009.

［54］Gongbuzeren, Li, J. The role of market mechanisms and customary institutions in rangeland management：A case study in Qinghai Tibetan Plateau ［J］. Journal of Nature Resource, 2016, 31 (10)：1637 – 1647.

［55］Hao, L., Sun, G., Liu, Y., et al. Effects of precipitation on grassland ecosystem restoration under grazing exclusion in Inner Mongolia, China ［J］. Landscape Ecology, 2014, 29 (10)：1657 – 1673.

［56］Hardin, G. The Tragedy of Commons ［J］. Science, 1968, 162：1243 – 1248.

［57］Hobbs, N. T., Galvin, K. A., Stokes, C. J., Lackett, J. M., Ash, A. J., Boone, R. B., Reid, R. S., Thornton, P. K. Fragmentation of rangelands：Implications for humans, animals, and landscapes ［J］. Global Environment Change, 2008, 18 (4)：776 – 785.

〔58〕 Hobbs, N. T. , Reid, R. S. , Galvin, K. A. , et al. Fragmentation of Arid and Semi – Arid Ecosystems: Implications for People and Animals 〔M〕. Berlin: Fragmentation in Semi – Arid and Arid Landscapes, 2008.

〔59〕 Holden, Stein, T. , Ghebru, Hosaena. Land rental market legal restrictions in Northern Ethiopia 〔J〕. Land Use Policy, 2016, 55: 212 – 221.

〔60〕 Holden, Stein, Otsuka, Keijiro. The roles of land tenure reforms and land markets in the context of population growth and land use intensification in Africa 〔J〕. Food Policy, 2014, 48: 88 – 97.

〔61〕 Holdo, R. M. , Fryxell, J. M. , Sinclair, A. R. E. , Dobson, A. , Holt, R. D. Predicted impact of barriers to migration on the Serengeti wildebeest population 〔J〕. PLOS ONE, 2011, 6 (1): 163 – 170.

〔62〕 Hua, L. , Squires V. R. Managing China's pastoral lands: Current problems and future prospects 〔J〕. Land Use Policy, 2015 (43): 129 – 137.

〔63〕 Huang, W. , Bruemmer, B. , Huntsinger L. Incorporating measures of grassland productivity into efficiency estimates for livestock grazing on the Qinghai – Tibetan Plateau in China 〔J〕. Ecological Economics, 2016, 122: 1 – 11.

〔64〕 IUCN. Four out of six great apes one step away from extinction – IUCN Red List 〔EB/OL〕. (2016 – 9 – 4)〔2020 – 8 – 10〕. https://www. iucn. org/news/species/201609/four-out-six-great-apes-one-step-away-extinction-%E2%80%93-iucn-red-list.

〔65〕 Jin, Songqing, Deininger, Klaus. Land rental markets in the process of rural structural transformation: Productivity and equity impacts from China 〔J〕. Journal of Comparative Economics, 2009, 37 (4): 629 – 646.

〔66〕 Jin, S. Q. , Jayne, T. S. Land Rental Markets in Kenya: Implications for efficiency, equity, household income, and poverty [J]. Land Economics, 2013, 89 (2): 246 –271.

[67] John Bruce, Louise Fortmann, Calvin Nhira, 1993. Tenures in Transition, Tenures in Conflict: Examples from the Zimbabwe Social Forest [J]. Rural Sociology, 58 (4): 626 –642.

[68] Joseph, V. H. Ross. Managing the Public Rangelands: 50 Years since the Taylor Grazing Act [J]. Rangelands, 1984, 6: 147 –151.

[69] Koirala, Krishna, H. , Mishra, Ashok, Mohanty, Samarendu. Impact of land ownership on productivity and efficiency of rice farmers: The case of the Philippines [J]. Land Use Policy, 2016, 50: 371 –378.

[70] John, W. , Bruce, Sally Holt. Land and Conflict Prevention. Initiative on Quiet Diplomacy [M]. Colchester: University of Essex, 2011.

[71] Kranton, Rachel, E. and Anand, V. Swamy. The Hazards of Piecemeal Reform: British Civil Courts and the Credit Market in Colonial India [J]. Journal of Development Economics, 1999, 58: 1 –25.

[72] Kuosmanen, T. , Kortelainen, M. Measuring eco-efficiency of production with Data Envelopment Analysis [J]. Journal of Industrial Ecology, 2005, 9, 59 –72.

[73] Kwon, H. Y. , Nkonya, E. , Johnson, Graw, V. , Kato, E. , Kihiu, E. Global estimates of the impacts of grassland degradation on livestock productivity from 2001 to 2011 [M]//Ephraim, N. , Alisher, M. , Joachim, V. B. Economics of Land Degradation and Improvement: A global assessment for sustainable development. Berlin: Springer, 2016.

[74] Li, Ang, Wu, J. G. et al. China's new rural "separating three property rights" land reform results in grassland degradation: Evidence from Inner Mongolia [J]. Land Use Policy, 2018, 71: 170 –182.

[75] Li, W. , Huntsinger, L. China's Grassland Contract Policy and its Impacts on Herder Ability to Benefit in Inner Mongolia: Tragic Feedbacks [J]. Ecology & Society, 2011, 16: 1.

[76] Li, W. , Li, Y. Managing rangeland as a complex system: How government interventions decouple social systems from ecological systems [J]. Ecology and Society, 2012, 17 (1): 9.

[77] Li, X. L. , Yuan, Q. H. , Wan, L. Q. , He, F. Perspectives on livestock production systems in China [J]. Rangeland Journal, 2008, 30 (2): 211 –220.

[78] Li, Y. , Wang, Y. , Schwarze R. Pathways to Sustainable Grassland Development in China, Findings of Three Case Studies [J]. UFZ Discussion Papers, 2014.

[79] Li, Z. Y. , Wu, W. Z. , Liu, X. H. , et al. Land use/cover change and regional climate change in an arid grassland ecosystem of Inner Mongolia, China [J]. Ecological Modelling, 2017, 353: 86 –94.

[80] Lynn Huntsinger, Nathan F. Sayre, Luke Macaulay. Ranchers, land tenure, and grassroots governance [M]// Pedro M. Herrera, Jonathan Davies, Pablo Manzano Baena. The Governance of Rangelands: Collective action for sustainable pastoralism. New York: Routledge, 2014: 62 –93.

[81] Malpai Borderlands Group. The 2020 Malpai Science Conference "Acknowledging the past and looking forward" [EB/OL]. (2020 –01 –09) [2020 –08 –09]. http: //www. malpaiborderlandsgroup. org/.

[82] María, E. Fernández –Giménez, 2002. Spatial and Social Boundaries and the Paradox of Pastoral Land Tenure: A Case Study from Post socialist Mongolia. Human Ecology, 2002, 30: 49 –78.

［83］ Mario, I. A. , Fratkin E. Ariaal Pastoralists of Kenya: Surviving Drought and Development in Africa's Arid Lands ［J］. African Studies Review, 1998, 68 (3): 139 – 149.

［84］ Mcallister, R. R. J. , Gordon, I. J. , Janssen, M. A. , et al. Pastoralists' responses to variation of rangeland resources in time and space ［J］. Ecological Applications, 2006, 16 (2): 572 – 583.

［85］ Mcgahey, D. J. , Davies, N. , Hagelberg, R. Pastoralism and the Green Economy—A Natural Nexus? ［M］. Nairobi: IUCN and UNEP, 2014.

［86］ Meinzen – Dick, Ruth & DiGregorio, Monica & McCarthy, Nancy. Methods for studying collective action in rural development ［J］. Agricultural Systems, 2004, 82 (3): 197 – 214.

［87］ Michael, J. Penfold. Rangeland Reform 94 in Who Governs the Public Lands: Washington? The West? The Community? ［EB/OL］. (1994 – 09 – 28)［2020 – 08 – 09］. https: //scholar. law. colorado. edu/who-governs-public-lands-washington-west-community/18.

［88］ Müller, K. , Dickhoefer, U. , Lin, L. , et al. Impact of grazing intensity on herbage quality, feed intake and live weight gain of sheep grazing on the steppe of Inner Mongolia ［J］. Journal of Agricultural Science, 2014, 152 (1): 153 – 165.

［89］ Mwangi, E. Social-economic change and land use in Africa: The transformation of property rights in Kenya's Maasailand ［M］. New York: Palgrave MacMillan, 2007.

［90］ Niamir – Fuller, M. Managing Mobility in African Rangelands ［M］//Mwangi, E. Collective Action and Property Rights for Sustainable Rangeland Management. Washington, D. C. : CAPRi Research Brief, International Food Policy Research Institute, 2005.

［91］ Nkonya, E, Johnson, T, Kwon, H. Y. , Kato, E. Economics of land degradation in sub – Saharan Africa ［M］//Economics of Land Degradation and Improvementa Global Assessment for Sustainable Development. Springer International Publishing, 2016: 215 –259.

［92］ O'Donnell, C. , D. S. P. Rao, G. E. Battese. Metafrontier frameworks for the study of firm-level efficiencies and technology ratios ［J］. Empirical Economics, 2008, 34: 231 –255.

［93］ Ostrom, E. Governing the commons: The evolution of institutions for collective action ［M］. Cambridge: Cambridge University Press, 1990.

［94］ Ostrom, E. A Behavioral Approach to the Rational Choice Theory of Collective Action ［J］. Journal of East China University of Science & Technology, 1998, 92: 1 –22.

［95］ Ostrom E. , Ahn T. K. The Meaning of Social Capital and its Link to Collective Action ［M］//Svendsen, G. T. , Svendsen G. L. H. Handbook of Social Capital: The Troika of Sociology, Political Science and Economics. Cheltenham: Edward Elgar, 2009: 17 –35.

［96］ Ostrom, E. A. General Framework for Analyzing Sustainability of Social – Ecological Systems ［J］. Science, 2009, 325 (5939): 419 –422.

［97］ Otsuka, K. Efficiency and equity effects of land markets ［M］// Evenson, R. , Pingali, P. Handbook of agricultural economics. Vol 3. Elsevier, 2007.

［98］ Owen – Smith, N. Functional heterogeneity in resources within landscapes and herbivore population dynamics ［J］. Landscape Ecology, 2004, 19: 761 –771.

［99］ Paul Munro – Faure, Paolo Groppo, Adriana Hererra, Jonathan Lindsay, Paul Mathieu and David Palmer. Why land tenure is important? Rome：FAO, 2002.

［100］ Pedro, M. Herrera, Jonathan, M. Davies, Pablo Manzano Baena. The Governance of Rangelands：Collective Action for Sustainable Pastoralism ［M］. New York：Routledge from Taylor & Francis, 2014.

［101］ Picazo – Tadeo, A. J., Gómez – Limón, J. A., Reig – Martínez, E. Assessing farming eco-efficiency：A data envelopment analysis approach ［J］. Journal of Environmental Management, 2011, 92（4）：1154 – 1164.

［102］ Rachel Gisselquist, What Does "Good Governance" Mean? ［EB/OL］.（2012 – 02 – 09）［2012 – 01 – 01］. http：//www. wide. unu. edu.

［103］ Rahman, S. Determinants of agricultural land rental market transactions in Bangladesh ［J］. Land Use Policy, 2010, 27（3）：957 – 964.

［104］ Raleigh Barlowe. Land Resource Economics ［M］. Upper Saddle River：Prentice Hall, 1986.

［105］ Reid, R. S., Fernández – Giménez, María, E., Galvin, K. A. Dynamics and resilience of rangelands and pastoral peoples around the globe ［J］. Annual Review of Environment and Resources, 2014, 39（1）：217 – 242.

［106］ Reinhard, S., Lovell, C. A. K., Thijssen, G. Analysis of environmental efficiency variation ［J］. American journal of agricultural economics, 2002, 84：1054 – 1065.

［107］ Richard, W. Early weaning in Northern Great Plains beef cattle production systems：Performance and reproductive response in range beef cows [J]. Livestock Science, 2012, 148 (1 – 2): 26 – 35.

[108] Rickenbach, M., Schulte, L. A., Kittredge, D. B., et al. Cross-boundary cooperation: A mechanism for sustaining ecosystem services from private lands [J]. Journal of Soil and Water Conservation, 2011, 66: 91A – 96A.

[109] Sheila Barry, Tracy K. Schohr, Karen Sweet. The California Rangeland Conservation Coalition: Grazing Research Supports an Alliance for Working Landscapes [J]. Rangelands, 2007, 29 (3): 31 – 34.

[110] Sinclair, A. R. E., Metzger, K. L., Fryxell, J. M., et al. Asynchronous food-web pathways could buffer the response of Serengeti predators to El Niño Southern Oscillation [J]. Ecology, 2013, 94 (5): 1123 – 1130.

[111] Songqing Jin and T. S. Jayne. Land Rental Markets in Kenya: Implications for Efficiency, Equity, Household Income, and Poverty [J]. Land Economics, 2013, 89 (2): 246 – 271.

[112] Street, G. M., Vennen, L. M. V., Avgar, T., Mosser, A., Anderson, M. L., Rodgers, A. R., Fryxell, J. M. Habitat selection following recent disturbance: Model transferability with implications for management and conservation of moose [J]. Rev. Can. Zool, 2015, 93 (11): 813 – 821.

[113] Suttie, J. M., Reynolds, S. G., Batello, C. Grasslands of the World [M]. Rome: FAO, 2005.

[114] Swallow, B. M. and Daniel W. Bromley. Institutions, governance and incentives in common property regimes for African rangelands [J]. Environmental and Resource Economics, 1995, 6 (2): 99 – 118.

[115] Tan, S., Tan, Z. Grassland tenure, livelihood assets and

pastoralists' resilience: Evidence and empirical analyses from western China [J]. Economic and Political Studies, 2017, 4: 381 – 403.

[116] Tan, S. H., Liu, B., Zhang, Q. Y., et al. Understanding grassland rental markets and their determinants in eastern inner Mongolia, PR China [J]. Land Use Policy, 2017, 67: 733 – 741.

[117] Tan, S. H., Zhang R. X., Tan, Z. C. Grassland rental markets and herders technical efficiency: Ability effect or resource equilibration effect? [J]. Land Use Policy, 2018, 77: 135 – 142.

[118] Tone, K., Tsutsui, M. Applying an efficiency measure of desirable and undesirable outputs in DEA to U. S. electric utilities [J]. Journal of CENTRUM Cathedra, 2011, 4: 236 – 249.

[119] Trlica, M. J., Rittenhouse, L. R. Grazing and plant performance [J]. Ecological Applications, 1993, 3: 21 – 23.

[120] Undargaa, S., Mccarthy, J. F. Beyond Property: Co – Management and Pastoral Resource Access in Mongolia [J]. World Development, 2016, 77: 367 – 379.

[121] Unkovich, M., Nan, Z. Problems and prospects of grassland agroecosystems in western China [J]. Agriculture Ecosystems & Environment, 2008, 124 (1): 1 – 2.

[122] USDA. Thunder Basin National Grassland 2020 Plan Amendment – Draft Environmental Impact Statement [EB/OL]. (2019 – 10 – 11) [2020 – 08 – 09]. https://www.fs.usda.gov/nfs/11558/www/nepa/110862 _ FSPLT3 _ 4867939. pdf.

[123] U. S. Department of Justice. The Wilderness Act Of 1964 [EB/OL]. (2015 – 05 – 12) [2020 – 08 – 13]. https://www. justice. gov/enrd/wilderness-act – 1964.

［124］ U. S. Environmental Protection Agency. Summary of the Clean Water Act ［EB/OL］. （2020 – 07 – 28）［2020 – 08 – 09］. https: // www. epa. gov/laws-regulations/summary-clean-water-act.

［125］ U. S. Fish and Wildlife Service. Endangered Species Act Overview ［EB/OL］. （2020 – 01 – 30）［2020 – 08 – 13］. https: // www. fws. gov/endangered/laws-policies.

［126］ Vallentine, J. F. Grazing animal intake and equivalence ［J］. Grazing Management, 1990: 265 – 293.

［127］ Wang, J. , Brown, D. G. , Riolo, R. L. , et al. Exploratory analyses of local institutions for climate change adaptation in the Mongolian grasslands: An agent-based patternling approach ［J］. Global Environmental Change, 2013, 23 （5）: 1266 – 1276.

［128］ Wang, J. , Brown, D. G. , Agrawal, A. Climate adaptation, local institutions, and rural livelihoods: A comparative study of herder communities in Mongolia and Inner Mongolia, China ［J］. Global Environmental Change, 2013, 23: 1673 – 1683.

［129］ Waldron, S. , Brown, C. , Longworth, J. Grassland degradation and livelihoods in China's western pastoral region: A framework for understanding and refining China's recent policy responses ［J］. China Agricultural Economic Review, 2010, 2 （3）: 298 – 320.

［130］ Wiesmair, M. , Feilhauer, H. , Magiera, A. , et al. Estimating vegetation cover from high-resolution satellite data to assess grassland degradation in the Georgian Caucasus ［J］. Mountain Research & Development, 2016, 36 （1）: 56 – 65.

［131］ Wiesmair, M. , Otte, A. , Waldhardt, R. Relationships between plant diversity, vegetation cover, and site conditions: Implications for grassland conservation in the Greater Caucasus ［J］. Biodiversity & Conservation, 2016, 26（2）: 1 - 19.

［132］ World Bank. Securing Forest Tenure Rights for Rural Development. An Analytical Framework. Program on Forests（PROFOR）［R］. Washington, D. C. : World Bank, 2019.

［133］ Yang, Y. , Wang, Z. , Li, J. , et al. Comparative assessment of grassland degradation dynamics in response to climate variation and human activities in China, Mongolia, Pakistan and Uzbekistan from 2000 to 2013 ［J］. Journal of Arid Environments, 2016, 135: 164 - 172.

［134］ Ybarra, M. Violent visions of an ownership society: The land administration project in Petén, Guatemala ［J］. Land Use Policy, 2009, 26: 44 - 54.

［135］ Zhao, M. , Han, G. , Mei, H. Grassland resource and its situation in Inner Mongolia, China ［J］. Bulletin of the Faculty of Agriculture Niigata University, 2006, 58: 129 - 132.

［136］ Zhou, W. , Gang, C. , Zhou, L. , et al. Dynamic of grassland vegetation degradation and its quantitative assessment in the northwest China ［J］. Acta Oecologica, 2014, 55: 86 - 96.

［137］ Zhou. W. , Yang, H. , Huang, L. , et al. Grassland degradation remote sensing monitoring and driving factors quantitative assessment in China from 1982 to 2010 ［J］. Ecological Indicators. , 2017, 83: 303 - 313.

［138］ Zimmermann, Erich W. World Resources and Industries ［M］. New York: Harper and Row, 1951.

［139］ Zimmerman, F. and Carter, M. Asset Smoothing, Consumption Smoothing and the Reproduction of Inequality Under Risk and Subsistence Constraints ［J］. Journal of Development Economics, 2003, 71（2）: 233 - 260.

［140］昂伦，张卫青，赛西雅拉图，李晓佳. 季节性轮牧对阿巴嘎旗典型草原土壤养分的影响［J］. 干旱区资源与环境，2017，31（7）：79 - 84.

［141］敖仁其. 对内蒙古草原畜牧业的再认识［J］. 内蒙古财经学院学报，2001（3）：83 - 88.

［142］敖仁其. 草原放牧制度的传承与创新［J］. 内蒙古财经学院学报，2003（3）：36 - 40.

［143］敖仁其，达林太. 草原牧区可持续发展问题研究［J］. 内蒙古财经学院学报，2005（2）：26 - 29.

［144］敖仁其. 草牧场产权制度中存在的问题及其对策［J］. 北方经济，2006（7）：8 - 10.

［145］敖仁其，额尔敦乌日图. 牧区制度与政策研究——以草原畜牧业生产方式变迁为主线［M］. 内蒙古：内蒙古教育出版社，2009.

［146］敖仁其，席锁柱. 游牧文明的现代价值［J］. 前沿，2012（15）：4 - 6.

［147］包玉山. 草原畜牧业面临的问题及对策思路［J］. 北方经济，2003，20（11）：14 - 16.

［148］毕力格，陈红宇，格日勒，敖仁其，孟格日勒. 新时期内蒙古牧区政策研究［J］. 内蒙古科技与经济，2015（21）：3 - 6.

［149］蔡虹，李文军. 不同产权制度下青藏高原地区草地资源使用的效率与公平性分析［J］. 自然资源学报，2016，31（8）：1302 - 1309.

［150］曹建军. 青藏高原地区草地管理利用研究［M］. 兰州：兰州大学出版社，2010.

［151］曹荣湘. 生态治理［M］. 北京：中央编译出版社，2015.

［152］陈百明，宋伟，唐秀美. 中国近年来土地质量变化的概略

判断 [J]. 中国土地科学, 2010, 24 (5): 4 - 8.

[153] 陈广胜. 走向善治 [M]. 杭州: 浙江大学出版社, 2007: 95.

[154] 陈继群. 内蒙古多伦县荒漠化的启示 [N]. 中国民族报, 2005 - 10 - 21.

[155] 陈洁, 方言. 中国草原生态治理调查 [M]. 上海: 上海远东出版社, 2009.

[156] 陈静, 汤文豪, 陈丽萍, 赵晓宇. 美国内政部自然资源管理 [J]. 国土资源情报, 2020 (1): 38 - 45.

[157] 陈秋红. 社区主导型草地共管模式: 成效与机制——基于社会资本视角的分析 [J]. 中国农村经济, 2011 (5): 61 - 71.

[158] 陈训波, 等. 农地流转对农户生产率的影响——基于 DEA 方法的实证分析 [J]. 农业技术经济, 2011 (8): 65 - 71.

[159] 成都蜀光社区发展能力建设中心. 从一盘散沙到社区集体行动——一个参与式草场可持续管理案例 [J]. 中国畜牧业, 2015 (10): 54 - 56.

[160] 达林太, 郑易生. 牧区与市场: 牧民经济学 [M]. 北京: 社会科学文献出版社, 2010.

[161] 代玲. 西藏全面实施草原补奖政策保护草场就是保护饭碗 [EB/OL]. (2018 - 10 - 08) [2019 - 12 - 27]. https: //www. sohu. com/a/258226689_115239.

[162] 旦增遵珠, 多庆, 索南才让. 从习俗与惯例中考察藏区草场纠纷行为 [J]. 中国农村观察, 2008 (2): 59 - 68, 81.

[163] [德] 柯武刚, 史漫飞. 制度经济学——社会秩序与公共政策 [M]. 韩朝华, 译. 北京: 商务印书馆, 2000.

[164] [德] 马克思. 资本论 [M]. 郭大力, 王亚南, 译. 上海: 上海三联书店, 2009.

［165］东乌旗宣传平台．东乌旗召开春季牧草返青期休牧工作新闻发布会［EB/OL］．（2020－04－09）［2020－07－21］．http：//www.dwq.gov.cn/wz/xfzl/202004/t20200409_2418033.html.

［166］董筱丹，温铁军．致贫的制度经济学研究：制度成本与制度收益的不对称性分析［J］．经济理论与经济管理，2011（1）：50－58.

［167］杜凤莲，等．气候变化对草原畜牧业的影响以及适应性政策分析［J］．广播电视大学学报（哲学社会科学版），2013（1）：3－7.

［168］恩和，阿拉坦格日乐．北方牧区"潜在贫困"现状与精准扶贫对策研究［J］．华北电力大学学报（社会科学版），2018（5）：59－65.

［169］恩和．草原荒漠化的历史反思：发展的文化维度［J］．内蒙古大学学报（人文社会科学版），2003（2）：3－9.

［170］恩和．内蒙古过度放牧发生原因及生态危机研究［J］．生态经济，2009（6）：113－115，122.

［171］樊纲．两种改革成本与两种改革方式［J］．经济研究，1993（1）：3－15.

［172］盖志毅．草原生态经济系统可持续发展研究［D］．北京：北京林业大学，2005.

［173］盖志毅．制度视域下的草原生态环境保护［M］．沈阳：辽宁民族出版社，2008.

［174］盖志毅，马军．论我国牧区土地产权的三个不对称［J］．农村经济，2009（3）：23－27.

［175］盖志毅，姚洋．牧区不同利益主体矛盾与草原生态系统可持续发展［J］．实践（思想理论版），2008（2）：33－34.

［176］高鸿宾．中国草原［M］．北京：中国农业出版社，2012.

［177］高磊．产权结构动态演进中的制度成本结构分析［J］．学术

界，2009（1）：257 - 262.

[178] 贡布泽仁，李文军．草场管理中的市场机制与习俗制度的关系及其影响：青藏高原案例研究 [J]．自然资源学报，2016，31（10）：1637 - 1647.

[179] Gonsalvez, Julian．资源、权利和合作：促进可持续发展的产权和集体行动 [M]．谭淑豪，等译．北京：中国农业出版社，2013.

[180] 顾云松．中国与美国耕地生产力动态演变及能力研究 [J]．世界农业，2018（11）：137 - 141.

[181] 郭燕宇．"退牧还草"工程中地方政府职能承担研究 [D]．北京：中国地质大学，2014.

[182] 国务院办公厅．国务院办公厅转发农业部关于加快畜牧业发展意见的通知 [EB/OL]．(2001 - 10 - 20)[2019 - 06 - 09]．http：//www. gov. cn/gongbao/content/2001/content_61161. htm.

[183] 海山．内蒙古牧区贫困化问题及扶贫开发对策研究 [J]．中国畜牧杂志，2007（10）：45 - 50.

[184] 海山．蒙古高原游牧文化中的环境道德及其现实意义 [J]．中央民族大学学报（哲学社会科学版），2012，39（5）：58 - 63.

[185] 海山．内蒙古牧区人地关系演变及调控问题研究 [M]．呼和浩特：内蒙古教育出版社，2014.

[186] 海山，乌云达赖，孟克巴特尔．内蒙古草原畜牧业在自然灾害中的"脆弱性"问题研究——以内蒙古锡林郭勒盟牧区为例 [J]．灾害学，2009，24（2）：105 - 109，137.

[187] 韩念勇．草原的逻辑 [M]．北京：北京科学技术出版社，2011.

[188] 韩念勇．草原的逻辑续（上）[M]．北京：民族出版社，2018.

[189] 韩伟．青海省循化撒拉族自治县经济自治权研究 [D]．北京：中央民族大学，2012.

［190］何生海，哈斯巴根．草原工矿开发与构建和谐民族关系研究——以内蒙古为例［J］．北方民族大学学报（哲学社会科学版），2016（3）：34-38．

［191］洪绂曾．做好草原大文章是时代赋予的使命［J］．中国草地学报，2009，31（1）：1-3．

［192］后宏伟，郭正刚．青藏高原草地使用权纠纷的成因、危害及其解决途径［J］．草业科学，2013，30（3）：465-470．

［193］侯向阳，等．中国草原适应性管理研究现状与展望［J］．草业学报，2011，20（2）：262-269．

［194］侯雪静．我国累计近300亿元用于退牧还草工程［EB/OL］．（2018-07-17）［2019-12-27］．http：//www.xinhuanet.com/2018-07/17/c_1123139973.htm．

［195］黄俊毅．我国草原生态环境明显改善［EB/OL］．（2018-07-17）［2019-12-27］．https：//www.sohu.com/a/241760296_118392．

［196］黄新华．制度变迁成本的特征、影响因素和降低成本的路径选择——对中国渐进改革下制度变迁成本的新制度经济学分析［J］．吉林财税高等专科学校学报，2002（2）：44-48．

［197］黄祖辉，等．非农就业、土地流转与土地细碎化对稻农技术效率的影响［J］．中国农村经济，2014（11）：4-16．

［198］贾慎修，夏景新．草地资源研究的几个理论和实践问题探讨［J］．中国草原与牧草，1985（2）：9-12．

［199］焦宏．种树不要毁草原．［EB/OL］．（2019-08-05）［2019-12-27］．http：//www.farmer.com.cn/2019/08/05/wap_841513.html．

［200］赖玉佩，等．草场流转对干旱半干旱地区草原生态和牧民生计影响研究——以呼伦贝尔市新巴尔虎右旗M嘎查为例［J］．资源科学，2012（6）：1039-1048．

［201］李博. 中国北方草地退化及其防治对策［J］. 中国农业科学，1997（6）：2－10.

［202］雷利·巴洛维. 土地资源经济学——不动产经济学［M］. 北京：北京农业大学出版社，1989.

［203］李海鹏，叶慧，张俊飚. 美、加、澳草地资源可持续管理比较及启示［J］. 世界农业，2004（7）：16－19.

［204］李红，姚蒙. 内蒙古草原生态保护补助奖励政策落实与实施成效［J］. 草原与草业，2016，28（4）：4－6.

［205］李金亚，薛建良，尚旭东，等. 基于产权明晰与家庭承包制的草原退化治理机制分析［J］. 农村经济，2013（10）：107－110.

［206］李秋月. 气候变化及放牧对内蒙古草地的影响与适应对策［D］. 北京：中国农业大学，2015.

［207］李双元. 高原牧区生态畜牧业合作社绩效评价——基于青海牧区 55 家合作社的数据［J］. 西南民族大学学报（人文社科版），2015，36（8）：152－157.

［208］励汀郁，谭淑豪. 制度变迁背景下牧户的生计脆弱性——基于"脆弱性—恢复力"分析框架［J］. 中国农村观察，2018，141（3）：21－36.

［209］李文斌，何海霞，邓红艳，黎云祥. 适度放牧和受损管理对草地生态系统恢复的探讨［J］. 环境与可持续发展，2017，42（4）：90－91.

［210］李文明. 内蒙古：全区草原确权承包工作基本完成［N］. 内蒙古日报，2018－01－17.

［211］李西良，等. 牧户尺度草畜系统的相悖特征及其耦合机制［J］. 中国草地学报，2013，35（5）：139－145.

［212］李晓宇，林震. 退牧还草政策执行过程中的问题及建议

［J］. 内蒙古农业科技，2011（1）：1 - 2.

［213］李新. 内蒙古牧区草原土地产权制度变迁实证研究［D］. 内蒙古：内蒙古农业大学，2007.

［214］李毓堂. 草地立法和草地管理［J］. 中国草原，1985（3）：1 - 5.

［215］李毓堂. 加快草原建设步伐［J］. 中国民族，1985（5）：19 - 21.

［216］李毓堂. 中国草原政策的变迁［J］. 草业科学，2008（6）：1 - 7.

［217］连雪君，毛雁冰，王红丽. 细碎化土地产权、交易成本与农业生产——来自内蒙古中部平原地区乌村的经验调查［J］. 中国人口·资源与环境，2014（4）：86 - 92.

［218］林毅夫，胡庄君. 中国家庭承包责任制改革：农民的制度选择［J］. 北京大学学报（哲学社会科学版），1988，25（4）：49 - 53.

［219］刘红霞. 从"草畜承包"看牧民碎片化生产与封禁式生态保护——内蒙古特村的实地研究［J］. 社会学评论，2016，4（5）：45 - 54.

［220］刘佳慧，张韬. 放牧扰动对锡林郭勒典型草原植被特征及土壤养分的影响［J］. 生态环境学报，2017，26（12）：2016 - 2023.

［221］刘加文. 发展南方草地畜牧业必须突破效益制约［J］. 中国畜牧业，2012（18）：38 - 41.

［222］刘加文. 重视"三牧"问题加快牧区发展［J］. 中国牧业通讯，2010（21）：9 - 12.

［223］刘俊浩，王志君. 草地产权、生产方式与资源保护［J］. 农村经济，2005（8）：101 - 103.

［224］刘向培，王汉杰，何明元，等. 三种土地覆盖遥感数据在

中国区域的精度分析 [J]. 农业工程学报，2012，28（24）：252 - 259.

[225] 刘晓莉. 中国草原保护法律制度研究 [M]. 北京：人民出版社，2015.

[226] 刘洋洋，章钊颖，同琳静，王倩，周伟，王振乾，李建龙. 中国草地净初级生产力时空格局及其影响因素 [J]. 生态学杂志，2020，39（2）：349 - 363.

[227] 刘源，张院萍. 2018 年全国草原违法案件统计分析报告 [J]. 中国畜牧业，2019（13）：16 - 17.

[228] 缪建明，李维薇. 美国草地资源管理与借鉴 [J]. 草业科学，2006（5）：20 - 23.

[229] 路冠军. 生态、权力与治理 [D]. 北京：中国农业大学，2014.

[230] 卢现祥. 西方新制度经济学 [M]. 北京：中国发展出版社，1996.

[231] 罗必良. 农业产业组织：一个解释模型及其实证分析 [J]. 制度经济学研究，2005（1）：59 - 70.

[232] 罗必良. 新制度经济学 [M]. 太原：山西经济出版社，2005.

[233] 罗连军. 庆祝改革开放 40 周年——"拉格日"模式向高层次迈进 [EB/OL]（2018 - 12 - 24）[2019 - 12 - 28]. https：//www. sohu. com/a/284070993_327849.

[234] 罗兴佐. 农民合作的类型与基础 [J]. 华中师范大学学报（人文社会科学版），2004（1）：11 - 12.

[235] 马永欢，吴初国，黄宝荣，等. 一图看懂什么是自然资源 [J]. 青海国土经略，2018（2）：30 - 32.

[236] 马素洁，贾生海，花立民. 基于水土流失评价的高寒草甸经营模式比较 [J]. 干旱区研究，2018，35（6）：1280 - 1289.

［237］马兴文．草场使用及草权制度的历史变迁——基于青海省同德县 X 村的调研［J］．柴达木开发研究，2012（2）：33－36.

［238］马媛媛．内蒙古草原矿产资源开发引发的社会矛盾及化解机制研究［J］．中国市场，2016（21）：246－248.

［239］毛晓雅．国家林业和草原局：我国累计投入草原生态补奖资金 1326 余亿元［EB/OL］.（2018－07－18）［2019－12－27］．https：//www.sohu.com/a/241896547_268469.

［240］［美］丹尼尔·W.布罗姆利．经济利益与经济制度——公共政策的理论基础［M］．陈郁．上海：上海人民出版社，1997.

［241］［美］埃莉诺·奥斯特罗姆．公共事物的治理之道——集体行动制度的演进［M］．余逊达，陈旭东，译．上海：上海三联书店，2000.

［242］［美］曼瑟尔·奥尔森．集体行动的逻辑［M］．陈郁，郭宇峰，李崇新，译．上海：上海人民出版社，2011.

［243］［美］詹姆斯·C.斯科特．国家的视角：那些试图改善人类状况的项目是如何失败的［M］．王晓毅，译．北京，社会科学文献出版社，2004：426－429.

［244］［美］伊利，莫尔豪斯．土地经济学原理［M］.1 版．滕维藻，译．北京：商务印书馆，1982.

［245］孟林，高洪文．中国退化草地现状及其恢复方略［C］．中国草原学会（Chinese Grassland Society）．现代草业科学进展——中国国际草业发展大会暨中国草原学会第六届代表大会论文集．中国草原学会（Chinese Grassland Society）：中国草学会，2002：362－365.

［246］穆合塔尔，米克什，阿衣丁．新疆草原畜牧业特点及其发展对策［J］．草业科学，1998（5）：3－5.

［247］穆少杰，朱超，周可新，李建龙．内蒙古草地退化防治对策及碳增汇途径研究［J］．草地学报，2017，25（2）：217－225.

［248］内蒙古出台完善农村牧区土地草原"三权分置"办法［N］. 新华社内蒙古分社，2017－03－10.

［249］内蒙古新闻网．盗挖野生药材破坏草原生态何时止！呼伦贝尔再有14人被抓获.［EB/OL］.（2019－09－12）［2019－12－27］. http：//inews. nmgnews. com. cn/system/2019/09/12/012774860. shtml.

［250］农民日报.2010年全国草原监测报告［EB/OL］.（2011－04－13）［2019－10－13］. http：//jiuban. moa. gov. cn/fwllm/jjps/201104/t20110413_1967949. htm.

［251］农业部产业政策与法规司．实施草原生态保护补助奖励政策［EB/OL］.（2011－03－25）［2019－06－18］. http：//www. moa. gov. cn/ztzl/lszczc/201103/t20110325_1955106. htm.

［252］农业农村部．农业部　财政部关于印发《2011年草原生态保护补助奖励机制政策实施指导意见》的通知［EB/OL］.（2011－07－20）［2019－10－13］. http：//www. moa. gov. cn/nybgb/2011/dqq/201805/t20180522_6142764. htm.

［253］青海日报．深入落实草原生态保护补助奖励政策［EB/OL］.（2016－11－09）［2019－12－27］. http：//www. huaxia. com/qh－tw/qhyw/2016/11/5073299. html.

［254］青海省人民政府办公厅．青海省草原生态保护补助奖励机制实施意见（试行）［EB/OL］.（2014－10－24）［2019－12－27］. http：//www. qh. gov. cn/ztzl/system/2014/10/24/010138571. shtml.

［255］曲福田．城乡统筹与土地产权制度选择［J］. 中国地产市场，2011（12）：26.

［256］全球治理委员会．我们的全球伙伴关系［M］. 美国：牛津大学出版社，1995：23.

［257］沈贝贝，丁蕾，李振旺，辛晓平，徐大伟，朱晓昱，王旭，

陈宝瑞. 呼伦贝尔草原净初级生产力时空变化及气候响应分析 [J]. 草业学报, 2019, 28 (5): 1 - 14.

[258] 任继周. 节粮型草地畜牧业大有可为 [J]. 草业科学, 2005 (7): 44 - 48.

[259] 任榆田. 美国草地资源管理现状 [J]. 中国畜牧业, 2013 (23): 50 - 52.

[260] 戎郁萍, 白可喻, 张智山. 美国草原管理法律法规发展概况 [J]. 草业学报, 2007 (5): 133 - 139.

[261] 申端锋. 农民合作的想象与现实 [J]. 读书, 2007 (9): 23 - 31.

[262] 施文正. 运用自治立法解决林草矛盾——鄂温克旗自治条例和单行条例的立法案例 [J]. 前沿, 2002 (12): 93 - 94.

[263] 谭淑豪. 牧业制度变迁对草地退化的影响及其路径 [J]. 农业经济问题, 2020 (2): 115 - 125.

[264] 谭仲春, 等. 典型草原牧区 "生态奖补" 政策落实及牧户偏好研究 [J]. 生态经济, 2014, 30 (10): 145 - 149.

[265] 滕星, 王德利, 程志茹, 房健, 王亚秋. 不同放牧强度下绵羊采食方式的变化特征 [J]. 草业学报, 2004 (2): 67 - 72.

[266] 汪昌极, 苏杨. 知己知彼, 百年不殆——从美国国家公园管理局百年发展史看中国国家公园体制建设 [J]. 风景园林, 2015 (11): 69 - 73.

[267] 王冬雪. 退牧还草生态补奖对农户行为影响研究 [D]. 银川: 宁夏大学, 2018.

[268] 王洪丽, 阴秀霞. 呼伦贝尔市 2013 年春季融雪型洪水气象成因分析 [J]. 内蒙古农业科技, 2015, 43 (6): 90 - 92, 107.

[269] 王慧敏. 新疆: 四轮驱动打造新牧业 [EB/OL]. (2019 - 09 -

23）[2019 - 12 - 27]. https：//new. zlck. com/rmrb/news/STAN00EW. html.

　　[270] 王军. 退牧还草对农牧民收入影响的思考 [J]. 科技经济导刊，2018，26（23）：113.

　　[271] 王奎庭. 我国生态治理存在哪些问题，如何解决？ [EB/OL]. （2019 - 12 - 19）[2020 - 7 - 21]. http：//www. lcrc. org. cn/xwzx/dfdt/201912/t20191219_49672. html.

　　[272] 王明元，乌云毕力格，赵格日乐图. 内蒙古图牧吉国家级自然保护区鹤类时空分布特征 [J]. 内蒙古林业调查设计，2019，42（4）：38 - 41.

　　[273] 王庆锁，等. 我国草地退化及治理对策 [J]. 中国农业气象，2004（3）：41 - 44，48.

　　[274] 王田田. 联户经营模式对青藏高原畜牧业生产和牧民收入影响分析 [D]. 兰州：兰州大学，2018.

　　[275] 王维胜，周志华. 中国藏羚羊保护及贸易控制国际研讨会在西宁召开 [J]. 野生动物，2000（1）：44 - 45.

　　[276] 王向涛，杨军，赵星杰，孙磊，魏学红. 人文因素视域下西藏草地退化问题研究 [J]. 畜牧与饲料科学，2019，40（2）：53 - 56.

　　[277] 王晓毅. 从承包到"再集中"——中国北方草原环境保护政策分析 [J]. 中国农村观察，2009（3）：36 - 46，95.

　　[278] 王晓毅. 互动中的社区管理——克什克腾旗皮房村民组民主协商草场管理的实验 [J]. 开放时代，2009（4）：36 - 49.

　　[279] 王晓毅. 环境压力下的草原社区 [M]. 北京：社会科学文献出版社，2009.

　　[280] 王晓毅. 制度变迁背景下的草原干旱——牧民定居、草原碎片与牧区市场化的影响 [J]. 中国农业大学学报（社会科学版），2013，30（1）：18 - 30.

［281］王晓毅．市场化、干旱与草原保护政策对牧民生计的影响——2000—2010 年内蒙古牧区的经验分析［J］．中国农村观察，2016（1）：86 - 93.

［282］王雪峰，王琛，胡敬萍，刘书润，曾昭海，胡跃高．家庭牧场不同放牧方式对草甸草原植物群落的影响［J］．草地学报，2017，25（3）：466 - 473.

［283］王亚华，高瑞，孟庆国．中国农村公共事务治理的危机与响应［J］．清华大学学报（哲学社会科学版），2016（2）：23 - 29.

［284］王英华，吕娟．美国垦务局文化资源管理模式对我国水文化遗产保护与利用的启示［J］．水利学报，2013，44（S1）：51 - 56.

［285］王禹，许世卫，李哲敏．美国农业部（USDA）组织架构和职能概况［J］．世界农业，2015（6）：145 - 149.

［286］王玉娟，朱国兴．拉格日模式——从一个牧业村的蝶变看乡村振兴之路［EB/OL］．（2020 - 07 - 08）［2020 - 07 - 21］．http：//www. qh. xinhuanet. com/2020 - 07/08/c_1126209901. htm.

［287］王欲鸣．内蒙古 9 亿亩草原承包到户，生态经济效益双提高［N］．新华社，2010 - 07 - 01.

［288］王云龙．悠悠牧民心　萋萋草原情——记全国人大推动建立草原生态补助奖励机制［EB/OL］．（2019 - 09 - 23）［2019 - 12 - 27］．http：//news. jcrb. com/jxsw/201909/t20190923_2052302. html.

［289］韦惠兰，郭达．联户规模对高寒草场质量的影响分析——以甘肃玛曲为例［J］．草地学报，2014，22（6）：1147 - 1152.

［290］韦惠兰，孙喜涛．制度视域下草原退化原因分析——以甘南玛曲草原为例［J］．新疆农垦经济，2010（6）：62 - 65.

［291］温培丹．美国 20 世纪 30 年代若干法案对制定内蒙古草原生态环境保护政策的启示［D］．内蒙古：内蒙古农业大学，2015.

［292］锡林郭勒日报官方微信.25人被抓获，锡林浩特市公安局查获中药材防风近4吨！［EB/OL］.（2018－09－07）［2019－09－10］. https：//mp. weixin. qq. com/s/tJ3TK－voi2NYN4Vomu21sw.

［293］西藏自治区人民政府.西藏采取退牧还草等多方面措施遏制草原退化趋势［EB/OL］.（2007－12－03）.［2019－12－27］. http：// www. gov. cn/gzdt/2007－12/03/content_823630. htm.

［294］夏征农，陈至立，等.辞海［M］.6版.上海：上海辞书出版社，2009.

［295］谢高地，鲁春霞，肖玉，郑度.青藏高原高寒草地生态系统服务价值评估［J］.山地学报，2003（1）：50－55.

［296］新巴尔虎右旗史志编纂委员会.新巴尔虎右旗志［M］.呼和浩特：内蒙古文化出版社，2004.

［297］新华社.中共中央　国务院印发《生态文明体制改革总体方案》［EB/OL］.（2015－09－21）［2019－12－27］. http：//www. gov. cn/guowuyuan/2015－09/21/content_2936327. htm.

［298］新浪财经.通辽万亩草场遭非法开垦面临彻底沙化.［EB/ OL］.（2013－02－20）［2013－03－20］. https：//finance. sina. com. cn/ roll/20130220/091414592433. shtml？from＝wap.

［299］辛光武.藏羚羊与奥运吉祥物［J］.柴达木开发研究，2005（1）：14－16.

［300］辛有俊，严振英，尚永成.青海省天然草地开垦与草地退化［J］.四川草原，2005（4）：38－40.

［301］许胜晴.美国国家公园管理制度的法治经验与启示［J］.环境保护，2019，47（7）：66－69.

［302］薛泉.“自上而下”社会治理模式的生成机理及其运行逻辑——一种历史维度的考察［J］.广东社会科学，2015（4）：202－210.

［303］荀丽丽．"失序"的自然：一个草原社区的生态、权力与道德［M］．北京：社会科学文献出版社，2012．

［304］荀丽丽，包智明．政府动员型环境政策及其地方实践——关于内蒙古 S 旗生态移民的社会学分析［J］．中国社会科学，2007（5）：114 - 128，207．

［305］杨理．草原治理：如何进一步完善草原家庭承包制［J］．中国农村经济，2007（12）：62 - 67．

［306］杨理．中国草原治理的困境：从"公地的悲剧"到"围栏的陷阱"［J］．中国软科学，2010（1）：10 - 17．

［307］杨理，侯向阳．完善北方草原家庭承包制与天然草地可持续管理［J］．科技导报，2007（9）：29 - 32．

［308］杨启乐．当代中国生态文明建设中政府生态环境治理研究［D］．上海：华东师范大学，2014．

［309］央视网焦点访谈．滥挖草药毁了草原［EB/OL］．（2013 - 11 - 24）［2019 - 12 - 27］．http：//news. cntv. cn/2013/11/24/VIDE1385294758878694. shtml．

［310］杨思远．从草场承包到草场整合——巴音图嘎嘎查草场使用权流转调查报告［C］//中国政治经济学年会，中国人民大学经济学院，清华大学中国公有资产研究中心．第一届中国政治经济学年会应征论文集．北京：中国《资本论》研究会，2007：337 - 360．

［311］杨婷婷．祁连山区家庭牧场的生产效率与多维贫困研究［D］．兰州：兰州大学，2016．

［312］杨阳阳．青藏高原不同放牧模式对草地退化影响研究［D］．兰州：兰州大学，2012．

［313］［英］卡麦兹．建构扎根理论［M］．边国英，译．重庆：重庆大学出版社，2009．

［314］尹燕亭，运向军，郭明英，伟军，侯向阳．基于牧户感知和野外调查相结合的内蒙古东部草甸草原健康评价［J］．生态学报，2019，39（2）：709－716．

［315］永海，文明．关于实施草原生态保护补助奖励机制的效益问题调查及建议——以内蒙古锡林郭勒盟东乌珠穆沁旗为例［J］．前沿，2020（2）：71－79．

［316］余福海．合作治理：乡村振兴的有效模式［N］．北京日报，2019－04－01．

［317］于光远．资源·资源经济学·资源战略［J］．自然资源学报，1986（1）：1－2．

［318］于杰．内蒙古：保护近3/4国土面积的天然草原［N］．中国绿色时报，2019－07－31．

［319］俞可平．增量政治改革与社会主义政治文明建设［J］．公共管理学报，2004（1）：8－14，93．

［320］俞可平．治理与善治［M］．北京：社会科学文献出版社，2000：16－17．

［321］余露，宜娟．产权视角下的草地治理研究——以宁夏盐池为例［J］．草业科学，2012，29（12）：1920－1925．

［322］岳东霞，李自珍，惠苍．甘肃省生态足迹和生态承载力发展趋势研究［J］．西北植物学报，2004，24（3）：454－463．

［323］曾贤刚，唐宽昊，卢熠蕾．"围栏效应"：产权分割与草原生态系统的完整性［J］．中国人口·资源与环境，2014，24（2）：88－93．

［324］扎洛．藏东村庄村长访谈录——西藏农村的政治、法律与公共服务（之二）［J］．中国西藏（中文版），2006，97（5）：16－19．

［325］扎洛．社会转型期藏区草场纠纷调解机制研究——对川西、藏东两起草场纠纷的案例分析［J］．民族研究，2007（3）：31－41，108．

[326] 占布拉，等. 科尔沁草地不同放牧制度牧食行为研究 [J].
中国草地学报，2010，32（3）：57－61.

[327] 张广利，陈丰. 制度成本的研究缘起、内涵及其影响因素
[J]. 浙江大学学报（人文社会科学版），2010，40（2）：110－116.

[328] 张会萍，王冬雪，杨云帆. 退牧还草生态补奖与农户种养
殖替代行为 [J]. 农业经济问题，2018（7）：118－128.

[329] 张梦君. 不同草地经营模式及其效果分析 [D]. 北京：中
国人民大学，2017.

[330] 张倩. 牧民应对气候变化的社会脆弱性——以内蒙古荒漠
草原的一个嘎查为例 [J]. 社会学研究，2011（6）：171－195.

[331] 张倩，艾丽坤. 适应性治理与气候变化：内蒙古草原案例
分析与对策探讨 [J]. 气候变化研究进展，2018，14（4）：411－422.

[332] 张倩，李文军. 分布型过牧：一个被忽视的内蒙古草原退
化的原因 [J]. 干旱区资源与环境，2008，22（12）：8－16.

[333] 张雯. 环境保护语境下的草原生态治理——一项人类学的反
思 [J]. 中国农业大学学报（社会科学版），2013，30（1）：111－122.

[334] 张旭昆. 制度的实施收益、实施成本和维持成本 [J]. 浙江
大学学报（人文社会科学版），2002（4）：102－109.

[335] 张正河，张晓敏. 生态约束下牧户草地规模经营研究 [J].
农业技术经济，2015（6）：82－90.

[336] 张智山. 全国草地畜牧业现状及发展思路 [J]. 中国草地，
1997（5）：2－6.

[337] 张中立. 中国草原畜牧业发展模式研究 [M]. 北京：中国
农业出版社，2004：1－5.

[338] 赵鼎新. 集体行动、搭便车理论与形式社会学方法 [J]. 社
会学研究，2006（1）：1－21，243.

[339] 赵澍. 草原产权制度变迁与效应研究——以内蒙古锡林郭勒盟为例 [D]. 北京：中国农业科学院，2015.

[340] 赵颖，赵珩，PeterHo. 产权视角下的草原家庭承包制 [J]. 草业科学，2017，34（3）：635 –643.

[341] 刘加文. 重视"三牧"问题加快牧区发展 [N]. 中国草原，2010 –07 –13.

[342] 中国人民银行锡林郭勒盟中心支行课题组，王国俊，周维. 草原生态环境保护背景下的矿产资源开发问题研究：锡盟个案 [J]. 内蒙古金融研究，2008（5）：9 –11.

[343] 徐勇. 重视"三林""三牧"和"三渔"问题 [N]. 中国社会科学报，2009.

[344] 中国资源科学百科全书委员会. 中国资源科学百科全书 [M]. 北京：中国大百科全书出版社，2000.

[345] 周道玮，孙海霞，刘春龙，赵春生. 中国北方草地畜牧业的理论基础问题 [J]. 草业科学，2009，26（11）：1 –11.

[346] 周立，董小瑜. "三牧"问题的制度逻辑——中国草场管理与产权制度变迁研究 [J]. 中国农业大学学报（社会科学版），2013，30（2）：94 –107.

[347] 周立，姜智强. 竞争性牧业、草原生态与牧民生计维系 [J]. 中国农业大学学报（社会科学版），2011，28（2）：130 –138.

[348] 周晓曼. 寻租理论视角下的政府行为分析 [D]. 山东：山东大学，2006.

[349] 朱晓阳. 语言混乱与草原"共有地" [J]. 西北民族研究，2007（1）：33 –57，15.

[350] 朱震达. 中国土地荒漠化的概念、成因与防治 [J]. 第四纪研究，1998（2）：3 –5.

［351］朱志诚. 陕北森林草原区的植物群落类型——Ⅰ. 疏林草原和灌木草原［J］. 中国草原，1982（2）：1-8.

［352］朱志诚. 陕北森林草原区的植物群落类型——Ⅱ. 禾草草原和半灌木草原［J］. 中国草原，1984（1）：13-21.

后　记

　　草地良性治理可使一个地区兴盛，而治理不善也可使其文明衰落甚至毁灭。草地作为一种重要的自然资源，其治理处在绿色发展议程的前沿。特别是近年来，随着国家生态文明战略的推进，草地多功能性日益凸显，草地资源治理成为国家治理的重要方面。

　　然而，语言、天气和地广人稀等问题使得进入草原不易，研究草原就更难。有一次在内蒙古呼伦贝尔市陈巴尔虎左旗带领研究生入户调研时，我被草原上仍带有狼性的狗咬伤，由于无法在低温下保存狂犬疫苗，不得不中止原来计划好的一路调研至满洲里返京，只好只身提前从海拉尔回来。即便如此，我对草原研究的热情也没有因此消减。

　　我们的老院长温铁军老师在我刚加入学院不久，将牧区草地资源管理的福特基金项目交给我，让我得以重新启动此前由于两番工作变动而中断了将近5年的草原研究。在本书即将付梓之际，我把这一消息告诉了温老师并感谢他的引领，温老师回复"感念你的长期坚持"。的确，这一书稿的完成可谓"十年磨一剑"。自2005年10月从荷兰瓦赫宁根大学博士毕业回国，有幸参加中国农科院农经所王济民老师课题组的"退牧还草"调研，首次进入青藏高原边缘的草原牧区，至今前后近15年。虽然这一期间因担任瓦赫宁根大学驻中国首席代表等而一度远离草原，但自打接手草原课题，至今正好10年。这一期间执行了福特基金项目、国家自然科学基金项目和国家社会科学基金项目、有关部委机构的委托项目和中国人民大学的品牌项目（两期）等多项草地相关的研究项目；培养了几十名硕士和博士研究生；前往中国的各类草原牧区调研 20 余次，调研地点还包括肯尼亚和埃塞俄比亚的热带稀树草原、蒙古国的针茅草原、瑞士阿尔卑斯山的夏季牧场、荷兰和英国的人工草场、美国加利福尼亚的稀树草原和新墨西哥州的荒漠草原以及巴西的潘帕斯草原。这些国内外实地调研的经历潜移默化成对于草原的理解，呈现在书中增加书的厚度。尽管如此，本书相对于博大深厚的草原而言，仅为沧海一粟。草原这本无字之书太值得人们用心去品味、去解读了。

　　本书的完成，得益于许多人的支持、帮助和知识分享，这其中包括引领我进入草地治理研究领域的人、在实地调研中帮助我们协调和联络的人、我们访谈过的牧民以及参与我们调研的少数民族大学生和研究生等。这些人中有学院的前辈和同事、原福特项目办的官员、草原沙龙的一些朋友、草原研究界的同行、"曾经草原"网站以及新近加入的微信群，还有支持本书出版的项目以及负责本书稿的编辑。虽不能一一列举他们的名字，但在此真诚地感谢他们！

　　难忘我的两位同事朱勇及张巧云老师和我不下 10 次、共同带领学生到草原牧区进行牧户访谈的点点滴滴。无论是在呼伦贝尔，还是在锡林郭勒，在对所有学生集中培训之后，三位老师分头带领我们的研究生和在内蒙古招募的当地大学生，深入牧区进行一对一、面对面的访谈。大家吃住在牧民家里。由于牧区多偏远，牧民家中缺少蔬菜，出发前调研小组到农贸市场购买了许多茄子和辣椒等分送给被访谈的牧户。租用的车子空间狭小，大家就把成袋的蔬菜搁在腿上、身上，堆满了车厢。每一份问卷的信息就是以这样的方式收集而来的。感谢他们的付出！

　　最后，感谢师门诸多成员的共同努力。本书的部分章节基于我指导的一些硕士研究生的工作，征得他们的同意后作为本书的成果：第 4 章由张梦君硕士论文的部分内容改写，第 9 章至第 12 章分别基于骆云飞、胡宇波和戴微著硕士论文的部分内容改写。此外，第 5 章基于我的论文，原文发表于 2018 年 *Land Use Policy*；第 6 章基于我和我的博士研究生张如心等合作的论文，原文发表于 2020 年 *Ecological Economics*；第 8 章基于我的论文，原文发表于 2020 年《农业经济问题》。也要感谢为本书查阅和编辑文献的我的博士生杜辉和王硕以及硕士研究生叶卓卉、吴婉莹、王蒙和卞瑛琪。其中，叶卓卉参与了第 6 章美国的草地治理部分的写作。

在自己感兴趣的研究领域，带领着研究生们在实地调研的过程中寻找研究话题，教学相长，并将多年来的研究心得呈现给同样对草原研究有兴趣并有意愿去关注草原的读者，是一件开心的事情。

由于水平有限，本书难免存在不足之处，恳请各位学界同行及读者朋友批评指正。